30일단기 완성 　한국전기설비규정 개정 반영

ELECTRIC WORK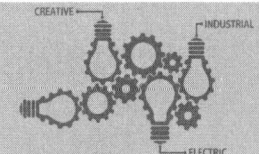

2026
전기공사 실기
기사·산업기사

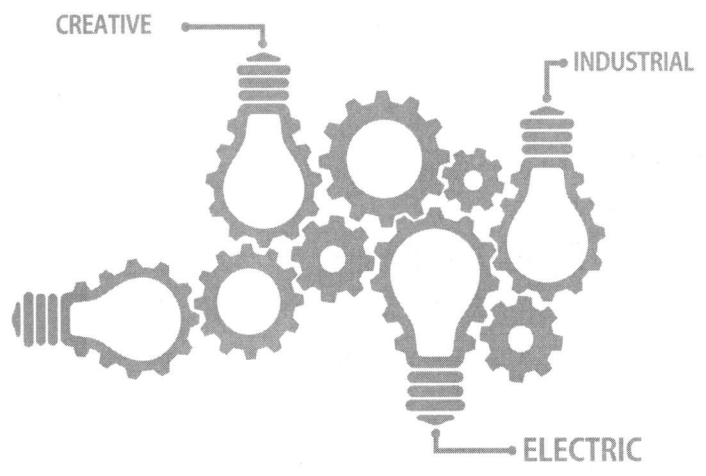

1과목
전기설비시공

- Chapter 1. 심벌 및 약호 ································· 6
- Chapter 2. 용어 정리 ································· 30
- Chapter 3. 전선 및 케이블 ······························ 40
- Chapter 4. 전기설비의 기술적 계산 ······················· 56
- Chapter 5. 전로의 절연 및 접지 ·························· 84
- Chapter 6. 피뢰시스템 ································ 144
- Chapter 7. 옥내배선 ·································· 164
- Chapter 8. 전동기 및 전열기 ··························· 216
- Chapter 9. 전선로 ···································· 224
- Chapter 10. 배전 활선 ································· 294
- Chapter 11. 전력공학 ·································· 300
- Chapter 12. 변압기 ···································· 334
- Chapter 13. 소방전기설비 ······························· 356
- Chapter 14. 예비전원설비 ······························· 364
- Chapter 15. 시험 및 측정 ······························· 384

2과목
전기설비견적

- Chapter 1. 견적 ······································· 394
- Chapter 2. 공사원가 계산 ······························· 397
- Chapter 3. 품셈 적용 및 노무량 산출 ···················· 401
- Chapter 4. 터파기 계산 ································ 409

Contents

3과목 수변전설비

Chapter 1. 개폐기 · 464
Chapter 2. 계기용변성기 · 480
Chapter 3. 피뢰시스템 · 500
Chapter 4. 전력용 콘덴서 · 508
Chapter 5. 계측기·보호계전기 · 516
Chapter 6. 수전설비 결선도 · 532

4과목 조명설비

Chapter 1. 조명용어·기호·단위 · · · · · · · · · · · · · · · · · · · 558
Chapter 2. 실내조명설비 설계 · 561
Chapter 3. 도로조명설비 설계 · 562
Chapter 4. 조명방식 · 563
Chapter 5. 광원의 종류·특징 · 565

5과목 시퀀스

Chapter 1. 시퀀스 접점·릴레이 · · · · · · · · · · · · · · · · · · · 586
Chapter 2. 유접점 회로 · 593
Chapter 3. 무접점 회로 · 596
Chapter 4. 부울 대수 · 599
Chapter 5. 3상 전동기 회로 · 600
Chapter 6. PLC 회로 · 603

ELECTRIC WORK

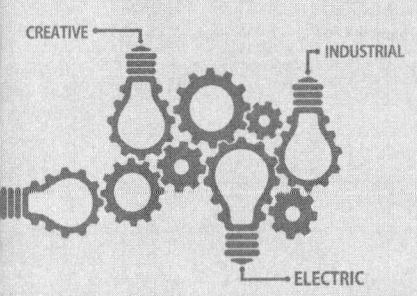

01 전기설비시공

Chapter 01. 심벌 및 약호
Chapter 02. 용어 정리
Chapter 03. 전선 및 케이블
Chapter 04. 전기설비의 기술적 계산
Chapter 05. 전로의 절연 및 접지
Chapter 06. 피뢰시스템
Chapter 07. 옥내배선
Chapter 08. 전동기 및 전열기
Chapter 09. 전선로
Chapter 10. 배전 활선
Chapter 11. 전력공학
Chapter 12. 변압기
Chapter 13. 소방전기설비
Chapter 14. 예비전원설비
Chapter 15. 시험 및 측정

1 심벌 및 약호

1. 전선 및 케이블 약호

약호	명칭
ACSR	강심 알루미늄 연선
ACSR-OC	옥외용 강심 알루미늄도체 가교 폴리에틸렌 절연전선
AL-OC	옥외용 알루미늄 도체 가교 폴리에틸렌 절연전선
BV	부틸고무절연 비닐 시스 케이블
BN	부틸고무절연 클로로프렌 시스 케이블
CVV	0.6/1[kV] 비닐 절연 비닐 시스 제어 케이블
CV1	0.6/1[kV] 가교폴리에틸렌절연 비닐 시스 케이블
CV10	6/10[kV] 가교폴리에틸렌절연 비닐 시스 케이블
CE1	0.6/1[kV] 가교폴리에틸렌 절연 폴리에틸렌 시스 케이블
CE10	6/10[kV] 가교폴리에틸렌 절연 폴리에틸렌 시스 케이블
CTF	캡타이어 케이블
CN-CV	동심중성선 차수형 전력케이블
CN-CV-W	동심중성선 수밀형 전력케이블
DV	600[V] 이하 인입용 비닐절연전선(DV2F : 인입용 비닐절연전선 2심평형)
EE	폴리에틸렌절연 폴리에틸렌시스 케이블
EV	폴리에틸렌절연 비닐시스 케이블
FL	형광방전등용 비닐 절연 전선
FR CNCO-W	동심중성선 수밀형 저독성 난연 전력 케이블
GV	접지용 비닐절연전선
H-AL	경 알루미늄선
HR	내열성 고무절연 전선
HFIX	450/750[V] 저독성 난연 가교폴리올레핀 절연전선
MI	미네럴 인슈레이션 케이블
NR	450/750[V] 일반용 단심 비닐절연전선
NF	450/750[V] 일반용 유연성 단심 비닐절연전선
NRI(온도)	300/500[V] 기기 배선용 단심 비닐절연전선(70[℃], 90[℃])
NFI(온도)	300/500[V] 기기 배선용 유연성 단심 비닐절연전선(70[℃], 90[℃])

	NEV	폴리에틸렌 절연 비닐시스 네온전선
	OC	옥외용 가교 폴리에틸렌 절연전선
	OE	옥외용 폴리에틸렌 절연전선
	OW	옥외용 비닐 절연전선
	PDB	고압 인하용 부틸 고무 절연전선
	PDC	6/10[kV] 고압 인하용 가교 폴리에틸렌 절연전선
	RB	600[V] 이하 고무 절연전선
	RN	고무절연 클로로프렌시스 케이블
	RV	고무절연 비닐시스 케이블
	VV	0.6/1[kV] 비닐 절연 비닐 시스 케이블
	VVF	0.6/1[kV] 비닐 절연 비닐 시스 평형 케이블
	VCT	0.6/1[kV] 비닐절연 비닐 캡타이어 케이블
	WCT	리드용 1종 케이블
	WNCT	리드용 2종 케이블
	WRCT	홀더용 1종 케이블
	WRNCT	홀더용 2종 케이블

※ 약호 : ① N : 네온 ② R : 고무 ③ V : 비닐 ④ E : 폴리에틸렌 ⑤ C : 클로로플렌
　　예 7.5[kV] N-RV : 7.5[kV] 고무 절연 비닐시스 네온 전선

2. 옥내 배선용 심벌

명칭	그림기호	적요
점멸기	●	① 용량의 표시 방법은 다음과 같다. 　• 10[A]는 방기하지 않는다. 　• 15[A] 이상은 전류값을 표기한다. 　　보기 ●15A ② 극수의 표시 방법은 다음과 같다. 　• 단극은 표시하지 않는다. 　• 2극 또는 3로, 4로는 각각 2P 또는 3, 4의 숫자를 방기한다. 　　보기 ●2P　●3 ③ 파일럿램프 내장형은 L을 표기한다.　보기 ●L ④ 방수형은 WP를 표기한다.　보기 ●WP ⑤ 방폭형은 EX를 표기한다.　보기 ●EX ⑥ 타이머 붙이는 T를 표기한다.　보기 ●T ⑦ 자동 점멸기　보기 ●A

명칭	그림기호	적요
조광기	![arrow]	용량을 표시하는 경우에는 표기한다. 보기 15A
리모콘 스위치	●R	① 파일럿 램프 붙이는 ○을 병기한다. 보기 ○●R ② 리모콘 스위치임이 명백한 경우는 R을 생략하여도 좋다.
셀렉터 스위치	⊛	① 점멸 회로수를 표기한다. 보기 ⊛9 ② 파일럿 램프 붙이는 L을 표기한다. 보기 ⊛9L
리모콘 릴레이	▲	리모콘 릴레이를 집합하여 부착하는 경우는 ▲▲▲▲ 를 사용하고, 릴레이 수를 표기한다. 보기 ▲▲▲▲10
일반용 조명 백열등 HID등	○	① 벽붙이는 벽 옆을 칠한다. ◐ ② 걸림 로제트만 ⓛ ③ 펜던트 ⊖ ④ 실링·직접 부착 ⓒⓁ ⑤ 샹들리에 ⒸⒽ ⑥ 매입 기구 ⒹⓁ (◎로 하여도 좋다.) ⑦ 옥외등은 ⊗로 하여도 좋다. ⑧ HID등의 종류를 표시하는 경우는 용량 앞에 다음 기호를 붙인다. 　• 수은등　　　　H 　• 메탈 할라이드등　M 　• 나트륨등　　　　N 보기 ○H400　○M400　○N400
형광등	▭○▭	① 용량을 표시하는 경우는 램프의 크기(형)×램프 수로 표시한다. 또, 용량 앞에 F를 붙인다. 보기 ▭○▭F40　▭○▭F40×2 ② 용량 외에 기구수를 표시하는 경우는 램프의 크기(형)×램프 수－기구 수로 표시한다. 보기 ▭○▭F40－2　▭○▭F40×2－3
비상용 조명 백열등	●	(건축기준법에 따르는 것) ① 일반용 조명 백열등의 적요를 준용한다. 다만, 기구의 종류를 표시하는 경우는 표기한다. ② 일반용 조명 형광등에 조립하는 경우는 다음과 같다. ▭○●▭

명칭	그림기호	적요
형광등	━●━	① 일반용 조명 백열등의 적요를 준용한다. 다만, 기구의 종류를 표시하는 경우는 표기한다. ② 계단에 설치하는 통로 유도등과 겸용인 것은 다음과 같이 표기한다. ━⊗━
유도등 백열등	⊗	(소방법에 따르는 것) ① 일반용 조명 백열등의 적요를 준용한다. ② 객석 유도등인 경우는 필요에 따라 S를 표기한다. ⊗S
콘센트	⊕	① 천장에 부착하는 경우는 다음과 같다. ⊙ ② 바닥에 부착하는 경우는 다음과 같다. ⊕ 　바닥에 부착하는 50[A] 콘센트 ⊕50A ③ 용량의 표시 방법은 다음과 같다. 　• 15[A]는 표기하지 않는다. 　• 20[A] 이상은 암페어 수를 표기한다. 　　보기 ⊕20A ④ 2구 이상인 경우는 구수를 표기한다. 　　보기 ⊕2 ⑤ 3극 이상인 경우는 극수를 방기한다. 　　보기 ⊕3P ⑥ 종류를 표시하는 경우는 다음과 같다. 　• 빠짐방지형　　⊕LK 　• 걸림형　　　　⊕T 　• 접지극붙이　　⊕E 　• 접지단자붙이　⊕ET 　• 누전 차단기붙이 ⊕EL 　• 타이머붙이　　⊕TM ⑦ 방수형은 WP를 방기　⊕WP ⑧ 방폭형은 EX를 방기　⊕EX ⑨ 의료용은 H를 방기　 ⊕H
비상 콘센트	⊙⊙	(소방법에 따르는 것)

명칭	그림기호	적요

누전 차단기	$\boxed{E}$	① 상자인 경우는 상자의 재질 등을 표기한다.
		② 과전류 소자붙이는 극수, 프레임의 크기, 정격전류, 정격감도 전류 등 과전류 소자 없음은 극수, 정격전류, 정격감도전류 등을 표기한다.
		  • 과전류 소자 있음의 보기 $\boxed{E}$ 2P
		    30AF
		    15A
		    30mA
		  • 과전류 소자 없음의 보기 $\boxed{E}$ 3P
		    15A
		    30mA
		③ 과전류 소자 있음은 $\boxed{BE}$ 를 사용하여도 좋다.
		④ $\boxed{E}$ 를 $\boxed{S}$ ELB로 표시하여도 좋다.

개폐기	$\boxed{S}$	① 상자인 경우는 상자의 재질 등을 표기한다.
		② 극수, 정격전류, 퓨즈 정격전류 등을 표기한다.
		  보기 $\boxed{S}$ 2P 30A
		    f 15A
		③ 전류계붙이는 $\boxed{Ⓢ}$ 를 사용하고 전류계의 정격전류를 표기한다.
		  보기 $\boxed{Ⓢ}$ 2P 30A
		    f 15A
		   → 정격전류 5A의 전류계붙이
		     2극 30A용 개폐기로서, 퓨즈 용량 15A

배선용 차단기	$\boxed{B}$	① 상자인 경우는 상자의 재질 등을 표기한다.
		② 극수, 프레임의 크기, 정격전류 등을 표기한다.
		  보기 $\boxed{B}$ 3P
		    225AF
		    150A
		③ 모터브레이커를 표시하는 경우는 $\boxed{Ḃ}$ 를 사용한다.
		④ $\boxed{B}$ 를 $\boxed{S}$ MCB로 표시하여도 좋다.

전력량계	$\boxed{WH}$	① 전력량계의 적요를 준용한다.(상자들이 또는 후드붙이) ② 집합계기상자에 넣는 경우는 전력량계의 수를 방기한다. 보기 $\boxed{WH}$ 12
변류기	$\boxed{CT}$	필요에 따라 전류를 방기한다.(상자들이)

Chapter 01. 심벌 및 약호

명칭	그림기호	적요
전류 제한기	Ⓛ / ⃞L	① 필요에 따라 전류를 방기한다. ② 상자들이인 경우는 그 뜻을 방기한다.
누전 경보기	⊘G	
누전 화재 경보기	⊘F	(소방법에 따르는 것)
지진 감지기	㉺	필요에 따라 전류를 방기한다. 보기 ㉺ 100~170cm/s ㉺ 100~170Gal
룸 에어컨	⃞RC	① 옥외 유닛에는 O를, 옥내 유닛에는 I를 표기한다. 보기 ⃞RC O ⃞RC I ② 필요에 따라 전동기, 전열기의 전기방식, 전압, 용량 등을 표기한다.
소형 변압기	Ⓣ	① 필요에 따라 용량, 2차 전압을 방기한다. ② 필요에 따라 벨 변압기는 B, 리모콘 변압기는 R, 네온 변압기는 N, 형광등용 안정기는 F, HID등(고효율 방전등)용 안정기는 H를 표기한다. 보기 ⓉB ⓉR ⓉN ⓉF ⓉH ③ 형광등용 안정기 및 HID등용 안정기로서 기구에 넣는 것은 표시하지 않는다.
배전반 분전반 및 제어반	▭	① 종류를 구별하는 경우는 다음과 같다. • 배전반 ⊠ • 분전반 ◩ • 제어반 ⊠ ② 직류용은 그 뜻을 표기한다. ③ 재해방지 전원 회로용 배전반 등인 경우는 2중 틀로하고 필요에 따라 종별을 표기한다. 보기 ⊠ 1종 ◩ 2종
손잡이 누름버튼	●	간호부 호출용은 ●N 또는 Ⓝ로 한다.
벨	⌓	경보용, 시보용을 구별하는 경우는 다음과 같다. 보기 경보용 Ⓐ 시보용 Ⓣ
버저	⌐⌐	경보용, 시보용을 구별하는 경우는 다음과 같다. 보기 경보용 Ⓐ 시보용 Ⓣ

명칭	그림기호	적요
배선	────── ― ― ― ― ------------	• 실선 : 천장 은폐 배선(천장 속 배선 - — · — · —) • 파선 : 바닥 은폐 배선(바닥면 노출 배선 ·· — ·· — ···) • 점선 : 노출 배선 배관은 다음과 같이 표시한다. • 강제 전선관 1.6(19) • 경질 비닐 전선관 1.6(VE 16) • 2종 금속제 가요전선관 1.6(F₂ 17) • 합성수지제 가요관 1.6(PF 16) • 전선이 들어있지 않은 경우 C / 19 • 플로어 덕트 F7 • 정크션 박스 ----◎---- • 접지선과 배선을 동일관 내에 넣는 경우 2.0(25) E2.0
풀 박스 및 접속상자	⊠	① 재료의 종류, 치수를 표시한다. ② 박스의 대소 및 모양에 따라 표시한다.
VVF용 조인트 박스	⊘	단자붙이임을 표시하는 경우는 t를 표기한다. 보기 ⊘t
접지 단자	⏚	의료용인 것은 H를 표기한다. 보기 ⏚H
접지 센터	EC	의료용인 것은 H를 표기한다. 보기 EC H

버스 덕트	▬▬▬	① 필요에 따라 다음 사항을 표시한다.
		    a. • 피드 버스 덕트 FBD
		       • 플러그인 버스 덕트 PBD
		       • 트롤리 버스 덕트 TBD
		    b. 방수형인 경우는 WP
		    c. 전기방식, 정격전압, 정격전류
		     보기 ▬▬▬ FBD3φ 3W 300 V 600 A
		② 익스팬션을 표시하는 경우는 다음과 같다.
		       ▬▬∿▬▬

명칭	그림기호	적요
버스 덕트	▬	③ 옵셋을 표시하는 경우는 다음과 같다. ④ 탭붙이를 표시하는 경우는 다음과 같다. ⑤ 상승, 인하를 표시하는 경우는 다음과 같다. 상승　　　　　　　인하 ⑥ 필요에 따라 정격전류에 의해 나비를 바꾸어 표시하여도 좋다.
차동식 스폿형 감지기	⌐⌐	필요에 따라 종별을 표기한다.
보상식 스폿형 감지기	⌐⌐	필요에 따라 종별을 표기한다.
정온식 스폿형 감지기	⌒	① 필요에 따라 종별을 표기한다. ② 방수인 것은 ⌒로 한다. ③ 내산인 것은 ⌒로 한다. ④ 내알칼리인 것은 ⌒로 한다. ⑤ 방폭인 것은 EX를 표기한다.
연기 감지기	S	① 필요에 따라 종별을 표기한다. ② 점검 박스붙이인 경우는 S로 한다. ③ 매입인 것은 S로 한다.
감지선	—◉—	① 필요에 따라 종별을 표기한다. ② 감지선과 전선의 접속점은 ——●—— 로 한다. ③ 가건물 및 천장 안에 시설할 경우는 ――●―― 로 한다. ④ 관통 위치는 —○—○— 로 한다.
공기관	————	① 배선용 그림기호보다 굵게 한다. ② 가건물 및 천장 안에 시설할 경우는 ― ― ― 로 한다. ③ 관통 취치는 —○—○— 로 한다.
열전대	▬	가건물 및 천장 안에 시설할 경우는 —▭— 로 한다.
열반도체	(oo)	
차동식 분포형 감지기의 검출부	⋈	필요에 따라 종별을 표기한다.
P형 발신기	Ⓟ	① 옥외용인 것은 Ⓟ 로 한다. ② 방폭인 것은 EX를 표기한다.
회로 시험기	◉	

명칭	그림기호	적요
경보벨	Ⓑ	① 방수용인 것은 Ⓑ 로 한다. ② 방폭인 것은 EX를 표기한다.

3. 지지물

1) 콘크리트주 : ─○─C　　　　2) 철탑 : ─⊠
3) 철주(사각) : ─□─　　　　　4) 지선 : ─→
5) 지주 : ───┤　　　　　　　6) 지선주 : ───┤→

4. 지락사고 및 단선사고

	단선도	복선도
1선지락		
2선지락		
3선지락		

	단선도	복선도
선간단락		
3선단락		

	단선도	복선도
1선단선지락		
2선단선지락		
3선단선지락		

01 심벌 및 약호

전선 약호에 따른 명칭을 쓰시오.

(1) ACSR (2) OW
(3) A-Al (4) DV
(5) OE   (6) MI
(7) EV

정답

(1) 강심알루미늄연선
(2) 옥외용 비닐절연전선
(3) 연알루미늄선
(4) 인입용 비닐절연전선
(5) 옥외용 폴리에틸렌 절연전선
(6) 미네랄 인슈레이션 케이블
(7) 폴리에틸렌 절연 비닐 시스케이블

02 심벌 및 약호

전선의 종류에서 용도는 특고압 전압선, 규격은 32, 58, 95, 160[mm²]이며 약호는 특고압 ACSR-OC 이다. 정확한 명칭은?

정답

옥외용 강심 알루미늄도체 가교 폴리에틸렌 절연전선 또는 특고압 강심 알루미늄 절연전선

03 심벌 및 약호

전선의 명칭은 옥외용 비닐절연전선이고 규격은 22, 38, 60, 100, 150[mm²]가 있다. 용도는 저압전압선, 변압기 2차 인하선에 사용된다. 이 전선의 약호는?

정답

OW

04 심벌 및 약호

다음 기호를 보고 어떤 종류의 케이블인지 그 종류를 쓰시오.

(1) CV1   (2) CVV
(3) CCV   (4) CN-CV-W

정답

(1) CV1 : 0.6/1[kV] 가교 폴리에틸렌 절연 비닐 시스 케이블
(2) CVV : 0.6/1[kV] 비닐 절연 비닐 시스 제어 케이블
(3) CCV : 0.6/1[kV] 제어용 가교 폴리에틸렌 절연 비닐 시스 케이블
(4) CN-CV-W : 동심중성선 수밀형 전력 케이블

05 심벌 및 약호

케이블에 대한 품명이다. 주어진 답안지에 기호를 기입하시오. (예 300/500[V] 편조리프트 케이블 : BL)

(1) 인입용 비닐 절연 전선
(2) 0.6/1[kV] 가교 폴리에틸렌 절연 폴리에틸렌 시스 케이블
(3) 0.6/1[kV] 가교 폴리에틸렌 절연 비닐 시스 케이블
(4) 형광 방전등용 비닐 절연 전선
(5) 450/750[V] 일반용 단심 비닐 절연 전선

정답

(1) DV   (2) CE1
(3) CV1   (4) FL
(5) NR

06 심벌 및 약호

다음은 전선의 약호이다. 이에 대한 명칭은 무엇인가? 우리말로 답하시오.

(1) OW
(2) WO
(3) AL – OC
(4) AW – OC
(5) OC – W
(6) OW – W

정답

(1) 옥외용 비닐 절연전선
(2) 나경동 연선
(3) 옥외용 알루미늄 도체 가교 폴리에틸렌 절연전선
(4) 특고압 알루미늄 피복 강심 알루미늄 가교 폴리에틸렌 절연전선
(5) 특고압 수밀형 가교폴리에틸렌 절연 동전선
(6) 저압 수밀형 비닐 절연전선

07 심벌 및 약호

다음 옥내 배선 심벌에 대한 설명하시오.

(1) ─── C ───
      19

(2) ─── /// ───
      NR10º(28)

정답

(1) 전선이 들어있지 않은 19[mm] 박강전선관
(2) 28[mm] 후강전선관에 천장은폐배선으로 10[mm^2] 450/750[V] 일반용 단심 비닐 절연전선 3가닥을 넣은 경우

08 심벌 및 약호

다음 물음에 답하시오.

(1) □------ LD 표시는 어떤 표시인가?
(2) [MD] 표시는 어떤 표시인가?
(3) ------◎------ 표시는 어떤 표시인가?
(4) ------(F7)------ 표시는 어떤 표시인가?
(5) ─╱╱╱─ 4ᵒ(25) E4ᵒ 표시는 어떤 표시인가?

정답

(1) 라이팅 덕트
(2) 금속 덕트
(3) 정크션 박스
(4) 플로어 덕트
(5) 25[mm] 박강전선관에 천장은폐배선으로 4[mm²] 절연 전선 3가닥과 접지선 4[mm²] 1가닥을 넣는 경우

09 심벌 및 약호

다음은 전기 배선용 심벌을 나타낸 것이다. 각각 명칭을 기입하여라.

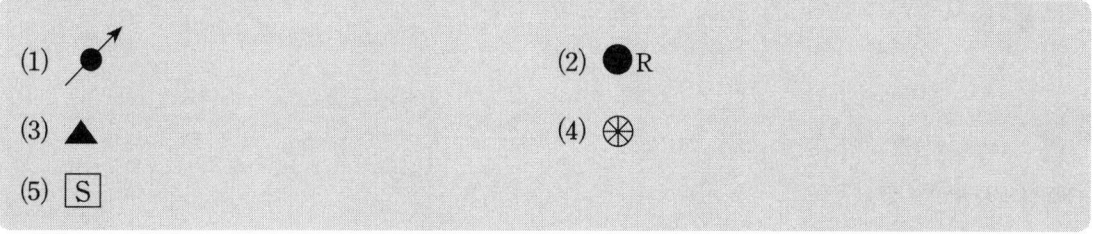

정답

(1) 조광기   (2) 리모콘 스위치
(3) 리모콘 릴레이 (4) 셀렉터 스위치   (5) 개폐기

10 심벌 및 약호

다음은 무엇을 나타내는 심벌인가?

그림기호	적용	그림기호	적용
(VAR)	①	⊠	②

정답

① 무효 전력계
② 풀박스 및 접속상자

11 심벌 및 약호

그림 기호는 콘센트 종류를 표시한 것이다. 어떤 종류를 표시한 것인가?

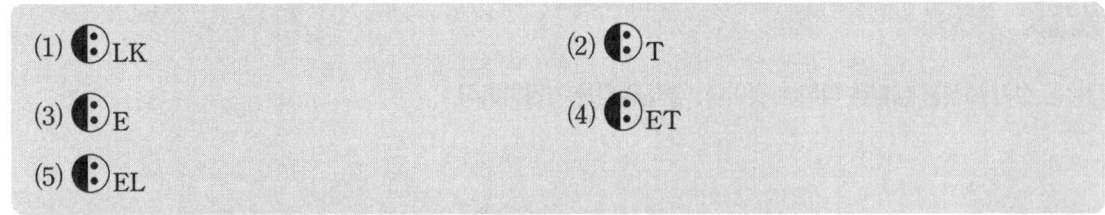

정답

(1) 빠짐 방지형 (2) 걸림형
(3) 접지극붙이 (4) 접지단자붙이
(5) 누전 차단기붙이

12 심벌 및 약호

다음 콘센트의 심벌을 그리시오.

(1) 바닥에 부착하는 50[A] 콘센트
(2) 벽에 부착하는 의료용 콘센트
(3) 천정에 부착되는 접지단자 붙이 콘센트
(4) 비상 콘센트

정답

(1) ⊙50A (2) ◐H
(3) ⊙ET (4) [⊙ ⊙]

13 심벌 및 약호

다음 전기 심벌의 명칭을 쓰시오.

(1) ⊘G (2) ∞
(3) [TS]

정답

(1) 누전경보기
(2) 환기팬(선풍기 포함)
(3) 타임스위치

14 심벌 및 약호

다음 그림기호의 명칭을 쓰시오.

(1) E
(2) B
(3) TS
(4) S
(5) ◁
(6) ●↗

정답

(1) 누전차단기 (2) 배선용 차단기
(3) 타임스위치 (4) 연기감지기
(5) 스피커   (6) 조광기

15 심벌 및 약호

일반 조명용(백열등, HID등) 옥내배선 그림기호를 보고 각각의 적용분야를 쓰시오.

그림기호	적용	그림기호	적용
◐	①	⊗	④
⊖	②	CL	⑤
CH	③	DL	⑥

정답

①	②	③
벽붙이(백열등)	펜던트	샹들리에
④	⑤	⑥
옥외등	실링라이트	매입기구

16　심벌 및 약호

다음 심벌에 대한 명칭은 ?

그림기호	적용	그림기호	적용	그림기호	적용
⊗	①	EQ 100~170cm/s	②	▣	③

정답

① 유도등(백열등)　　　　　　　　② 지진감지기(가속도 100~170 Gal)
③ 벽붙이 누름버튼

17　심벌 및 약호

무선통신보조설비에서 다음 심벌의 명칭을 쓰시오.

(1) △
(2) ∀
(3) ⊣▯⊢
(4) ⊣▯⊢
(5) ⊣▯

정답

(1) 안테나　　　　　　　　(2) 혼합기
(3) 분배기　　　　　　　　(4) 분기기
(5) 커넥터

18 심벌 및 약호

경보, 호출, 표시장치를 나타내는 그림기호를 보고 각각의 명칭을 쓰시오.

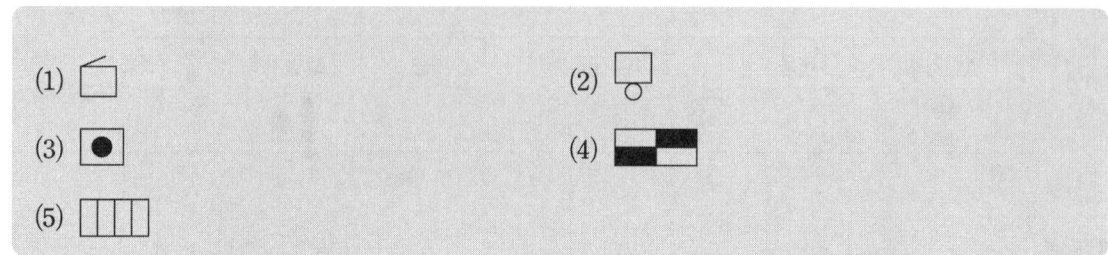

정답

(1) 부저 (2) 벨
(3) 누름버튼 (4) 경보수신반
(5) 표시반(기)

19 심벌 및 약호

다음 옥내 배선의 그림기호를 보고 각각의 명칭을 쓰시오.

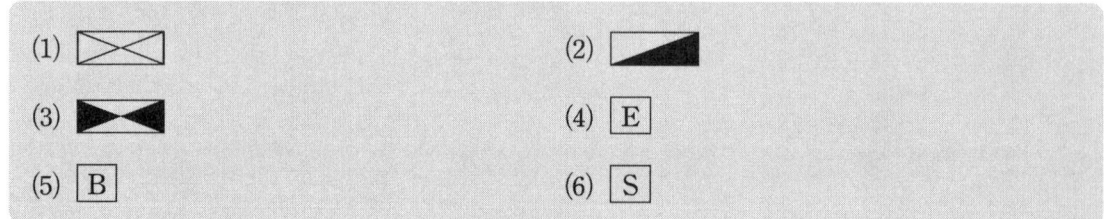

정답

(1) 배전반 (2) 분전반
(3) 제어반 (4) 누전차단기
(5) 배선용 차단기 (6) 개폐기

20 심벌 및 약호

다음 그림은 지지물에 대한 기호이다. 명칭을 주어진 답안지에 쓰시오.

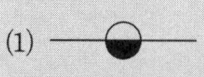

정답

(1) 철근 콘트리트주 (2) 철주
(3) 철탑 (4) 지선

21 심벌 및 약호

다음은 배전설비 표준기호이다. 명칭은?

C14×2

정답

콘크리트 전주 14[m] H주 신설 2본

22 심벌 및 약호

심벌의 명칭을 쓰시오.

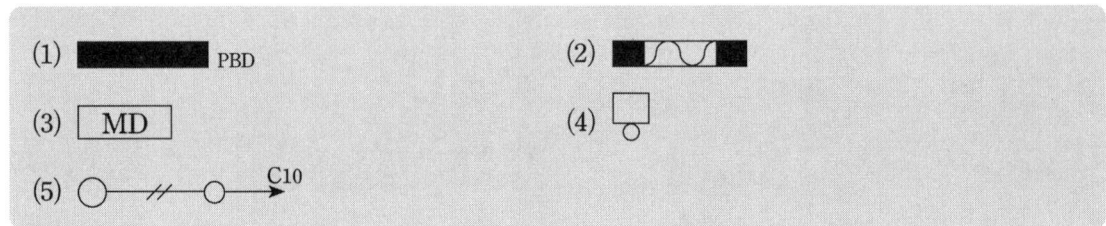

정답

(1) 플러그인 버스덕트 (2) 익스펜션 버스덕트
(3) 금속덕트 (4) 벨
(5) 콘크리트주 10[m]로 지선주 및 보통지선 신설

23 심벌 및 약호

그림(A)와 그림(B)의 차이점은 무엇인가?

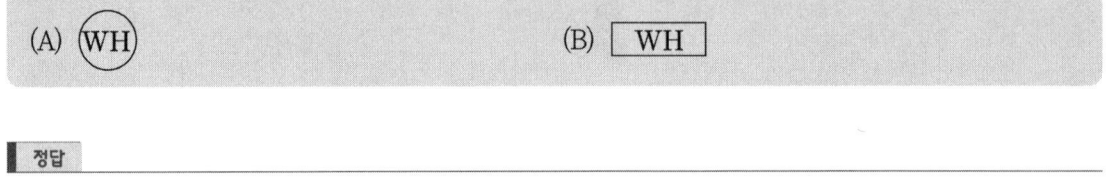

정답

(A) 전력량계 (B) 상자들이 또는 후드붙이 전력량계

24 심벌 및 약호

그림 기호는 자동화재탐지설비의 감지기에 관한 기호이다. 명칭을 정확히 쓰시오.

정답

정온식 스포트형 감지기(내알칼리형)

감지기의 종류	그림기호	비 고
정온식 스포트형 감지기	▽	• 방 수 형 : ▽ • 내 산 형 : ▽ • 내알칼리형 : ▽ • 방 폭 형 : ▽ EX
차동식 스포트형 감지기	▽	
보상식 스포트형 감지기	▽	

25 심벌 및 약호

다음 심벌의 명칭은?

정답

1선 단선 지락

26 심벌 및 약호

3선 단락 기호의 단선도를 그리시오.

> 정답

↯↯↯

27 심벌 및 약호

단자가 부착된 VVF용 조인트 박스의 표준 심벌은?

> 정답

⊘t

ELECTRIC WORK

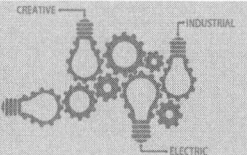

2 KEC 용어 정리 및 기타 용어

1. KEC 용어

   1) 가공인입선

   가공전선로의 지지물로부터 다른 지지물을 거치지 아니하고 수용장소의 붙임점에 이르는 가공전선을 말한다.

   2) 가섭선(架涉線)

   지지물에 가설되는 모든 선류를 말한다.

   3) 간선

   인입구에서 분기 과전류차단기에 이르는 배선으로 분기회로의 분기점에서 전원 측 부분을 말한다.

   4) 과부하전류

   전기적 고장 없이 회로에 발생한 과전류를 말한다.

   5) 과전류

   전기기기 대해서는 그의 정격전류, 전선에 대해서는 허용전류를 초과한 전류에 흐르는 전류를 말한다.

   6) 규약동작전류

   보호장치가 특정 시간, 지정된 규약 시간에 동작하기 위한 전류 값을 말한다.

   7) 계통연계

   둘 이상의 전력계통 사이를 전력이 상호 융통될 수 있도록 선로를 통하여 연결하는 것으로 전력계통 상호간을 송전선, 변압기 또는 직류-교류변환설비 등에 연결하는 것을 말한다. 계통연락이라고도 한다.

   8) 계통외도전부(Extraneous Conductive Part)

   전기설비의 일부는 아니지만 지면에 전위 등을 전해줄 위험이 있는 도전성 부분을 말한다.

   9) 계통접지(System Earthing)

   전력계통에서 돌발적으로 발생하는 이상현상에 대비하여 대지와 계통을 연결하는 것으로, 중성점을 대지에 접속하는 것을 말한다.

10) 고장보호(간접접촉에 대한 보호, Protection Against Indirect Contact)

고장 시 기기의 노출도전부에 간접 접촉함으로써 발생할 수 있는 위험으로부터 인축을 보호하는 것을 말한다.

11) 관등회로

방전등용 안정기 또는 방전등용 변압기로부터 방전관까지의 전로를 말한다.

12) 기본보호(직접접촉에 대한 보호, Protection Against Direct Contact)

정상운전 시 기기의 충전부에 직접 접촉함으로써 발생할 수 있는 위험으로부터 인축을 보호하는 것을 말한다.

13) 누설전류

전기설비가 고장나지 않은 상태에서 대지 또는 회로의 노출 도전성 부분에 흐르는 전류를 말한다.

14) 내부 피뢰시스템(Internal Lightning Protection System)

등전위본딩 및 또는 외부피뢰시스템의 전기적 절연으로 구성된 피뢰시스템의 일부를 말한다.

15) 노출도전부(Exposed Conductive Part)

충전부는 아니지만 고장 시에 충전될 위험이 있고, 사람이 쉽게 접촉할 수 있는 기기의 도전성 부분을 말한다.

16) 단락전류

정상 운전상태에서 전위차가 있는 충전된 도체 사이에 임피던스가 0 인 고장에 의한 과전류를 말한다.

17) 단독운전

전력계통의 일부가 전력계통의 전원과 전기적으로 분리된 상태에서 분산형전원에 의해서만 운전되는 상태를 말한다.

18) 단순 병렬운전

자가용 발전설비 또는 저압 소용량 일반용 발전설비를 배전계통에 연계하여 운전하되, 생산한 전력의 전부를 자체적으로 소비하기 위한 것으로서 생산한 전력이 연계계통으로 송전되지 않는 병렬 형태를 말한다.

19) 등전위본딩(Equipotential Bonding)

등전위를 형성하기 위해 도전부 상호 간을 전기적으로 연결하는 것을 말한다.

20) 등전위본딩망(Equipotential Bonding Network)

구조물의 모든 도전부와 충전도체를 제외한 내부설비를 접지극에 상호 접속하는 망을 말한다.

21) 리플프리(Ripple-free)직류

교류를 직류로 변환할 때 리플성분의 실효값이 10[%] 이하로 포함된 직류를 말한다.

22) 분기회로

간선에서 분기하여 분기 과전류차단기를 거쳐서 부하에 이르는 배선을 말한다.

23) 보호도체(PE, Protective Conductor)

감전에 대한 보호 등 안전을 위해 제공되는 도체를 말한다.

24) 보호등전위본딩(Protective Equipotential Bonding)

감전에 대한 보호 등과 같이 안전을 목적으로 하는 등전위본딩을 말한다.

25) 보호본딩도체(Protective Bonding Conductor)

보호등전위본딩을 제공하는 보호도체를 말한다.

26) 보호접지(Protective Earthing)

고장 시 감전에 대한 보호를 목적으로 기기의 한 점 또는 여러 점을 접지하는 것을 말한다.

27) 분산형전원

중앙급전 전원과 구분되는 것으로서 전력소비지역 부근에 분산하여 배치 가능한 전원을 말한다. 상용전원의 정전 시에만 사용하는 비상용 예비전원은 제외하며, 신·재생에너지 발전설비, 전기저장장치 등을 포함한다.

28) 서지보호장치(SPD, Surge Protective Device)

과도 과전압을 제한하고 서지전류를 분류하기 위한 장치를 말한다.

29) 수뢰부시스템(Air-termination System)

낙뢰를 포착할 목적으로 돌침, 수평도체, 메시도체 등과 같은 금속 물체를 이용한 외부피뢰시스템의 일부를 말한다.

30) 설계전류

보통의 공급회로에 전류가 흐를 때 상정되는 전류를 말한다.

31) 스트레스전압(Stress Voltage)

지락고장 중에 접지부분 또는 기기나 장치의 외함과 기기나 장치의 다른 부분 사이에 나타나는 전압을 말한다.

32) 외부피뢰시스템(External Lightning Protection System)

수뢰부시스템, 인하도선시스템, 접지극시스템으로 구성된 피뢰시스템의 일종을 말한다.

33) 안전관리 설비

건축물에 필수적이며 사람의 안전 및 환경 또는 다른 물체에 손상을 주지 않게 하기 위한 설비을 말하며 비상조명, 소화전설비, 제연설비, 피난설비(유도등, 비상조명등), 자동화 설비, 의료용 기기가 있다.

34) 인하도선시스템(Down-conductor System)

뇌전류를 수뢰부시스템에서 접지극으로 흘리기 위한 외부피뢰시스템의 일부를 말한다.

35) 임펄스내전압(Impulse Withstand Voltage)

지정된 조건하에서 절연파괴를 일으키지 않는 규정된 파형 및 극성의 임펄스전압의 최대 파고값 또는 충격내전압을 말한다.

36) 연접인입선(이웃연결 인입선)

한 수용장소의 인입선에서 분기하여 지지물을 거치지 아니하고 다른 수용장소 인입구에 이르는 부분의 전선을 말한다.

37) 접근상태

제1차 접근상태 및 제2차 접근상태를 말한다.
① "제1차 접근상태"란 가공 전선이 다른 시설물과 접근(병행하는 경우를 포함하며 교차하는 경우 및 동일 지지물에 시설하는 경우를 제외한다. 이하 같다)하는 경우에 가공 전선이 다른 시설물의 위쪽 또는 옆쪽에서 수평거리로 가공 전선로의 지지물의 지표상의 높이에 상당하는 거리 안에 시설(수평 거리로 3[m] 미만인 곳에 시설되는 것을 제외한다)됨으로써 가공 전선로의 전선의 절단, 지지물의 도괴 등의 경우에 그 전선이 다른 시설물에 접촉할 우려가 있는 상태를 말한다.
② "제2차 접근상태"란 가공 전선이 다른 시설물과 접근하는 경우에 그 가공 전선이 다른 시설물의 위쪽 또는 옆쪽에서 수평 거리로 3[m] 미만인 곳에 시설되는 상태를 말한다.

38) 접지도체

계통, 설비 또는 기기의 한 점과 접지극 사이의 도전성 경로 또는 그 경로의 일부가 되는 도체를 말한다.

39) 접지시스템(Earthing System)

기기나 계통을 개별적 또는 공통으로 접지하기 위하여 필요한 접속 및 장치로 구성된 설비를 말한다.

40) 대지전위 상승(EPR, Earth Potential Rise)

접지계통과 기준대지 사이의 전위차를 말한다.

41) 접촉범위(Arm's Reach)

사람이 통상적으로 서있거나 움직일 수 있는 바닥면상의 어떤 점에서라도 보조장치의 도움 없이 손을 뻗어서 접촉이 가능한 접근구역을 말한다.

42) 정격전압

발전기가 정격운전상태에 있을 때, 동기기 단자에서의 전압을 말한다.

43) 중성선 다중접지 방식

전력계통의 중성선을 대지에 다중으로 접속하고, 변압기의 중성점을 그 중성선에 연결하는 계통접지 방식을 말한다.

44) 지락전류(Earth Fault Current)

충전부에서 대지 또는 고장점(지락점)의 접지된 부분으로 흐르는 전류를 말하며, 지락에 의하여 전로의 외부로 유출되어 화재, 사람이나 동물의 감전 또는 전로나 기기의 손상 등 사고를 일으킬 우려가 있는 전류를 말한다.

45) 지중 관로

지중 전선로·지중 약전류 전선로·지중 광섬유 케이블 선로·지중에 시설하는 수관 및 가스관과 이와 유사한 것 및 이들에 부속하는 지중함 등을 말한다.

46) 충전부(Live Part)

통상적인 운전 상태에서 전압이 걸리도록 되어 있는 도체 또는 도전부를 말한다. 중성선을 포함하나 PEN 도체, PEM 도체 및 PEL 도체는 포함하지 않는다.

47) 특별저압(ELV, Extra Low Voltage)

인체에 위험을 초래하지 않을 정도의 저압을 말한다. 여기서 SELV(Safety Extra Low Voltage)는 비접지회로에 해당되며, PELV(Protective Extra Low Voltage)는 접지회로에 해당된다.

※ 교류 : 50[V] 이하, 직류 : 120[V] 이하

48) 피뢰등전위본딩(Lightning Equipotential Bonding)

뇌전류에 의한 전위차를 줄이기 위해 직접적인 도전접속 또는 서지보호장치를 통하여 분리된 금속부를 피뢰시스템에 본딩하는 것을 말한다.

49) 피뢰레벨(LPL, Lightning Protection Level)

자연적으로 발생하는 뇌방전을 초과하지 않는 최대 그리고 최소 설계 값에 대한 확률과 관련된 일련의 뇌격전류 매개변수(파라미터)로 정해지는 레벨을 말한다.

50) 피뢰시스템(LPS, lightning protection system)

구조물 뇌격으로 인한 물리적 손상을 줄이기 위해 사용되는 전체시스템을 말하며, 외부피뢰시스템과 내부피뢰시스템으로 구성된다.

51) 피뢰시스템의 자연적 구성부재(Natural Component of LPS)

피뢰의 목적으로 특별히 설치하지는 않았으나 추가로 피뢰시스템으로 사용될 수 있거나, 피뢰시스템의 하나 이상의 기능을 제공하는 도전성 구성부재를 말한다.

52) PEN 도체(Protective earthing conductor and neutral conductor)

교류회로에서 중성선 겸용 보호도체를 말한다.

53) PEM 도체(Protective earthing conductor and a mid-point conductor)

직류회로에서 중간도체 겸용 보호도체를 말한다.

54) PEL 도체(Protective earthing conductor and a line conductor)

직류회로에서 선도체 겸용 보호도체를 말한다.

55) 액세스플로어(Movable Floor 또는 OA Floor)

컴퓨터실, 통신기계실, 사무실 등에서 배선, 기타의 용도를 위한 2중 구조의 바닥을 말한다.

56) 계통연계

둘 이상의 전력계통 사이를 전력이 상호 융통될 수 있도록 선로를 통하여 연결하는 것으로 전력계통 상호간을 송전선, 변압기 또는 직류-교류변환설비 등에 연결하는 것을 말한다.

2. 전압의 범위

1) 저압

교류는 1[kV] 이하, 직류는 1.5[kV] 이하인 것

2) 고압

교류는 1[kV]를, 직류는 1.5[kV]를 초과하고, 7[kV] 이하인 것

3) 특고압

7[kV]를 초과하는 것

01 용어 정리

"분기회로"란 무엇인가 용어의 정의를 쓰시오.

정답

분기회로란 간선에서 분기하여 분기과전류차단기를 거쳐서 부하에 이르는 사이의 배선을 말한다.

02 용어 정리

연접 인입선(이웃연결 인입선)이라 함은 어떤 용어인지 간단하게 쓰시오.

정답

한 수용장소 인입구 접속점에서 분기하여 다른 지지물을 거치지 아니하고 다른 수용장소 입구에 이르는 전선

03 용어 정리

다음은 용어에 대한 설명이다. ( )에 알맞은 용어를 쓰시오.

① ( )이라 함은 가공전선로의 지지물에서 다른 지지물을 거치지 아니하고 수용장소의 인입선에 접속점에 이르는 가공전선을 말한다.
② ( )이라 함은 지중전선로의 배전탑 또는 가공전선로의 지지물에서 직접 수용장소에 이르는 지중전선로를 말한다.
③ ( )이라 함은 하나의 수용장소의 인입선 접속점에서 분기하여 지지물을 거치지 아니하고 다른 수용장소의 인입선 접속점에 이르는 전선을 말한다.

정답

① 가공 인입선　② 지중 인입선　③ 연접 인입선

04 용어 정리

계통 외 도전부(Extraneous Conductive Part)란?

정답

계통 외 도전부란 전기설비의 일부는 아니지만 지면에 전위 등을 전해줄 위험이 있는 도전성 부분을 말한다.

05 용어 정리

노출도전부(Exposed Conductive Part)란?

정답

충전부는 아니지만 고장 시에 충전될 위험이 있고, 사람이 쉽게 접촉할 수 있는 기기의 도전성 부분을 말한다.

06 용어 정리

단락전류란 무엇인지 설명을 하시오?

정답

단락전류란 정상 운전상태에서 전위차가 있는 충전도체 사이에 임피던스가 0인 고장에 의한 과전류를 말한다.

07 용어 정리

안전관리 설비란 무엇을 말하는지 설명하시오?

정답

안전관리설비란 건축물에 필수적이며 사람의 안전 및 환경 또는 다른 물체에 손상을 주지 않게 하기 위한 설비을 말하며 비상조명, 소화전설비, 제연설비, 피난설비(유도등, 비상조명등), 자동화 설비, 의료용기기가 있다.

08 용어 정리

다음 용어를 설명하시오.

① PEN 도체　　　　　　　　　② PEM 도체
③ PEL 도체

정답

① PEN 도체(Protective earthing conductor and neutral conductor) : 교류회로에서 중성선 겸용 보호도체를 말한다.
② PEM 도체(Protective earthing conductor and a mid-point conductor) : 직류회로에서 중간도체 겸용 보호도체를 말한다.
③ PEL 도체(Protective earthing conductor and a line conductor) : 직류회로에서 선도체 겸용 보호도체를 말한다.

09 용어 정리

액세스플로어(Movable Floor 또는 OA Floor)란?

정답

컴퓨터실, 통신기계실, 사무실 등에서 배선, 기타의 용도를 위한 2중 구조의 바닥을 말한다.

10 용어 정리

분산형 전원 설비란 무엇인지 설명하시오?

정답

분산형전원 : 중앙급전 전원과 구분되는 것으로서 전력소비지역 부근에 분산하여 배치 가능한 전원을 말한다. 상용전원의 정전 시에만 사용하는 비상용 예비전원은 제외하며, 신·재생에너지 발전설비, 전기저장장치 등을 포함한다.

11 용어 정리

서지보호장치(SPD, Surge Protective Device)란?

정답

서지보호장치(SPD, Surge Protective Device)란 과도 과전압을 제한하고 서지전류를 분류하기 위한 장치를 말한다.

12 용어 정리

다음은 한국전기설비규정에 따른 태양광설비에 시설하는 태양전지 모듈에 대한 설명이다. (   ) 안에 알맞은 내용을 쓰시오.

> 모듈의 각 직렬군은 동일한 (①)전류를 가진 모듈로 구성하여야 하며 1대의 인버터(멀티스트링 인버터의 경우 1대의 MPPT 제어기)에 연결된 모듈 직렬군이 (②)병렬 이상일 경우에는 각 직렬군의 출력전압 및 출력전류가 동일하게 형성되도록 배열할 것

정답

① 단락
② 2

3 전선 및 케이블

1. 전선의 굵기 결정

    1) 허용전류
    2) 전압강하
    3) 기계적 강도
    ※ 송배전선로 전선의 굵기를 결정시에는 코로나 손실과 전력손실 또는 경제성을 추가한다.

2. 전선의 구비 조건

    1) 비중이 작을 것
    2) 도전율이 크고 고유저항이 작을 것
    3) 가요성이 풍부하고 가설(접속이)하기 용이할 것
    4) 기계적 강도 및 인장 강도가 클 것
    5) 내구성과 내 부식성이 있을 것
    6) 경제적일 것

3. 단선 및 연선의 구분

    1) 단선 : 도체 한 가닥을 사용하여 구성된 전선

    2) 연선 : 소선 여러 가닥을 꼬아 구성된 전선

        ① 단층[1층] : 최소 가닥수가 7개
        ② 2층 : 최소 가닥수가 19개
        ③ 3층 : 최소 가닥수가 37개
        ④ 4층 : 최소 가닥수가 61개

    3) 연선의 계산

        ① $N = 3n(n+1) + 1$ [가닥]
        ② $D = (2n+1)d$ [mm]
        ③ $A = \pi r^2 = \dfrac{\pi}{4} d^2 N = \dfrac{\pi D^2}{4}$ [mm²]

        여기서, N : 전체 소선수, n : 층수, D[mm] : 연선의 지름, r[mm] : 연선의 반지름
        d[mm] : 소선의 지름, A[mm²] : 연선의 단면적

4. 전선의 공칭 단면적[mm²]

   1.5, 2.5, 4, 6, 10, 16, 25, 35, 50, 70, 95, 120, 150, 185, 240, 300, 400, 500, 630

5. 전선의 식별

   1) 전선의 색상은 표에 따른다.

상(문자)	색상
L1	갈색
L2	검은색
L3	회색
N	파란색
보호도체	녹색-노란색

   2) 색상 식별이 종단 및 연결 지점에서만 이루어지는 나도체 등은 전선 종단부에 색상이 반영구적으로 유지될 수 있는 도색, 밴드, 색 테이프 등의 방법으로 표시해야 한다.

   3) 제1 및 제2를 제외한 전선의 식별은 KS C IEC 60445(인간과 기계 간 인터페이스, 표시 식별의 기본 및 안전원칙-장비단자, 도체단자 및 도체의 식별)에 적합하여야 한다.

6. 전선 접속 시 유의 사항

   1) 나전선 상호 또는 나전선과 절연전선 또는 캡타이어 케이블과 접속하는 경우
      - 전선의 세기(인장하중)를 20[%] 이상 감소시키지 아니할 것
      - 접속부분은 접속관 기타의 기구를 사용할 것

   2) 절연전선 상호, 절연전선과 코드, 캡타이어 케이블과 접속하는 경우에는 접속부분은 절연전선에 절연물과 동등 이상의 절연효력이 있는 것으로 충분히 피복할 것

   3) 코드 상호, 캡타이어 케이블 상호 또는 이들 상호를 접속하는 경우에는 코드 접속기, 접속함 기타의 기구를 사용할 것. 다만 공칭단면적이 10[mm²] 이상인 캡타이어케이블 상호를 규정에 준하여 접속한 경우에는 기구를 사용하지 않을 수 있다.

   4) 도체에 알루미늄을 사용하는 전선과 동을 사용하는 전선 등 전기 화학적 성질이 다른 도체를 접속 경우 전기적 부식이 생기지 않도록 할 것

7. 전선의 접속 방법

   1) 직선접속

   ① 가는 단선(단면적 6[mm²]이하)의 직선접속(트위스트조인트)
   ② 직선 맞대기용 슬리브(B형)에 의한 압착 접속

   2) 분기접속

   ① 가는 단선(단면적 6[mm²]이하)의 분기접속
   ② T형 커넥터에 의한 분기 접속

   3) 종단접속(終端接續)

   ① 가는 단선(단면적 4[mm²]이하)의 종단접속
   ② 가는 단선(단면적 4[mm²]이하)의 종단접속(지름이 다른 경우)
   ③ 동선 압착단자에 의한 접속
   ④ 비틀어 꽂는 형의 전선 접속기에 의한 접속
   ⑤ 종단겹침용 슬리브(E형)에 의한 접속
   ⑥ 직선겹침용 슬리브(P형)에 의한 접속
   ⑦ 꽂음형 커넥터에 의한 접속

   4) 슬리브에 의한 접속(압축형, 관형)

   ① S형 슬리브에 의한 직선 접속
   ② S형 슬리브에 의한 분기 접속
   ③ 매킹타이어 슬리브에 의한 직선접속(양쪽비틀림 한쪽비틀림)

8. 전선의 병렬 사용

   1) 전선의 병렬 사용 규정
   ① 병렬로 사용하는 각 전선의 굵기는 동은 50[mm²] 이상, 알루미늄은 70[mm²] 이상이고 또한 동일한 도체, 굵기, 길이이어야 한다.
   ② 같은 극의 각 전선은 동일한 터미널 러그에 완전히 접속시킬 것
   ③ 같은 극의 각 전선의 터미널 러그는 동일한 도체에 2개 이상의 리벳 또는 2개 이상의 나사로 확실하게 접속할 것
   ④ 병렬로 사용하는 전선에는 각각에 퓨즈를 설치하지 말 것
   ⑤ 교류 회로에서 전선을 병렬로 사용하는 경우에는 관 내에 전자적 불평형이 생기지 아니하도록 시설하여야 한다.

2) 금속관 배선에서 전선을 병렬로 사용하는 경우의 예는 다음 그림과 같다.

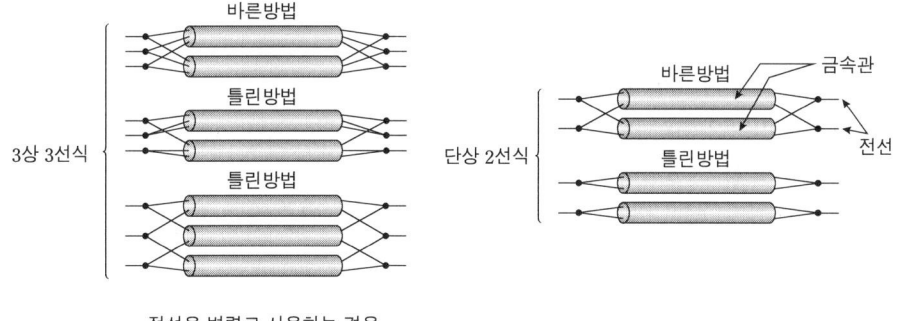

전선을 병렬로 사용하는 경우

9. 고·저압 전선 및 케이블의 종류

1) 저압절연전선

① 450/750[V] 비닐절연전선
② 450/750[V] 고무절연전선
③ 450/750[V] 저독성 난연 폴리올레핀 절연전선(HFIO)
④ 450/750[V] 저독성 난연 가교 폴리올레핀 절연전선(HFIX)

2) 저압케이블

① 0.6/1[kV] 연피[鉛皮]케이블
② 클로로프렌외장[外裝]케이블
③ 비닐외장케이블
④ 폴리에틸렌외장케이블
⑤ 무기물 절연케이블
⑥ 금속외장케이블
⑦ 300/500[V] 연질 비닐시스 케이블

3) 고압케이블

① 연피케이블
② 알루미늄피 케이블
③ 클로로프렌외장케이블
④ 비닐외장케이블
⑤ 폴리에틸렌외장케이블
⑥ 콤바인 덕트 케이블

10. 송배전 선로에 사용되는 전선 및 케이블

1) 가공전선로

① 경동선 : 22, 38, 60, 100, 150[mm²]
② ACSR : 19, 32, 58, 95, 160, 240, 330, 410, 480, 520, 610[mm²]
※ 특고압 전압선 및 중성선에 사용되며 경동선에 비해 기계적 강도가 크고 가벼우며 같은 저항값에 대한 전선의 바깥지름이 경동선보다 크기 때문에 초고압 송전선로의 코로나 발생 억제에 유효하다.
※ 22.9[kV-Y] 3상 4선식 중성점 다중접지 방식의 특고압 가공전선로에 있어서 중성선의 최소 굵기는 32[mm²] 이상
③ 내열 강심 알루미늄 합금연선(TACSR)
④ 고장력 강심 알루미늄 합금연선(AACSR/EST)

2) 22.9[kV] 지중인입선 케이블

① CN-CV-W 케이블(수밀형)
② TR-CNCV-W(트리억제형)
③ FR CNCO-W 케이블
※ 22.9[kV-Y] 특별고압 수밀형 케이블

공칭전압 : 22.9[kV]	기호 : ABC - W
선심수 : 3	규격 : 50, 95, 150, 240[mm²]

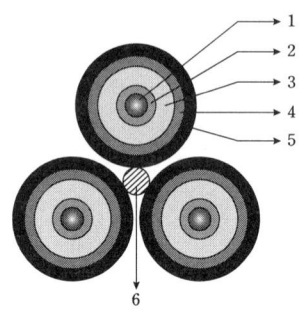

NO	항목	재료
1	도체	수밀 컴파운드 충진 원형 압축 AL
2	내부 반도전층	반도전성 컴파운드
3	절연층	가교폴리에틸렌
4	외부 반도전층	반도전성 컴파운드
5	시스	반도전성 고밀도 폴리에틸렌
6	중성선	알루미늄 피복강심 경 알루미늄 연선

3) CN- CV 케이블 열화 발생 원인

① 전기적 요인
② 열적 요인
③ 화학적 요인
④ 기계적 요인
⑤ 생물적 요인

11. 용접용 케이블

종 류	기 호	비 고
리드용 제1종 케이블	WCT	천연 고무 캡타이어로 피복한 것
리드용 제2종 케이블	WNCT	클로로프렌 캡타이어로 피복한 것
홀더용 제1종 케이블	WRCT	천연 고무 캡타이어로 피복한 것
홀더용 제2종 케이블	WRNCT	클로로프렌 캡타이어로 피복한 것

※ 아크용접기 케이블 굵기

100[A] 이하	150[A] 이하	250[A] 이하	400[A] 이하	600[A] 이하
16[mm^2]	25[mm^2]	35[mm^2]	70[mm^2]	95[mm^2]

01 전선 및 케이블

송전선로의 전선의 굵기를 결정하는 5가지 요소를 간단히 쓰시오.

> **정답**

① 허용전류　　　　　　　　　　② 전압강하
③ 기계적 강도　　　　　　　　　④ 코로나 손실
⑤ 전력손실

02 전선 및 케이블

전선의 구비조건 5가지를 쓰시오.

> **정답**

- 도전율이 클 것
- 신장률이 클 것
- 부식성이 적고 내식성이 클 것
- 기계적 강도가 클 것
- 비중이 작고 내구성이 있을 것

03 전선 및 케이블

1.8[mm], 19가닥 경동연선의 바깥지름은 얼마인가?

> **정답**

- 계산과정 : 전선의 총수 $N=1+3n(n+1)$에서 $N=19$ 이므로 $n=2$
  외경 $D=(1+2n)d=(1+2\times2)\times1.8=9[\text{mm}]$
- 정답 : 9 [mm]

04　전선 및 케이블

연선의 직선 접속에서 7가닥 연선의 경우에는 소선 전부를 사용하거나 1가닥을 끊어내고 6가닥으로 각각 3회 정도 접속한다. 37본 연선의 경우에는 중앙부 몇 가닥을 끊어내고 나머지 몇 가닥으로 접속 하는가?

정답

19가닥을 끊어내고, 18가닥으로 접속한다.

05　전선 및 케이블

옥내에서 전선을 병렬로 사용하는 경우의 원칙 5가지만 쓰시오.

정답

전선의 병렬 사용 규정
① 병렬로 사용하는 각 전선의 굵기는 동은 50[mm²] 이상, 알루미늄은 70[mm²] 이상이고 또한 동일한 도체, 굵기, 길이이어야 한다.
② 같은 극의 각 전선은 동일한 터미널 러그에 완전히 접속시킬 것
③ 같은 극의 각 전선의 터미널 러그는 동일한 도체에 2개 이상의 리벳 또는 2개 이상의 나사로 확실하게 접속할 것
④ 병렬로 사용하는 전선에는 각각에 퓨즈를 설치하지 말 것
⑤ 교류 회로에서 전선을 병렬로 사용하는 경우에는 관 내에 전자적 불평형이 생기지 아니하도록 시설하여야 한다.

06　전선 및 케이블

교류 회로의 금속관 공사에서 1개 회로의 전선 전부를 동일한 전선관에 넣어 설치하여야 하는 이유는?

정답

전자적 불평형을 방지하기 위해

07 전선 및 케이블

금속관 옥내배선에서 저압 3상 4선식 회로의 경우 중선선을 동일 관내에 넣는지의 여부를 쓰시오. 단, 전자적 평형 상태로 시설하지 않는 경우이다.

정답

동일관내 넣는 것을 원칙으로 한다.

08 전선 및 케이블

금속관 배관에서 전선을 병렬로 사용하는 경우 A, B 중에서 올바른 방법은? 단, 3상 3선식이다.

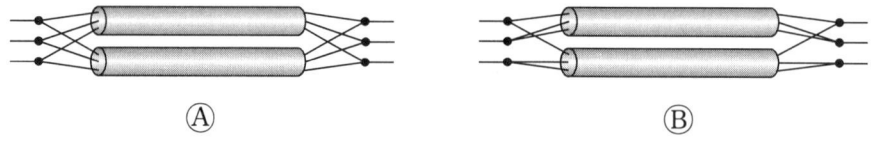

정답

Ⓐ

09 전선 및 케이블

송전선로에 경동선보다 ACSR(강심알루미늄연선)을 많이 사용하는 이유 2가지를 쓰시오.

정답

① 경동선에 비해 기계적 강도가 크고 가볍다.
② 송전선로의 코로나 발생 억제에 유효하다.

10 전선 및 케이블

22.9[kV-Y] 지중선로에 가장 많이 사용하는 전력 케이블은?

| 정답 |

CNCV-W 케이블(수밀형)

11 전선 및 케이블

CN-CV 케이블의 열화 형태에서 열화 발생요인 5가지를 쓰시오.

| 정답 |

① 전기적 요인 ② 열적 요인
③ 화학적 요인 ④ 기계적 요인
⑤ 생물적 요인

12 전선 및 케이블

다음은 공칭전압 22.9[kV], 선심수 3, 특고압 수밀형 가공케이블(ABC-W) 단면도 이다. 각 번호별 (①~⑥)에 대한 명칭을 쓰시오. (단, 도체규격은 50, 95, 150, 240[mm²]이다.)

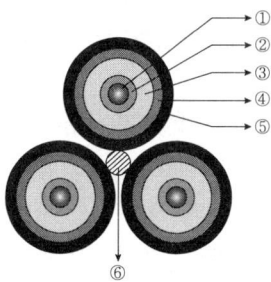

| 정답 |

① 도체 ② 내부 반도전층
③ 절연층 ④ 외부 반도전층
⑤ 시스 ⑥ 중성선

13 전선 및 케이블

이 케이블은 무슨 케이블인가

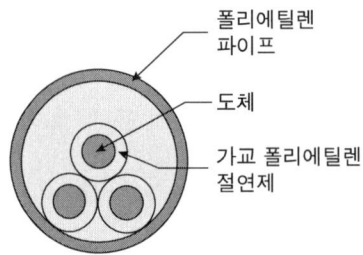

정답

CD 케이블

14 전선 및 케이블

전선 접속시 유의사항을 4가지만 쓰시오.

정답

1) 나전선 상호 또는 나전선과 절연전선 또는 캡타이어 케이블과 접속하는 경우
   - 전선의 세기(인장하중)를 20[%] 이상 감소시키지 아니할 것
   - 접속부분은 접속관 기타의 기구를 사용할 것
2) 절연전선 상호, 절연전선과 코드, 캡타이어 케이블과 접속하는 경우에는 접속부분은 절연전선에 절연물과 동등 이상의 절연효력이 있는 것으로 충분히 피복할 것
3) 코드 상호, 캡타이어 케이블 상호 또는 이들 상호를 접속하는 경우에는 코드 접속기, 접속함 기타의 기구를 사용할 것. 다만 공칭단면적이 10[mm²] 이상인 캡타이어케이블 상호를 규정에 준하여 접속한 경우에는 기구를 사용하지 않을 수 있다.
4) 도체에 알루미늄을 사용하는 전선과 동을 사용하는 전선 등 전기 화학적 성질이 다른 도체를 접속 경우 전기적 부식이 생기지 않도록 할 것

15 전선 및 케이블

다음 (   ) 안에 알맞은 내용을 쓰시오.

"동전선의 접속에서 직선 맞대기용 슬리브(B형)에 의한 압착접속법은 (①) 및 (②)에 적용된다."

정답

① 단선   ② 연선

16 전선 및 케이블

전선 접속의 구체적인 방법에서 슬리브에 의한 접속방법 3가지만 쓰시오

정답

① S형 슬리브에 의한 직선접속
② S형 슬리브에 의한 분기접속
③ 매킹타이어 슬리브에 의한 직선접속

17 전선 및 케이블

B형, O형, K형, S형 중 분기접속용으로 사용되는 슬리브는?

정답

S형 슬리브

18 전선 및 케이블

다음 ( ) 안에 알 맞은 말을 써 넣으시오.

> 슬리브는 (①)용으로 사용하며, (②)형과 (③)형이 있다.

정답

슬리브는 (① 전선 접속)용으로 사용하며, (② 압축)형과 (③ 관)형이 있다.

19 전선 및 케이블

옥내배선 아우트렛 박스 등의 접속함 내의 가는 전선의 접속 방법을 쓰시오.

정답

쥐꼬리 접속법

20 전선 및 케이블

35[mm²](단위 : 스퀘어) 전선을 우산형 전선접속을 하면서 소선을 2가닥이 절단되었다. 어떻게 하여야 하는가?

정답

35[mm²] 연선의 구성 7/2.52 이다 여기서 7은 소선수 2.52는 소선1가닥의 지름을 말한다.
소선수가 7가닥이므로 1선을 잘라내고 6가닥을 접속해야 하므로 문제에서 소선이 2가닥이 절단되어 전체를 다 자르고 다시 접속 해야 한다.

21 전선 및 케이블

전선의 종류에서 강심알루미늄연선의 약호와 규격 4종류 및 용도를 쓰시오.

정답

- 약호 : ACSR
- 규격: 32, 58, 95, 160, 240 $[\text{mm}^2]$
- 용도
  ① 큰 인장하중을 필요로 하는 가공전선 및 특고압 중성선에 사용
  ② 코로나 방지가 필요한 초고압 송배전선로에 사용

22 전선 및 케이블

사용전압 20~40[kV] 정도이고, 단심 연피 케이블 3개를 개재물과 더불어 원형으로 꼬아 외장하고 심선의 절연체 위를 직접 연피하여 이것의 쥬우트 개재물과 더불어 원형으로 꼬아 피시언 테이프를 그 위에 강대장을 한 것이다. 어떤 케이블인가?

정답

SL 케이블

23 전선 및 케이블

가공 송전선로에서 사용되는 대표적 전선 3가지를 쓰시오.

정답

① 강심 알루미늄연선
② 내열 강심 알루미늄 합금연선(TACSR)
③ 고장력 강심 알루미늄 합금연선(AACSR/EST)
④ 경동연선

24 전선 및 케이블

다음 물음에 답을 하시오

(1) 22.9[kV-Y] 3상 4선식 중성점 다중접지 방식의 특고압 가공전선로에 있어서 ACSR 중성선의 최소 굵기는?
(2) 22.9[kV-Y] 가공전선(동선)의 최소 굵기는?

정답

(1) 32[mm^2] (2) 22[mm^2]

25 전선 및 케이블

2차 전류 200[A]인 아크 용접기의 2차측 전선의 굵기[mm^2]는 얼마인가?

정답

35[mm^2]

※ 아크용접기 케이블 굵기

100[A] 이하	150[A] 이하	250[A] 이하	400[A] 이하	600[A] 이하
16[mm^2]	25[mm^2]	35[mm^2]	70[mm^2]	95[mm^2]

26 전선 및 케이블

전선의 접속방법 중 동전선의 접속에서 직선접속의 종류를 2가지만 쓰시오.

정답

- 가는 단선(단면적 6[mm^2] 이하)의 직선접속(트위스트조인트)
- 직선 맞대기용 슬리브(B형)에 의한 압착 접속

27 전선 및 케이블

3상 4선식 접속의 경우에 그림과 같이 전압선의 표시가 L_1상, L_2상, L_3상, N상으로 표시되었다. 전선의 상별 색상은 어떻게 되는가?

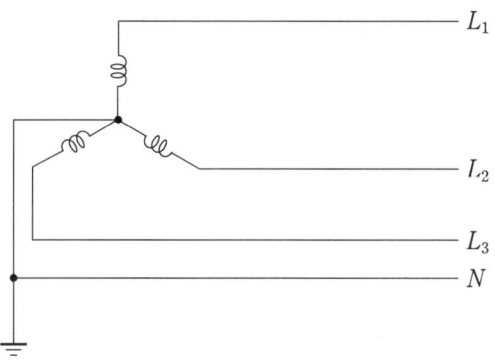

정답

상(문자)	색상
L1	갈색
L2	검은색
L3	회색
N	파란색
보호도체	녹색-노란색

28 전선 및 케이블

저압에 사용되는 절연전선의 종류 3가지 및 케이블의 종류 3가지를 쓰시오

정답

1) 저압절연전선

① 450/750[V] 비닐절연전선   ② 450/750[V] 저독성 난연 폴리올레핀 절연전선
③ 450/750[V] 고무절연전선

2) 저압케이블

① 0.6/1[kV] 연피케이블   ② 클로로프렌외장케이블
③ 비닐외장케이블   ④ 폴리에틸렌외장케이블
⑤ 무기물 절연케이블   ⑥ 금속외장케이블

4 전기설비의 기술적 계산

1. 보호장치의 종류

   1) 과부하전류 및 단락전류 겸용 보호장치(MCCB, ACB)

   2) 과부하전류 전용 보호장치

   3) 단락전류 전용 보호장치

2. 보호장치의 특성

   1) 과전류 보호장치는 KS C 또는 KS C IEC 관련 표준(배선차단기, 누전차단기, 퓨즈 등의 표준)의 동작특성에 적합하여야 한다.

   2) 과전류차단기로 저압전로에 사용하는 범용의 퓨즈(「전기용품 및 생활용품 안전관리법」에서 규정하는 것을 제외한다)는 표에 적합한 것이어야 한다.

   [퓨즈(gG)의 용단특성]

정격전류의 구분	시 간	정격전류의 배수	
		불용단전류	용단전류
4[A] 이하	60분	1.5배	2.1배
4[A] 초과 16[A] 미만	60분	1.5배	1.9배
16[A] 이상 63[A] 이하	60분	1.25배	1.6배
63[A] 초과 160[A] 이하	120분	1.25배	1.6배
160[A] 초과 400[A] 이하	180분	1.25배	1.6배
400[A] 초과	240분	1.25배	1.6배

   3) 과전류차단기로 저압전로에 사용하는 산업용 배선차단기(「전기용품 및 생활용품 안전관리법」에서 규정하는 것을 제외한다)는 주택용 배선차단기는 표에 적합한 것이어야 한다. 다만, 일반인이 접촉할 우려가 있는 장소(세대내 분전반 및 이와 유사한 장소)에는 주택용 배선차단기를 시설하여야 한다.

[과전류트립 동작시간 및 특성(산업용 배선차단기)]

정격전류의 구분	시간	정격전류의 배수(모든 극에 통전)	
		부동작 전류	동작 전류
63[A] 이하	60분	1.05배	1.3배
63[A] 초과	120분	1.05배	1.3배

[순시트립에 따른 구분(주택용 배선차단기)]

형	순시트립범위
B	$3I_n$ 초과 ~ $5I_n$ 이하
C	$5I_n$ 초과 ~ $10I_n$ 이하
D	$10I_n$ 초과 ~ $20I_n$ 이하

비고 1. B, C, D : 순시트립전류에 따른 차단기 분류
    2. I_n : 차단기 정격전류

[과전류트립 동작시간 및 특성(주택용 배선차단기)]

정격전류의 구분	시간	정격전류의 배수(모든 극에 통전)	
		부동작 전류	동작 전류
63[A] 이하	60분	1.13배	1.45배
63[A] 초과	120분	1.13배	1.45배

3. 과부하전류에 대한 보호

1) 도체와 과부하 보호장치 사이의 협조

과부하에 대해 케이블(전선)을 보호하는 장치의 동작특성은 다음의 조건을 충족해야 한다.

$$I_B \leq I_n \leq I_Z \qquad I_2 \leq 1.45 \times I_Z$$

I_B : 회로의 설계전류, I_Z : 케이블의 허용전류, I_n : 보호장치의 정격전류
I_2 : 보호장치가 규약시간 이내에 유효하게 동작하는 것을 보장하는 전류

① 조정할 수 있게 설계 및 제작된 보호장치의 경우, 정격전류 I_n은 사용현장에 적합하게 조정된 전류의 설정 값이다.

② 보호장치의 유효한 동작을 보장하는 전류 I_2는 제조자로부터 제공되거나 제품 표준에 제시되어야 한다.

③ $I_2 \leq 1.45 \times I_Z$에 따른 보호는 조건에 따라서는 보호가 불확실한 경우가 발생할 수 있다. 이러한 경우에는 선정된 케이블 보다 단면적이 큰 케이블을 선정하여야 한다.

④ I_B는 선도체를 흐르는 설계전류이거나, 함유율이 높은 영상분 고조파(특히 제3고조파)가 지속적으로 흐르는 경우 중성선에 흐르는 전류이다.

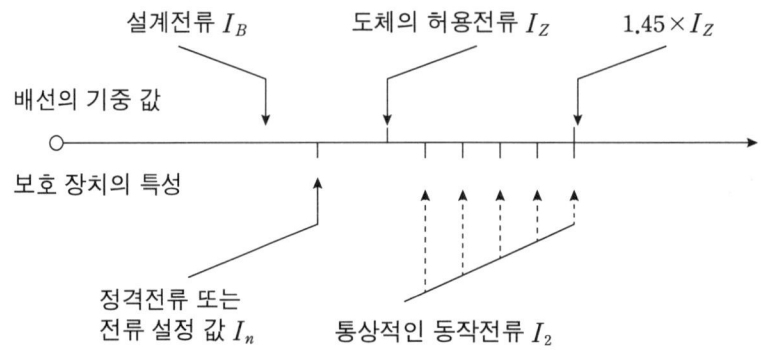

[과부하 보호 설계 조건도]

2) 과부하 보호장치의 설치 위치

① 설치위치 : 과부하 보호장치는 전로 중 도체의 단면적, 특성, 설치방법, 구성의 변경으로 도체의 허용전류 값이 줄어드는 곳(이하 분기점이라 함)에 설치해야 한다.

② 설치위치의 예외 : 과부하 보호장치는 분기점(O)에 설치해야 하나, 분기점(O)점과 분기회로의 과부하 보호장치의 설치점 사이의 배선 부분에 다른 분기회로나 콘센트 회로가 접속되어 있지 않고, 다음 중 하나를 충족하는 경우에는 변경이 있는 배선에 설치할 수 있다.

가. 그림과 같이 분기회로(S_2)의 과부하 보호장치(P_2)의 전원 측에 다른 분기회로 또는 콘센트의 접속이 없고 분기회로에 대한 단락보호가 이루어지고 있는 경우, P_2는 분기회로의 분기점(O)으로부터 부하 측으로 거리에 구애 받지 않고 이동하여 설치할 수 있다.

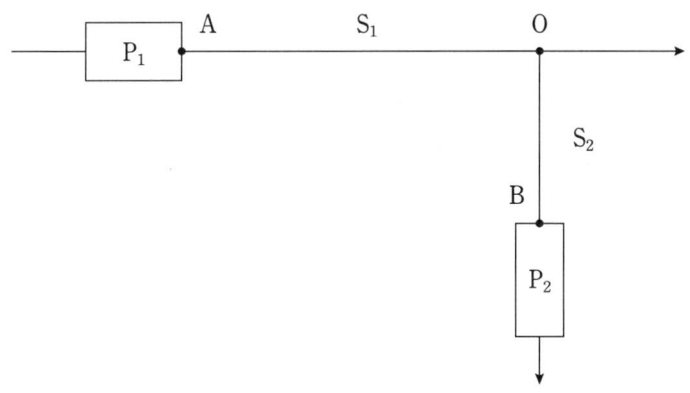

[분기회로(S_2)의 분기점(O)에 설치되지 않은 분기회로 과부하보호장치(P_2)]

나. 그림 같이 분기회로(S_2)의 보호장치(P_2)는 (P_2)의 전원 측에서 분기점(O) 사이에 다른 분기회로 또는 콘센트의 접속이 없고, 단락의 위험과 화재 및 인체에 대한 위험성이 최소화 되도록 시설된 경우, 분기회로의 보호장치(P_2)는 분기회로의 분기점(O)으로부터 3[m]까지 이동하여 설치할 수 있다.

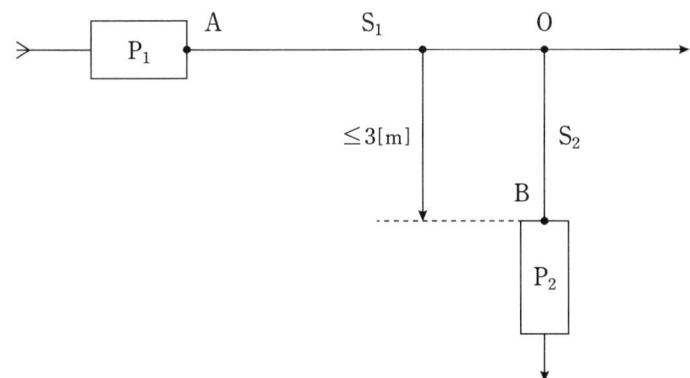

[분기회로(S_2)의 분기점(O)에서 3[m] 이내에 설치된 과부하 보호장치(P_2)]

3) 과부하 보호장치의 생략

다음과 같은 경우에는 과부하보호장치를 생략할 수 있다. 다만, 화재 또는 폭발 위험성이 있는 장소에 설치되는 설비 또는 특수설비 및 특수 장소의 요구사항들을 별도로 규정하는 경우에는 과부하보호장치를 생략할 수 없다.

① 일반사항

다음의 어느 하나에 해당되는 경우에는 과부하 보호장치 생략이 가능하다.

가. 분기회로의 전원 측에 설치된 보호장치에 의하여 분기회로에서 발생하는 과부하에 대해 유효하게 보호되고 있는 분기회로

나. 단락보호가 되고 있으며, 분기점 이후의 분기회로에 다른 분기회로 및 콘센트가 접속되지 않는 분기회로 중, 부하에 설치된 과부하 보호장치가 유효하게 동작하여 과부하 전류가 분기회로에 전달되지 않도록 조치를 하는 경우
　　　다. 통신회로용, 제어회로용, 신호회로용 및 이와 유사한 설비
　② IT 계통에서 과부하 보호장치 설치위치 변경 또는 생략
　　과부하에 대해 보호가 되지 않은 각 회로가 다음과 같은 방법 중 어느 하나에 의해 보호될 경우, 설치위치 변경 또는 생략이 가능하다.
　　　가. 이중 절연 또는 강화 절연에 의한 보호수단 적용
　　　나. 2차 고장이 발생할 때 즉시 작동하는 누전차단기로 각 회로를 보호
　　　다. 지속적으로 감시되는 시스템의 경우 다음 중 어느 하나의 기능을 구비한 절연 감시 장치의 사용
　　　　ⓐ 최초 고장이 발생한 경우 회로를 차단하는 기능
　　　　ⓑ 고장을 나타내는 신호를 제공하는 기능. 이 고장은 운전 요구사항 또는 2차 고장에 의한 위험을 인식하고 조치가 취해져야 한다.
　　　라. 중성선이 없는 IT 계통에서 각 회로에 누전차단기가 설치된 경우에는 선도체 중의 어느 1개에는 과부하 보호장치를 생략할 수 있다.
　③ 안전을 위해 과부하 보호장치를 생략할 수 있는 경우
　　사용 중 예상치 못한 회로의 개방이 위험 또는 큰 손상을 초래할 수 있는 다음과 같은 부하에 전원을 공급하는 회로에 대해서는 과부하 보호장치를 생략할 수 있다.
　　　가. 회전기의 여자회로
　　　나. 전자석 크레인의 전원회로
　　　다. 전류변성기의 2차회로
　　　라. 소방설비의 전원회로
　　　마. 안전설비(주거침입경보, 가스누출경보 등)의 전원회로

　4) 병렬 도체의 과부하 보호

　　하나의 보호장치가 여러 개의 병렬도체를 보호할 경우, 병렬도체는 분기회로, 분리, 개폐장치를 사용할 수 없다.

4. 단락전류에 대한 보호

이 기준은 동일회로에 속하는 도체 사이의 단락인 경우에만 적용하여야 한다.

　1) 예상 단락전류의 결정

　　설비의 모든 관련 지점에서의 예상 단락전류를 결정해야 한다. 이는 계산 또는 측정에 의하여 수행할 수 있다.

2) 단락보호장치의 설치위치

① 단락전류 보호장치는 분기점(O)에 설치해야 한다. 다만, 그림과 같이 분기회로의 단락보호장치 설치점(B)과 분기점(O) 사이에 다른 분기회로 또는 콘센트의 접속이 없고 단락, 화재 및 인체에 대한 위험이 최소화될 경우, 분기회로의 단락 보호장치 P_2는 분기점(O)으로부터 3[m]까지 이동하여 설치할 수 있다.

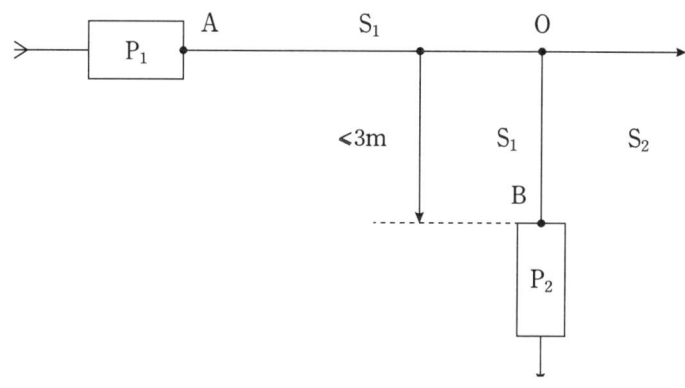

[분기회로 단락보호장치(S_2)의 제한된 위치 변경]

② 도체의 단면적이 줄어들거나 다른 변경이 이루어진 분기회로의 시작점(O)과 이 분기회로의 단락보호장치(P_2) 사이에 있는 도체가 전원측에 설치되는 보호장치(P_1)에 의해 단락보호가 되는 경우에, P_2의 설치위치는 분기점(O)로부터 거리제한이 없이 설치할 수 있다. 단, 전원측 단락보호장치(P_1)은 부하측 배선(S_2)에 대하여 단락보호장치의 특성 따라 단락보호를 할 수 있는 특성을 가져야 한다.

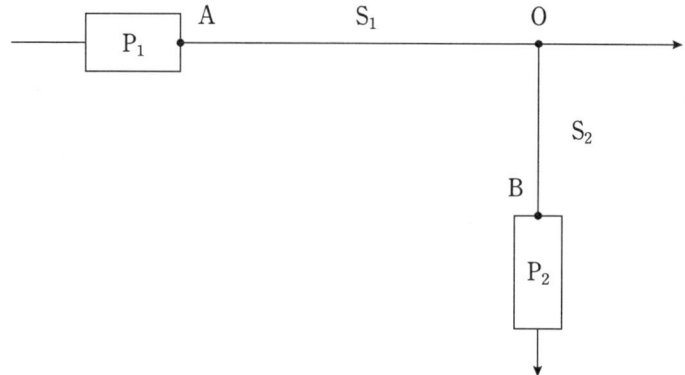

[분기회로 단락보호장치(S_2)의 설치 위치]

3) 단락보호장치의 생략

배선을 단락위험이 최소화할 수 있는 방법과 가연성 물질 근처에 설치하지 않는 조건이 모두 충족되면 다음과 같은 경우 단락보호장치를 생략할 수 있다.

① 발전기, 변압기, 정류기, 축전지와 보호장치가 설치된 제어반을 연결하는 도체
② 안전을 위해 과부하 보호장치를 생략할 수 있는 경우의 설비 같이 전원차단이 설비의 운전에 위험을 가져올 수 있는 회로
③ 특정 측정회로

5. 수용가 설비에서의 전압강하

다른 조건을 고려하지 않는다면 수용가 설비의 인입구로부터 기기까지의 전압강하는 표의 값 이하이어야 한다.

설비의 유형	조명[%]	기타[%]
A – 저압으로 수전하는 경우	3	5
B – 고압 이상으로 수전하는 경우 a	6	8

a 가능한 한 최종회로 내의 전압강하가 A 유형의 값을 넘지 않도록 하는 것이 바람직하다.
사용자의 배선설비가 100[m]를 넘는 부분의 전압강하는 미터 당 0.005[%] 증가할 수 있으나 이러한 증가분은 0.5[%]를 넘지 않아야 한다.

1) 다음의 경우에는 표보다 더 큰 전압강하를 허용할 수 있다.

① 기동 시간 중의 전동기
② 돌입전류가 큰 기타 기기

2) 다음과 같은 일시적인 조건은 고려하지 않는다.

① 과도과전압
② 비정상적인 사용으로 인한 전압 변동

6. 간선에 대한 과전류 보호 설계

현장에서 상황과 조건에 의해 KEC 212 과전류에 대한 보호 및 232 배선설비에서 요구하는 기준에 따라 가장 적절한 크기의 선도체, 중성선 및 보호도체의 단면적과 보호장치의 정격전류를 선정한다.

1) 도체의 단면적 선정

(1) 설계전류를 고려한 공칭단면적 선정

① 선행 운전 부하 최대값(S_a)

$$S_a = S_{tot} \times a$$

S_{tot} : 선행운전부하의 합계, a : 수용률
(선행운전부하란 전동기를 제외한 전열과 전등부하를 말한다)

② 전동기 부하입력

$$S_m = \frac{P_m}{\eta \times \cos\theta} \, [\text{kVA}]$$

P_m : 전동기 정격출력[kW], η : 전동기의 효율, $\cos\theta$: 전동기의 역률

③ 간선에 접속된 일반 부하의 입력

$$S = \sqrt{P^2 + Q^2} \, [\text{kVA}]$$

간선에 연결된 유효전력 $P[\text{kW}]$ 및 무효전력 $Q[\text{kVar}]$

④ 간선의 설계전류

$$I_B = \frac{S}{\sqrt{3}\,V} \, [\text{A}]$$

⑤ 도체의 허용전류

설계전류를 기초로 그 이상의 값을 주어지는 표에 의해 산정하되 계산조건인 보정된 허용전류 값을 통해 선정한다.

(2) 과부하 보호장치의 정격전류를 고려한 도체의 단면적

$$I_B(\text{설계전류}) \leq I_n(\text{정격전류}) \leq I_z(\text{도체의 허용전류})$$

(3) 전압강하율을 고려한 계산단면적

- 간선에서 허용전압강하율은 공급 전압의 3[%] 이내로 한다.
- 허용 전압강하율을 고려한 계산단면적(계산면적보다 상위 값 선정)

$$S = \frac{K_\omega \times I \times L}{1000 \times e}$$

L : 도체의 길이[m], e : 선간의 전압강하율(3상4선의 경우 전압선과 중성선과의 전압)
S : 도체의 최소단면적[mm²], K_ω : 단상2선 35.6, 3상3선 30.8, 3상4선 17.8, I : 전류[A]

(4) 전동기의 기동전류에 의한 온도상승을 고려한 도체의 단면적

$$S = \frac{I_{FS} \times \sqrt{t_m}}{K \times n} \times \alpha$$

I_{FS} : 전동기 기동시 간선에 흐르는 전류, n : 병렬도체 수
K : 절연물의 종류에 따라 정해지는 상수, t_m : 전동기의 전전압 기동시간[s]
α : 설계여유

(1)~(4) 중 보호장치의 과전류값 이상의 허용전류를 갖는 적합한 공칭단면적 선정

2) 과부하 보호장치의 정격전류 선정

　(1) 설계전류를 고려한 과부하 보호장치의 정격전류 선정
$$I_B(설계전류) \leq I_n(정격전류)$$

　(2) $I_2 \leq 1.45 \times I_Z$(도체의 허용전류)에 의한 과부하 보호장치의 정격전류
　　　I_2는 보호장치가 규약시간 이내에 유효하게 동작하는 것을 보증하는 전류를 뜻한다.
$$I_2 = 계산시\ 산정\ 계수 \times I_n(정격전류)$$

　(3) 전동기의 기동전류를 고려한 과부하 보호장치의 정격전류
$$I_n = \frac{I_{FS}}{\gamma}$$

　　　I_{FS} : 전동기 기동시 간선에 흐르는 전류, γ : 보호장치의 규약동작배율

> (1)~(3) 중 큰 값을 선정한다.

3) 단락 보호장치의 선정

　(1) 단락고장에 의한 도체의 단시간허용온도에 도달하는 시간을 고려한 보호장치의 선정

　　① 분기회로 도체가 단시간 허용온도에 도달하는 시간
$$t_z = \left(\frac{S \times K \times n}{I}\right)^2$$

　　　S : 적용도체의 단면적, K : 도체에 따른 계수, I : 최소단락전류, n : 병렬도체수

　　② 최소단락전류의 차단배율
$$\delta = \frac{I_F}{I_n}$$

　　　I_F : 최소단락전류, I_n : 과부하보호장치의 정격전류

　　③ 최소단락전류에 의한 보호장치 동작시간 고려(기구별 보호장치의 동작특성 참고)

　(2) 전동기의 기동돌입전류를 고려한 단락보호장치의 정격전류 선정

　　① 전동기의 기동돌입부하용량
$$S_{mi} = S_m \times \beta \times C \times k$$

　　　S_m : 전동기 부하입력, β : 전동기의 전전압 기동배율
　　　C : 전동기의 기동방식에 따른 배율, k : 전동기의 돌입전류의 배율

　　② 기동돌입부하의 크기
$$S = \sqrt{P^2 + Q^2}$$

　　　P : 선행운전부하와 전동기의 기동돌입부하 유효분의 합

③ 전동기의 기동시 합산부하의 기동돌입전류

$$I_i = \frac{S}{\sqrt{3}\,V}$$

④ 단락보호장치의 정격전류 계산

$$I_n = \frac{I_i \times \alpha}{\delta}$$

δ : 보호장치의 순시차단배율, α : 설계여유

(3) 보호장치의 차단용량 선정

정격차단전류는 제조사의 기술사양서를 참조하여 선정하며, 계통의 최대단락전류를 기초로 하여 125[%] 이상의 표준값을 선정하여야 한다.

7. 분기회로에 대한 과전류 보호 설계

현장에서 상황과 조건에 의해 KEC 212 및 232에서 요구하는 기준에 따라 가장 적절한 크기의 선도체, 중성선 및 보호도체의 단면적과 보호장치의 정격전류를 선정한다.

1) 도체의 단면적 선정

(1) 설계전류를 고려한 공칭단면적 선정

① 단상회로의 설계전류

$$I_B = \frac{P}{V \times \eta \times \cos\theta}[\text{A}]$$

I_B : 전동기의 회로의 설계전류[A], P : 전동기의 출력[kW]
V : 전동기의 정격전압[kV], η : 전동기의 효율, $\cos\theta$: 전동기의 역률

② 3상 전동기 회로의 설계전류

$$I_B = \frac{P}{\sqrt{3} \times V \times \eta \times \cos\theta}[\text{A}]$$

I_B : 전동기의 회로의 설계전류[A], P : 전동기의 출력[kW]
V : 전동기의 정격전압[kV], η : 전동기의 효율, $\cos\theta$: 전동기의 역률

③ 도체의 허용전류

설계전류를 기초로 그 이상의 값을 주어지는 표에 의해 산정하되 계산조건인 보정된 허용전류 값을 통해 선정한다.

④ 도체의 단면적의 결정

부하정격전류를 연속하여 흘릴 수 있는 도체의 공칭단면적은 표를 이용하지만 법에서 규정하는 최소단면적 이하 일 경우 최소단면적을 기준하여 선정한다.

(2) 과부하 보호장치의 정격전류를 고려한 도체의 단면적
$$I_B(설계전류) \leq I_n(정격전류)$$

(3) 전압강하율을 고려한 계산단면적
- 공급전압에 대한 부하의 단자에서 허용 전압강하율은 부하기기의 허용 전압강하율을 고려하여 선정하는 것이 원칙이다. 일반적으로 분기회로에서 허용전압강하율은 공급전압의 2[%] 이내로 하지만, 간선의 전압강하율을 포함한 합산 전압강하율은 5[%] 이내가 바람직하다.
- 허용전압강하율을 고려한 계산단면적(계산면적보다 상위 값 선정)
$$S = \frac{K_\omega \times I \times L}{1000 \times e}$$
L : 도체의 길이[m], e : 선간의 전압강하율(3상4선의 경우 전압선과 중성선과의 전압)
S : 도체의 최소단면적[mm²], K_ω : 단상2선 35.6, 3상3선 30.8, 3상4선 17.8, I : 전류[A]

(4) 전동기의 기동전류에 의한 온도상승을 고려한 도체의 단면적
$$S = \frac{I_B \times \beta \times \sqrt{t_m}}{K \times n}$$
I_B : 전동기회로의 설계전류, β : 전동기의 전전압 기동배율, n : 병렬도체 수
K : 절연물의 종류에 따라 정해지는 상수, t_m : 전동기의 전전압 기동시간[s]

(1)~(4) 중 보호장치의 과전류값 이상의 허용전류를 갖는 적합한 공칭단면적 선정

2) 과부하 보호장치의 정격전류 선정

(1) 설계전류를 고려한 과부하 보호장치의 정격전류 선정
$$I_B(설계전류) \leq I_n(정격전류)$$

(2) $I_2 \leq 1.45 \times I_Z$(도체의 허용전류)에 의한 과부하 보호장치의 정격전류
I_2는 보호장치가 규약시간 이내에 유효하게 동작하는 것을 보증하는 전류를 뜻한다.
$$I_2 = 계산시 산정 계수 \times I_n(정격전류)$$

[보호장치의 규약동작전류]

구분	동작전류	동작시간		계산식	
		63[A] 이하	63[A] 초과	63[A] 이하	63[A] 초과
주택용	$1.45 \times I_n$	60분	120분	$I_2 = I_n \times 1.45$	$I_2 = I_n \times 1.52$
산업용	$1.3 \times I_n$	60분	120분	$I_2 = I_n \times 1.3$	$I_2 = I_n \times 1.37$

(3) 전동기의 기동전류를 고려한 과부하 보호장치의 정격전류

$$I_n = \frac{I_B \times \beta}{\gamma}$$

I_B : 전동기의 설계전류, β : 전동기의 전전압 기동배율, γ : 보호장치의 규약동작배율

- 보호장치의 규약동작배율
  과부하보호장치의 최소동작시간과 동작특성곡선과의 교점 아래측의 전류배율을 뜻하며, 동작특성의 그래프 세로측 시간(초)의 산정은 전동기의 전전압 기동시간을 기준으로 하여 50~100[%]의 범위에서 가산하며, 가산시간은 5초를 초과하지 않도록 한다.

(1)~(3) 중 큰 값을 선정한다.

3) 단락 보호장치의 선정

(1) 단락고장에 의한 도체의 단시간허용온도에 도달하는 시간을 고려한 보호장치의 선정

① 분기회로 도체가 단시간 허용온도에 도달하는 시간

$$t_z = \left(\frac{S \times K \times n}{I}\right)^2$$

S : 적용도체의 단면적, K : 도체에 따른 계수, I : 최소단락전류, n : 병렬도체수

② 최소단락전류의 차단배율

$$\delta = \frac{I_F}{I_n}$$

I_F : 최소단락전류, I_n : 과부하보호장치의 정격전류

③ 최소단락전류에 의한 보호장치 동작시간 고려(기구별 보호장치의 동작특성 참고)

(2) 전동기의 기동돌입전류를 고려한 단락보호장치의 정격전류 선정

① 전동기의 기동돌입전류

$$I_i = I_B \times \beta \times C \times k$$

I_B : 설계전류, β : 전동기의 전전압 기동배율
C : 전동기의 기동방식에 따른 배율, k : 전동기의 돌입전류의 배율

② 단락보호장치의 정격전류 계산

$$I_n = \frac{I_i \times \alpha}{\delta}$$

δ : 보호장치의 순시차단배율, α : 설계여유

(3) 보호장치의 차단용량 선정

정격차단전류는 제조사의 기술사양서를 참조하여 선정하며, 계통의 최대단락전류를 기초로 하여 125[%] 이상의 표준값을 선정하여야 한다.

8. 전선최대길이 및 부하중심까지의 거리

1) 전선최대길이

$$L = \frac{\text{배선 설계의 길이} \times \dfrac{\text{부하의 최대 사용 전류[A]}}{\text{표의 전류[A]}}}{\dfrac{\text{배선설계의 전압강하[V]}}{\text{표의 전압 강하[V]}}}$$

2) 부하중심까지의 거리

$$L = \frac{\sum \text{전류} \times \text{길이}}{\sum \text{전류}} = \frac{\sum \text{전압} \times \text{전류} \times \text{길이}}{\sum \text{전압} \times \text{전류}} = \frac{\sum \text{전력} \times \text{길이}}{\sum \text{전력}}$$

9. 부하 설비용량 선정

1) 부하설비용량의 식

= (표준부하 × 바닥면적) + (부분부하 × 부분면적) + 가산부하

2) 건축물에 따른 표준부하

건물의 종류	표준 부하[VA/m^2]
공장, 교회당, 사원, 교회, 극장, 영화관, 연회장 등	10
기숙사, 여관, 호텔, 병원, 학교, 음식점, 다방, 대중목욕탕	20
사무실, 은행, 상점, 이발소, 미장원	30
주택, 아파트	40

3) 건축물에서의 부분부하(주택아파트 제외)

건물 부분	부분 부하[VA/m^2]
복도, 계단, 화장실, 창고, 다락	5
저장실, 강당, 관객석	10

4) 표준 부하에 따라 산출한 수치에 가산하여야 할 [VA]수

　① 주택, 아파트(1세대 마다)에 대하여는 500~1000[VA]
　② 상점의 진열창에 대하여는 진열창 폭 1[m]에 대하여 300[VA]
　③ 옥외의 광고등, 전광사인, 네온사인등의 [VA]수
　④ 극장, 댄스홀 등의 무대 조명, 영화관 등의 특수 전등부하의 [AV] 수

5) 분기 회로수

$$분기\ 회로수 = \frac{표준\ 부하밀도[VA/m^2] \times 바닥면적[m^2]}{전압[V] \times 분기\ 회로의\ 전류[A]}$$

(주1) 계산결과에 소수가 발생하면 절상한다.
(주2) 220[V]에서 3[kW](110[V]일 때에는 1.5[kW])를 초과하는 냉방기기 취사용 기기 등 대형 전기 기계 기구에 대하여는 별도로 전용 분기 회로로 만들 것

10. 수구 종류에 따른 부하

수구의 종류	부하 [VA/개]
소형전등수구(공칭 지름이 26[mm]의 베이스 인 것) 콘센트(1구용, 2구용 모두 1개로 본다)	150
대형전등수구(공칭 지름이 30[mm]의 베이스 인 것)	300

11. 과전류 차단기 시설 제한

　① 접지공사의 접지도체
　② 다선식 전로의 중성선(단상3선식, 3상 4선식)
　③ 전로의 일부에 접지공사를 한 저압 가공전선로의 접지측 전선

12. 설비 불평형률

설비 불평형 부하 제한

1) 저압 수전의 단상 3선식

$$설비\ 불평형률 = \frac{중성선과\ 각\ 전압측\ 전선간에\ 접속하는\ 부하설비용량[kVA]의\ 차}{총\ 부하설비용량[kVA]의\ 1/2} \times 100[\%]$$

여기서, 불평형율은 40[%] 이하이어야 한다.

2) 저압, 고압 및 특별고압 수전의 3상 3선식 또는 3상 4선식

$$설비 불평형률 = \frac{각 선간에 접속되는 단상부하 총 부하설비용량[kVA]의 최대와 최소의 차}{총 부하설비용량[kVA]의 1/3} \times 100[\%]$$

여기서, 불평형률을 30[%] 이하이어야 한다.

3) 초과 할 수 있는 경우

① 저압수전에서 전용변압기 등으로 수전하는 경우
② 고압 및 특고압 수전에서는 100[kVA](kW)이하의 단상부하인 경우
③ 고압 및 특고압 수전에는 단상부하 용량의 최대와 최소의 차가 100[kVA](kW)이하인 경우
④ 특고압 수전에서 100[kVA]이하의 단상 변압기 2대로 역V결선하는 경우

4) 특고압 및 고압수전에서 대용량의 단상전기로 등의 사용에서 저항의 제한에 따르기 어려울때는 전기사업자와 협의하여 다음 각호에 의하여 포설한다.

① 단상부하 1개의 경우에는 2차 역V결선에 의할 것. 다만, 300[kVA](kW)이하인 경우
② 단상부하 2개의 경우에는 스코트 결선에 의할 것. 다만, 300[kVA](kW)이하인 경우
③ 단상부하 3개의 경우에는 가급적 선로 전류가 평형이 되도록 각 선간에 부하를 접속할 것

Chapter 04. 우선순위 핵심문제

01 전기설비의 기술적 계산

그림과 같은 전동기 (M)과 전열기 (H)에 공급하는 저압 옥내 간선을 보호하는 과전류 차단기의 정격 전류 최대 값은 몇 [A]인가? (단, 간선의 허용전류는 49[A], 수용률은 100[%]이며 기동 계급은 표시가 없다고 본다.)

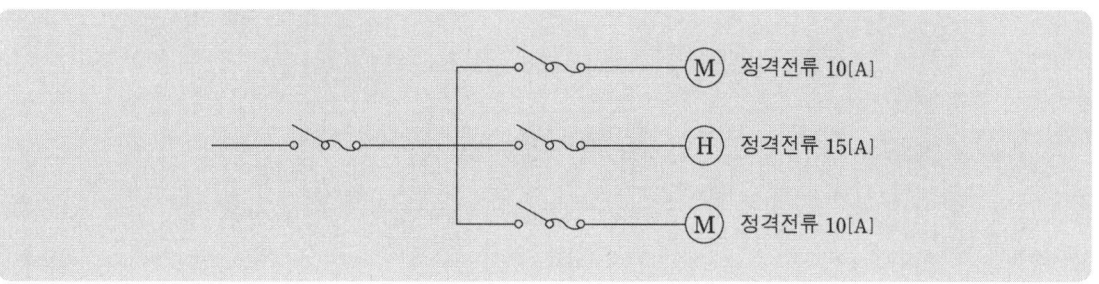

정답

과부하에 대해 케이블(전선)을 보호하는 장치의 동작특성은 다음의 조건을 충족해야 한다.

$$I_B \leq I_n \leq I_Z, \quad I_2 \leq 1.45 \times I_Z$$

I_B : 회로의 설계전류, I_Z : 케이블의 허용전류, I_n : 보호장치의 정격전류
I_2 : 보호장치가 규약시간 이내에 유효하게 동작하는 것을 보장하는 전류

◦ 계산과정
- 설계전류 $I_B = 10 + 15 + 10 = 35[A]$
- 케이블(전선)의 허용전류 $I_Z = 49[A]$
- $I_B \leq I_n \leq I_Z$에 의해 $I_B \leq I_Z$이므로 126.74[A]가 적용된다.

◦ 정답 : 49[A]

02 전기설비의 기술적 계산

3상 3선식 380[V] 회로에 그림과 같이 접속 시 간선의 소요 허용 전류[A]를 구하시오. (단, 전동기의 평균 역률은 75[%]이다.)

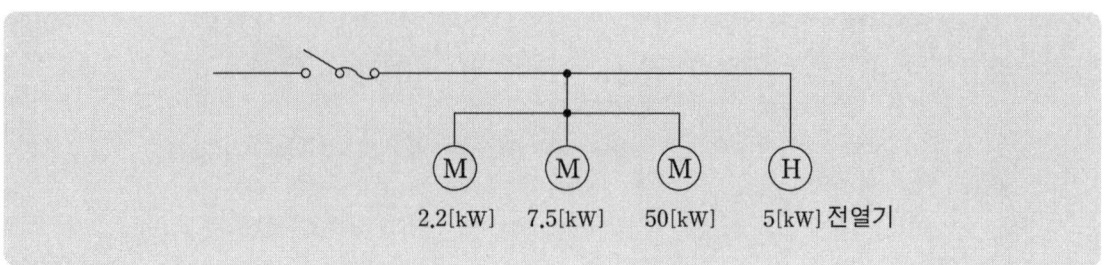

정답

과부하에 대해 케이블(전선)을 보호하는 장치의 동작특성은 다음의 조건을 충족해야 한다.

$$I_B \leq I_n \leq I_Z, \quad I_2 \leq 1.45 \times I_Z$$

I_B : 회로의 설계전류, I_Z : 케이블의 허용전류, I_n : 보호장치의 정격전류
I_2 : 보호장치가 규약시간 이내에 유효하게 동작하는 것을 보장하는 전류

○ 계산과정

전동기의 역률은 75[%] 전열기의 역률은 100[%] 이므로 전류의 합은 벡터의 이므로

전동기 정격 전류의 합 $I_M = \dfrac{P[\mathrm{W}]}{\sqrt{3}\,V\cos\theta} = \dfrac{(2.2+7.5+50) \times 10^3}{\sqrt{3} \times 380 \times 0.75} = 120.939 = 120.94[\mathrm{A}]$

전열기 정격 전류의 합 $I_H = \dfrac{P[\mathrm{W}]}{\sqrt{3}\,V} = \dfrac{5 \times 10^3}{\sqrt{3} \times 380} = 7.596 = 7.6[\mathrm{A}]$

- 전동기의 유효전류 $I_1 = I_M \cos\theta = 120.94 \times 0.75 = 90.705 = 90.71[\mathrm{A}]$
- 전동기의 무효전류 $I_2 = I_M \sin\theta = I_M\sqrt{1-\cos^2} = 120.94 \times \sqrt{1-0.75^2} = 79.994 = 79.99[\mathrm{A}]$

설계 전류 $I_B = \sqrt{\text{유효분}^2 + \text{무효분}^2} = \sqrt{(90.71+7.6)^2 + 79.99^2} = 126.74[\mathrm{A}]$

$I_B \leq I_n \leq I_Z$에 의해 $I_B \leq I_Z$이므로 126.74[A]가 적용된다.

○ 정답 : 126.74[A]

03 전기설비의 기술적 계산

수용가의 전압강하 규정에 대하여 쓰시오.

[수용가설비의 전압강하]

설비의 유형	조명(%)	기타(%)
A – 저압으로 수전하는 경우	①	②
B – 고압 이상으로 수전하는 경우	③	④

정답

① 3   ② 5   ③ 6   ④ 8

04 전기설비의 기술적 계산

수용가설비의 전압강하는 다음과 같다 아래 질문에 답을 쓰시오.

설비의 유형	조명[%]	기타[%]
A – 저압으로 수전하는 경우	3	5
B – 고압 이상으로 수전하는 경우 a	6	8

a 가능한 한 최종회로 내의 전압강하가 A 유형의 값을 넘지 않도록 하는 것이 바람직하다.
사용자의 배선설비가 100[m]를 넘는 부분의 전압강하는 미터 당 0.005[%] 증가할 수 있으나 이러한 증가분은 0.5[%]를 넘지 않아야 한다.

1) 다음의 경우에는 표보다 더 큰 전압강하를 허용할 수 있는 경우 2가지
2) 다음과 같은 일시적인 조건은 고려하지 않는 2가지

정답

1) 다음의 경우에는 표보다 더 큰 전압강하를 허용할 수 있다.
   ① 기동 시간 중의 전동기
   ② 돌입전류가 큰 기타 기기

2) 다음과 같은 일시적인 조건은 고려하지 않는다.
   ① 과도과전압
   ② 비정상적인 사용으로 인한 전압 변동

05 전기설비의 기술적 계산

단상 2선식 저압 배전선에 길이 $150[m]$, 부하전류 $20[A]$인 경우 전압강하 $2[V]$로 유지하기 위해 필요한 전선 단면적을 선정하시오.

정답

$$S = \frac{K_\omega \times I \times L}{1000 \times e}$$

L : 도체의 길이$[m]$, e : 선간의 전압강하율(3상4선의 경우 전압선과 중성선과의 전압)
S : 도체의 최소단면적$[mm^2]$, K_ω : 단상2선 35.6, 3상3선 30.8, 3상4선 17.8, I : 전류$[A]$

◦ 계산과정
$S = \dfrac{35.6IL}{1000e} = \dfrac{35.6 \times 20 \times 150}{1000 \times 2} = 53.4[mm^2]$ ◦ 정답 : $70[mm^2]$

KSC IEC 전선 굵기$[mm^2]$: 1.5, 2.5, 4, 6, 10, 16, 25, 35, 50, 70, 95, 120, 150, 185, 240, 300, 400, 500, 630

06 전기설비의 기술적 계산

분전반에서 40[m] 떨어진 회로의 끝에서 단상 2선식 220[V] 전열기 7500[W] 2대 사용할 때 NR 전선의 굵기는? (단 전압강하는 2[%] 이내로 하고 전류감소계수는 없는 것으로 하고 최종 답은 공칭 단면적 값을 쓰시오.)

정답

◦ 계산과정

부하전류 $I = \dfrac{P}{V} = \dfrac{7500 \times 2}{220} = 68.181 ≒ 68.18[A]$, 전압강하 2[%] $e = 220 \times 0.02 = 4.4[V]$

$S = \dfrac{35.6IL}{1000e} = \dfrac{35.6 \times 68.18 \times 40}{1000 \times 4.4} = 22.068$

◦ 정답 : 25[mm²]

07 전기설비의 기술적 계산

3상 3선식 380[V]로 수전하는 수용가의 부하전력이 75[kW], 부하역률이 85[%], 구내 배선의 긍장이 200[m]이며 배선에서 전압강하를 6[V]까지 허용하는 경우 배선의 굵기를 구하시오. (이 때 배선의 굵기는 전선의 공칭 단면적으로 표시하시오.)

정답

◦ 계산과정

부하전류 $I = \dfrac{P}{\sqrt{3}\,V\cos\theta} = \dfrac{75 \times 10^3}{\sqrt{3} \times 380 \times 0.85} = 134.059[A]$

전압강하 $e = 6[V]$, 길이 $L = 200[m]$

$S = \dfrac{30.8IL}{1000e} = \dfrac{30.8 \times 134.059 \times 200}{1000 \times 6} = 137.633$

◦ 정답 : 150[mm²]

08 전기설비의 기술적 계산

그림과 같은 분기회로 전선의 단면적을 산출하여 굵기를 산정하시오. (단, 배전방식은 단상2선식, 교류 $100[V]$로 하며 사용전선은 NR, 전선관은 후강전선관이며 전압강하는 최원단에서 $2[\%]$로 한다.)

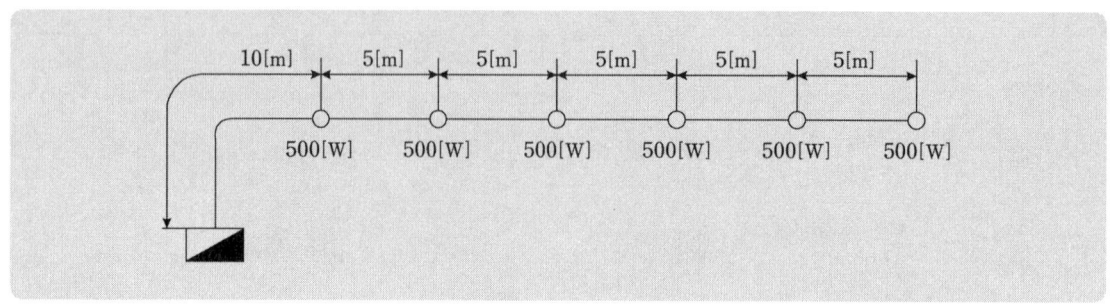

정답

◦ 계산과정

부하중점 거리 $L = \dfrac{\sum 전류 \times 길이}{\sum 전류} = \dfrac{\sum 전압 \times 전류 \times 길이}{\sum 전압 \times 전류} = \dfrac{\sum 전력 \times 길이}{\sum 전력}$

$L = \dfrac{(500 \times 10) + (500 \times 15) + (500 \times 20) + (500 \times 25) + (500 \times 30) + (500 \times 35)}{500 + 500 + 500 + 500 + 500} = 22.5[m]$

부하전류 $I = \dfrac{P}{V} = \dfrac{500 \times 6}{100} = 30[A]$

$S = \dfrac{35.6IL}{1000e} = \dfrac{35.6 \times 30 \times 22.5}{1000 \times 2} = 12.02$

◦ 정답 : $16[mm^2]$

09 전기설비의 기술적 계산

공급점에서 30[m]의 지점에 80[A], 35[m]의 지점에 60[A], 70[m] 지점에 50[A]의 부하가 걸려있을 때 부하중심점까지의 거리는 몇 [m]인가? (단, 답은 소수점 둘째 자리에서 반올림하여 최종답을 할 것)

정답

◦ 계산과정

부하중심점 거리 $L = \dfrac{\sum 전류 \times 길이}{\sum 전류} = \dfrac{\sum 전압 \times 전류 \times 길이}{\sum 전압 \times 전류} = \dfrac{\sum 전력 \times 길이}{\sum 전력}$

$L = \dfrac{(30 \times 80) + (35 \times 60) + (70 \times 50)}{80 + 60 + 50} = 42.11[m]$

◦ 정답 : 42.1[m]

10 전기설비의 기술적 계산

건축물의 종류에 대응한 표준 부하값을 주어진 답안지에 답하시오.

건물의 종류	표준 부하[VA/m^2]
공장, 교회당, 사원, 교회, 극장, 영화관, 연회장 등	(1)
기숙사, 여관, 호텔, 병원, 학교, 음식점, 다방, 대중목욕탕	(2)
사무실, 은행, 상점, 이발소, 미장원	(3)
주택, 아파트	(4)

정답

(1) 10,   (2) 20,   (3) 30,   (4) 40

11 전기설비의 기술적 계산

그림과 같은 평면의 건물에 대한 배선설계를 하기 위하여 주어진 조건을 이용하여 분기 회로수를 결정하시오.
(단, 분기 회로는 16[A] 분기 회로로 하고, 배전 전압은 220[V] 기준으로 한다.)

[그림]

사무실 : 66[m²]	
사무실 : 66[m²]	주거 : 80[m²]

[조건]

- 사무실 : 66[m²], 30[VA/m²], 사무실 : 66[m²], 30[VA/m²]
- 주거 : 80[m²], 40[VA/m²], 가산부하 : 500[VA]

정답

- 계산과정

    설비부하용량 $= (66 \times 30) + (66 \times 30) + (80 \times 40) + 500 = 7660[VA]$

    분기회로수 $= \dfrac{7660}{16 \times 220} = 2.17$ 소수점이하 절상

- 정답 : 16[A] 분기 3회로 선정

12 전기설비의 기술적 계산

어느 빌딩의 수전설비를 계획하고자 한다. 이 빌딩에 예측되는 부하밀도는 조명전용 20[VA/m²], 일반 동력 35[VA/m²], 냉방동력 40[VA/m²]이다. 이 빌딩의 건평이 60000[m²]일 경우 부하 설비 용량은 몇 [KVA]인가?

정답

- 계산과정

  조명설비 $= 20 \times 60000 \times 10^{-3} = 1200 [\text{kVA}]$

  일반동력설비 $= 35 \times 60000 \times 10^{-3} = 2100 [\text{kVA}]$

  냉방설비 $= 40 \times 60000 \times 10^{-3} = 2400 [\text{kVA}]$

  총 부하설비 $= 1200 + 2100 + 2400 = 5700 [\text{kVA}]$

- 정답 : $5700 [\text{kVA}]$

13 전기설비의 기술적 계산

그림과 같은 3상 3선식 380[V] 배전선로에서 단상 및 3상 변압기에 전력을 공급하고자 한다. 선로의 불평형률은 몇[%]인가?

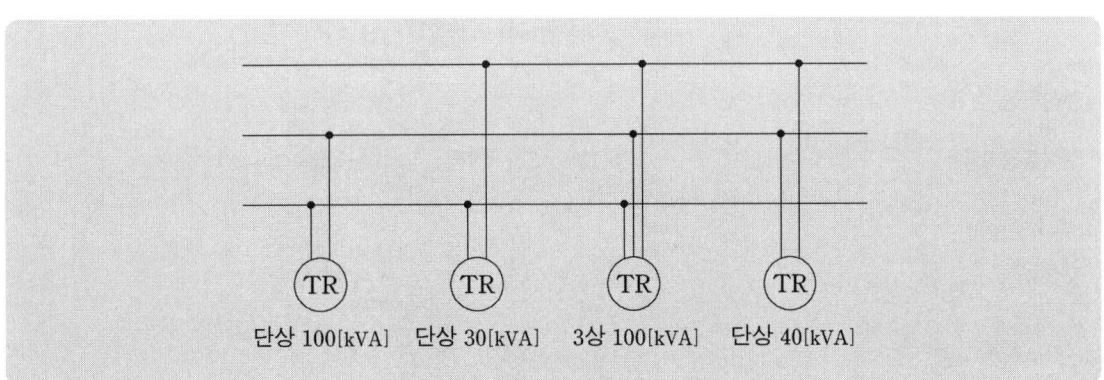

정답

저압 수전의 3상 3선식

$$\text{설비불평형률} = \frac{\text{각 선간에 접속되는 단상부하의 최대와 최소의 차}}{\text{총부하설비용량}[\text{kVA}] \text{의 } 1/3} \times 100 [\%]$$

- 계산과정

  $\text{설비불평형률} = \dfrac{100 - 30}{(100 + 30 + 100 + 40) \times \dfrac{1}{3}} \times 100 = 77.777$

- 정답 : $77.78 [\%]$

14 전기설비의 기술적 계산

다음의 회로와 같은 단상 3선식 100/200[V]로 전열기 및 전동기에 전기를 공급하는 경우 설비의 불평형률을 구하시오.

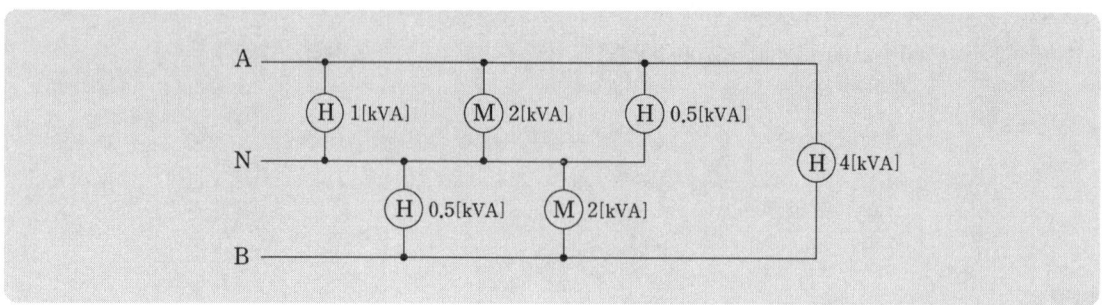

정답

저압 수전의 단상 3선식

$$설비불평형률 = \frac{중성선과\ 각\ 전압측\ 전선간에\ 접속하는\ 부하설비용량[kVA]의\ 차}{총부하설비용량[kVA]의\ 1/2} \times 100[\%]$$

○ 계산과정

$$설비불평형률 = \frac{(1+2+0.5)-(0.5+2)}{(1+2+0.5+0.5+2+4)\times\frac{1}{2}} \times 100 = 20[\%]$$

○ 정답 : 20[%]

15 전기설비의 기술적 계산

다음의 단상 3선식 회로를 보고 물음에 답하시오. (단, L_1은 8[kW], 역률 80[%]이고, L_2는 9[kW], 역률 90[%]이고, L_3는 18[kW], 역률 75[%]이다.)

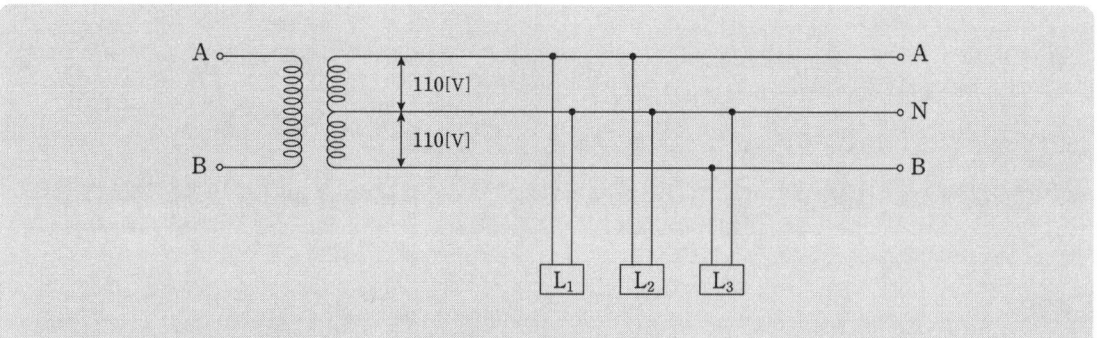

(1) 단상 3선식의 회로에서 설비불평형률 기준은?

(2) 상기 회로의 설비불평형률을 구하시오.

정답

(1) 저압 수전의 단상 3선식

$$설비불평형률 = \frac{중성선과\ 각\ 전압측\ 전선간에\ 접속하는\ 부하설비용량[kVA]의\ 차}{총부하설비용량[kVA]의\ 1/2} \times 100[\%]$$

여기서, 불평형율은 40[%] 이하이어야 한다.　　　　　　　∘ 정답 : 40[%] 이하

(2) ∘ 계산과정

$$\frac{\frac{18}{0.75} - \left(\frac{8}{0.8} + \frac{9}{0.9}\right)}{\left(\frac{18}{0.75} + \frac{8}{0.8} + \frac{9}{0.9}\right) \times \frac{1}{2}} \times 100 = 18.18[\%]　　　∘ 정답 : 18.18[\%]$$

16   전기설비의 기술적 계산

특별고압 및 고압수전에서 대용량의 단상전기로 등의 사용으로 설비불평형 제한규정을 따르기가 어려울 경우에는 전기사업자와 협의하여 다음에 각호에 의하여 포설하는 것을 원칙으로 한다. 다음 각호의 괄호 안에 알맞은 말을 쓰시오.

(1) 단상부하 1개의 경우에는 2차 (　　) 접속에 의할 것
(2) 단상부하 2개의 경우에는 (　　) 접속에 의할 것
(3) 단상부하 3개 이상인 경우에는 가급적 선로전류가 (　　)이 되도록 각 선간에 부하를 접속할 것

정답

특별고압 및 고압수전에서 대용량의 단상전기로 등의 사용에서 저항의 제한에 따르기 어려울때는 전기사업자와 협의하여 다음 각호에 의하여 포설한다.
① 단상부하 1개의 경우에는 2차 역V결선에 의할 것. 다만, 300[kVA](kW)이하인 경우
② 단상부하 2개의 경우에는 스코트 결선에 의할 것. 다만, 300[kVA](kW)이하인 경우
③ 단상부하 3개의 경우에는 가급적 선로 전류가 평형이 되도록 각 선간에 부하를 접속할 것

　　　　　　　　　　　　　　　　　　　　　· 정답 : (1) 역V　　(2) 스코트　　(3) 평형

17   전기설비의 기술적 계산

과전류 차단기의 시설제한장소 3가지를 쓰시오.

정답

① 접지공사의 접지도체
② 다선식 전로의 중성선(단상3선식, 3상 4선식)
③ 전로의 일부에 접지공사를 한 저압 가공전선로의 접지측 전선

18 전기설비의 기술적 계산

KS C 4621에 따른 주택용 누전차단기의 정격감도전류를 3가지만 쓰시오.

정답

6, 10, 15, 30, 50, 100, 200, 300, 500[mA]

5 전로의 절연 및 접지

1. 전로의 절연

    사용전압이 저압인 전로에서 정전이 어려운 경우 등 절연저항 측정이 곤란한 경우에는 저항성분의 누설전류가 1[mA] 이하이면 그 전로의 절연성능은 적합한 것으로 본다.
    ※ 누설전류 제한사항 전선로 1조당 : 최대공급전류/2000

    1) 저압전로의 절연저항

전로의 사용전압[V]	DC 시험전압[V]	절연저항[MΩ]
SELV 및 PELV	250	0.5
FELV, 500 이하	500	1.0
500 초과	1000	1.0

    ① ELV(Extra Low Voltage 특별저압)

      교류 50[V] 이하 직류 120[V] 이하

    ② SELV(Safety Extra Low Voltage 안전 특별저압 - 비접지회로)

      정상상태에서 또는 다른 회로에 있어서 지락 고장을 포함한 단일고장상태에서 인가되는 전압이 초저전압을 초과하지 않는 전기시스템

    ③ PELV(Protective Extra Low Voltage 보호 특별저압 - 접지회로)

      정상상태에서 또는 다른 회로에 있어서 지락 고장을 제외한 단일고장상태에서 인가되는 전압이 초저전압을 초과하지 않는 전기시스템

    ④ FELV(Functional Extra Low Voltage 기능적 특별 저압)

      기능상 ELV를 사용하는 경우에 적용하는 시스템으로 SELV 또는 PELV가 필요 없는 경우

    2) SELV와 PELV용 전원

      ① 안전절연변압기 전원
      ② 축전지 및 디젤발전기 등과 같은 독립전원
      ③ 안전절연변압기, 전동발전기 등 저압으로 공급되는 이중 또는 강화 절연된 이동용 전원
      ④ 내부고장이 발생한 경우에도 출력단자의 전압이 규정된 값을 초과하지 않도록 관련 표준에 따른 전자장치

3) 고압 및 특고압 전로의 절연내력 시험 방법 및 시험전압

① 절연내력을 시험할 부분에 최대사용전압에 의하여 결정되는 시험전압을 계속하여 10분간 가하여 견디어야 한다.

② 전선에 케이블을 사용하는 경우에는 직류로 시험할 수 있으며, 시험전압은 교류 시험전압의 2배의 직류 전압을 가하여 견디어야 한다.

구분	최대사용전압	배수	최저시험전압
	7[kV] 이하	1.5배	500[V]
다중접지	7[kV] 초과 25[kV] 이하	0.92배	×
다중접지 제외	7[kV] 초과 60[kV] 이하	1.25배	10500[V]
비접지식	60[kV] 초과	1.25배	×
접지식	60[kV] 초과	1.1배	75000[V]
중성점 직접접지식	170[kV] 이하	0.72배	(1)
	170[kV] 초과	0.64배	(2)
정류기	60[kV]초과 정류기에 접속되고 있는 전로	1.1배	

(1) 전력케이블은 정격전압을 24시간 가하여 절연내력 시험 하였을 때 이에 견딜 경우는 제외

(2) 지중전선로는 최대사용전압의 0.64배의 전압을 전로와 대지사이에 연속 60분간 절연내력시험을 했을 때 견디는 경우는 제외

4) 연료전지 및 태양전지 모듈의 절연내력

최대사용전압의 1.5배의 직류전압 또는 1배의 교류전압(500 [V] 미만으로 되는 경우에는 500 [V])을 충전 부분과 대지 사이에 연속하여 10분간 가하여 절연내력을 시험하였을 때에 이에 견디는 것이어야 한다.

5) 정류기 절연내력 시험 전압 - 연속10분간

① 최대사용전압 60,000[V]이하 : 직류측 최대사용전압의 1배의 교류전압 - 충전부분과 외함간

② 최대사용전압 60,000[V]초과 : 교류측의 최대사용전압의 1.1배의 교류 전압 또는 직류측의 최대사용전압의 1.1배의 직류전압 - 교류측 및 직류 고전압측 단자와 대지간

6) 기타 기구 절연내력 시험 방법

기계기구	접지장소	기계기구	시험방법
다심켑타이어 케이블	심선과 심선 심선과 대지	변압기	권선과 권선 철심과 외함
전동기	권선과 대지	수은 정류기	주양극과 외함 음극과 대지
개폐기, 차단기 등	충전부와 대지	기타 정류기	충전부과 외함

7) 절연의 용어

① 기초절연(BASIC INSULATION) : 전기충격에 대한 기초적인 보호를 위해 충전부에 사용하는 절연
② 이중절연(DOUBLE INSULATION) : 기초절연과 보강절연으로 구성한 절연
③ 강화절연(REINFORCED INSULATION) : 이 규격에 규정한 조건하에 있어서, 이중절연과 동등한 정도의 전기충격에 대한 보호를 갖춘 충전부에 사용하는 하나의 절연
④ 보강절연(SUPPLEMENTARY INSULATION) : 기초절연의 불량시에 전기충격에 대한 보호를 위하여 기초절연에 추가 사용하는 독립된 절연

2. 접지 공사

1) 접지공사의 목적

고저압 혼촉 시 저압측 전위 상승 억제, 기기의 지락사고 발생시 사람에게 걸리는 분담전압의 억제, 선로로부터 유도에 의한 감전방지, 이상전압억제에 의한 절연 계급 저감 보호 장치의 동작 확실화

① 전기설비의 금속제 외함 및 철대 접지 : 절연물의 열화나 손상에 의한 누설전류로부터 인체의 감전사고 방지
② 전력계통의 접지 : 고장전류나 뇌격 전류의 유입에 대하여 보호 장치의 완전한 동작
 (유효접지계 : 발전기 또는 변압기 등 전력계통의 중성점을 접지 시키는 것으로 전력계통에 설치한 보호계전기로 하여금 고장점을 판별시킬 목적으로 접지)

③ 피뢰기접지 : 전기설비나 전기기기 등을 이상전압으로부터 보호
④ 전기전자 통신설비 접지 : 전자통신장비의 기준전위 확보 및 Noise 방지기기의 안정된 동작을 확보할 목적

2) 접지 목적에 따른 분류

(1) 보안용 접지

누전에 의한 감전 및 기기의 손상, 화재, 폭발방지 등 전기 설비의 안전확보를 목적으로 한 접지 종류

① 기기접지 : 누전되고 있는 기기에 접촉 시 감전 방지
② 계통접지 : 고압전로와 저압전로가 혼촉 되었을 때 감전이나 화재방지
③ 뇌해 방지용 접지 : 피뢰기, 가공지선, 피뢰침 접지
④ 정전기방지용 접지 : 정전기 축적에 의한 폭발 재해방지
⑤ 등전위 접지 : 정전기 또는 전위차로 인한 장애가 발생하지 않도록 병원에 있어서 의료기기 사용시 안전을 확보
⑥ 노이즈 방지용 접지 : 전자 정전노이즈로 인한 전자장치 오동작 타 기기 장해 방지용
⑦ 지락 검출용 접지 : 누전차단기의 동작을 확실하게 하기 위함

(2) 기능용 접지

① 신호용접지(시스템접지) : 전산 통신기기의 정상적인 동작확보 또는 계장공사의 접지공사에서 신호선 한쪽을 접지하는 것
② 방식용 접지 : 지중에 매설 되어 있는 배관 설비 등의 전식 방지

3. 접지 시스템의 구분, 종류 및 구성요소

1) 구분

① 계통접지
② 보호접지
③ 피뢰시스템 접지

2) 시설종류

① 단독접지
② 공통접지
③ 통합접지

[공용(통합)접지와 단독(독립) 접지시 장단점]

구분	장점	단점
공용접지	① 접지극 연접으로 병렬연결이 되므로 합성저항을 저감하여 소요 접지저항이 낮아지며 서지나 노이즈 전류의 방전이 용이하다. ② 접지극간 상호간섭이 없어 접지극의 신뢰도가 향상된다. ③ 접지선이 짧아지고 접지 배선의 구조가 단순해져 보수 점검이 용이하다. ④ 철 구조물 연접으로 인한 거대한 접지효과로 등전위가 구성되어 전위차가 발생하지 않으므로 전위 상승이 매우 적다. ⑤ 시공 되는 접지극의 수가 줄어 접지공사비 절감을 할수 있으며 접지의 기준점을 세우기 쉽다.	① 계통전압의 이상전압 발생 시 유기 전압이 상승한다. ② 다른 기기 계통으로부터 사고 파급. ③ 피뢰설비와 접지가 공용이므로 뇌서지에 영향을 받을 가능성이 있기에 서지 보호기구를 설치하여야 한다. ④ 초고층에서 독립접지 효과가 감소한다.
단독접지	① 타 접지의 전위영향이 없다. ② 고장점을 쉽게 제가 할수 있고 원인규명이 쉽다. ③ 노이즈가 방지 되어 정보기기가 많은 곳에 사용.	① 접지 저항값을 얻기 위한 설비비가 고가이다. ② 제한된 면적에서 접지 저항값을 얻기가 곤란하다. ③ 고층 빌딩 등에서 접지선의 안테나 효과로 노이즈가 발생한다.

3) 구성요소

① 접지극   ② 접지도체
③ 보호도체   ④ 기타설비

(접지극은 접지도체를 사용하여 주접지단자에 연결하여야 한다.)

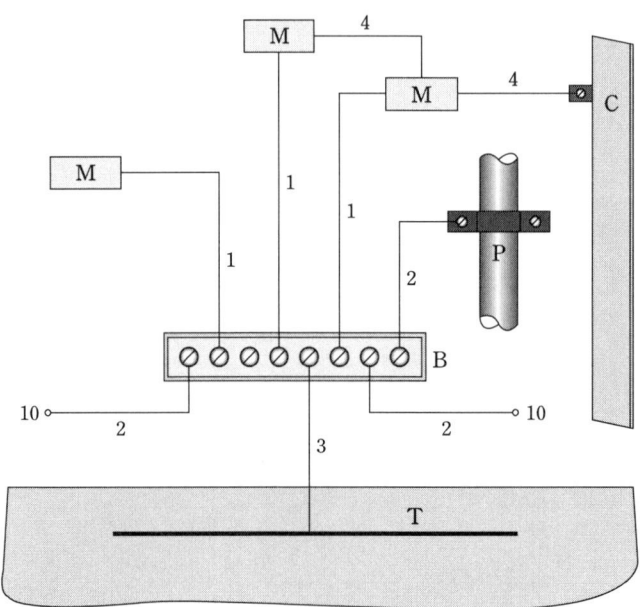

1 : 보호도체(PE)
2 : 보호등전위본딩용 도체
3 : 접지 도체
4 : 보조 보호등전위본딩용 도체
10 : 기타기기(경보통신, 피뢰시스템)
B : 주 접지단자
M : 전기기기의 노출도전부
C : 철골, 금속덕트 등 계통외도전부
P : 수도관, 가스관 등 계통외도전부
T : 접지극

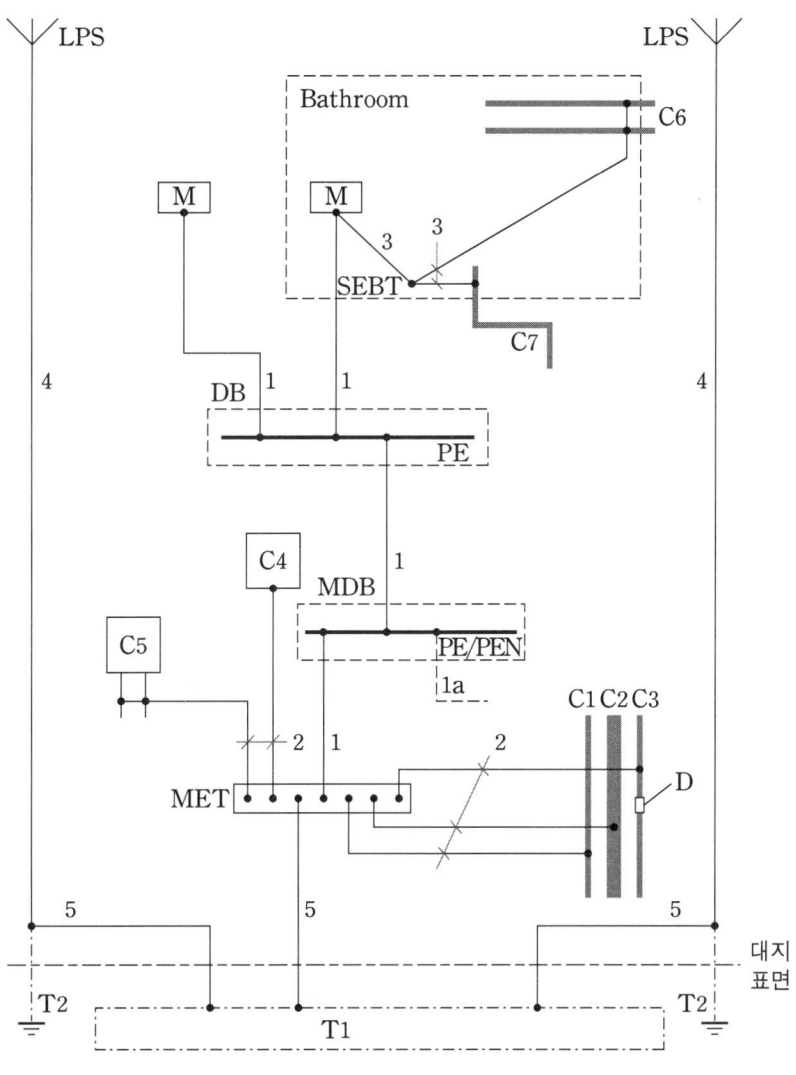

[기초 접지극, 보호도체 및 보호본딩도체에 관한 접지설비의 예]

기호	명칭
C	계통외도전부
C1	수도관, 외부로부터의 금속부
C2	배수관, 외부로부터의 금속부
C3	절연이음새를 삽입한 가스관, 외부로부터의 금속부
C4	공조설비
C5	난방설비
C6	수도관, 예를 들어 욕실 안의 금속부
C7	배수관, 예를 들어 욕실 안의 금속부
D	절연이음새
MDB	주배전반
DB	분전반
MET	주접지단자
SEBT	보조 보호등전위본딩단자
T1	콘크리트매입 기초접지극 또는 토양매설 기초접지극
T2	필요한 경우 피뢰시스템(LPS)용 접지극
LPS	피뢰시스템(있는 경우)
PE	분전반 안의 PE 단자
PE/PEN	주배전반 안의 PE/PEN 단자
M	노출도전부
1	보호도체(PE)
1a	필요하다면 전력공급망으로부터의 보호도체 또는 PEN 도체
2	주접지단자 접속용 보호등전위본딩도체
3	보조 보호등전위본딩도체
4	피뢰시스템의 인하도선(있는 경우)
5	접지도체

참고 : KS C IEC 60364-5-54의 그림 B.54.1

4. 접지극의 매설

1) 접지극은 매설하는 토양을 오염시키지 않아야 하며, 가능한 다습한 부분에 설치한다.
2) 접지극은 동결 깊이를 감안하여 시설하되 고압 이상의 전기설비와 변압기 중성점 접지에 의하여 시설하는 접지극의 매설깊이는 지표면으로부터 지하 0.75[m] 이상으로 한다.
3) 접지도체를 철주 기타의 금속체를 따라서 시설하는 경우에는 접지극을 철주의 밑면으로부터 0.3[m] 이상의 깊이에 매설하는 경우 이외에는 접지극을 지중에서 그 금속체로부터 1[m] 이상 떼어 매설하여야 한다.
4) 접지도체는 절연전선(옥외용 비닐절연전선 제외) 또는 케이블
5) 접지도체는 지하 0.75[m]부터 지표상 2[m]까지 부분은 두께 2.0[mm]이상의 합성수지관 또는 이와 동등 이상의 절연효과와 강도를 가진 몰드로 덮을 것

5. 접지 도체

1) 접지도체에 피뢰시스템이 접속된 경우
   ① 구리 : 16[mm^2] 이상
   ② 철제 : 50[mm^2] 이상

2) 접지도체에 큰 고장전류가 흐르지 않는 경우
   ① 구리 : 6[mm^2] 이상
   ② 철제 : 50[mm^2] 이상

3) 고장 시 흐르는 전류를 안전하게 통할 수 있는 경우 연동선의 굵기

종류	굵기
특고압·고압 전기설비용	6[mm^2] 이상 (단 이동용 기계기구는 10[mm^2] 이상)
중성점 접지용	16[mm^2] 이상 (단, 25[kV] 이하인 다중 접지식 2초이내 자동차단 장치 6[mm^2])
7[kV] 이하의 전로	6[mm^2] (단 이동용 기계기구는 저압 전기설비용 접지도체는 다심 코드 또는 다심 캡타이어케이블의 1개 도체의 단면적이 0.75[mm^2] 이상인 것을 사용한다. 다만, 기타 유연성이 있는 연동연선은 1개 도체의 단면적이 1.5[mm^2] 이상인 것을 사용)

6. 보호도체의 종류

1) 다심케이블의 도체
2) 충전도체와 같은 트렁킹에 수납된 절연도체 또는 나도체
3) 고정된 절연도체 또는 나도체

7. 보호도체의 단면적 및 계산

1) 보호도체의 단면적 계산

선도체의 단면적 $S[\text{mm}^2]$	대응하는 보호도체의 최소 단면적[mm^2]	
	보호도체의 재질이 선도체과 같은 경우	보호도체의 재질이 선도체과 다른 경우
$S \leq 16$	S	$(k_1/k_2) \times S$
$16 < S \leq 35$	16^a	$(k_1/k_2) \times 16$
$S > 35$	$S^a/2$	$(k_1/k_2) \times (S/2)$

여기서, k_1 : 상도체에 대한 k값, k_2 : 보호도체에 대한 k값
a : PEN도체의 최소단면적은 중성선과 동일하게 적용

2) 보호도체의 단면적 계산(차단 시간이 5초 이하인 경우)

$$S = \frac{\sqrt{I^2 t}}{k} [\text{mm}^2]$$

여기서, $I[\text{A}]$: 보호 장치를 통해 흐를 수 있는 예상 고장 전류 실효값
 $t[\text{s}]$: 자동 차단을 위한 보호 장치의 동작 시간
 k : 보호도체, 절연, 기타 부위의 재질 및 초기온도와 최종 온도에 따라 정해지는 계수

3) 보호도체가 케이블의 일부가 아니거나 선도체와 동일 외함에 설치되지 않으면 단면적은 다음의 굵기 이상으로 하여야 한다.

① 기계적 손상에 대해 보호가 되는 경우는 구리 2.5[mm^2], 알루미늄 16[mm^2] 이상
② 기계적 손상에 대해 보호가 되지 않는 경우는 구리 4[mm^2], 알루미늄 16[mm^2] 이상
③ 케이블의 일부가 아니라도 전선관 및 트렁킹 내부에 설치되거나, 이와 유사한 방법으로 보호되는 경우 기계적으로 보호되는 것으로 간주한다.

4) 보호도체의 단면적 보강
   (1) 보호도체는 정상 운전상태에서 전류의 전도성 경로(전기자기간섭 보호용 필터의 접속 등으로 인한)로 사용되지 않아야 한다.
   (2) 전기설비의 정상 운전상태에서 보호도체에 10[mA]를 초과하는 전류가 흐르는 경우, 다음에 의해 보호도체를 증강하여 사용하여야 한다.
      ① 보호도체가 하나인 경우 보호도체의 단면적은 전 구간에 구리 10[mm²] 이상 또는 알루미늄 16[mm²] 이상으로 하여야 한다.
      ② 추가로 보호도체를 위한 별도의 단자가 구비된 경우, 최소한 고장보호에 요구되는 보호도체의 단면적은 구리 10[mm²], 알루미늄 16[mm²] 이상으로 한다.

5) 보호도체와 계통도체 겸용
   (1) 보호도체와 계통도체를 겸용하는 겸용도체(중성선과 겸용, 선도체와 겸용, 중간도체와 겸용 등)는 해당하는 계통의 기능에 대한 조건을 만족하여야 한다.
      ① PEN 도체(protective earthing conductor and neutral conductor) : 교류회로에서 중성선 겸용 보호도체를 말한다.
      ② PEM 도체(protective earthing conductor and a mid-point conductor) : 직류회로에서 중간도체 겸용 보호도체를 말한다.
      ③ PEL 도체(protective earthing conductor and a line conductor) : 직류회로에서 선도체 겸용 보호도체를 말한다.

기호설명
중성선(N), 중간 도체(M)
보호도체(PE)
중성선과 보호도체 겸용(PEN)

   (2) 겸용도체는 고정된 전기설비에서만 사용할 수 있으며 다음에 의한다.
      ① 단면적은 구리 10[mm²] 또는 알루미늄 16[mm²] 이상이어야 한다.
      ② 중성선과 보호도체의 겸용도체는 전기설비의 부하 측으로 시설하여서는 안 된다.
      ③ 폭발성 분위기 장소는 보호도체를 전용으로 하여야 한다.
   (3) 겸용도체의 성능은 다음에 의한다.
      ① 공칭전압과 같거나 높은 절연성능을 가져야 한다.
      ② 배선설비의 금속 외함은 겸용도체로 사용해서는 안 된다.

(4) 겸용도체는 다음 사항을 준수하여야 한다.

① 전기설비의 일부에서 중성선·중간도체·선도체 및 보호도체가 별도로 배선되는 경우, 중성선·중간도체·선도체를 전기설비의 다른 접지된 부분에 접속해서는 안 된다. 다만, 겸용도체에서 각각의 중성선·중간도체·선도체와 보호도체를 구성하는 것은 허용한다.

② 겸용도체는 보호도체용 단자 또는 바에 접속되어야 한다.

8. 주 접지단자

1) 접지시스템은 주 접지단자를 설치하고, 다음의 도체들을 접속하여야 한다.

① 등전위본딩도체
② 접지도체
③ 보호도체
④ 관련이 있는 경우, 기능성 접지도체

2) 여러 개의 접지단자가 있는 장소는 접지단자를 상호 접속하여야 한다.

3) 주접지단자에 접속하는 각 접지도체는 개별적으로 분리할 수 있어야 하며, 접지저항을 편리하게 측정할 수 있어야 한다. 다만, 접속은 견고해야 하며 공구에 의해서만 분리되는 방법으로 하여야 한다.

9. 저압수용가 인입구 접지

수용장소 인입구 부근에서 다음의 것을 접지극으로 사용하여 변압기 중성점 접지를 한 저압전선로의 중성선 또는 접지측 전선에 추가로 접지공사를 할 수 있다.

1) 지중에 매설되어 있고 대지와의 전기저항 값이 3[Ω] 이하의 값을 유지하고 있는 금속제 수도관로

2) 대지 사이의 전기저항 값이 3[Ω] 이하인 값을 유지하는 건물의 철골

3) 1), 2)에 따른 접지도체는 공칭단면적 6[mm^2] 이상의 연동선 또는 이와 동등 이상의 세기 및 굵기의 쉽게 부식하지 않는 금속선으로서 고장 시 흐르는 전류를 안전하게 통할 수 있는 것이어야 한다.

10. 주택 등 저압수용장소 접지

1) 저압수용장소에서 계통접지가 TN-C-S 방식인 경우에 보호도체는 다음에 따라 시설하여야 한다.

① 보호도체의 최소 단면적은 보호도체의 굵기에 의한 값 이상으로 한다.
② 중성선 겸용 보호도체(PEN)는 고정 전기설비에만 사용할 수 있고, 그 도체의 단면적이 구리는 10[mm²] 이상, 알루미늄은 16[mm²] 이상이어야 하며, 그 계통의 최고전압에 대하여 절연되어야 한다.

2) 1)에 따른 접지의 경우에는 감전보호용 등전위본딩을 하여야 한다. 다만, 이 조건을 충족시키지 못하는 경우에 중성선 겸용 보호도체를 수용장소의 인입구 부근에 추가로 접지하여야 하며, 그 접지저항 값은 접촉전압을 허용접촉전압 범위내로 제한하는 값 이하로 하여야 한다.(교류기준 건조 : 50[V], 습기 : 25[V] 이하)

11. 변압기 중성점 접지

변압기의 중성점접지 저항 값은 다음에 의한다.

1) 일반적으로 변압기의 고압·특고압측 전로 1선 지락전류로 150을 나눈 값과 같은 저항 값 이하

2) 변압기의 고압·특고압측 전로 또는 사용전압이 35 [kV] 이하의 특고압 전로가 저압 측 전로와 혼촉 하고 저압전로의 대지전압이 150 V를 초과하는 경우는 저항 값은 다음에 의한다.

   ① 1초 초과 2초 이내에 고압·특고압 전로를 자동으로 차단하는 장치를 설치할 때는 300을 나눈 값 이하
   ② 1초 이내에 고압·특고압 전로를 자동으로 차단하는 장치를 설치할 때는 600을 나눈 값 이하

3) 전로의 1선 지락전류는 실측값에 의한다. 다만, 실측이 곤란한 경우에는 선로정수 등으로 계산한 값에 의한다.

12. 공통접지 및 통합접지

1) 고압 및 특고압과 저압 전기설비의 접지극이 서로 근접하여 시설되어 있는 변전소 또는 이와 유사한 곳에서는 다음과 같이 공통접지시스템으로 할 수 있다.

   ① 저압 전기설비의 접지극이 고압 및 특고압 접지극의 접지저항 형성영역에 완전히 포함되어 있다면 위험전압이 발생하지 않도록 이들 접지극을 상호 접속하여야 한다.
   ② 접지시스템에서 고압 및 특고압 계통의 지락사고 시 저압계통에 가해지는 상용주파 과전압은 표에서 정한 값을 초과해서는 안 된다.

[저압설비 허용 상용주파 과전압]

고압계통에서 지락고장시간[초]	저압설비 허용 상용주파 과전압(V)	비 고
>5	U_0+250	중성선 도체가 없는 계통에서 U_0는 선간전압을 말한다.
≤5	U_0+1200	

1. 순시 상용주파 과전압에 대한 저압기기의 절연 설계기준과 관련된다.
2. 중성선이 변전소 변압기의 접지계통에 접속된 계통에서, 건축물외부에 설치한 외함이 접지되지 않은 기기의 절연에는 일시적 상용주파 과전압이 나타날 수 있다.

③ 고압 및 특고압을 수전 받는 수용가의 접지계통을 수전 전원의 다중접지된 중성선과 접속하면 ②의 요건은 충족하는 것으로 간주할 수 있다.

2) 전기설비의 접지설비, 건축물의 피뢰설비·전자통신설비 등의 접지극을 공용하는 통합접지시스템으로 하는 경우 다음과 같이 하여야 한다.

① 통합접지시스템은 1)에 의한다.
② 낙뢰에 의한 과전압 등으로부터 전기전자기기 등을 보호하기 위해 피뢰시스템의 전기전자설비 보호 의 규정에 따라 서지보호장치를 설치하여야 한다.

13. 감전보호용 등전위본딩

1) 보호등전위본딩의 적용

(1) 건축물·구조물에서 접지도체, 주접지단자와 다음의 도전성부분은 등전위본딩 하여야 한다. 다만, 이들 부분이 다른 보호도체로 주접지단자에 연결된 경우는 그러하지 아니하다.
① 수도관·가스관 등 외부에서 내부로 인입되는 금속배관
② 건축물·구조물의 철근, 철골 등 금속보강재
③ 일상생활에서 접촉이 가능한 금속제 난방배관 및 공조설비 등 계통외도전부

(2) 주접지단자에 보호등전위본딩 도체, 접지도체, 보호도체, 기능성 접지도체를 접속하여야 한다.

2) 등전위본딩 시설

(1) 보호등전위본딩
① 건축물·구조물의 외부에서 내부로 들어오는 각종 금속제 배관은 다음과 같이 하여야 한다.
- 1 개소에 집중하여 인입하고, 인입구 부근에서 서로 접속하여 등전위본딩 바에 접속하여야 한다.

- 대형건축물 등으로 1개소에 집중하여 인입하기 어려운 경우에는 본딩도체를 1개의 본딩 바에 연결한다.
② 수도관·가스관의 경우 내부로 인입된 최초의 밸브 후단에서 등전위본딩을 하여야 한다.
③ 건축물·구조물의 철근, 철골 등 금속보강재는 등전위본딩을 하여야 한다.

(2) 보조 보호등전위본딩

① 보조 보호등전위본딩의 대상은 전원자동차단에 의한 감전보호방식에서 고장 시 자동차단시간이 저압 계통접지의 고장보호의 요구사항에서 요구하는 계통별 최대차단시간을 초과하는 경우이다.
② ①의 차단시간을 초과하고 2.5[m] 이내에 설치된 고정기기의 노출도전부와 계통외도전부는 보조 보호등전위본딩을 하여야 한다. 다만, 보조 보호등전위본딩의 유효성에 관해 의문이 생길 경우 동시에 접근 가능한 노출도전부와 계통외도전부 사이의 저항값(R)이 다음의 조건을 충족하는지 확인하여야 한다.

$$\text{교류 계통} : R \leq \frac{50V}{I_a}[\Omega], \quad \text{직류 계통} : R \leq \frac{120V}{I_a}[\Omega]$$

여기서, I_a : 보호장치의 동작전류(A)
(누전차단기의 경우 $I \triangle n$(정격감도전류), 과전류보호장치의 경우 5초 이내 동작전류)

3) 비접지 국부등전위본딩

(1) 절연성 바닥으로 된 비접지 장소에서 다음의 경우 국부등전위본딩을 하여야 한다.

① 전기설비 상호 간이 2.5[m] 이내인 경우
② 전기설비와 이를 지지하는 금속체 사이

(2) 전기설비 또는 계통외도전부를 통해 대지에 접촉하지 않아야 한다.

4) 등전위본딩 도체

(1) 보호등전위본딩 도체

① 주접지단자에 접속하기 위한 등전위본딩 도체는 설비 내에 있는 가장 큰 보호접지도체 단면적의 1/2 이상의 단면적을 가져야 하고 다음의 단면적 이상이어야 한다.
- 구리도체 6[mm²]
- 알루미늄 도체 16[mm²]
- 강철 도체 50[mm²]

② 주접지단자에 접속하기 위한 보호본딩도체의 단면적은 구리도체 25[mm²] 또는 다른 재질의 동등한 단면적을 초과할 필요는 없다.

(2) 보조 보호등전위본딩 도체

① 두 개의 노출도전부를 접속하는 경우 도전성은 노출도전부에 접속된 더 작은 보호도체의 도전성보다 커야 한다.
② 노출도전부를 계통외도전부에 접속하는 경우 도전성은 같은 단면적을 갖는 보호도체의 1/2 이상이어야 한다.
③ 케이블의 일부가 아닌 경우 또는 선로도체와 함께 수납되지 않은 본딩 도체는 다음 값 이상 이어야 한다.
- 기계적 보호가 된 것은 구리도체 2.5[mm²], 알루미늄 도체 16[mm²]
- 기계적 보호가 없는 것은 구리도체 4[mm²], 알루미늄 도체 16[mm²]

14. 접지도체의 굵기

1) 접지도체의 구비조건

① 전류용량
② 내식성
③ 기계적 강도

2) 접지도체의 온도상승

동선에 단시간 전류가 흘렀을 경우의 온도 상승은 내선규정에 의해 다음과 같다.

$$\theta = 0.008\left(\frac{I}{A}\right)^2 t [°C]$$

여기서, θ : 동선의 온도상승[°C], I[A] : 전류, A[mm²] : 동선의 단면적, t[sec] : 통전시간

3) 접지도체의 온도 상승에 따른 접지도체의 단면적 계산

(1) 계산조건

① 접지선에 흐르는 고장전류의 값은 전원측 과전류차단기 정격전류 20배
② 과전류차단기는 정격전류 20배의 전류에서는 0.1초 이하에서 끊어지는 것으로 한다.
③ 고장전류가 흐르기 전의 접지선 온도는 30[°C]로 한다.
④ 고장전류가 흘렀을 때의 접지선의 허용온도는 160[°C]로 한다.(따라서, 허용온도상승은 130[°C]가 된다.)

(2) 계산식

$$130 = 0.008 \left(\frac{20I}{A}\right)^2 0.1$$
$$A = 0.0496 I_n [\text{mm}^2]$$

여기서, I_n : 과전류 차단기의 정격전류

15. 접지극

1) 접지극의 종류

① 수평 또는 수직 접지극(A형)
② 환상도체 접지극 또는 기초 접지극(B형)

2) 접지극 규격

① 동판 : 두께 0.7[mm] 이상, 단면적 900[cm^2] 이상
② 동봉, 동피복강봉, 탄소피복강 : 지름 8[mm] 이상, 길이 0.9[m] 이상
③ 철관 : 지름 25[mm] 이상, 길이 0.9[m]이상
④ 철봉 : 지름 12[mm]이상, 길이 0.9[m]이상
⑤ 동복강판 : 두께 1.6[mm] 이상, 길이 0.9[m] 이상, 면적 250[cm^2] 이상

3) 접지도체를 이용하여 반드시 접지를 해야하는 개소

① 일반 기기 및 제어반의 외함
② 피뢰기 및 피뢰침
③ 계기용 변성기 2차측
④ 다선식 전로의 중성선
⑤ 케이블의 차폐선
⑥ 옥외 철구

4) 접지시스템 부식에 대한 고려는 다음에 의한다.

① 접지극에 부식을 일으킬 수 있는 폐기물 집하장 및 번화한 장소에 접지극 설치는 피해야 한다.
② 서로 다른 재질의 접지극을 연결할 경우 전식을 고려하여야 한다.
③ 콘크리트 기초접지극에 접속하는 접지도체가 용융아연도금강제인 경우 접속부를 토양에 직접 매설해서는 안 된다.

5) 접지극 접속

발열성 용접, 압착접속, 클램프 또는 그 밖의 적절한 기계적 접속장치로 접속하여야 한다.

6) 수도관 접지극

지중에 매설되어 있고 대지와의 전기저항 값이 3[Ω] 이하의 값을 유지하고 있는 금속제 수도관로가 다음에 따르는 경우 접지극으로 사용이 가능하다.

① 접지도체와 금속제 수도관로의 접속은 안지름 75 [mm] 이상인 부분 또는 여기에서 분기한 안지름 75[mm] 미만인 분기점으로부터 5 [m] 이내의 부분에서 하여야 한다. 다만, 금속제 수도관로와 대지 사이의 전기저항 값이 2[Ω] 이하인 경우에는 분기점으로부터의 거리는 5[m]을 넘을 수 있다.
② 접지도체와 금속제 수도관로의 접속부를 수도계량기로부터 수도 수용가 측에 설치하는 경우에는 수도계량기를 사이에 두고 양측 수도관로를 등전위본딩 하여야 한다.
③ 접지도체와 금속제 수도관로의 접속부를 사람이 접촉할 우려가 있는 곳에 설치하는 경우에는 손상을 방지하도록 방호장치를 설치하여야 한다.
④ 접지도체와 금속제 수도관로의 접속에 사용하는 금속제는 접속부에 전기적 부식이 생기지 않아야 한다.
⑤ 건축물·구조물의 철골 기타의 금속제는 이를 비접지식 고압전로에 시설하는 기계기구의 철대 또는 금속제 외함의 접지공사 또는 비접지식 고압전로와 저압전로를 결합하는 변압기의 저압전로의 접지공사의 접지극으로 사용할 수 있다. 다만, 대지와의 사이에 전기저항 값이 2[Ω] 이하인 값을 유지하는 경우에 한한다.

16. 접지저항 저감 대책

1) 물리적 저감방법

① 접지극의 병렬 접속(다극 접지공법)
② 접지극을 깊게 매설하는 방법
③ 접지극의 면적을 확대
  - 매설지선시설
  - 평판접지
④ 접지봉 타입의 접지극은 접지극과 대지와의 접촉저항을 향상시키기 위하여 심타공법으로 시공한다.
⑤ 접지극의 길이를 길게 한다.

2) 물리적 저감 접지공법

① 봉상접지공법 : 심타공법 과 병렬 접지공법이 있다.
② 망상접지공법(Mesh) : 서지 임피던스저감효과가 대단히 크고 공용접지방식으로 채택시 안정성이 뛰어나다.
③ 건축 구조체 접지공법

3) 고강도 접지 저항 저감재(토양에 화학처리)

(1) 화학적 저감 방법

① 비반응형 : 염, 황산 암모니아, 탄산소다, 카본분말등
② 반응형 : 화이트 아스론, 티코겔등

(2) 접지저감재의 구비조건

① 토양을 오염시키지 않으며 인축이나 식물에 유해하지 않을 것
② 전기적으로 양도체 일 것. 즉 주위 토양보다 도전도가 좋아야 한다.
③ 접지극을 부식시키지 아니 할 것
④ 저감효과가 크고 지속 적일 것

(3) 접지 저감재 시공법

① 수반법   ② 구법
③ 보링법   ④ 타입법
⑤ 체류조법

17. 송배전 선로의 접지

1) 배전용 변전소 접지

(1) 접지 목적

① 감전방지
② 기기의 손상방지
③ 보호계전기의 확실한 동작 및 전위 상승 억제

(2) 중요 접지개소

① 피뢰기 및 피뢰침
② 철탑, 철주, 강관주(옥외 철구)
③ 주변압기 중성점
④ 계기용 변성기 2차측
⑤ 케이블 차폐선

⑥ 송전선과 교차 접근시 시설하는 보호망
⑦ 주상에 설치하는 3상 4선식 접지계통의 변압기 및 기기 외함
⑧ 옥내 또는 지상에 시설하는 특고압 또는 고압기기의 외함

2) 기기의 접지 방법
① 피뢰기 : 접지망의 교점 위치에 설치하고, 접지선은 최단거리로 접지망에 연결한다.
② 옥외 철구 : 각 주 마다 접지
③ 배전반 : 프레임을 접지
④ 계기용 변성기 2차측 : 중성점을 배전반 접지 모선에 1점만 접지
⑤ 전력용 콘덴서 : 개별 그룹별 중성점을 한데 묶어서 한선으로 접지망에 짧게 연결하여 접지
⑥ 주변압기(분로리액터) : 탱크를 접지
⑦ 차폐케이블 : 차폐층 양단을 접지
⑧ 소내변압기 : 탱크 및 2차측의 1단을 접지

3) 배전선로 피뢰기의 접지(한국전력공사 규정)
접지 계통의 선로에 시설하는 피뢰기 접지선은 중성선에 연결하고 그 전주에서 접지 한다. 이 때 접지 저항값은 다음 표와 같고 피뢰기의 접지극은 기기, 가공지선등 다른 접지극과 상호 1[m]이상 이격해야 한다.

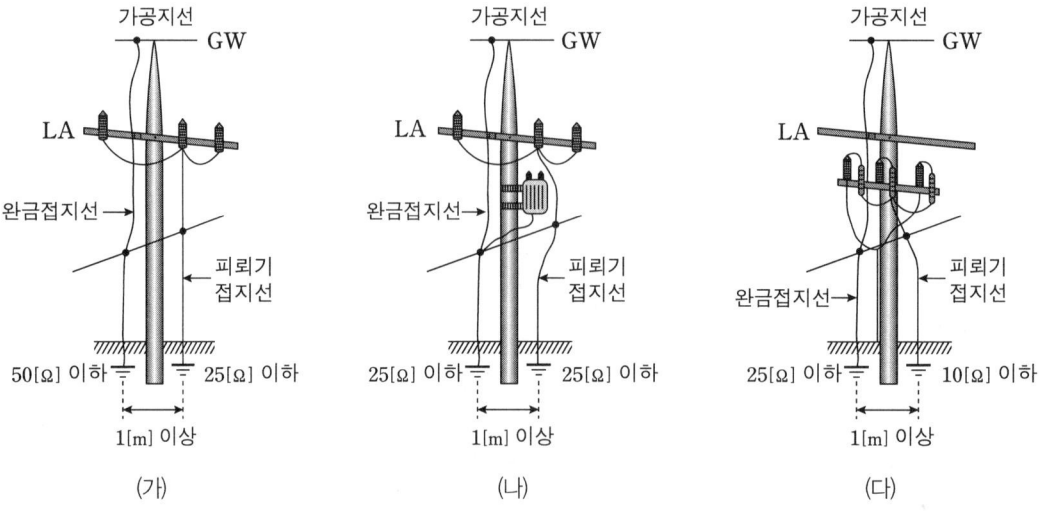

	보호용	완금접지선 저항값[Ω]	피뢰기접지 선저항값[Ω]	완금접지선과 피뢰기 접지선의 이격거리[m]
(가)	선로	50	25	1
(나)	기기, 주상변압기	25	25	1
(다)	입상케이블	25	10	1

4) 송전계통의 변압기 중성점 접지 방식

   (1) 목적

   ① 지락고장시 건전상의 대지전위상승을 억제하여 전선로 및 기기의 절연레벨을 경감
   ② 뇌, 아크지락, 기타에 의한 이상 전압의 경감 및 발생을 방지
   ③ 지락 고장시 접지보호계전기의 확실한 동작

   (2) 접지방식

   ① 비접지 방식 : 1선 지락 고장시 충전 전류에 의해 간헐적으로 아크 지락을 일으켜서 이상전압이 발생하므로 고전압 송전선로에 사용되지 않음
   ② 직접접지 방식 : 1선 지락 시 건전상의 전위상승이 높지 않아 유효 접지의 대표 적인 방식으로 초고압 송전선로에서 경제성이 매우 우수하여 우리나라 송전계통에서 사용
   ③ 저항 접지방식 : 중성점을 저항으로 접지하는 방식으로 저저항 방식과 고저항 방식이 있다.
   ④ 소호리액터 접지방식 : 선로의 정전용량과 리액터의 병렬 공진을 이용

18. 접촉전압

1) 지락 사고시 지락 전류 및 접촉 전압

   그림과 같이 전동기에서 완전 지락 된 경우 지락 전류와 접촉 전압은 다음과 같다.

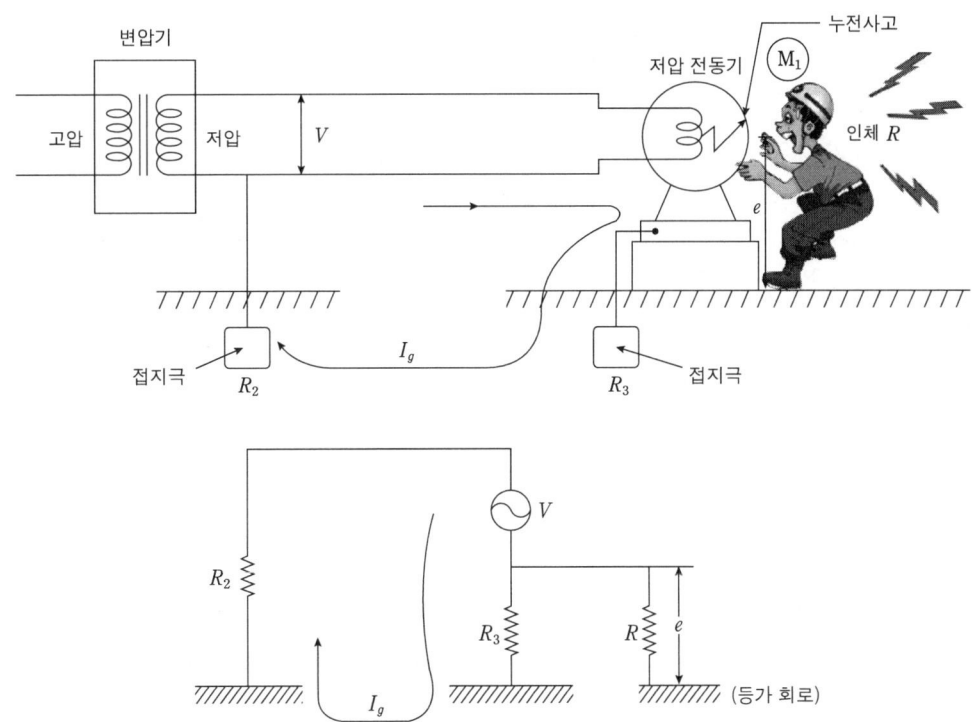

(1) 인체 비 접촉시

① 지락 전류 $I_g = \dfrac{V}{R_2 + R_3}$

② 대지 전압 $e = I_g R_3 = \dfrac{V}{R_2 + R_3} R_3$

(2) 인체 접촉시

① 인체에 흐르는 전류

$$I = \dfrac{V}{R_2 + \dfrac{RR_3}{R + R_3}} \times \dfrac{R_3}{R_2 + R_3} = \dfrac{R_3}{R_2(R + R_3) + RR_3} \times V$$

② 접촉 전압 $E_t = IR = \dfrac{RR_3}{R_2(R + R_3) + RR_3} \times V$

여기서, R_2 : 계통 접지 공사 접지 저항 값
R_3 : 보호접지공사 접지 저항 값
R : 인체 저항 값

19. 대지고유 저항 측정 및 접지 저항 측정 방법

1) 전자식 접지저항계에 의한 접지 저항 측정

"E"단자 : 피 측정 접지 극 E에 접속한다.
"P"단자 : 보조 접지 극 P(전압 용)에 접속한다.
"C"단자 : 보조 접지 극 C(전류 용)에 접속한다.

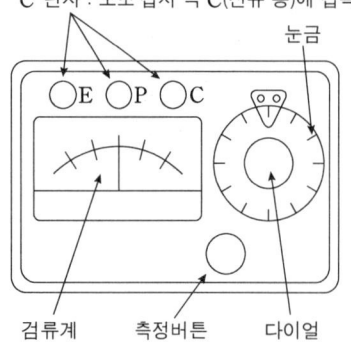
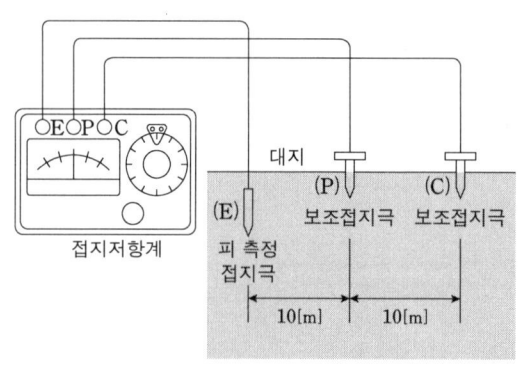

※ 보조접지극 설치 이유 : 전압과 전류를 공급하여 접지저항을 측정하기 위함

2) 코올라시(Kohlrausch) 브리지법에 의한 접지 저항 측정

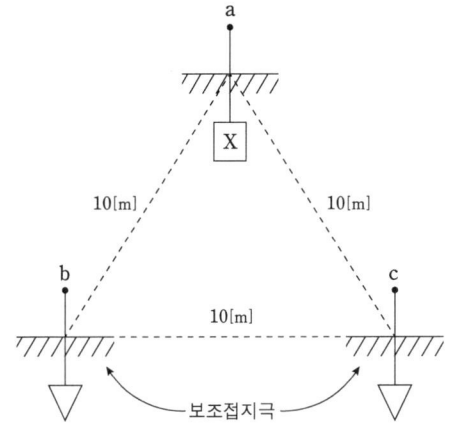

$$R_x = \frac{1}{2}[R_{ab} + R_{ca} - R_{bc}][\Omega]$$

3) 워너의 4전극법에 의한 대지고유저항률

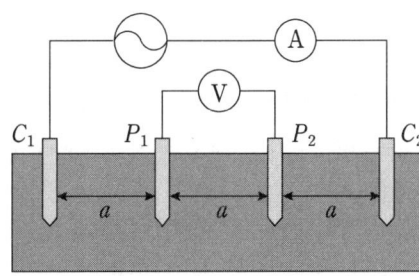

4개의 측정용 전극을 일직선상 동일한 간격으로 배치하여 (C_1, C_2)에 흐르는 전류 I와 (P_1, P_2)의 전압을 구하여 대지저항률 측정(전극의 매설깊이는 극간격의 1/20 이하)

$$\text{대지 저항률 } \rho = 2\pi a R [\Omega \cdot m]$$

여기서, $a[m]$: 전극의 간격, $R[\Omega]$: 접지저항

4) 봉형 접지극

$$\text{접지저항}(R) = \frac{\rho}{2\pi \ell} \ln \frac{2\ell}{r} [\Omega]$$

여기서, ρ : 대지저항률, ℓ : 접지극 깊이, r : 접지극 반경

20. 저압설비의 접지계통

1) 저압전로의 보호도체 및 중성선의 접속 방식에 따라 접지계통의 분류
   ① TN 계통
   ② TT 계통
   ③ IT 계통

2) 계통접지에서 사용되는 문자의 정의는 다음과 같다.
   ① 제1문자 - 전원계통과 대지의 관계
      T : 한 점을 대지에 직접 접속
      I : 모든 충전부를 대지와 절연시키거나 높은 임피던스를 통하여 한 점을 대지에 직접 접속
   ② 제2문자 - 전기설비의 노출도전부와 대지의 관계
      T : 노출도전부를 대지로 직접 접속. 전원계통의 접지와는 무관
      N : 노출도전부를 전원계통의 접지점(교류 계통에서는 통상적으로 중성점, 중성점이 없을 경우는 선도체)에 직접 접속
   ③ 그 다음 문자(문자가 있을 경우) - 중성선과 보호도체의 배치
      S : 중성선 또는 접지된 선도체 외에 별도의 도체에 의해 제공되는 보호 기능
      C : 중성선과 보호 기능을 한 개의 도체로 겸용(PEN 도체)

21. 저압설비의 접지계통의 종류

1) TN 계통

   TN 계통이란 전원 한 점을 직접 접지하고 설비의 노출 도전성 부분을 보호도체(PE)를 이용하여 전원 한 점에 접속하는 접지 계통을 말한다. TN 계통은 중성선 및 보호 도체의 배치에 따라 TN-S 계통, TN-C-S 계통 및 TN-C 계통의 3 종류가 있다.

   (1) TN-S 계통

      TN-S 계통은 계통 전체에 대해 별도의 중성선 또는 PE 도체를 사용한다. 배전계통에서 PE 도체를 추가로 접지할 수 있다.

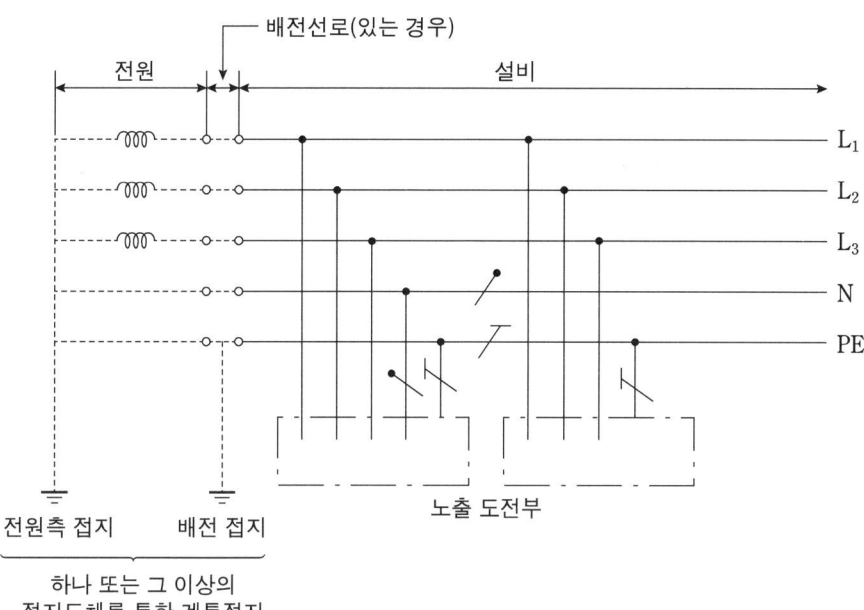

[계통 내에서 별도의 중성선과 보호도체가 있는 TN-S 계통]

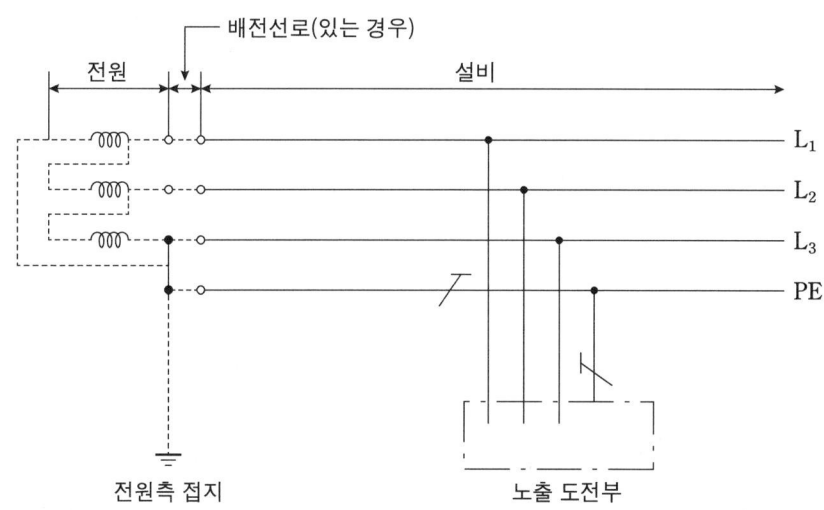

[계통 내에서 별도의 접지된 선도체와 보호도체가 있는 TN-S 계통]

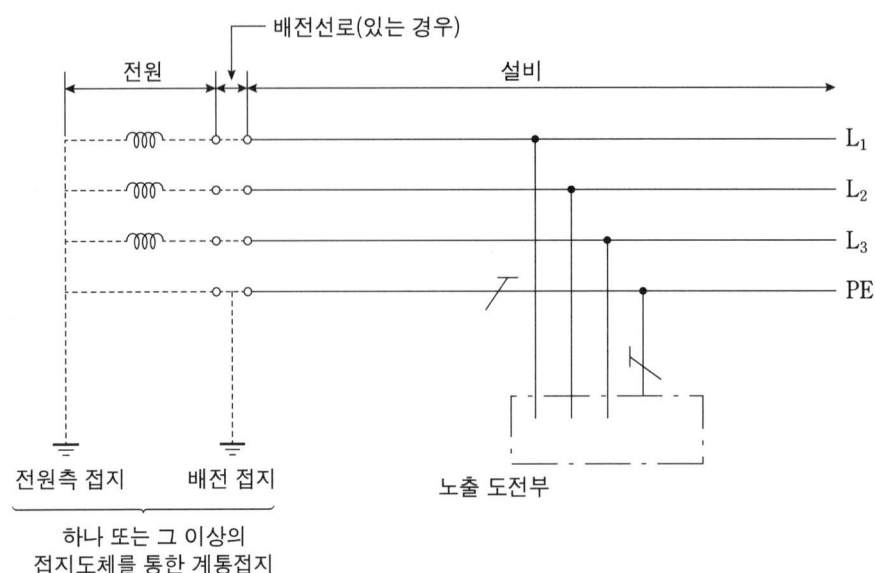

[계통 내에서 접지된 보호도체는 있으나 중성선의 배선이 없는 TN-S 계통]

(2) TN-C계통

TN-C 계통은 그 계통 전체에 대해 중성선과 보호도체의 기능을 동일도체로 겸용한 PEN 도체를 사용한다. 배전계통에서 PEN 도체를 추가로 접지할 수 있다.

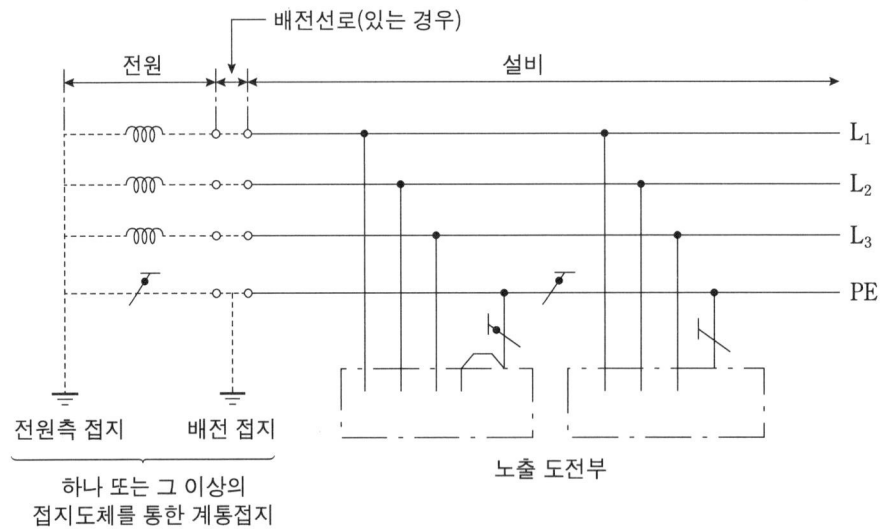

[TN-C 계통]

(3) TN-C-S계통

TN-C-S계통은 계통의 일부분에서 PEN 도체를 사용하거나, 중성선과 별도의 PE 도체를 사용하는 방식이 있다. 배전계통에서 PEN 도체와 PE 도체를 추가로 접지할 수 있다.

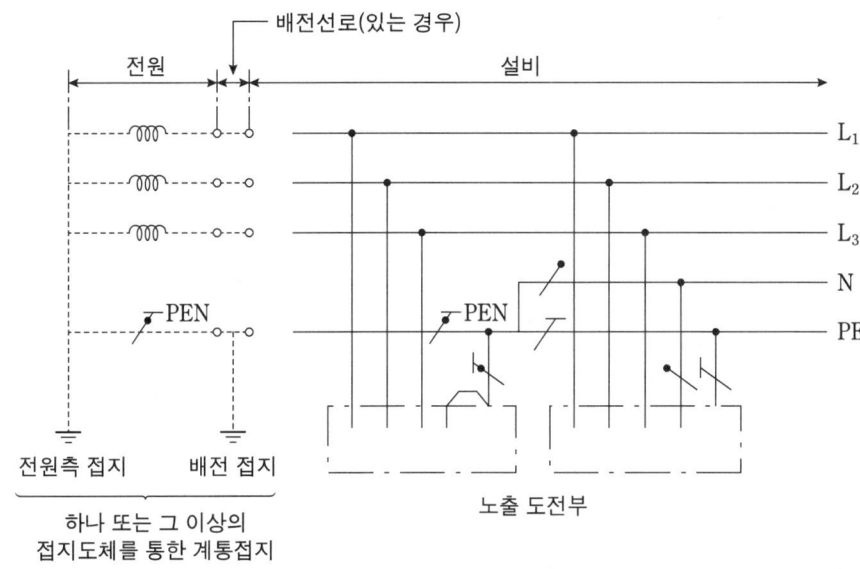

[설비의 어느 곳에서 PEN이 PE와 N으로 분리된 3상 4선식 TN-C-S 계통]

2) TT 방식

TT 계통이란 전원의 한 점을 직접 접지하고 설비의 노출 도전성 부분을 전원 계통의 접지극과 전기적으로 독립한 접지극에 접지하는 접지 계통을 말한다.

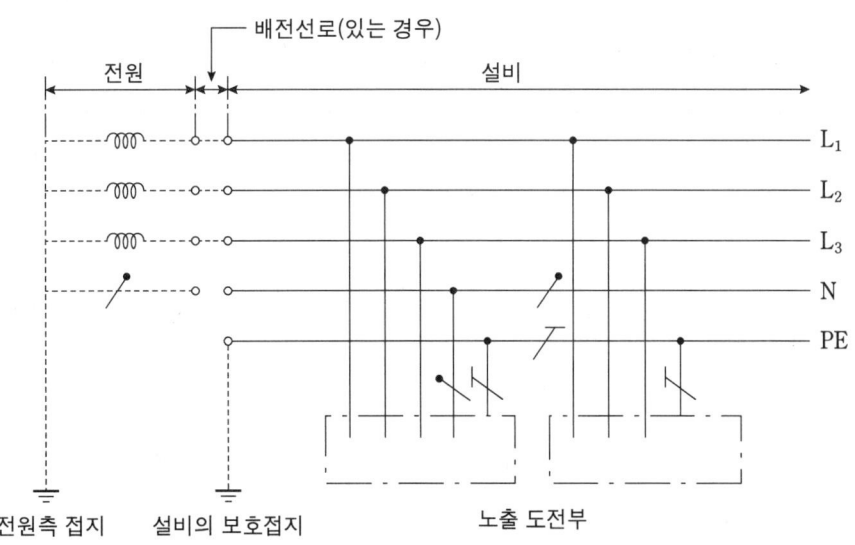

[설비 전체에서 별도의 중성선과 보호도체가 있는 TT 계통]

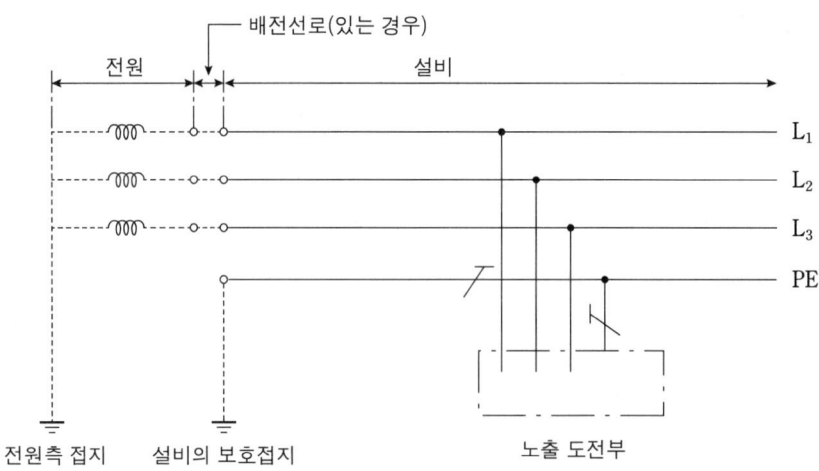

[설비 전체에서 접지된 보호도체가 있으나 중성선이 없는 TT 계통]

3) IT 방식

IT 계통이란 충전부 전체를 대지로부터 절연시키거나, 한 점에 임피던스를 삽입하여 대지에 접속시키고, 전기기기의 노출 도전성 부분을 단독 또는 일괄적으로 접지하거나 또는 계통 접지로 접속하는 접지 계통을 말한다.

① 충전부 전체를 대지로부터 절연시키거나, 한 점을 임피던스를 통해 대지에 접속시킨다. 전기설비의 노출도전부를 단독 또는 일괄적으로 계통의 PE 도체에 접속시킨다. 배전계통에서 추가접지가 가능하다.

② 계통은 충분히 높은 임피던스를 통하여 접지할 수 있다. 이 접속은 중성점, 인위적 중성점, 선도체 등에서 할 수 있다. 중성선은 배선할 수도 있고, 배선하지 않을 수도 있다.

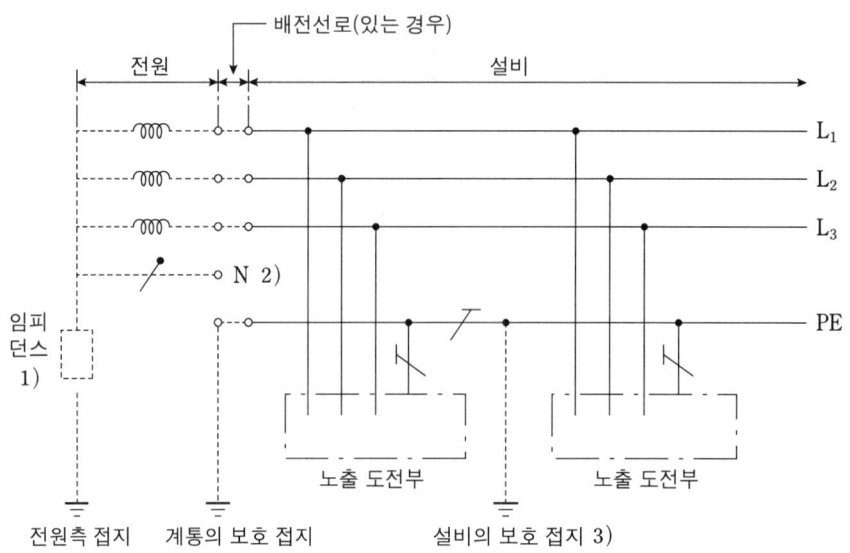

[계통 내의 모든 노출도전부가 보호도체에 의해 접속되어 일괄 접지된 IT 계통]

Chapter 05. 전로의 절연 및 접지

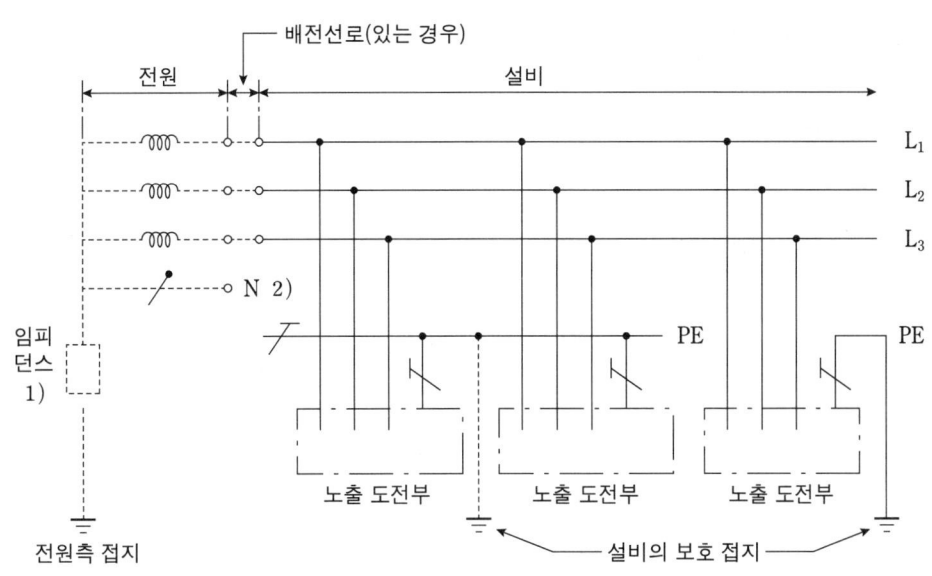

[노출도전부가 조합으로 또는 개별로 접지된 IT 계통]

01 전로의 절연 및 접지

표에서 저압전로의 절연저항은 얼마인가?

전로의 사용전압[V]	DC 시험전압[V]	절연저항[MΩ]
SELV 및 PELV	250	①
FELV, 500 이하	500	②
500 초과	1000	③

정답

① 0.5   ② 1.0   ③ 1.0

02 전로의 절연 및 접지

SELV와 PELV용 전원의 종류를 2가지이상 쓰시오.

정답

① 안전절연변압기 전원
② 축전지 및 디젤발전기 등과 같은 독립전원
③ 안전절연변압기, 전동발전기 등 저압으로 공급되는 이중 또는 강화 절연된 이동용 전원
④ 내부고장이 발생한 경우에도 출력단자의 전압이 규정된 값을 초과하지 않도록 관련 표준에 따른 전자장치

03 전로의 절연 및 접지

다음 문제를 읽고 (   ) 안에 들어 갈 말을 적으시오.

> 연료전지 및 태양전지 모듈은 최대사용전압의 (   )배의 직류전압 또는 (   )배의 교류전압(500[V] 미만으로 되는 경우에는 500[V])을 충전부분과 대지사이에 연속하여 (   )분간 가하여 절연내력을 시험하였을 때에 이에 견디는 것이어야 한다.

정답

① 1.5   ② 1   ③ 10

04 전로의 절연 및 접지

22.9[kV-Y] 다중접지 배전선로의 전로와 대지간의 절연내력 시험 전압은 최대 사용 전압의 몇 배인가?

정답

0.92배

05 전로의 절연 및 접지

대지로 접지하는 가장 큰 이유는?

정답

지구는 정전 용량이 크므로 많은 전하가 축적되어도 지구의 전위는 일정하기 때문이다.

06 전로의 절연 및 접지

접지의 목적 3가지만 쓰시오.

정답

① 고 저압 혼촉 시 저압측 전위 상승 억제
② 기기의 지락사고 발생 시 사람에게 걸리는 분담전압의 억제
③ 선로로부터 유도에 의한 감전방지
④ 이상전압억제에 의한 절연 계급 저감 보호 장치의 동작 확실화

07 전로의 절연 및 접지

다음 접지설비의 분류에서 접지의 목적을 쓰시오.

(1) 계통접지
(2) 기기접지
(3) 지락 검출용 접지
(4) 정전기 접지
(5) 등전위 접지

정답

(1) 계통접지 : 고압전로와 저압전로가 혼촉 되었을 때 감전이나 화재발생
(2) 기기접지 : 누전되고 있는 기기에 접촉 시 감전방지
(3) 지락 검출용 접지 : 누전차단기의 동작을 확실하게 하기 위함
(4) 정전기 접지 : 정전기의 축적에 의한 폭발 재해 방지
(5) 등전위 접지 : 정전기 또는 전위차로 인한 장애가 발생하지 않도록 병원에 있어서 의료기기 사용시 안전을 확보

08 전로의 절연 및 접지

계장공사의 접지공사에서 신호선 한쪽을 접지 하는 것을 무엇이라 하는가?

정답

시스템 접지

09 전로의 절연 및 접지

"노이즈 방지용 접지"란 어떤 접지인지 쓰시오.

정답

전자 정전노이즈로 인한 전자장치 오동작 타 기기 장해 방지용

10 전로의 절연 및 접지

화학설비에 접지를 실시하는 1차적 목적은?

정답

전기 대전 방지로 인한 정전기 발생억제

11 전로의 절연 및 접지

공장이나 빌딩, 발변전소 등에서 주로 채택되고 있으며 특히 서지임피던스 저감효과가 대단히 크고 공용접지방식으로 채택할 때 안전성이 뛰어난 접지공법은?

정답

망상접지(Mesh 접지)

12　전로의 절연 및 접지

다음 ( ) 안에 알맞은 내용을 쓰시오.

"직류전기설비의 접지시설을 양(+)도체에 접지하는 경우는 (①)에 대한 보호를 하여야 하며, 음(-)도체 에 접지하는 경우는 (②)를 하여야 한다.

정답

① 감전
② 전기부식방지

13　전로의 절연 및 접지

다음 물음에 답을 하시오.

1) 한국 전기 설비규정에 의한 접지 시스템의 구분을 3가지를 쓰시오.
2) 한국 전기 설비규정에 의한 접지시스템의 시설 종류를 3가지 쓰시오.

정답

1) ① 계통접지　② 보호접지　③ 피뢰시스템 접지
2) ① 단독접지　② 공통접지　③ 통합접지

14 전로의 절연 및 접지

한국 전기설비규정에 의한 공통접지란?

> 정답

고압 및 특고압 접지시스템과 저압 접지시스템이 등전위가 되도록 공통으로 접지하는 방식

15 전로의 절연 및 접지

한국 전기 설비규정에 의한 통합접지란?

> 정답

전기설비의 접지계통, 건축물의 피뢰설비, 전자통신설비 등의 접지극을 통합하여 접지하는 방식

16 전로의 절연 및 접지

1개소 또는 여러 개소에 시공한 공용의 접지 전극에 개개의 기계 기구를 모아서 접속하여 접지를 공용화 하는 것이 공용접지이다. 장점 4가지를 쓰시오.

> 정답

① 접지극 연접으로 병렬연결이 되므로 합성저항을 저감하여 소요 접지저항이 낮아지며 서지나 노이즈 전류의 방전이 용이하다.
② 접지극간 상호간섭이 없어 접지극의 신뢰도가 향상된다.
③ 접지선이 짧아지고 접지 배선의 구조가 단순해져 보수 점검이 용이하다.
④ 철 구조물 연접으로 인한 거대한 접지효과로 등전위가 구성되어 전위차가 발생하지 않으므로 전위 상승이 매우 적다.
⑤ 시공 되는 접지극의 수가 줄어 접지공사비 절감을 할수 있으며 접지의 기준점을 세우기 쉽다.

17 전로의 절연 및 접지

1개의 건축물에는 그 건축물 대지 전위의 기준이 되는 접지극, 접지선 및 주 접지단자를 그림과 같이 구성한다. 건축물 내 전기기기의 노출도전성 부분 및 계통외 도전성부분 모두를 주 접지단자에 접속한다. 다음 그림에서 ①~⑤까지 명칭을 쓰시오.

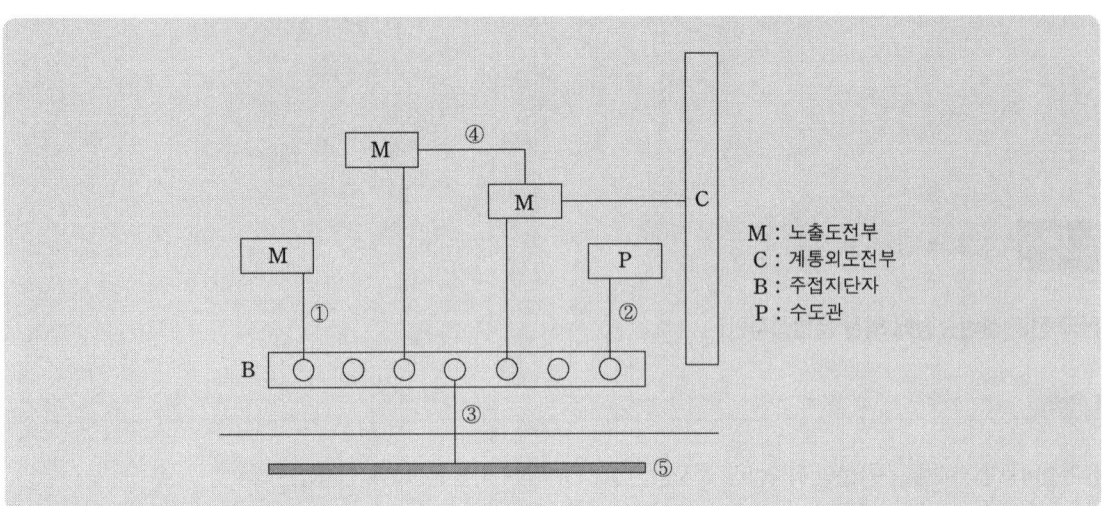

정답

① : 보호도체　② : 보호 등전위 본딩 도체　③ 접지도체
④ : 보조 보호 등전위 본딩 도체　⑤ 접지극

18 전로의 절연 및 접지

접지시스템에서 주 접지 단자에 연결되는 도체의 종류 4가지를 쓰시오.

정답

① 보호등전위본딩도체　　② 접지도체
③ 보호도체　　　　　　　④ 관련이 있는 경우, 기능성 접지도체

19 전로의 절연 및 접지

보호 도체의 종류 3가지를 쓰시오.

정답

① 다심케이블의 도체
② 충전도체와 같은 트렁킹에 수납된 절연도체 또는 나도체
③ 고정된 절연도체 또는 나도체

20 전로의 절연 및 접지

접지 시스템 중 접지극 매설에 관한 내용 이다. ( )에 들어갈 내용은?

1) 접지극은 매설하는 (①)을 오염시키지 않아야 하며, 가능한 (②)한 부분에 설치한다.
2) 접지극은 동결 깊이를 감안하여 시설하되 고압 이상의 전기설비와 변압기 중성점 접지에 의하여 시설하는 접지극의 매설깊이는 지표면으로부터 지하 (③)[m] 이상으로 한다.
3) 접지도체를 철주 기타의 금속체를 따라서 시설하는 경우에는 접지극을 철주의 밑면으로부터 (④)[m] 이상의 깊이에 매설하는 경우 이외에는 접지극을 지중에서 그 금속체로부터 (⑤)[m] 이상 떼어 매설하여야 한다.
4) 접지도체는 절연전선(옥외용 비닐절연전선 제외) 또는 케이블.
5) 접지도체는 지하 (⑥)[m]부터 지표상 (⑦)[m]까지 부분은 두께 (⑧)[mm] 이상의 합성수지관 또는 이와 동등 이상의 절연효과와 강도를 가진 몰드로 덮을 것

정답

① 토양　② 다습　③ 0.75　④ 0.3
⑤ 1　　 ⑥ 0.75　⑦ 2　　 ⑧ 2

21 전로의 절연 및 접지

한국 전기설비규정의 접지설비에서 보호도체에 대한 다음 각 물음에 답하시오.

(1) 보호도체란 안전을 목적으로 설치된 전선으로서 다음 표의 단면적 이상으로 선정하여야 한다. ① ~ ③에 알맞은 최소 단면적 기준을 쓰시오.

상도체의 단면적 $S[\mathrm{mm}^2]$	대응하는 보호도체의 최소 단면적[mm^2]	
	보호도체의 재질이 상도체와 같은 경우	보호도체의 재질이 상도체와 다른 경우
$S \leq 16$	①	$(k_1/k_2) \times S$
$16 < S \leq 35$	②	$(k_1/k_2) \times 16$
$S > 35$	③	$(k_1/k_2) \times (S/2)$

(2) 보호도체의 종류 2가지 만 쓰시오.

정답

(1) ① S ② 16 ③ S/2

(2) ① 다심케이블의 도체
   ② 충전도체와 같은 트렁킹에 수납된 절연도체 또는 나도체
   ③ 고정된 절연도체 또는 나도체

22 전로의 절연 및 접지

차단시간 5초 이하인 저압 계통에 보호 도체 단면적을 계산식을 통해 계산하려고 한다. 아래의 조건이 주어질 때 최소 보호도체 단면적[mm^2]을 구하시오.

[조건]

- 보호장치 통해 흐를 수 있는 예상 고장전류 실효값 : 1000[A]
- 자동차단을 위한 보호장치 동작 시간: 0.8[초]
- 보호도체 절연재질/온도 반영 계수 : $k = 143$

정답

◦ 계산과정

보호도체의 단면적 계산(차단 시간이 5초 이하인 경우)

$$S = \frac{\sqrt{I^2 t}}{k} = \frac{\sqrt{1000^2 \times 0.8}}{143} = 6.254 [\text{mm}^2]$$

여기서, $I[A]$: 보호 장치를 통해 흐를 수 있는 예상 고장 전류 실효값
$t[s]$: 자동 차단을 위한 보호 장치의 동작 시간
k : 보호도체, 절연, 기타 부위의 재질 및 초기온도와 최종 온도에 따라 정해지는 계수

◦ 정답 : $10 [\text{mm}^2]$

- 전선의 공칭 단면적 $[\text{mm}^2]$

  1.5, 2.5, 4, 6, 10, 16, 25, 35, 50, 70, 95, 120, 150, 185, 240, 300, 400, 500, 630

---

23 전로의 절연 및 접지

한국 전기설비규정에서 보호도체 단면적 보강에 관한 내용 이다. (   )에 들어갈 내용을 답란에 쓰시오.

(1) 보호도체는 정상 운전상태에서 (①)로 사용되지 않아야 한다.
(2) 전기설비의 정상 운전상태에서 보호도체에 (②)[mA]를 초과하는 전류가 흐르는 경우, 다음에 의해 보호도체를 증강하여 사용하여야 한다.
    가. 보호도체가 하나인 경우 보호도체의 단면적은 전 구간에 구리 (③)[mm²] 이상 또는 알루미늄 (④)[mm²] 이상으로 하여야 한다.
    나. 추가로 보호도체를 위한 별도의 단자가 구비된 경우, 최소한 고장보호에 요구되는 보호도체의 단면적은 구리 (⑤)[mm²], 알루미늄 (⑥)[mm²] 이상으로 한다.

정답

① 전류의 전도성 경로   ② 10   ③ 10   ④ 16   ⑤ 10   ⑥ 16

24 전로의 절연 및 접지

접지 시스템 중 보조 보호등전위본딩 도체에 관한 내용 이다. (   )에 들어갈 내용을 답란에 쓰시오.

> 1. 두개의 노출도전부를 접속하는 경우 도전성은 노출도전부에 접속된 더 작은 보호도체의 도전성보다 커야 한다.
> 2. 노출도전부를 계통외도전부에 접속하는 경우 도전성은 같은 단면적을 갖는 보호도체의 (①)배 이상이어야 한다.
> 3. 케이블의 일부가 아닌 경우 또는 선로도체와 함께 수납되지 않은 본딩 도체는 다음 값 이상 이어야 한다.
>   가. 기계적 보호가 된 것은 구리도체 (②)[mm²] , 알루미늄 도체 (③)[mm²]
>   나. 기계적 보호가 없는 것은 구리도체 (④)[mm²] , 알루미늄 도체 (⑤)[mm²]

정답

① 1/2   ② 2.5   ③ 16   ④ 4   ⑤ 16

25 전로의 절연 및 접지

등전위 접속선에서 주 접지단자에 접속되는 등전위 접속선의 단면적에 대한 다음 물음에 답하시오.

> (가) 동은 몇 [mm²] 이상인가?
> (나) 알루미늄은 몇 [mm²] 이상인가?
> (다) 철은 몇 [mm²] 이상인가?

정답

(가) 6[mm²]   (나) 16[mm²]   (다) 50[mm²]

26 전로의 절연 및 접지

다음은 한국전기설비규정의 접지 시스템 중 수도관 등을 접지극으로 사용하는 경우에 대한 내용이다. ( )에 들어갈 내용을 답란에 쓰시오.

> 지중에 매설되어 있고 대지와의 전기저항 값이 (①)[Ω] 이하의 값을 유지하고 있는 금속제 수도관로가 다음에 따르는 경우 접지극으로 사용이 가능하다.
> 1) 접지도체와 금속제 수도관로의 접속은 안지름 (②)[mm] 이상인 부분 또는 여기에서 분기한 안지름 (③)[mm] 미만인 분기점으로부터 (④)[m] 이내의 부분에서 하여야 한다. 다만, 금속제 수도관로와 대지 사이의 전기저항 값이 (⑤)[Ω] 이하인 경우에는 분기점으로부터의 거리는 (⑥)[m]을 넘을 수 있다.
> 2) 접지도체와 금속제 수도관로의 접속부를 수도계량기로부터 수도 수용가 측에 설치하는 경우에는 수도계량기를 사이에 두고 양측 수도관로를 (⑦) 하여야 한다.

정답

① 3 ② 75 ③ 75 ④ 5 ⑤ 2 ⑥ 5 ⑦ 등전위본딩

27 전로의 절연 및 접지

접지선의 온도상승에서 동선에 단시간 전류가 흘렀을 경우에 온도 상승은 보통 어떤 식으로 산정 하는가?

정답

$$\theta = 0.008 \left(\frac{I}{A}\right)^2 t$$

여기서, θ : 동선의 온도상승[°C], I : 전류[A]
A : 동선의 단면적[mm^2], t : 통전시간[초]

28 전로의 절연 및 접지

접지선의 굵기를 결정하기 위한 계산조건을 다음 물음에 답하시오.

① 접지선에 흐르는 고장전류의 값은 전원측 과전류차단기 정격 전류의 몇 배로 하는가?
② 과전류 차단기는 정격전류 20배의 전류에서 몇 초 이하에서 끊어지는 것으로 하는가?
③ 고장전류가 흐르기 전의 접지선 온도는 몇 도로 하는가?
④ 고장 전류가 흘렀을 때의 접지선의 허용온도는 몇 도로 하는가?

정답

① 20배 ② 0.1 ③ 30[℃] ④ 160[℃]

29 전로의 절연 및 접지

고장전류(지락전류) 10,000[A], 전류통전시간 0.5[sec], 접지선(동선)의 허용온도상승을 1,000[℃]로 하였을 경우 접지선의 단면적을 계산하시오.

정답

$$\theta = 0.008 \left(\frac{I}{A}\right)^2 t$$

여기서, θ : 동선의 온도상승[℃], I : 전류[A]
A : 동선의 단면적[mm²], t : 통전시간[초]

○ 계산과정

$$A = \sqrt{\frac{0.008t}{\theta}} I = \sqrt{\frac{0.008 \times 0.5}{1000}} \times 10000 = 20 [\text{mm}^2]$$

○ 정답 : 25[mm²]

- **전선의 공칭 단면적**[mm²]

  1.5, 2.5, 4, 6, 10, 16, 25, 35, 50, 70, 95, 120, 150, 185, 240, 300, 400, 500, 630

30 전로의 절연 및 접지

수전용 유입 차단기(OCB)의 정격전류가 800[A]일 경우 접지선의 굵기는 몇 [mm²]를 사용하여야 하는가?

정답

$A = 0.0496 I_n [\text{mm}^2]$

여기서, I_n : 과전류 차단기의 정격전류

◦ 계산과정

$A = 0.0496 I_n = 0.0496 \times 800 = 39.68 [\text{mm}^2]$ ◦ 정답 : 50[mm²]

• 전선의 공칭 단면적[mm²]
  1.5, 2.5, 4, 6, 10, 16, 25, 35, 50, 70, 95, 120, 150, 185, 240, 300, 400, 500, 630

31 전로의 절연 및 접지

단독접지의 시공방법에서 다음 물음에 답하시오.

① 접지봉 사용시 직경 몇 [mm] 이상, 길이 몇 [m]인가?
② 접지판 사용시 두께 몇 [mm] 이상, 넓이는 몇×몇 [mm]인가?
③ 접지선(GV)는 몇 [mm²] 이상 나동선을 사용하는가?
④ 매설깊이는 몇 [m]인가?
⑤ 병렬 접지시 타 접지극과 몇 [m] 이상 이격 하여야 하는가?

정답

① 지름 8[mm] 이상, 길이 0.9[m] 이상
② 두께 0.7[mm] 이상, 단면적 900[cm²]=300×300[mm] 이상
③ 25[mm²]
④ 0.75[m] 이상
⑤ 2[m] 이상

32 전로의 절연 및 접지

접지시설에 관한 방법이다. (   ) 안에 알맞은 답을 쓰시오.

① 접지봉은 철주에서 몇 [m] 이격 시켜 매설 하는가?
② 접지봉을 2개 이상 병렬로 매설할 때는 상호간격을 몇 [m] 정도 이격 시켜야 하는가?
③ 접지봉은 지하 몇 [m] 이상 깊이로 매설 하는가?
④ 접지봉을 2개 이상 매설할 때는 가급적 (   )로 연결하고 접지봉은 (   )법으로 시공한다.
⑤ 접지선은 몇 [mm²]를 사용하는가?

정답

① 1[m]　② 2[m]　③ 0.75[m]　④ 직렬, 심타공법　⑤ 25[mm²]

33 전로의 절연 및 접지

접지공사 기준에서 접지공사에 대한 다음 물음에 답하시오.

① 접지선의 접지극은 지표면하 몇 [m] 이상의 깊이에 매설하는가?
② 가공전선로에 가공약전류전선 또는 가공광섬유케이블의 접지극과는 몇 [m]이상 이격하여 시설하는가?
③ 접지극을 지표면으로부터 깊이 매설할수록 효과적이므로 가급적 직렬로 연결할 때는 접지봉을 몇 개 이상 매설하는 것이 좋은가?
④ 접지선은 전주의 어떤 측에 시설하는 것을 원칙으로 하는가?
⑤ 접지선과 접지극 리드선과의 접속은 스리브등에 의한 압축접속 또는 어떤 접속방법으로 접속하는가?
⑥ 접지장소의 토질 또는 현장여건으로 인하여 규정된 접지 저항치를 얻기 어려운 곳에서는 심타 접지 공법과 어떤 접지 공법을 적용하여야 하는가?

정답

① 0.75[m]　② 1[m]　③ 2개　④ 내측
⑤ 권부접속, 발열용융접속　⑥ 다극 접지공법

34 전로의 절연 및 접지

요구하는 접지의 목적과 접지저항값을 얻기 위해서는 대지의 구조에 따라 경제적이고 신뢰성있는 접지를 채택하여야 한다. 접지공법을 대별하면 봉상접지공법, 망상접지법(mesh 공법), 건축 구조체 접지공법이 있다. 이중 봉상접지공법에 대하여 간단히 설명하시오.

정답

봉상접지공법에는 심타공법과 병렬접지공법이 있다.
① 심타공법 : 접지봉을 지표에서 타입하는 방법으로 접지봉을 직렬 접속한다.
② 병렬접지공법 : 독립 접지봉을 여러 개 묻고 각 접지봉을 병렬로 연결하는 방법

35 전로의 절연 및 접지

접지 저감재의 시공방법 5가지를 쓰시오.

정답

① 수반법　② 구법　③ 보링법　④ 타입법　⑤ 체류조법

36 전로의 절연 및 접지

접지공사에 있어서 자갈층 또는 산간부에 암반지대층 토양의 고유저항이 높은 지역 등에서는 규정의 저항치를 얻기 곤란하나 이와 같은 장소에 있어서의 접지 저항 저감방법 3가지를 쓰시오.

정답

① 다극 접지공법　② 심타 접지공법　③ 고강도 접지 저항 저감재 사용법

37 전로의 절연 및 접지

변전소에 설치되는 다음 기기 등에 접지를 하려고 한다. 어느 개소에 어떻게 하여야 하는지 예시와 같이 설명하시오.

> **[예시]**
>
> 피뢰기 : 접지망의 교점위치에 설치될 수 있도록 하고, 접지선은 최단거리로 접지망에 연결한다.
>
> - 옥외철구 :
> - 차단기 :
> - 배전반 :
> - 계기용변성기 2차측 :
> - 전력용콘덴서 :

정답

- 옥외철구 : 각주마다 접지
- 차단기 : 탱크와 설치가대를 접지
- 배전반 : 프레임을 접지
- 계기용변성기 2차측 : 중성점을 배전반 접지 모선에 1점만 접지
- 전력용콘덴서 : 개별, 그룹별 중성점을 한데 묶어 한 선으로 접지망에 짧게 연결하여 접지

38 전로의 절연 및 접지

배전용 변전소에 있어서 접지목적 3가지를 들고 중요접지개소 5개소를 쓰시오.

정답

1) 접지목적
   ① 감전방지
   ② 기기의 손상방지
   ③ 보호계전기의 확실한 동작 및 전위 상승 억제

2) 중요접지개소
   ① 피뢰기 및 피뢰침
   ② 철탑, 철주, 강관주(옥외 철구)
   ③ 주변압기 중성점
   ④ 계기용 변성기 2차측
   ⑤ 케이블 차폐선
   ⑥ 송전선과 교차 접근시 시설하는 보호망
   ⑦ 주상에 설치하는 3상 4선식 접지계통의 변압기 및 기기 외함
   ⑧ 옥내 또는 지상에 시설하는 특고압 또는 고압기기의 외함

39 전로의 절연 및 접지

아래 내용을 읽고 송전선로에 사용되는 접지방식을 각각 쓰시오.

(1) 1선 지락 고장 시 충전전류에 의해 간헐적인 아크 지락을 일으켜서 이상전압이 발생하므로 고전압 송전선로에서 사용되지 않는 접지방식은?
(2) 1선 지락 시 건전상의 전위상승이 높지 않아 유효접지의 대표적인 방식으로 초고압 송전선로에서 경제성이 매우 우수하여 우리나라 송전계통에 사용되고 있는 접지방식은?

정답

(1) 비접지 방식
(2) 직접접지 방식

40 전로의 절연 및 접지

다음에 설명하는 것은 무엇인지 답하시오.

"발전기 또는 변압기 등 전력계통의 중성점을 접지시키는 것으로 전력계통에 설치한 보호계전기로 하여금 고장점을 판별시킬 목적으로 접지를 하며, 1선 지락시 건전상의 전압상승이 선간전압보다 낮은 80[%] 이하의 계통으로 직접접지 계통이 이에 속한다."

정답

유효 접지계

41 전로의 절연 및 접지

송전계통의 변압기 중성점 접지 방식 4종류를 쓰시오.

정답

① 비접지 방식
② 직접접지 방식
③ 저항 접지 방식
④ 소호 리액터 접지 방식

42 전로의 절연 및 접지

다음의 중성점 접지 방식에 대하여 어떻게 접지를 해야 하는 지 설명하시오.

1) 직접 접지 방식
2) 저항 접지 방식
3) 비 접지 방식

정답

1) 직접 접지 방식 : 중성점을 접지도체(금속선)로 직접 접지하는 방식
2) 저항 접지 방식 : 중성점을 접지도체로 연결한 후 저항을 삽입한 방식으로 저항 값에 따라 저저항 접지 방식과 고저항 접지 방식으로 나눈다.
3) 비 접지 방식 : 중성점을 접지하지 않은 방식을 말한다.

43 전로의 절연 및 접지

그림은 피뢰기 설치에서 개폐기 보호용 피뢰기 리드선 접속이다. 그림을 보고 물음에 답하시오. (단, 배전계통의 피뢰기 접지방식이다.)

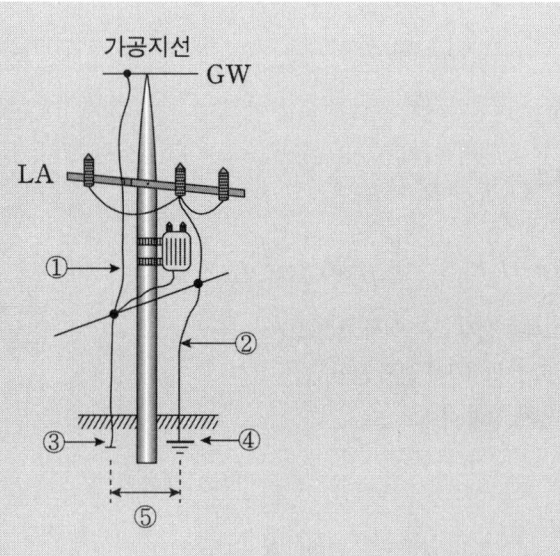

(1) ①은 어떤 접지선인가?
(2) ②은 어떤 접지선인가?
(3) ③의 접지는 몇 [Ω] 이하인가?
(4) ④의 접지는 몇 [Ω] 이하인가?
(5) ⑤의 간격은 몇 [m] 이하인가?

> **정답**

(1) 완금접지선
(2) 피뢰기
(3) 25[Ω]
(4) 25[Ω]
(5) 1[m]

44 전로의 절연 및 접지

220[V] 전동기의 철대를 접지하여 절연 파괴로 인한 철대와 대지사이의 위험 접촉 전압을 25[V] 이하로 하고자 한다. 공급 변압기 계통접지 저항값이 10[Ω], 저항 전로의 임피던스를 무시할 경우 전동기의 보호 접지 저항값은 몇 [Ω] 이하로 하면 되는가?

> **정답**

인체 비 접촉시

① 지락 전류 $I_g = \dfrac{V}{R_2 + R_3}$

② 대지 전압 $e = I_g R_3 = \dfrac{V}{R_2 + R_3} R_3$

여기서, R_2 : 계통 접지 공사 접지 저항 값
R_3 : 보호접지공사 접지 저항 값
R : 인체 저항 값

○ 계산과정

$25 = \dfrac{R_3}{10 + R_3} \times 220$ 이를 이항 정리하면

$25(10 + R_3) = 220 R_3$
$250 + 25 R_3 = 220 R_3$
$250 = (220 - 25) R_3$
$250 = 195 R_3$

∴ $R_3 = \dfrac{250}{195} = 1.282$

○ 정답 : 1.28[Ω]

45 전로의 절연 및 접지

아래 그림은 저압 전로에 있어서의 지락 고장을 표시한 그림이다. 그림의 전동기 ⓜ (단상, 110[V])의 내부와 외함 간에 누전으로 지락 사고를 일으킨 경우 변압기 저압측 전로의 1선은 고·저압 혼촉시의 대지 전위 상승을 억제하기 위한 접지 공사를 하도록 규정하고 있다. 아래 물음에 답하시오.

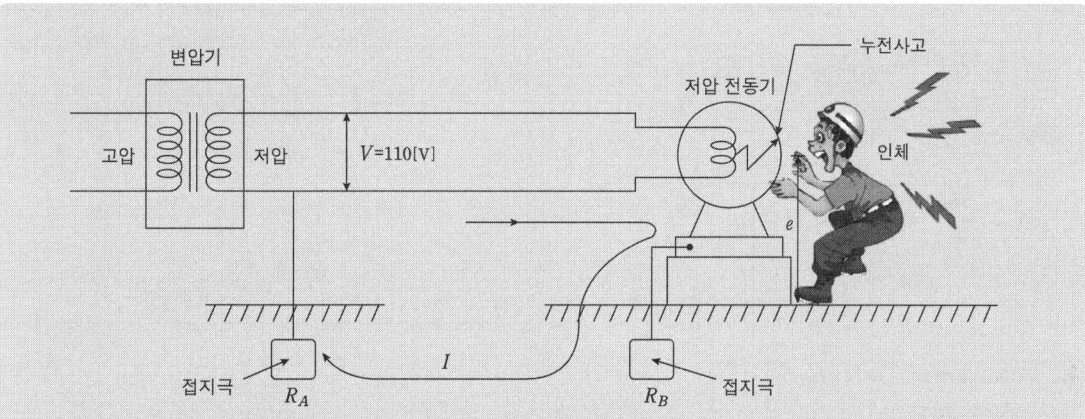

(1) 위 그림에 대한 등가 회로를 그리면 아래와 같다. 물음에 답하시오.

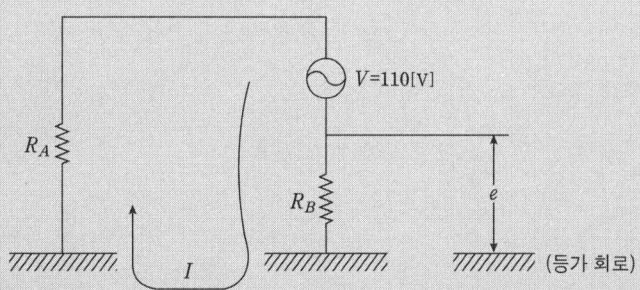

(등가 회로)

① 등가 회로상의 e는 무엇을 의미 하는가?

② 등가 회로상의 e의 값을 표시하는 수식을 표시하시오.

③ 저압 회로의 지락 전류 $I=\dfrac{V}{R_A+R_B}$[A]로 표시할 수 있다. 고압측 전로의 중성점이 비접지식인 경우에 고압측 전로의 1선 지락 전류가 4[A]라고 하면 변압기의 2차측(저압측)에 대한 접지 저항값은 얼마인가? 또, 위에서 구한 접지 저항값(R_A)을 기준으로 하였을 때의 R_B의 값을 구하고 위 등가 회로상의 I, 즉 저압측 전로의 1선지락 전류를 구하시오. (단, e의 값은 25[V]로 제한하도록 한다.)

(2) 접지극의 매설 깊이는 얼마 이하로 하는가?

(3) 변압기 2차측 접지선 크기는 직경 몇 [mm²] 이상의 연동선이나 이와 동등 이상의 세기 및 굵기의 것을 사용 하는가?

정답

(1) ① 접촉전압(인체에 가해지는 대지 전위 상승분)

② $e = \dfrac{R_B}{R_A + R_B} V [\text{V}]$

③ $R_A = \dfrac{150}{I} = \dfrac{150}{4} = 37.5 [\Omega]$

$25 = \dfrac{R_B}{37.5 + R_B} \times 110$ 이를 이항 정리하면

$25(37.5 + R_B) = 110 R_B$

$937.5 + 25 R_B = 110 R_B$

$937.5 = (110 - 25) R_B$

$937.5 = 85 R_B$

$\therefore R_B = \dfrac{937.5}{85} = 11.03$

지락전류 $I = \dfrac{V}{R_A + R_B} = \dfrac{110}{37.5 + 11.03} = 2.266 ≒ 2.27 [\text{A}]$

(2) 0.75[m]

(3) 7[kV] 이하의 전로 6[mm²]

46 전로의 절연 및 접지

다음 그림에서 기기의 A점에 완전 지락 사고가 발생하였을 때 기기외함에 인체가 접촉되었다면 인체를 통하여 흐르는 전류를 구하여라. (단 인체의 저항은 $R=3000[\Omega]$, $R_2=15[\Omega]$, $R_3=75[\Omega]$)

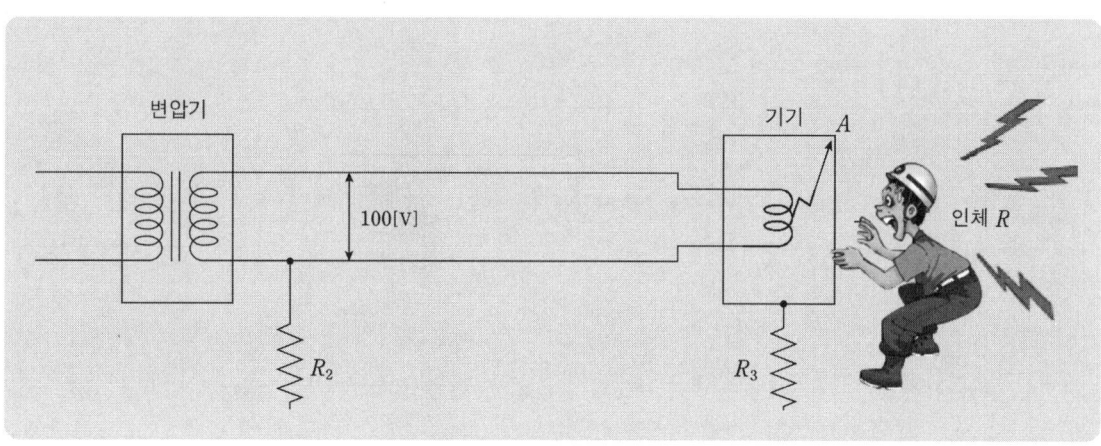

정답

인체에 흐르는 전류

$$I = I_g \frac{R_3}{R_3+R} = \frac{V}{R_2 + \frac{R_3 \cdot R}{R_3+R}} \times \frac{R_3}{R_3+R} [A]$$

여기서, R_2 : 계통 접지 공사 접지 저항 값
   R_3 : 보호접지공사 접지 저항 값
   R : 인체 저항 값

○ 계산과정

$$I = \frac{100}{15 + \frac{75 \times 3000}{75+3000}} \times \frac{75}{75+3000} \times 10^3 = 27.662 = 27.66 [mA]$$

○ 정답 : 27.66[mA]

47 전로의 절연 및 접지

그림과 같은 회로에서 전동기가 누전된 경우 3000[Ω]의 인체 저항을 가진 사람이 전동기에 접촉할 때 대략 인체에 흐르는 전류시간 합계[mA·sec]는? (단, 30[mA], 0.1[sec]의 정격ELB를 설치하였다.)

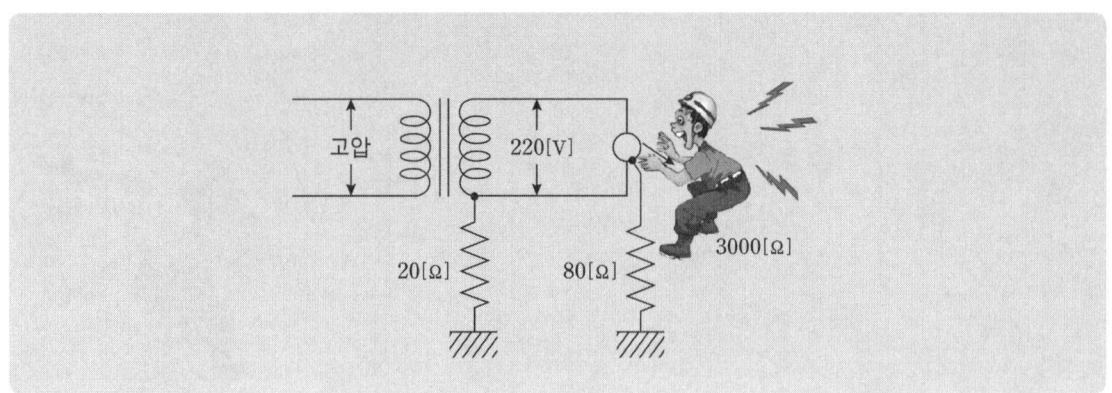

정답

인체에 흐르는 전류

$$I = I_g \frac{R_3}{R_3 + R} = \frac{V}{R_2 + \frac{R_3 \cdot R}{R_3 + R}} \times \frac{R_3}{R_3 + R}$$

여기서, R_2 : 계통 접지 공사 접지 저항 값
  R_3 : 보호접지공사 접지 저항 값
  R : 인체 저항 값

∘ 계산과정

$$I = \frac{220}{20 + \frac{80 \times 3000}{80 + 3000}} \times \frac{80}{80 + 3000} \times 10^3 = 58.355 ≒ 58.36[\text{mA}]$$

인체에 흐르는 전류 시간 합계

$I = 58.36[\text{mA}] \times 0.1[\text{sec}] = 5.836 ≒ 5.84[\text{mA} \cdot \text{sec}]$ ∘ 정답 : 5.84[mA·sec]

48 전로의 절연 및 접지

다음 그림은 전자식 접지 저항계를 사용하여, 접지극의 접지 저항을 측정하기 위한 배치도이다. 물음에 답하여라.

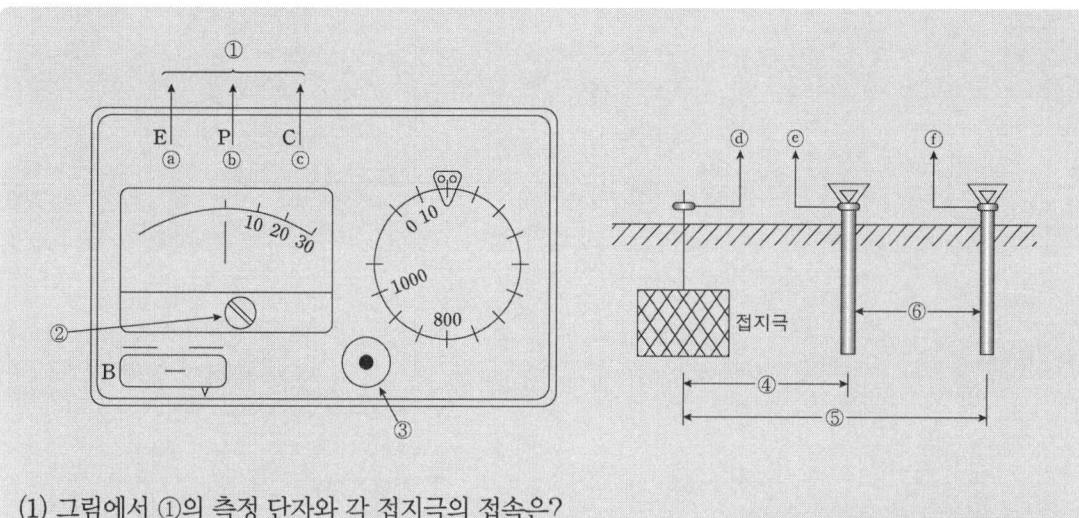

(1) 그림에서 ①의 측정 단자와 각 접지극의 접속은?
(2) 그림에서 ②의 명칭은?
(3) 그림에서 ③의 명칭은?
(4) 그림에서 ④의 거리는 몇 [m] 이상인가?
(5) 그림에서 ⑤의 거리는 몇 [m] 이상인가?
(6) 그림에서 ⑥의 명칭은?

정답

(1) ⓐ-ⓓ ⓑ-ⓔ ⓒ-ⓕ
(2) 영점조정기
(3) 전원스위치(또는 측정스위치)
(4) 10[m]
(5) 20[m]
(6) 보조접지극

49 전로의 절연 및 접지

코올라시(Kohlrausch) 브리지법에 의해 그림과 같이 접지 저항을 측정하였을 경우 접지판 X의 접지 저항값은?
(단, $R_{ab}=70[\Omega]$, $R_{bc}=125[\Omega]$, $R_{ca}=95[\Omega]$)

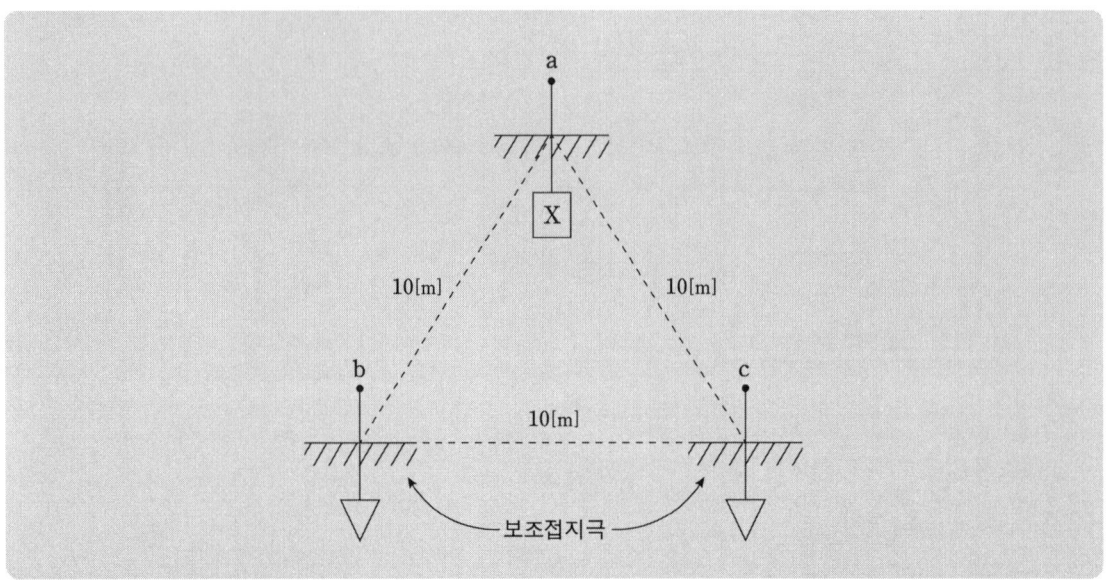

정답

접지판의 저항값 $R_x = \dfrac{1}{2}[R_{ab}+R_{ca}-R_{bc}]$

◦ 계산과정

$R_x = \dfrac{1}{2}[R_{ab}+R_{ca}-R_{bc}]$

$\quad = \dfrac{1}{2}[70+95-125] = 20[\Omega]$

◦ 정답 : 20[Ω]

50 전로의 절연 및 접지

Hook-on식 접지저항 측정기 사용시 유의사항 2가지만 쓰시오.

> 정답

① 접지봉을 병렬로 타설할 경우 접지저항 측정기준 및 측정지점에 유의하여야 한다.
② 활선상태에서 측정하므로 안전에 유의하여야 한다.

51 전로의 절연 및 접지

저압 전기설비 접지계통의 종류 3가지를 쓰시오.

> 정답

① TN 계통
② TT 계통
③ IT 계통

52 전로의 절연 및 접지

다음은 건축전기설비에 관한 사항이다. 각 물음에 답하시오.

(1) 다음 (   )안에 알맞은 내용을 쓰시오.
  "TN계통(TN System)이란 전원의 한 점을 직접접지하고 설비의 노출 도전성 부분을 보호선(PE)을 이용하여 전원의 한 점에 접속하는 접지 계통을 말한다. TN계통을 중성선 및 보호선의 배치에 따라 (   )계통 (   )계통, (   )계통이 있다."

(2) TT계통(TT Syatem) 이란 :

정답

(1) TN-S 계통, TN-C-S 계통, TN-C 계통

(2) 전원의 한점을 직접접지하고 설비의 노출 도전성부분을 전원계통의 접지극과는 전기적으로 독립한 접지극에 접지하는 접지계통을 말한다.

53 전로의 절연 및 접지

건축전기설비에서 사용하는 것으로 PEN선, PEM선, PEL선 중 보호선과 중간선의 기능을 겸한 전선은?

정답

PEM

54 전로의 절연 및 접지

다음 그림은 저압전기설비에서 TN계통의 일부분이다. 어떤 계통인지 쓰시오. (단, 계통 일부의 중성선과 보호선을 동일전선으로 사용한다.

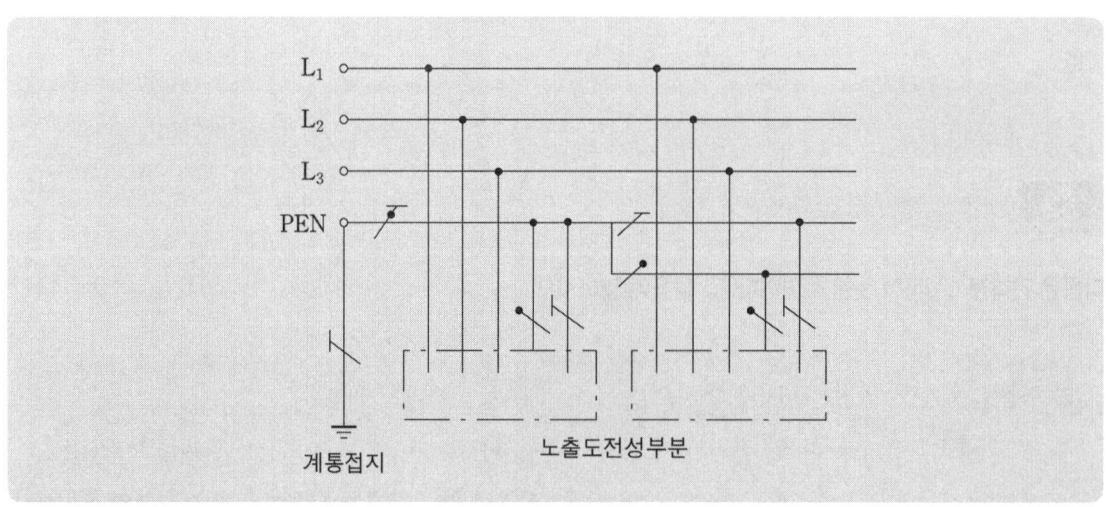

정답

TN-C-S 접지 계통

55 전로의 절연 및 접지

다음 그림은 계통접지이다. 무슨 접지 계통인지 쓰시오. 단 계통 전체의 중성선과 보호선을 동일전선으로 사용한다.

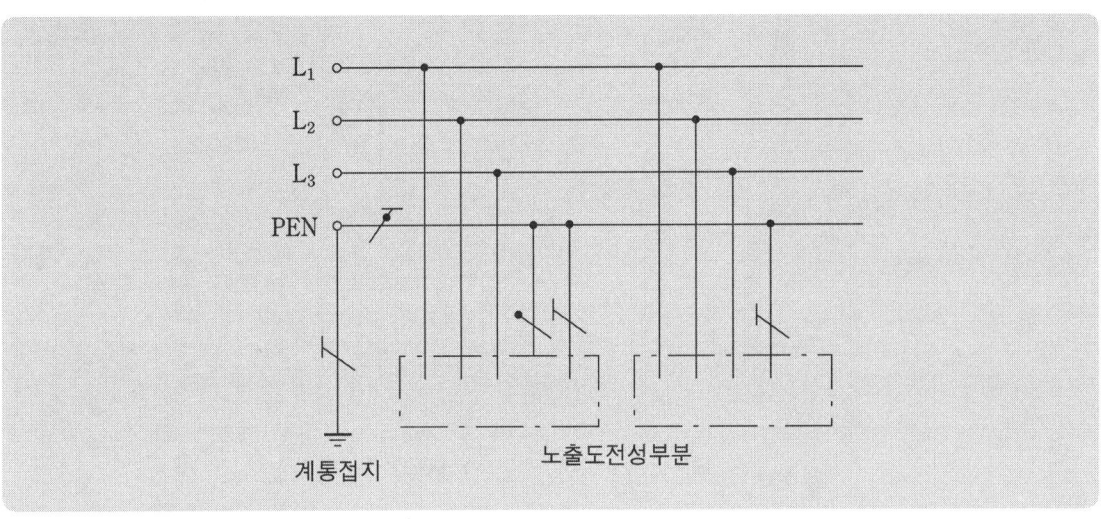

정답

TN-C 접지 계통

56 전로의 절연 및 접지

다음 그림은 TN 계통의 TN-C-S 방식의 저압 배전선로의 접지 계통이다. 결선도를 완성 하시오.

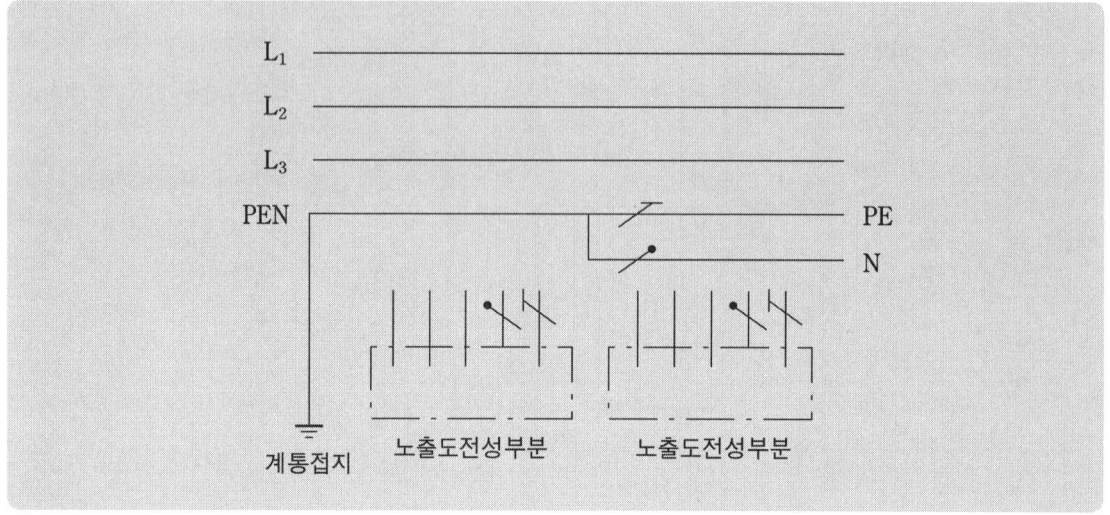

정답

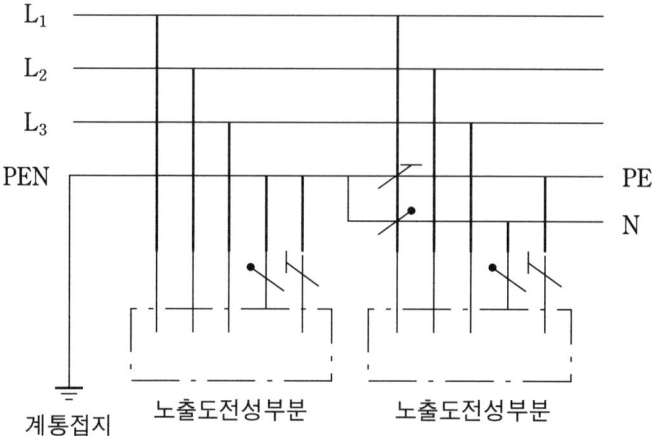

57 전로의 절연 및 접지

다음은 한국전기설비규정에서 정하는 감전보호용 등전위본딩에 대한 설명이다.
( ) 안에 들어갈 알맞은 내용을 답란에 쓰시오.

[보호등전위본딩]

1. 건축물·구조물의 외부에서 내부로 들어오는 각종 금속제 배관은 다음과 같이 하여야 한다.
   가. 1 개소에 집중하여 인입하고, 인입구 부근에서 서로 접속하여 등전위본딩 바에 접속하여야 한다.
   나. 대형건축물 등으로 1 개소에 집중하여 인입하기 어려운 경우에는 본딩도체를 (①)개의 본딩 바에 연결한다.
2. 수도관·가스관의 경우 내부로 인입된 최초의 밸브 (②)에서 등전위본딩을 하여야 한다.
3. 건축물·구조물의 철근, 철골 등 금속보강재는 등전위본딩을 하여야 한다.

[비접지 국부등전위본딩]

1. 절연성 바닥으로 된 비접지 장소에서 다음의 경우 국부등전위본딩을 하여야 한다.
   가. 전기설비 상호 간이 (③)[m] 이내인 경우
   나. 전기설비와 이를 지지하는 금속체 사이

정답

① 1 ② 후단 ③ 2.5

6 피뢰시스템

1. 용어와 정의

   1) 피뢰시스템 LPS(Lightning protection system)

   구조물 뇌격으로 인한 물리적 손상을 줄이기 위해 사용되는 전체시스템으로, 외부피뢰시스템과 내부피뢰시스템으로 구성된다.

   2) 외부피뢰시스템(External lightning protection system)

   수뢰부시스템, 인하도선시스템, 접지극시스템으로 구성된 피뢰시스템의 일종

   3) 내부피뢰시스템(Internal lightning protection system)

   피뢰등전위본딩 및 또는 외부 피뢰시스템의 전기적 절연으로 구성된 피뢰시스템의 일종

   4) 피뢰등전위본딩 EB(Lightning equipotential bonding)

   뇌전류에 의한 전위차를 감소시키기 위한 직접적인 도전접속 또는 서지보호장치를 통한 분리된 금속부의 피뢰시스템에 대한 전기적 접속

   5) 절연 방전갭 ISG(Isolating spark gap)

   전기가 통하는 설치 구역 상호간을 절연시키기 위한 방전 거리를 갖춘 구성품. 뇌격시에 설치 구역 상호간은 방전의 결과로서 일시적으로 전기가 통한다.

2. 피뢰시스템의 적용범위 및 구성

   1) 적용범위

   (1) 전기전자설비가 설치된 건축물·구조물로서 낙뢰로부터 보호가 필요한 것 또는 지상으로부터 높이가 20[m] 이상인 것

   (2) 전기설비 및 전자설비 중 낙뢰로부터 보호가 필요한 설비

   2) 피뢰시스템의 구성

   (1) 직격뢰로부터 대상물을 보호하기 위한 외부피뢰시스템

   (2) 간접뢰 및 유도뢰로부터 대상물을 보호하기 위한 내부피뢰시스템

   3) 피뢰시스템 등급선정

   피뢰시스템 등급은 대상물의 특성에 따라 피뢰시스템의 등급에 의한 피뢰레벨 따라 선정한다. 다만, 위험물의 제조소 등에 설치하는 피뢰시스템은 Ⅱ 등급 이상으로 하여야 한다.

3. 피뢰시스템 LPS(Lightning protection system)

1) 피뢰시스템의 레벨

① 뇌격전류에 따른 피뢰레벨 및 보호효율

구분		LPL(피뢰레벨)			
		I	II	III	IV
뇌격전류 [kA]	최대	200	150	100	100
	최소	3	5	10	16
회전구체반지름(뇌격거리[m])		20	30	45	60
보호효율	뇌격전류 최댓 값보다 작은 확률	0.99	0.98	0.95	0.95
	뇌격전류 최솟 값보다 큰 확률	0.99	0.97	0.91	0.84

주) 이 표는 보호레벨에 따라 수뢰부시스템이 포착 할 수 있는 최소뇌격전류(파고 값)와 뇌격거리를 나타낸다. 이 뇌격전류보다 작은 뇌격 전류의 낙뢰에 대해서는 차폐실패를 의미한다.

② 보호레벨은 피뢰시스템(LPS) 설계의 기본이 되는 뇌전류 파라미터를 결정하는 것으로 LPS 설계의 필수 조건이며 리스크 관리절차에 따라 보호대상 건축물이 설치되는 건설지가 뇌피해 취약지역인지를 조사하고, 용도에 따라 적절한 보호효율을 결정하여, 보호대상물의 종류, 중요도 등에 적절한 보호레벨을 선정한다.

피뢰시스템의 특성은 보호대상 구조물의 특성과 고려되는 피뢰레벨에 따라 결정된다.

[피뢰레벨과 피뢰시스템 등급사이의 관계]

피뢰레벨	피뢰시스템의 등급
I	I
II	II
III	III
IV	IV

2) 피뢰시스템의 각 레벨은 다음과 같은 특징을 가진다.

① 피뢰시스템의 레벨과 관계가 있는 데이터
- 뇌파라미터
- 회전구체의 반경, 메시(mesh)의 크기 및 보호각
- 인하도선 또는 환상도체사이의 최적 거리
- 위험한 불꽃방전에 대비한 이격거리
- 접지극의 최소길이

② 피뢰시스템의 레벨과 관계없는 데이터
- 피뢰등전위본딩
- 수뢰부시스템으로 사용되는 금속판과 금속관의 최소두께
- 피뢰시스템의 재료 및 사용조건
- 수뢰부시스템, 인하도선, 접지극의 재료, 형상 및 최소치수
- 접속도체의 최소치수

4. 피뢰방식종류

1) 피뢰방식종류

① 돌침 방식
② 수평도체 방식
③ cage 방식 : 피뢰 방식중 어떤 뇌격에 대해서도 완전 보호되는 방식
④ 독립피뢰침방식
⑤ 독립가공지선 방식
⑥ 용마루위 도체방식
⑦ 이온 방사형 피뢰 방식

2) 피뢰침 구성요소

① 돌침부
② 피뢰인하도선
③ 접지극

3) 피뢰침의 보호각과 보호범위

① 일반 건축물 60°
② 위험물 저장 건축물 45°

5. 외부피뢰시스템

수뢰부시스템, 인하도선시스템, 접지극시스템으로 구성된 피뢰시스템의 일종

1) 수뢰부시스템

(1) 수뢰부시스템의 선정은 돌침, 수평도체, 그물망도체의 요소 중에 한 가지 또는 이를 조합한 형식으로 시설하여야 한다.

(2) 수뢰부시스템의 배치는 보호각법, 회전구체법, 그물망법 중 하나 또는 조합된 방법으로 배치하여야 하며 건축물·구조물의 뾰족한 부분, 모서리 등에 우선하여 배치한다.
다만, 피뢰시스템의 보호각, 회전구체 반경, 메시 크기의 최대값은 다음 표에 따른다.

[피뢰시스템의 레벨별 회전구체 반경, 메시치수와 보호각의 최대값]

피뢰시스템의 레벨	보호법		
	회전구체 반경[m] r	메시치수[m]	보호각 $\alpha°$
Ⅰ	20	5×5	아래 그림 참조
Ⅱ	30	10×10	
Ⅲ	45	15×15	
Ⅳ	60	20×20	

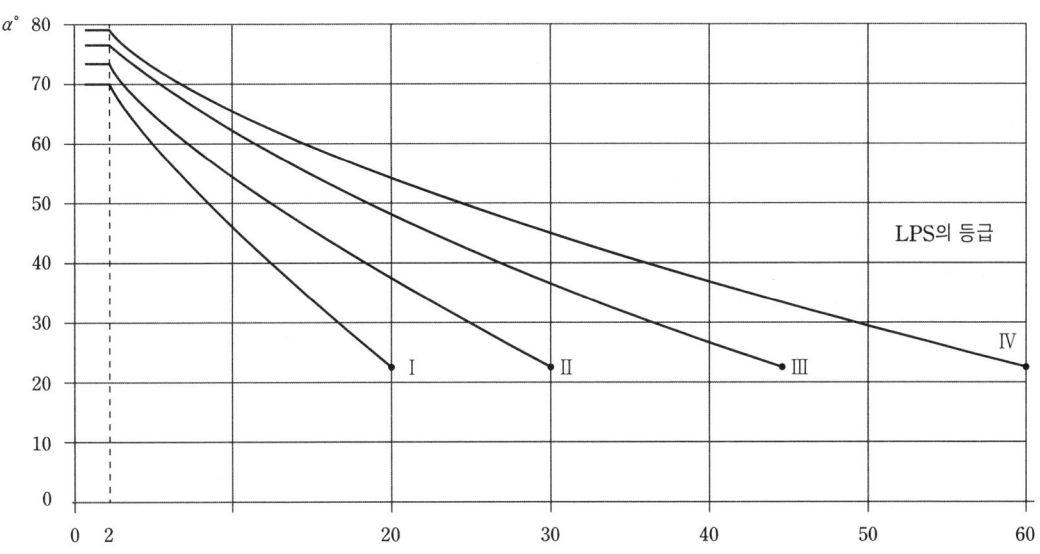

● 표를 넘는 범위에는 적용할 수 없으며, 단지 회전구체법과 메시법만 적용할 수 있다.

(3) 지상으로부터 높이 60[m]를 초과하는 건축물·구조물에 측뢰 보호가 필요한 경우에는 수뢰부시스템을 시설하여야 하며, 다음에 따른다.

① 전체 높이 60[m]를 초과하는 건축물·구조물의 최상부로부터 20[%] 부분에 한하며, 피뢰시스템 등급 Ⅳ의 요구사항에 따른다.

② 자연적 구성부재가 적합하면, 측뢰 보호용 수뢰부로 사용할 수 있다.

(4) 건축물·구조물과 분리되지 않은 수뢰부시스템의 시설은 다음에 따른다.

① 지붕 마감재가 불연성 재료로 된 경우 지붕표면에 시설할 수 있다.

② 지붕 마감재가 높은 가연성 재료로 된 경우 지붕재료와 다음과 같이 이격하여 시설한다.
- 초가지붕 또는 이와 유사한 경우 0.15[m] 이상
- 다른 재료의 가연성 재료인 경우 0.1[m] 이상

(5) 건축물·구조물을 구성하는 금속판 또는 금속배관 등 자연적 구성부재를 수뢰부로 사용하는 경우은 아래 표와 같다.

[수뢰부시스템용 금속판 또는 금속배관의 최소 두께]

피뢰시스템 레벨	재료	두께[1] t[mm]	두께[2] t'[mm]
Ⅰ~Ⅳ	납	-	2.0
	강철 (스테인리스, 아연도금강)	4	0.5
	티타늄	4	0.5
	동	5	0.5
	알루미늄	7	0.65
	아연	-	0.7

1) t는 관통을 방지한다.
2) t'는 단지 관통, 고온점 또는 발화의 방지가 중요하지 않은 경우의 금속판에 한정된다.

2) 인하도선시스템

(1) 수뢰부시스템과 접지시스템을 전기적으로 연결하는 것으로 다음에 의한다.

① 복수의 인하도선을 병렬로 구성해야 한다. 다만, 건축물·구조물과 분리된 피뢰시스템인 경우 예외로 할 수 있다.

② 도선경로의 길이가 최소가 되도록 한다.

(2) 건축물·구조물과 분리된 피뢰시스템인 경우의 배치 방법은 다음에 의한다.
　① 뇌전류의 경로가 보호대상물에 접촉하지 않도록 하여야 한다.
　② 별개의 지주에 설치되어 있는 경우 각 지주마다 1가닥 이상의 인하도선을 시설한다.
　③ 수평도체 또는 메시도체인 경우 지지 구조물마다 1가닥 이상의 인하도선을 시설한다.

(3) 건축물·구조물과 분리되지 않은 피뢰시스템인 경우
　① 벽이 불연성 재료로 된 경우에는 벽의 표면 또는 내부에 시설할 수 있다. 다만, 벽이 가연성 재료인 경우에는 0.1[m] 이상 이격하고, 이격이 불가능 한 경우에는 도체의 단면적을 100[mm^2] 이상으로 한다.
　② 인하도선의 수는 2가닥 이상으로 한다.
　③ 보호대상 건축물·구조물의 투영에 따른 둘레에 가능한 한 균등한 간격으로 배치한다. 다만, 노출된 모서리 부분에 우선하여 설치한다.
　④ 병렬 인하도선의 최대 간격은 피뢰시스템 등급에 따라 Ⅰ·Ⅱ 등급은 10[m], Ⅲ 등급은 15[m], Ⅳ 등급은 20[m]로 한다.

(4) 수뢰부시스템과 접지극시스템 사이에 전기적 연속성이 형성되도록 다음에 따라 시설하여야 한다.
　① 경로는 가능한 한 루프 형성이 되지 않도록 하고, 최단거리로 곧게 수직으로 시설하여야 하며, 처마 또는 수직으로 설치 된 홈통 내부에 시설하지 않아야 한다.
　② 철근콘크리트 구조물의 철근을 자연적구성부재의 인하도선으로 사용하기 위해서는 해당 철근 전체 길이의 전기저항 값은 0.2[Ω] 이하가 되어야 한다.
　③ 시험용 접속점을 접지극시스템과 가까운 인하도선과 접지극시스템의 연결부분에 시설하고, 이 접속점은 항상 폐로 되어야 하며 측정 시에 공구 등으로만 개방할 수 있어야 한다. 다만, 자연적 구성부재를 이용하거나, 자연적 구성부재 등과 본딩을 하는 경우에는 예외로 한다.

(5) 인하도선으로 사용하는 자연적 구성부재는 철근콘크리트 구조물에서 다음에 따른다.
　① 각 부분의 전기적 연속성과 내구성이 확실하고, 인하도선으로 규정된 값 이상인 것
　② 전기적 연속성이 있는 구조물 등의 금속제 구조체(철골, 철근 등)
　③ 구조물 등의 상호 접속된 강제 구조체
　④ 건축물 외벽 등을 구성하는 금속 구조재의 크기가 인하도선에 대한 요구사항에 부합하고 또한 두께가 0.5[mm] 이상인 금속판 또는 금속관
　⑤ 인하도선을 구조물 등의 상호 접속된 철근·철골 등과 본딩하거나, 철근·철골 등을 인하도선으로 사용하는 경우 수평 환상도체는 설치하지 않아도 된다.

[수뢰도체, 피뢰침, 대지 인입 붕 접지극과 인하도선의 재료, 형상과 최소단면적 [a]]

재료	형상	최소단면적[mm^2]	권장 치수
구리, 주석도금한 구리	테이프형 단선	50	두께 : 2[mm]
	원형 단선 [b]	50	직경 : 8[mm]
	연선 [b]	50	각 가닥의 직경 : 1.7[mm] [f]
	원형 단선 [c]	176	직경 : 15[mm]
알루미늄	테이프형 단선	70	두께 : 3[mm]
	원형 단선	50	직경 : 8[mm]
	연선	50	각 가닥의 직경 : 1.63[mm]
알루미늄 합금	테이프형 단선	50	직경 : 8[mm]
	원형 단선	50	두께 : 2.5[mm]
	연선	50	직경 : 8[mm]
	원형 단선 [c]	176	각 가닥의 직경 : 1.7[mm]
구리피복알루미늄합금	원형 단선	50	직경 : 15[mm]
용융아연도금강	테이프형 단선	50	두께 : 2.5[mm]
	원형 단선	50	직경 : 8[mm]
	연선	50	각 가닥의 직경 : 1.7[mm]
	원형 단선 [c]	176	직경 : 8[mm]
구리피복강	원형 단선	50	두께 : 8[mm]
	테이프형 단선	50	직경 : 2.5[mm]
스테인리스강	테이프형 단선 [d]	50	두께 : 2[mm]
	원형 단선 [d]	50	직경 : 8[mm]
	연선	70	각 가닥의 직경 : 1.7[mm]
	원형 단선 [c]	176	직경 : 15[mm]

a 내식, 기계적 및 전기적 특성은 IEC 62561 시리즈의 요구사항을 따라야 한다.
b 기계적 강도가 요구되지 않는 경우 단면적 50[mm^2](직경 8[mm])를 25[mm^2]로 줄여도 도니다. 이 경우 침쇠 사이의 간격도 줄인다.
c 피뢰침 및 대지 인입 봉에 적용할 수 있다. 풍압하중과 같은 기계적 응력이 크게 작용하지 않는 경우에는 직경 9.5[mm], 최대길이가 1[m]인 피뢰침을 부가적인 고정을 하여 사용할 수 있다.
d 열적/기계적 고려가 중요하다면 이들 치수를 75[mm^2]로 증가시킬 수 있다.

3) 접지극시스템

(1) A형 접지극(수평 또는 수직접지극) 또는 B형 접지극(환상도체 또는 기초접지극) 중 하나 또는 조합하여 시설할 수 있다.

① A형 접지극 배열

A형 접지극 배열은 각 인하도선에 접속된 보호대상 구조물의 외부에 설치한 수평 또는 수직 접지극으로 분류하며 A형 접지극 배열의 수는 2개 이상이어야 한다.

② B형 접지극 배열

B형 접지극 배열은 보호대상 구조물의 외측에 전체 길이의 최소 80% 이상이 지중에 설치된 환상도체 또는 기초접지극으로 이루어지며, 접지극은 메시형이다.

[접지극의 재료, 형상과 최소치수 a,e]

재료	형상	치수		
		접지봉 직경[mm]	접지도체[mm²]	접지판[mm]
구리, 주석도금한 구리	연선		50	
	원형단선	15	50	
	테이프형 단선		50	
	파이프	20		
	판상 단선			500×500
	격자판 c			600×600
용융아연도금강	원형 단선	14	78	
	파이프	25		
	테이프형 단선		90	
	판상 단선			500×500
	격자판 c			600×600
	형강	d		
나강 b	연선		70	
	원형 단선		78	
	테이프형 단선		75	
구리피복강	원형 단선	14 f	50	
	테이프형 단선		90	
스테인레스강	원형 단선	15 f	78	
	테이프형 단선		100	

a 내식, 기계식 및 전기적 특성은 후속 IEC 62561 시리즈의 요구사항을 따라야 한다.
b 최소 50[mm] 깊이로 콘크리트 내에 매입되어야 한다.
c 최소 총길이 4.8[m] 도체로 시설된 격자판
d 상이한 형강은 290[mm²] 단면적 3[mm] 최소두께(예, 십자형강)를 허용한다.
e 기초 접지시스템의 B형 접지극 배열의 경우에 접지극은 적어도 매 5[m] 마다 강화 철근과 올바르게 연결되어야 한다.
f 일부 국가에서 직경은 12.7[mm]로 줄어든다.(참고 NEC)

6. 내부피뢰 시스템

1) 내부 피뢰 시스템 일반 사항

(1) 내부피뢰시스템은 외부피뢰시스템 혹은 피보호 구조물의 도전성 부분을 통하여 흐르는 뇌전류에 의해 피보호 구조물의 내부에서 위험한 불꽃방전의 발생을 방지하도록 시설한다.

(2) 위험한 불꽃방전은 외부피뢰시스템과 다음과 같은 구성요소 사이에서 발생할 수 있다.
① 금속제 설비
② 내부시스템
③ 피보호 구조물에 접속된 외부 도전성 부분과 선로 피보호 구조물 내부에서 발생하는 폭발위험을 가진 불꽃방전은 항상 위험하다. 이 경우 현재 검토 중인 추가적인 보호대책이 요구된다.

2) 피뢰등전위본딩

(1) 등전위화는 다음과 같은 피뢰시스템을 서로 접속함으로써 등전위화를 이룰 수 있다.
① 금속제 설비
② 내부시스템
③ 구조물에 접속된 외부 도전성 부분과 선로. 피뢰등전위본딩을 내부시스템에 시설할 때, 뇌전류 일부가 내부시스템에 흐를 수 있으므로 이의 영향을 고려해야한다.

(2) 상호간의 접속은 다음과 같은 방법으로 할 수 있다.
① 자연적 구성부재를 통한 본딩으로 전기적 연속성이 제공되지 않는 장소의 경우 본딩 도체
② 본딩 도체로 직접 접속할 수 없는 장소의 경우 서지보호장치(SPD)
③ 본딩 도체로 직접 접속이 허용되지 않는 장소의 경우 절연방전갭(ISG)

(3) 고려 사항
   ① 서지보호장치는 점검할 수 있는 방법으로 설치해야 한다.
   ② 피뢰시스템을 설치할 때, 보호할 구조물 외부의 금속 설비에 영향을 미칠 수도 있으며, 피뢰시스템을 설계할 때 고려하는 것이 좋다. 또한, 외부 금속설비를 위한 피뢰등전위본딩이 필요하다.
   ③ 구조물에서 피뢰등전위본딩은 다른 등전위본딩과 통합되고 협조되어야 한다.

[본딩 바 상호 또는 본딩 바를 접지극시스템에 접속하는 도체의 최소단면적]

피뢰등급	재료	단면적[mm^2]
Ⅰ~Ⅳ	구리	16
	알루미늄	25
	강철	50

[내부 금속설비를 본딩 바에 접속하는 도체의 최소단면적]

피뢰등급	재료	단면적[mm^2]
Ⅰ~Ⅳ	구리	6
	알루미늄	10
	강철	16

7. 내부피뢰 시스템의 서지 보호장치(SPD)

전기설비의 접지계통과 건축물의 피뢰 설비 및 통신 설비 등의 접지극을 공용으로 하는 통합접지공사를 하는 경우 낙뢰 등에 의한 과전압으로부터 전기 설비등을 보호 하기 위하여 협조된 SPD 시스템의 설치한다.

1) 서지보호장치(SPD : surge protective device)

과도적인 과전압을 제한하고 서지 전류를 분류(分流)하는 것을 목적으로 하는 장치를 말한다.

(1) SPD 기능

① 전압 스위칭형 SPD
서지가 인가되지 않는 경우에는 높은 임피던스 상태에 있으며 전압서지에 응답하여 급격하게 낮은 임피던스 값으로 변화하는 기능을 갖는 SPD를 말한다.
전압스위칭형SPD는 여기에 사용되는 부품의 예로 에어갭, 가스방전관, 사이리스터형 SPD가 있다.

② 전압제한형 SPD

서지가 인가되지 않은 경우에는 높은 임피던스 상태에 있으며 전압서지에 응답한 경우에는 임피던스가 연속적으로 낮아지는 기능을 갖는 SPD를 말한다.

전압제한형 SPD는 여기에 사용되는 부품의 예로 배리스터나 억제형 다이오드가 있다.

③ 복합형 SPD

전압스위칭형 소자 및 전압제한형 소자의 모든 기능을 갖는 SPD를 말한다.

복합형 SPD는 인가 전압의 특성에 따라 전압 스위칭, 전압 제한 또는 전압스위칭과 전압제한의 두 가지 동작을 하는 것으로 가스 방전관과 배리스터를 조합한 SPD 등이 있다.

(2) SPD의 구조

① SPD는 회로에 접속 한 단자 형태에 따라 1포트 SPD와 2포트 SPD가 있다. 각각의 SPD 특정 및 표시 예는 아래 표와 같다.

구분	특징	표시(예)
1포트 SPD	1단자대 또는 2단자를 갖는 SPD로 보호할 기기에 대해 서지를 분류 하도록 접속 하는 것이다.	SPD
2포트 SPD	2단자대 또는 4단자를 갖는 SPD로 입력단자대와 출력단자 간에 직렬 임피던스가 있다. 주로 통신·신호계통에 사용되며 전원 회로에 사용 되는 경우는 드물다.	SPD

② 1포트 SPD는 전압 스위칭형, 전압 제한형 또는 복합형이 있다 또한, 2포트 SPD는 복합형의 한 종류이다.

2) SPD 설치장소와 설치방법

"과전압을 억제하기 위한 시설"에 따라 건축물 내에 SPD를 설치하는 경우에 다음과 같이 설치하여야 한다.

① SPD는 설비 인입구 또는 건축물 인입구와 가까운 장소에 설치할 것
② 설비 인입구 또는 그 부근에서 중성선이 보호도체(PE)에 접속되어 있는 경우 또는 중성선이 없는 경우에는 SPD를 선도체와 주접지단자간 또는 보호도체간에 설치할 것
③ 설비 인입구 또는 그 부근에서 중성선이 보호도체에 접속되어 있지 않은 경우에는 다음에 따를 것
  • SPD를 ELB의 부하측에 설치하는 경우에는 SPD를 선도체와 주접지단자 또는 보호도체간 및 중성선과 주접지단자간 또는 보호도체간에 설치한다.

- SPD를 ELB의 전원측에 설치하는 경우에는 SPD를 선도체와 중성선간 및 중성선과 주접지단자 또는 보호도체간에 설치한다.

④ SPD의 모든 접속도체(선도체에서 SPD까지의 도체 및 SPD에서 주접지단자 또는 보호도체까지의 도체를 말함)는 최적의 과전압 보호 관점에서 선도체와 주접지단자간 선도체와 보호도체간의 길이를 비교하여 짧은 쪽에 설치하는 등 가능한 짧게 할 것

01 피뢰시스템

피뢰방식의 종류 5가지를 쓰시오.

정답

① 돌침 방식
② 수평도체 방식
③ cage 방식 : 피뢰 방식중 어떤 뇌격에 대해서도 완전 보호되는 방식
④ 독립피뢰침방식
⑤ 독립가공지선 방식
⑥ 용마루위 도체방식
⑦ 이온 방사형 피뢰 방식

02 피뢰시스템

피뢰 방식 중에서 어떤 뇌격에 대해서도 완전 보호 되는 방식은?

정답

cage 방식

03 피뢰시스템

수뢰부로 하는 것을 목적으로 공중에 돌출하게 한 봉상 금속체를 무엇이라 하는가?

정답

돌침부

04 피뢰시스템

피뢰 시스템의 인하 도선의 재료로 원형 단선으로 된 알루미늄을 쓰고자 한다. 해당 재료의 최소 단면적[mm^2]은 얼마 이상이어야 하는가?

정답

50[mm^2]

05 피뢰시스템

피뢰시스템의 각 레벨은 다음과 같은 특징을 가진다.

- 뇌파라미터
- 피뢰등전위본딩
- 회전구체의 반경, 메시(mesh)의 크기 및 보호각
- 피뢰시스템의 재료 및 사용조건
- 인하도선 또는 환상도체 사이의 최적 거리
- 수뢰부시스템으로 사용되는 금속판과 금속관의 최소두께
- 위험한 불꽃방전에 대비한 이격거리
- 수뢰부시스템, 인하도선, 접지극의 재료, 형상 및 최소치수
- 접지극의 최소길이
- 접속도체의 최소치수

1) 피뢰시스템의 레벨과 관계가 있는 데이터는 무엇인가?
2) 피뢰시스템의 레벨과 관계없는 데이터는 무엇인가?

> 정답

1) 피뢰시스템의 레벨과 관계가 있는 데이터
   - 뇌파라미터
   - 회전구체의 반경, 메시(Mesh)의 크기 및 보호각
   - 인하도선 또는 환상도체 사이의 최적 거리
   - 위험한 불꽃방전에 대비한 이격거리
   - 접지극의 최소길이
2) 피뢰시스템의 레벨과 관계없는 데이터
   - 피뢰등전위본딩
   - 수뢰부시스템으로 사용되는 금속판과 금속관의 최소두께
   - 피뢰시스템의 재료 및 사용조건
   - 수뢰부시스템, 인하도선, 접지극의 재료, 형상 및 최소치수
   - 접속도체의 최소치수

06 피뢰시스템

다음은 외부피뢰시스템에 대한 내용이다. 다음 물음에 답하시오.

(1) 피뢰시스템은 지상으로부터 몇 [m]를 초과하는 건축물에 적용하며 어떤 설비에 반드시 적용해야 하는가?
(2) 외부피뢰시스템의 구성요소 3가지를 쓰시오.
(3) 수뢰부시스템 선정방식 3가지를 쓰시오.
(4) 수뢰부시스템 배치방법 3가지를 쓰시오.

> 정답

(1) 20[m], 전기 설비 및 전자 설비 중 낙뢰로부터 보호가 필요한 설비
(2) 수뢰부시스템, 인하도선시스템, 접지극시스템
(3) 돌침, 수평도체, 메시도체
(4) 보호각법, 회전구체법, 메시법

07 피뢰시스템

피뢰시스템의 레벨별 회전구체 반경, 메시치수는 다음 표와 같다 빈칸을 채우시오.

피뢰시스템의 레벨	보호법	
	회전구체 반경[m] r	메시치수[m]
I		
II		
III		
IV		

정답

[피뢰시스템의 레벨별 회전구체 반경, 메시치수와 보호각의 최대값]

피뢰시스템의 레벨	보호법		보호각 $\alpha°$
	회전구체 반경[m] r	메시치수[m]	
I	20	5×5	아래 그림 참조
II	30	10×10	
III	45	15×15	
IV	60	20×20	

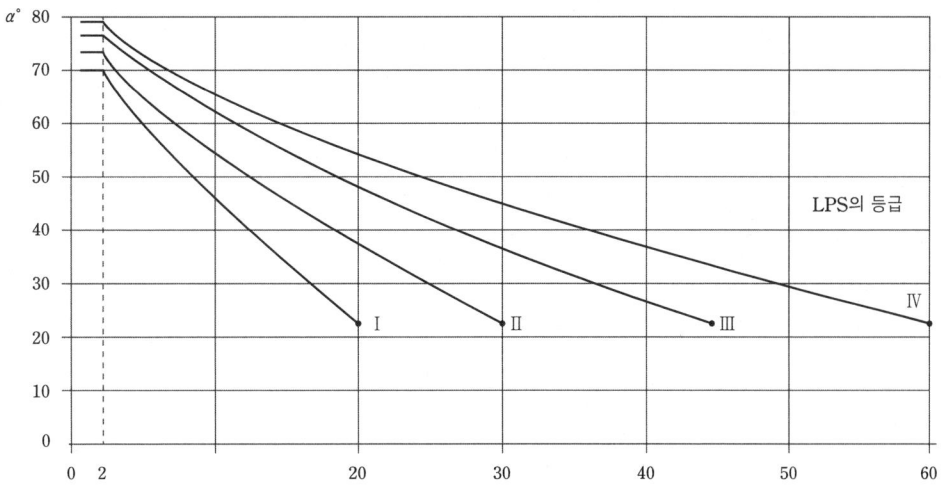

- 표를 넘는 범위에는 적용할 수 없으며, 단지 회전구체법과 메시법만 적용할 수 있다.

08 피뢰시스템

지상으로부터 일정 높이를 초과하는 건축물·구조물에 측뢰 보호가 필요한 경우에는 수뢰부시스템을 시설하여야 하며, 다음에 따른다. ( ) 빈칸을 채우시오.

> 1) 전체 높이 (①)[m]를 초과하는 건축물·구조물의 최상부로부터 20[%] 부분에 한하며, 피뢰시스템 등급 (②)의 요구사항에 따른다.
> 2) (③)가 적합하면, 측뢰 보호용 수뢰부로 사용할 수 있다.

정답

① 60   ② IV   ③ 자연적 구성부재

09 피뢰시스템

인하도선 시스템 중 건축물·구조물과 분리되지 않은 피뢰시스템인 경우이다. 빈칸을 채우시오.

> (1) 벽이 불연성 재료로 된 경우에는 벽의 표면 또는 내부에 시설할 수 있다. 다만, 벽이 가연성 재료인 경우에는 (①)[m] 이상 이격하고, 이격이 불가능 한 경우에는 도체의 단면적을 (②)[mm²] 이상으로 한다.
> (2) 인하도선의 수는 (③) 이상으로 한다.
> (3) 보호대상 건축물·구조물의 투영에 따른 둘레에 가능한 한 균등한 간격으로 배치한다. 다만, 노출된 모서리 부분에 우선하여 설치한다.
> (4) 병렬 인하도선의 최대 간격은 피뢰시스템 등급에 따라 I·II 등급은 (④)[m], III 등급은 (⑤)[m], IV 등급은 (⑥)[m] 로 한다.

정답

① 0.1   ② 100   ③ 2가닥   ④ 10   ⑤ 15   ⑥ 20

10 피뢰시스템

철근콘크리트 구조물의 철근을 자연적구성부재의 인하도선으로 사용하기 위해서는 해당 철근 전체 길이의 전기저항은 몇 [Ω] 이하 이어야 하는가?

정답

0.2[Ω] 이하

11 피뢰시스템

피뢰 시스템의 접지극 재료로 원형 단선으로 된 구리을 쓰고자 한다. 해당 재료의 접지도체의 최소 단면적[mm^2]이며 접지봉의 직경은 몇 [mm]이어야 하는가?

정답

접지도체의 최소 단면적 50[mm^2]이며 접지봉의 직경은 15[mm]

12 피뢰시스템

내부 피뢰 설비에서 피뢰시스템을 서로 접속함으로써 등전위화를 이룰 수 있는 피뢰등전위본딩을 해야 하는 설비 3가지를 쓰시오.

정답

① 금속제 설비   ② 내부시스템   ③ 구조물에 접속된 외부 도전성 부분과 선로

13 피뢰시스템

내부 피뢰 설비에서 피뢰시스템을 서로 접속함으로써 등전위화를 이룰 수 있는 피뢰등전위본딩 시 상호간의 접속은 다음과 같은 방법으로 할 수 있다.

> 1) 본딩 도체로 직접 접속할 수 없는 장소의 경우는 무엇을 설치하는가?
> 2) 본딩 도체로 직접 접속이 허용되지 않는 장소의 경우는 무엇을 설치하는가?

정답

1) 서지보호장치(SPD)
2) 절연방전갭(ISG)

14 피뢰시스템

피뢰 등전위 본딩시 본딩바 상호 또는 본딩 바를 접지극 시스템에 접속하는 도체의 최소 단면적[mm^2]은 어떻게 되는가?

> 1) 구리
> 2) 알루미늄
> 3) 강철

정답

1) 16　　2) 25　　3) 50

15 피뢰시스템

과도적인 과전압을 제한하고 서지(Surge)전류를 분류하는 목적으로 사용되는 서지보호장치(SPD : Surge Protective Device)에 대한 다음 물음에 답하시오.

(1) 기능에 따라 3가지로 분류하여 쓰시오.
(2) 구조에 따라 2가지로 분류하여 쓰시오.

정답

(1) 전압스위칭형 SPD, 전압제한형 SPD, 복합형 SPD
(2) 1포트 SPD, 2포트 SPD

16 피뢰시스템

KS C IEC 62305-3(피뢰시스템-제3부 : 구조물의 물리적 손상 및 인명위험)에 따른 접지극의 재료, 형상과 최소치수에 관한 표이다. 표의 빈칸에 알맞은 수치를 쓰시오.

지표	형상	치수(접지도체[mm^2])
구리	테이프형 단선	
구리피복강	원형 단선	
	테이프형 단선	
스테인리스강	원형 단선	
	테이프형 단선	

정답

지표	형상	치수(접지도체[mm^2])
구리	테이프형 단선	50
구리피복강	원형 단선	50
	테이프형 단선	90
스테인리스강	원형 단선	78
	테이프형 단선	100

7 옥내배선

1. 전기기기의 선정과 시설 배선 설비의 일반 사항

   (1) 감전예방
   (2) 열적 영향에 대한 보호
   (3) 과전류에 대한 보호
   (4) 고장전류에 대한 보호
   (5) 과전압에 대한 보호

2. 직접접촉에 대한 보호 및 간접접촉에 대한 보호

   1) 직접접촉에 대한 보호

      (1) 충전부의 절연에 의한 보호
      (2) 격벽 또는 외함에 의한 보호
      (3) 장해물에 의한 보호
      (4) 손의 접근 한계 외측 설치에 따른 보호
      (5) 누전차단기에 의한 추가 보호

   2) 간접접촉에 대한 보호

      (1) 전원의 자동차단에 의한 보호
      (2) Ⅱ급 기기의 사용 또는 이것과 동등 이상의 절연에 의한 보호
      (3) 비도전성 장소에 대한 보호
      (4) 비접지용 국부적 등전위 접속에 의한 보호
      (5) 전기적 분리에 의한 보호

3. 전기설비의 시공에 대한 검사는 육안검사 항목

   (1) 전기기기의 표시확인과 손상유무 점검
   (2) 감전예방의 종류 확인
   (3) 허용전류 및 전압강하에 관한 전선의 선정
   (4) 보호장치 및 감전장치의 선택 및 시설
   (5) 단로장치 및 개폐장치의 시설

4. 기능적 개폐기

   1) 건축전기설비에서 회로를 다른 전기설비와 독립하여 제어할 필요가 있는경우는 가부분에 기능적 개폐기를 설치해야 한다

   2) 기능적 개폐기 종류

      (1) 개폐기
      (2) 반도체 개폐장치
      (3) 차단기
      (4) 접촉기
      (5) 계전기

5. 옥내 배선도를 작성하는 기본 순서

   (1) 건물의 평면도 준비
   (2) 전기사용기계·기구를 심벌로 써서 위치를 표시한다.
   (3) 전등, 전열기, 전동기의 전압별 부하집계표로 분기회로수를 결정한다.
   (4) 점멸기의 위치를 평면도에 표시한다.
   (5) 각 부분의 배선에 전선의 종류·굵기·전선수를 표시

6. 저압 옥내배선의 사용전선

   (1) 저압 옥내배선의 전선은 단면적 2.5[mm^2] 이상의 연동선 또는 이와 동등 이상의 강도 및 굵기의 것
   (2) 전광표시장치 기타 이와 유사한 장치 또는 제어 회로 등에 사용하는 배선에 단면적 1.5 [mm^2] 이상의 연동선을 사용하고 이를 합성수지관공사·금속관공사·금속몰드공사·금속덕트공사·플로어덕트공사 또는 셀룰러덕트공사에 의하여 시설하는 경우
   (3) 전광표시장치 기타 이와 유사한 장치 또는 제어회로 등의 배선에 단면적 0.75 [mm^2] 이상인 다심케이블 또는 다심 캡타이어케이블을 사용하고 또한 과전류가 생겼을 때에 자동적으로 전로에서 차단하는 장치를 시설하는 경우
   (4) 진열장, 쇼윈도 쇼케이스 단면적 0.75 [mm^2] 이상인 코드 또는 캡타이어케이블을 사용하는 경우
   (5) 절연물의 허용온도
   정상적인 사용 상태에서 내용기간 중에 전선에 흘러야 할 전류는 통상적으로 표에 따른 절연물의 허용온도 이하이어야 한다.

절연물의 종류	최고허용 온도[℃] a,d
열가소성 물질[폴리염화비닐(PVC)]	70(도체)
열경화성 물질[가교폴리에틸렌(XLPE) 또는 에틸렌프로필렌고무(EPR) 혼합물]	90(도체) b
무기물(열가소성 물질 피복 또는 나도체로 사람이 접촉할 우려가 있는 것)	70(시스)
무기물(사람의 접촉에 노출되지 않고, 가연성 물질과 접촉할 우려가 없는 나도체)	105(시스) b,c

a 이 표에서 도체의 최고허용온도(최대연속운전온도)는 KS C IEC 60364-5-52(저압전기설비-제5-52부 : 전기기기의 선정 및 설치-배선설비)의 "부속서 B(허용전류)"에 나타낸 허용전류 값의 기초가 되는 것으로서 KS C IEC 60502(정격전압 1[kV] ~ 30[kV] 압출 성형 절연 전력케이블 및 그 부속품) 및 IEC 60702(정격전압 750[V] 이하 무기물 절연 케이블 및 단말부) 시리즈에서 인용하였다.
b 도체가 70[℃]를 초과하는 온도에서 사용될 경우, 도체에 접속되어 있는 기기가 접속 후에 나타나는 온도에 적합한지 확인하여야 한다.
c 무기절연(MI)케이블은 케이블의 온도 정격, 단말 처리, 환경조건 및 그 밖의 외부영향에 따라 더 높은 허용 온도로 할 수 있다.
d (공인)인증 된 경우, 도체 또는 케이블 제조자의 규격에 따라 최대허용온도 한계(범위)를 가질 수 있다.

7. 저압 옥내 사용 전압

(1) 사용전압 400[V]이하
(2) 대지 전압 300[V]이하
(3) 교통신호등 300[V] 이하
(4) 전기울타리 250[V] 이하
(5) 소세력 회로 및 직류 60[V] 이하

8. 저압 옥내 배선설비 공사의 종류

(1) 전선 및 케이블의 구분에 따른 배선설비의 공사방법

전선 및 케이블	공사방법							
	케이블공사			전선관 시스템	케이블트렁킹 시스템 (몰드형, 바닥 매입형 포함)	케이블덕팅 시스템	케이블트레이 시스템 (래더, 브래킷 등 포함)	애자 공사
	비고정	직접 고정	지지선					
나전선	X	X	X	X	X	X	X	○
절연전선 b	X	X	X	○	○ a	○	X	○
케이블 (외장 및 무기질 절연물을 포함) 다심	○	○	○	○	○	○	○	△
케이블 (외장 및 무기질 절연물을 포함) 단심	△	○	○	○	○	○	○	△

○ : 사용할 수 있다.
X : 사용할 수 없다.
△ : 적용할 수 없거나 실용상 일반적으로 사용할 수 없다.

a 케이블트렁킹시스템이 IP4X 또는 IPXXD급의 이상의 보호조건을 제공하고, 도구 등을 사용하여 강제적으로 덮개를 제거할 수 있는 경우에 한하여 절연전선을 사용할 수 있다.
b 보호 도체 또는 보호 본딩도체로 사용되는 절연전선은 적절하다면 어떠한 절연 방법이든 사용할 수 있고 전선관시스템, 트렁킹시스템 또는 덕팅시스템에 배치하지 않아도 된다.

(2) 공사방법의 분류

종류	공사방법
전선관시스템	합성수지관공사, 금속관공사, 가요전선관공사
케이블트렁킹시스템	합성수지몰드공사, 금속몰드공사, 금속트렁킹공사 a
케이블덕팅시스템	플로어덕트공사, 셀룰러덕트공사, 금속덕트공사 b
애자공사	애자공사
케이블트레이시스템 (래더, 브래킷 포함)	케이블트레이공사
케이블공사	고정하지 않는 방법, 직접 고정하는 방법, 지지선 방법

a 금속본체와 커버가 별도로 구성되어 커버를 개폐할 수 있는 금속덕트공사를 말한다.
b 본체와 커버 구분 없이 하나로 구성된 금속덕트공사를 말한다.

(3) 시설 장소에 따른 배선 공사

[400[V] 이하]

배선 방법		옥내						옥측 옥외	
		노출 장소		은폐 장소					
				점검 가능		점검 불가능			
		건조한 장소	습기가 많은 장소 또는 물기가 있는 장소	건조한 장소	습기가 많은 장소 또는 물기가 있는 장소	건조한 장소	습기가 많은 장소 또는 물기가 있는 장소	우선 내	우선 외
애자사용		○	○	○	○	X	X	①	①
금속관		○	○	○	○	○	○	○	○
합성 수지관	합성수지관 (CD관 제외)	○	○	○	○	○	○	○	○
	CD관	②	②	②	②	②	②	②	②

배선 방법		노출 장소		은폐 장소 점검 가능		은폐 장소 점검 불가능		옥측 옥외	
		건조한 장소	습기가 많은 장소 또는 물기가 있는 장소	건조한 장소	습기가 많은 장소 또는 물기가 있는 장소	건조한 장소	습기가 많은 장소 또는 물기가 있는 장소	우선 내	우선 외
가요 전선관	1종 가요전선관	○	×	○	×	×	×	×	×
	비닐피복1종 가요전선관	○	○	○	○	×	×	×	×
	2종 가요전선관	○	×	○	×	○	×	○	×
	비닐피복2종 가요전선관	○	○	○	○	○	○	○	○
금속몰드		○	×	○	×	×	×	×	×
합성수지몰드		○	×	○	×	×	×	×	×
플로어덕트		×	×	×	×	③	×	×	×
셀룰러덕트		×	×	○	×	③	×	×	×
금속덕트		○	×	○	×	×	×	×	×
라이팅덕트		○	×	○	×	×	×	×	×
버스덕트		○	×	○	×	×	×	④	④
케이블		○	○	○	○	○	○	○	○
케이블트레이		○	○	○	○	○	○	○	○

[비고]
○ : 시설할 수 있다.   × : 시설할 수 없다.
CD관 : 내연성이 없는 것을 말한다.
① 은 노출 장소 및 점검할 수 있는 은폐 장소에 한하여 시설할 수 있다.
② 직접 콘크리트에 매설하는 경우을 제외하고 전용의 불연성 또는 자소성이 있는 난연성의 관 또는 덕트에 넣는 경우에 한하여 시설할 수 있다.
③ 콘크리트 등의 바닥 내에 한한다.
④ 옥외용 덕트를 사용하는 경우에 한하여(점검할 수 없는 은폐장소를 제외한다.) 시설할 수 있다.

400[V] 초과

배선 방법	노출 장소		은폐 장소 점검 가능		은폐 장소 점검 불가능		옥측 옥외	
	건조한 장소	습기가 많은 장소 또는 물기가 있는 장소	건조한 장소	습기가 많은 장소 또는 물기가 있는 장소	건조한 장소	습기가 많은 장소 또는 물기가 있는 장소	우선 내	우선 외
애자사용	○	○	○	○	×	×	①	①
금속관	○	○	○	○	○	○	○	○

합성수지관	합성수지관 (CD관 제외)	○	○	○	○	○	○	○	○
	CD관	②	②	②	②	②	②	②	②
가요전선관	1종 가요전선관	③	×	③	×	×	×	×	×
	비닐피복1종 가요전선관	③	③	③	③	×	×	×	×
	2종 가요전선관	○	○	○	○	○	○	○	○
	비닐피복2종 가요전선관	○	○	○	○	○	○	○	○
금속덕트		○	×	○	×	×	×	×	×
버스덕트		○	×	○	×	×	×	×	×
케이블		○	○	○	○	○	○	○	○
케이블트레이		○	○	○	○	○	○	○	○

[비고]
1) ○ : 시설할 수 있다.   × : 시설할 수 없다.
   CD관 : 내연성이 없는 것을 말한다.
2) ①은 노출 장소 및 점검할 수 있는 은폐 장소에 한하여 시설할 수 있다.
   ② 직접 콘크리트에 매설하는 경우를 제외하고 전용의 불연성 또는 자소성이 있는 난연성의관 또는 덕트에 넣는 경우에 한하여 시설할 수 있다.
   ③ 전동기에 접속하는 짧은 부분으로 가요성을 필요로 하는 부분의 배선에 한하여 시설할 수 있다.

9. 저압 애자사용공사

   1) 시설조건
      (1) 전선은 다음의 경우 이외에는 절연전선(옥외용 비닐절연전선 및 인입용 비닐절연전선을 제외한다)일 것
         ① 전기로용 전선
         ② 전선의 피복 절연물이 부식하는 장소에 시설하는 전선
         ③ 취급자 이외의 자가 출입할 수 없도록 설비한 장소에 시설하는 전선
      (2) 전선 상호 간의 간격은 0.06[m] 이상일 것
      (3) 전선과 조영재 사이의 이격거리는 사용전압이 400[V] 이하인 경우에는 25[mm] 이상, 400[V] 초과인 경우에는 45[mm](건조한 장소에 시설하는 경우에는 25[mm]) 이상일 것
      (4) 전선의 지지점 간의 거리는 전선을 조영재의 윗면 또는 옆면에 따라 붙일 경우에는 2[m] 이하일 것

(5) 사용전압이 400[V] 초과인 것은 (4)의 경우 이외에는 전선의 지지점 간의 거리는 6[m] 이하일 것
(6) 저압 옥내배선은 사람이 접촉할 우려가 없도록 시설할 것. 다만, 사용전압이 400[V] 이하인 경우에 사람이 쉽게 접촉할 우려가 없도록 시설하는 때에는 그러하지 아니하다.
(7) 전선이 조영재를 관통하는 경우에는 그 관통하는 부분의 전선을 전선마다 각각 별개의 난연성 및 내수성이 있는 절연관에 넣을 것. 전선이 조영재를 관통하는 경우에 사용하는 애관, 합성수지관등의 양단은 1.5[cm] 이상 돌출되어야 한다.
다만, 사용전압이 150[V] 이하인 전선을 건조한 장소에 시설하는 경우로서 관통하는 부분의 전선에 내구성이 있는 절연 테이프를 감을 때에는 그러하지 아니하다.

2) 애자의 선정

애자는 내수성, 난연성, 절연성이 있는 것이어야 한다.

3) 애자사용 배선시의 바인드선의 굵기

바인드선의 굵기	동 전선의 굵기[mm²]
0.9[mm]	16 이하
1.2[mm] (또는 0.9[mm]×2)	50 이하
1.6[mm] (또는 1.2[mm]×2)	50 초과

(1) 저압애자 바인드법 : 일자, 십자, 인류
(2) 가공전선(고압) 애자 바인드법 : 두부, 측부, 인류

4) 애자의 종류

애자의 종류		전선의 최대 굵기[mm²]
놉 애자	소	16
	중	50
	대	95
	특대	240
인류 애자	특대	25
핀 애자	소	50
	중	95
	대	185

5) 애자사용 배선의 전선은 애자로 지지하고 조영재 등에 접촉될 우려가 있는 개소는 전선을 애관 또는 합성수지관에 넣어 시설하여야 한다.

10. 금속관 공사

1) KEC 시설조건

   (1) 전선은 절연전선(옥외용 비닐절연전선을 제외한다)일 것
   (2) 전선은 연선일 것. 다만, 다음의 것은 적용하지 않는다.
      ① 짧고 가는 금속관에 넣은 것
      ② 단면적 10[mm^2](알루미늄선은 단면적 16[mm^2]) 이하의 것
   (3) 전선은 금속관 안에서 접속점이 없도록 할 것
      ※ 관공사 종류의 시설조건은 동일 함
   (4) 관의 두께는 다음에 의할 것
      ① 콘크리트에 매입하는 것은 1.2[mm] 이상
      ② ①항 이외의 것은 1[mm] 이상. 다만, 이음매가 없는 길이 4[m] 이하인 것을 건조하고 전개된 곳에 시설하는 경우에는 0.5[mm]까지로 감할 수 있다.
   (5) 관의 끝부분 및 안쪽 면은 전선의 피복을 손상하지 아니하도록 매끈한 것일 것
   (6) 관 상호 간 및 관과 박스 기타의 부속품과는 나사접속 기타 이와 동등 이상의 효력이 있는 방법에 의하여 견고하고 또한 전기적으로 완전하게 접속할 것
   (7) 관의 끝 부분에는 전선의 피복을 손상하지 아니하도록 적당한 구조의 부싱을 사용할 것 다만, 금속관공사로부터 애자사용공사로 옮기는 경우에는 그 부분의 관의 끝부분에는 절연부싱 또는 이와 유사한 것을 사용하여야 한다.
   (8) 습기가 많은 장소 또는 물기가 있는 장소에 시설하는 경우에는 방습 장치를 할 것
   (9) 관에는 규정에 맞게 접지공사를 할 것

2) 금속관의 굵기 및 길이

   (1) 관의 굵기[mm][호]
      ① 박강(근사외경) 및 나사가 없는 전선관 : 19, 25, 31, 39, 51, 63, 75
      ② 후강(근사내경) : 16, 22, 28, 36, 42, 54, 70, 82, 92, 104
   (2) 1본길이 : 3.66[m]

3) 금속관배관에 사용하는 재료

　(1) 로크너트 : 박스에 금속관을 고정시킬 때 사용

　(2) 링리듀서(링레듀서) : 박스와 금속관 접속 시 박스의 녹(노크)아웃 지름이 관의 지름보다 커 로크너트만으로 고정이 어려울 때 사용

　(3) 커플링 : 금속관과 금속관의 상호접속 시 또는 금속관과 노멀밴드를 접속 시에 사용

　(4) 유니온 커플링 : 금속관 양단이 고정되어 돌려 끼울수 없는 전선관 상호를 접속

　(5) 부싱(절연부싱) : 전선의 피복손상 방지를 위해 금속관 끝에 설치

　(6) 노멀밴드 : 배관 공사 시의 금속관을 직각으로 굽이는 곳에 관 상호간 접속 시 사용
　　　(후강전선관용, 박강전선관용, 나사없는 전선관용)

　(7) 유니버셜 엘보우 : 노출배관 공사시 관을 직각으로 구부리는데 사용(T, LL, LB , LR)

　(8) 픽스터 스터드 및 히키 : 무거운 조명기구를 아웃트렛 박스에 취부 할 때 사용

　(9) 아웃트렛 박스 : 매입형 스위치를 수용하거나 전선접속, 조명기구(리셉터클), 콘센트 취부 시 사용되며 4각박스, 8각박스, 원형 노출박스가 있다.

　(10) 스위치 박스 : 매입형의 스위치나 콘센트를 고정하는데 사용

　(11) 플로어 박스 : 바닥에 매입 배선 시 콘센트 등을 바닥에 취부하기 위해 사용

　(12) 콘크리트 박스 : 천정 슬래브 배관에 많이 쓰는 박스

　(13) 조인트박스 : 정션박스 라고도 하며 사용 장소는 전선 및 케이블을 접속할 때 사용하는 것으로서 전선을 접속하여 분기하는 곳에 사용 되며 사용 목적은 전선 상호간의 접속 시 접속부분이 외부로 노출되지 않도록 하기 위해 사용

　(14) 풀박스 : 금속관의 굴곡이 심한 장소 또는 직각 또는 직각에 가까운 굴곡장소가 3개소를 초과하는 장소 및 금속관의 길이가 25[m]를 초과하는 경우 전선의 통과를 쉽게 하기 위하여 배관도중에 설치

　(15) 터미널 캡 : A형과 B형이 있으며 옥내 저압가공 인입선에서 금속관으로 옮겨지는 곳 또는 금속관에서 전선을 뽑아 전동기 단자 부분에 접속할 때 전선을 보호하기 위해 관 끝에 설치

　(16) 엔트런스캡 : 저압 가공 인입구 인출구 수직배관 상부에 사용 수용장소로 들어가는 관단에 설치 빗물의 침입을 방지

　(17) 본딩선 : 금속관 상호 또는 이들과 금속박스를 전기적으로 접속하는 금속선

　(18) 접지클램프 ; 금속관 공사에서 관을 접지 및 본딩을 할 때 사용

　(19) 새들 : 금속관을 조영재에 고정 시킬 때 사용

11. 합성수지관 공사

1) 시설조건

   중량물의 압력 또는 현저한 기계적 충격을 받을 우려가 없도록 시설할 것

2) 합성수지관 및 부속품의 시설

   (1) 관 상호 간 및 박스와는 관을 삽입하는 깊이를 관의 바깥지름의 1.2배(접착제를 사용하는 경우에는 0.8배) 이상으로 하고 또한 꽂음 접속에 의하여 견고하게 접속할 것

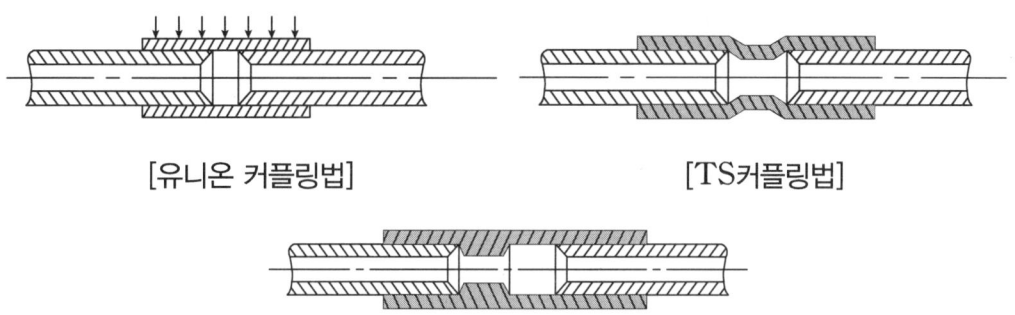

[유니온 커플링법]   [TS커플링법]

[컴비네이션 커플링법]

   (2) 관의 지지점 간의 거리는 1.5[m] 이하로 하고, 또한 그 지지점은 관의 끝·관과 박스의 접속점 및 관 상호 간의 접속점 등에 가까운 곳에 시설할 것
   (3) 습기가 많은 장소 또는 물기가 있는 장소에 시설하는 경우에는 방습 장치를 할 것

3) 합성수지관의 굵기 및 길이

   (1) 관의 굵기[mm][호](KEC 232.11.2)

   14, 16, 22, 28, 36, 42, 54, 70, 82, 100(경질 비닐 전선관 규격)

   (2) 1본의 길이 : 4[m]

12. 금속제 가요전선관공사

1) KEC 시설조건

   가요전선관은 2종 금속제 가요전선관일 것. 다만, 전개된 장소 또는 점검할 수 있는 은폐된 장소(옥내배선의 사용전압이 400[V] 초과인 경우에는 전동기에 접속하는 부분으로서 가요성을 필요로 하는 부분에 사용하는 것에 한한다)에는 1종 가요전선관(습기가 많은 장소 또는 물기가 있는 장소에는 비닐 피복 1종 가요전선관에 한한다)을 사용할 수 있다.

2) 가요전선관 및 부속품의 시설

   (1) 관 상호 간 및 관과 박스 기타의 부속품과는 견고하고 또한 전기적으로 완전하게 접속할 것
   (2) 가요전선관의 끝부분은 피복을 손상하지 아니하는 구조로 되어 있을 것
   (3) 2종 금속제 가요전선관을 사용하는 경우에 습기 많은 장소 또는 물기가 있는 장소에 시설하는 때에는 비닐 피복 2종 가요전선관일 것
   (4) 1종 금속제 가요전선관에는 단면적 2.5[mm²] 이상의 나연동선을 전체 길이에 걸쳐 삽입 또는 첨가하여 그 나연동선과 1종 금속제가요전선관을 양쪽 끝에서 전기적으로 완전하게 접속할 것. 다만, 관의 길이가 4[m] 이하인 것을 시설하는 경우에는 그러하지 아니하다.
   (5) 가요전선관공사는 접지공사를 할 것

13. 케이블 트렁킹 시스템

1) 금속몰드

   (1) 금속몰드에 넣는 전선수는 10[본] 이하로 할것(1종)
   (2) 전선수는 20[%] 이하로 할 것(2종)
   (3) 규격
      ① 폭 : 50[mm] 이하   ② 두께 : 0.5[mm] 이상
   (4) 지지점 : 1.5[m]
   (5) 금속몰드공사는 접지공사를 할 것
   (6) 금속몰드공사에 사용되는 부속품
      ① 조인트 커플링   ② 부싱
      ③ 플랫엘보   ④ 인터널 엘보

2) 합성수지몰드

   (1) 합성수지몰드는 홈의 폭 및 깊이가 35[mm] 이하, 두께는 2[mm] 이상의 것일 것. 다만, 사람이 쉽게 접촉할 우려가 없도록 시설하는 경우에는 폭이 50[mm] 이하, 두께 1[mm] 이상의 것을 사용할 수 있다.
   (2) 베이스를 조영재에 부착 시 40 ~ 50[cm]마다 나사 등으로 견고하게 부착 할 것
   (3) 합성수지 몰드 및 부속품은 상호에 틈이 없도록 접속 할 것
   (4) 몰드 끝은 전선이 손상이 없도록 매끈하게 하여야 한다.

14. 금속덕트공사

1) KEC 시설조건

   (1) 전선은 절연전선(옥외용 비닐절연전선을 제외한다)일 것

(2) 금속덕트에 넣은 전선의 단면적(절연피복의 단면적을 포함한다)의 합계는 덕트의 내부 단면적의 20[%](전광표시장치 기타 이와 유사한 장치 또는 제어회로 등의 배선만을 넣는 경우에는 50[%]) 이하일 것. 동일 금속덕트내에 넣는 전선은 30본 이하
(3) 금속덕트 안에는 전선에 접속점이 없도록 할 것. 다만, 전선을 분기하는 경우에는 그 접속점을 쉽게 점검할 수 있는 때에는 그러하지 아니하다.
(4) 금속덕트 안의 전선을 외부로 인출하는 부분은 금속 덕트의 관통부분에서 전선이 손상될 우려가 없도록 시설할 것
(5) 금속덕트 안에는 전선의 피복을 손상할 우려가 있는 것을 넣지 아니할 것
(6) 금속덕트에 의하여 저압 옥내배선이 건축물의 방화 구획을 관통하거나 인접 조영물로 연장되는 경우에는 그 방화벽 또는 조영물 벽면의 덕트 내부는 불연성의 물질로 차폐하여야 함

2) 금속덕트의 선정

(1) 폭이 40[mm] 이상, 두께가 1.2[mm] 이상인 철판 또는 동등 이상의 기계적 강도를 가지는 금속제의 것으로 견고하게 제작한 것일 것
(2) 안쪽 면은 전선의 피복을 손상시키는 돌기(突起)가 없는 것일 것
(3) 안쪽 면 및 바깥 면에는 산화 방지를 위하여 아연도금 또는 이와 동등 이상의 효과를 가지는 도장을 한 것일 것

3) 금속덕트의 시설

(1) 덕트 상호 간은 견고하고 또한 전기적으로 완전하게 접속할 것
(2) 덕트를 조영재에 붙이는 경우에는 덕트의 지지점 간의 거리를 3[m](취급자 이외의 자가 출입할 수 없도록 설비한 곳에서 수직으로 붙이는 경우에는 6[m]) 이하로 하고 또한 견고하게 붙일 것
(3) 덕트의 본체와 구분하여 뚜껑을 설치하는 경우에는 쉽게 열리지 아니하도록 시설할 것
(4) 덕트의 끝부분은 막을 것
(5) 덕트 안에 먼지가 침입하지 아니하도록 할 것
(6) 덕트는 물이 고이는 낮은 부분을 만들지 않도록 시설할 것
(7) 덕트는 접지공사를 할 것

15. 버스덕트

1) KEC 시설조건

(1) 덕트를 조영재에 붙이는 경우에는 덕트의 지지점 간의 거리를 3[m](취급자 이외의 자가 출입할 수 없도록 설비한 곳에서 수직으로 붙이는 경우에는 6[m]) 이하로 하고 또한 견고하게 붙일 것
(2) 습기가 많은 장소 또는 물기가 있는 장소에 시설하는 경우에는 옥외용 버스덕트를 사용하고 버스덕트 내부에 물이 침입하여 고이지 아니하도록 할 것

2) 버스덕트의 선정

   (1) 도체는 단면적 20[mm²] 이상의 띠 모양, 지름 5[mm] 이상의 관모양이나 둥글고 긴 막대 모양의 동 또는 단면적 30[mm²] 이상의 띠 모양의 알루미늄을 사용한 것일 것
   (2) 도체 지지물은 절연성·난연성 및 내수성이 있는 견고한 것일 것
   (3) 덕트는 표의 두께 이상의 강판 또는 알루미늄판으로 견고히 제작한 것일 것

덕트의 최대 폭[mm]	덕트의 판 두께[mm]		
	강판	알루미늄판	합성수지판
150 이하	1.0	1.6	2.5
150 초과 300 이하	1.4	2.0	5.0
300 초과 500 이하	1.6	2.3	–
500 초과 700 이하	2.0	2.9	–
700 초과하는 것	2.3	3.2	–

3) 버스덕트의 종류

   (1) 피더 버스덕트 : 도중에 부하를 접속하지 않는 버스덕트로 옥내용(환기형 비환기형), 옥외용(환기형 비환기형)가 있다.
   (2) 익스팬션 버스덕트 : 열 신축에 따른 변화량을 흡수하는 구조
   (3) 탭붙이 버스덕트 : 종단, 중단에서 기기 또는 전선 등과 접속시키기 위한 탭을 가진 것
   (4) 트랜스포지션 버스덕트 : 옥내용(비환기형) 각상의 임피던스 평균시키기 위해 도체 상호 간의 위치를 바꾼 것
   (5) 플러그인 버스덕트 : 도중에 부하접속용으로 꽂음 플러그를 설치한 것
   (6) 트롤리 버스덕트 : 도중에 이동 부하를 접속할 수 있는 트롤리 접촉식 구조

16. 금속덕트 및 버스덕트 자재

   (1) 엘보 : 덕트의 경로를 직각으로 바꿀 때 사용
   (2) 오프셋 : 경로중 고저차가 있거나 장해물을 피할 때
   (3) 티이 : 경로에서 어떤 직각 1방향으로 덕트를 분기할 때
   (4) 크로스 : 경로에서 3방향으로 덕트를 분기할 때
   (5) 레듀서 : 서로 다른 크기의 관 연결 시 사용
   (6) 블랭크와셔 : 박스에 덕트를 접속치 않는 곳에 수분 및 먼지의 침입을 막기 위하여 사용되는 재료(덕트내에 이물질의 침입을 막기 위하여 인서트 플러그(Insert Plug), 마커 시트(Marker Sheet), 블랭크 와셔(Blank Washer)를 사용한다)

17. 플로어 덕트 및 셀룰러 덕트

1) 플로어 덕트 : 통신선로 또는 전력선로용 전선을 바닥에 포설하는 관로로써 60[cm]마다 인출구를 갖는 강판제 덕트로 옥내의 건조한 콘크리트 또는 신더(Cinder) 콘크리트 플로어(Floor) 내에 매입할 경우에 한하여 시설

2) 셀룰러 덕트 : 철골 건축물의 콘크리트 바닥 구조재인 Deck Plate의 홈을 이용 특수구조의 커버를 부착하고 홈 내부에 전선을 수납하는 방법으로 헤더닥트, 시스템박스 데크플레이트용 또는 플로어닥트와 조합하여 사용한다.

3) 플로어 덕트 및 셀룰러 덕트 규격

덕트의 최대 폭	덕트의 판 두께
150[mm] 이하	1.2[mm]
150[mm] 초과 200[mm] 이하	1.4[mm][KS D 3602(강제 갑판) 중 SDP2, SDP3 또는 SDP2G에 적합한 것은 1.2[mm]]
200[mm] 초과하는 것	1.6[mm]

4) 덕트 내 단면적

① 플로어 덕트 : 절연물을 포함한 덕트내 단면적 $\frac{1}{3}$ 이하

② 셀룰러 덕트 : 절연물을 포함한 덕트내 단면적 20[%] 이하

18. 라이팅덕트공사

덕트의 지지점 간의 거리는 2[m] 이하로 하며 덕트에 접속하는 부분의 공사 방법은 금속관공사, 합성수지관 공사, 가요전선관공사, 금속몰드공사, 합성수지 몰드공사 또는 케이블 공사에 의해 전선에 손상을 받을 우려가 없도록 시설하여야 한다.

19. 케이블 공사

1) 지지점

(1) 조영재의 아랫면 또는 옆면에 따라 붙이는 경우 : 2[m](캡타이어 케이블 : 1[m])
(2) 사람이 접촉할 우려가 없는 곳에 수직으로 붙이는 경우 : 6[m]
(3) 케이블과 박스기구와의 접속개소에서 : 0.3[m](캡타이어 케이블 : 0.15[m])

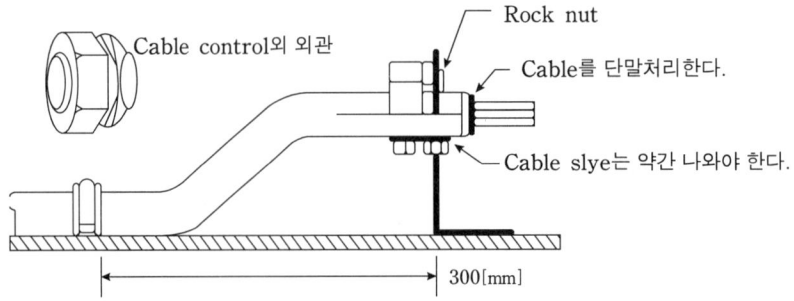

2) 케이블의 굴곡

   (1) 비닐외장케이블, 클로로프랜 케이블 : 다심 외경의 6배, 단심 외경의 8배

   (2) 연피 케이블 : 외경의 12 배

   (3) CD 케이블 : 덕트의 바깥지름이 35[mm] 이상 – 10배(35[mm]미만 6배)

   (4) MI케이블 : 외경 6배

3) 케이블 접속

   (1) 직선, 분기, 종단, 엘보 접속재에 의한 접속

   (2) 테이프

     ① 자기융착(비닐외장 및 클로로플렌 케이블)

     ② 리노테이프(연피케이블)

4) 전력케이블의 허용전류

   연속사용 허용전류, 순시허용전류, 단시간 허용전류

5) 450/750[V] 이하 염화 비닐절연 케이블 및 고무 절연 케이블 색상

   유연성 케이블 및 단심 케이블에 권장하는 색상의 구분은 다음과 같다.

   (1) 단심 케이블 : 권장 색 구분 없음

   (2) 2심 케이블 : 권장 색 구분 없음

   (3) 3심 케이블 : 녹색-노랑색, 파란색, 갈색 또는 갈색, 검은색, 회색

   (4) 4심 케이블 : 녹색-노랑색, 갈색, 검은색, 회색 또는 파란색, 갈색, 검은색, 회색

   (5) 5심 케이블 : 녹색-노랑색, 파란색, 갈색, 검은색, 회색 또는 파란색, 갈색, 검은색, 회색

   색은 명료하게 식별할 수 있고 내구성이 있어야 한다.

6) 캡타이어 케이블의 심선의 색

   검은색, 백색, 적색, 녹색, 황색

20. 케이블 트레이공사

변전실에서 각분전반 혹은 동력제어반까지의 간선 배선에 많이 사용하며 건조한 노출장소 또는 점검이 가능한 은폐장소에 시공

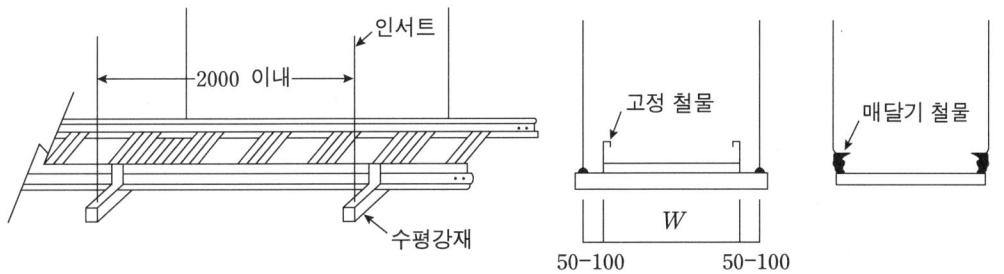

1) 금속제 케이블 트레이 종류

(1) 사다리형
(2) 펀칭형
(3) 그물망형
(4) 바닥 밀폐형

2) 금속제 케이블 트레이에 사용되는 전선

(1) 난연성 케이블
(2) 금속관 혹은 합성수지관에 넣은 절연전선
(3) 연피케이블, 알루미늄 피 케이블

3) 케이블트레이의 선정

(1) 수용된 모든 전선을 지지할 수 있는 적합한 강도의 것이어야 한다. 이 경우 케이블 트레이의 안전율은 1.5 이상으로 하여야 한다.
(2) 지지대는 트레이 자체 하중과 포설된 케이블 하중을 충분히 견딜 수 있는 강도를 가져야 한다.
(3) 전선의 피복 등을 손상시킬 돌기 등이 없이 매끈하여야 한다.
(4) 금속재의 것은 적절한 방식처리를 한 것이거나 내식성 재료의 것이어야 한다.
(5) 측면 레일 또는 이와 유사한 구조재를 부착하여야 한다.
(6) 배선의 방향 및 높이를 변경하는데 필요한 부속재 기타 적당한 기구를 갖춘 것이어야 한다.
(7) 비금속제 케이블 트레이는 난연성 재료의 것이어야 한다.
(8) 금속제 케이블트레이시스템은 기계적 및 전기적으로 완전하게 접속하여야 하며 금속제 트레이는 접지공사를 하여야 한다.
(9) 케이블이 케이블트레이시스템에서 금속관, 합성수지관 등 또는 함으로 옮겨가는 개소에는 케이블에 압력이 가하여지지 않도록 지지하여야 한다.

(10) 별도로 방호를 필요로 하는 배선부분에는 필요한 방호력이 있는 불연성의 덮개 등을 사용하여야 한다.

(11) 케이블트레이가 방화구획의 벽, 마루, 천장 등을 관통하는 경우에 관통부는 불연성의 물질로 충전(充塡)하여야 한다.

21. 특수 장소·기구 시설

1) 화약고등의 위험장소

   ① 대지전압 300[V]
   ② 전기기계기구는 전폐형의 것을 사용
   ③ 개폐기 및 과전류 차단기에서 화약고의 인입구까지의 배선은 케이블공사

2) 폭연성 분진 또는 화약류의 분말이 전기설비가 발화원이 되어 폭발할 우려가 있는 곳

   ① 금속관, 케이블공사(캡타이어케이블제외)
   ② 금속관은 박강 전선관
   ③ 관상호간 관 박스 기타 부속품 접속 시 5턱 이상 나사 조임
   ④ 개장된 케이블 또는 MI케이블사용

3) 가연성 분진에 전기설비가 발화원이 되어 폭발우려가 있는곳

   ① 합성수지관, 금속관, 케이블공사
   ② 박스 기타 부속품과 접속되는 부분에는 마모 부식에 손상우려가 없도록 패킹을 사용

4) 셀룰로이드 성냥 석유류등 위험물질을 제조하거나 저장하는 장소

   ① 합성수지관, 금속관, 케이블공사
   ② 이동전선은 캡타이어케이블이외의 접속점이 없는 캡타이어케이블사용

5) 부식성 가스등이 있는 장소

   애자사용, 합성수지관, 금속관, 금속제 가요전선관, 케이블공사, 캡타이어 케이블

6) 고압 옥내 배선(케이블, 애자사용공사, 케이블트레이공사)

   ① 전선은 6[mm^2] 이상 연동선(애자사용 공사)
   ② 애자사용 공사시 전선 상호 간 간격 8[cm] 조영재와 이격거리 5[cm]

7) 특고압옥내배선

   ① 사용전압 100[kV]이하일것(단, 케이블 트레이공사 시 35[kV] 이하)
   ② 전선은 케이블
   ③ 특고압 옥내배선과 저고압 옥내 배선과의 이격거리 60[cm]

8) 저압 가공인입선

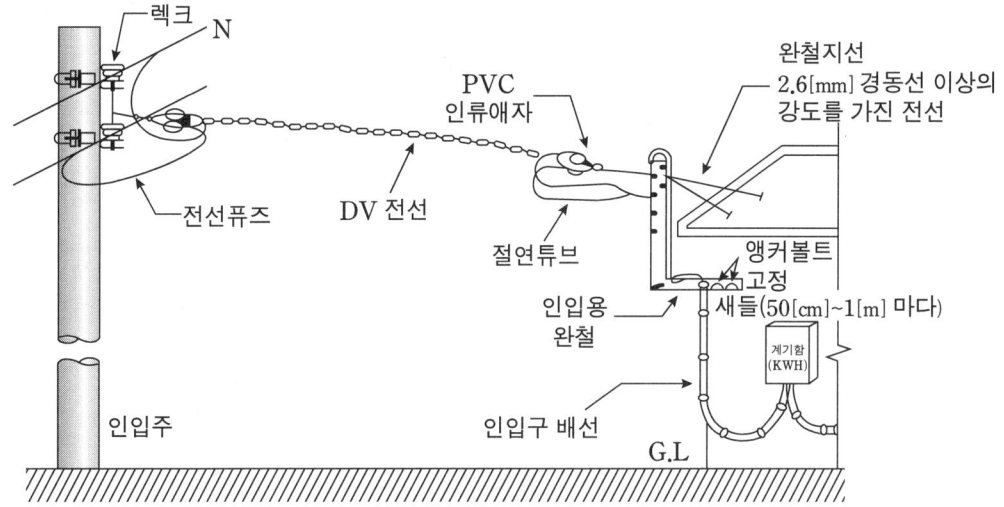

9) 사람이 상시 통행하는 터널 내의 배선방법

(1) 케이블 배선
(2) 금속관 배선
(3) 합성수지관 배선
(4) 애자사용배선
(5) 금속제 가요전선관 배선

22. 누전차단기

1) 누전차단기시설

(1) 사람이 쉽게 접촉할 우려가 있는 곳에 시설
(2) 사용전압 50[V]를 초과하는 저압의 금속제 외함을 가지는 기계기구에 전기를 공급하는 전로에 지기가 발생했을 때 자동적으로 차단하는 누전차단기등을 설치
(3) 주택의 구내에 시설하는 대지전압 150[V]초과 300[V]이하의 저압 전로 인입구에는 인체 감전 보호용 누전차단기를 설치한다.
(4) 욕조나 샤워시설이 잇는 욕실 또는 화장실 등 인체가 물에 접어 있는 상태에서 전기를 사용하는 장소에 콘센트를 시설하는 경우에는 인체 감전 보호용 누전차단기(정격감도전류 15[mA]이하, 동작 시간 0.03초 이하의 전류 동작형의 것에 한한다) 또는 절연변압기(정격용량 3[kVA] 이하인 것에 한한다)로 보호된 전로에 접속하거나, 인체감전보호용 누전차단기가 부착된 콘센트를 시설하여야 한다.

2) 누전 차단기의 선정

저압 전로에 시설하는 누전차단기는 전류 동작형으로 다음 각 호에 적합한 것이어야 한다.

(1) 누전 차단기의 종류

구분		정격 감도 전류[mA]	동작 시간
고감도형	고속형	5, 10, 15, 30	• 정격 감도 전류에서 0.1초 이내, 인체 감전 보호용은 0.03초 이내
	시연형		• 정격감도전류에서 0.1초 초과 2초 이내
	반한시형		• 정격 감도 전류에서 0.2초를 초과하고 1초 이내 • 정격 감도 전류 1.4배의 전류에서 0.1초를 초과하고 0.5초 이내 • 정격 감도 전류 4.4배의 전류에서 0.05초 이내
중감도형	고속형	50, 100, 200, 500, 1000	• 정격 감도 전류에서 0.1초 이내
	시연형		• 정격 감도 전류에서 0.1초를 초과하고 2초 이내
저감도형	고속형	3000, 5000, 10000, 20000	• 정격 감도 전류에서 0.1초 이내
	시연형		• 정격 감도 전류에서 0.1초를 초과하고 2초 이내

(2) 인입구 장치 등에 시설하는 누전 차단기는 충격파 부동작형일 것
(3) 누전차단기는 전류동작형으로 누름단추구조는 트립프리구조일 것
    ※ 트립프리란 투입기구가 여자되어 투입기구가 동작중인 상태에서도 트립이 자유롭게 행하여 질 수 있는 기능
(4) 전류 동작형 누전차단기에 저항을 설치하는 이유는 누전차단기 자체 동작 시험시 흐르는 전류를 일정 값 이상으로 흐르지 못하게 억제하기 위함

23. 누전화재 경보기

1) 경보장치 실제 배선

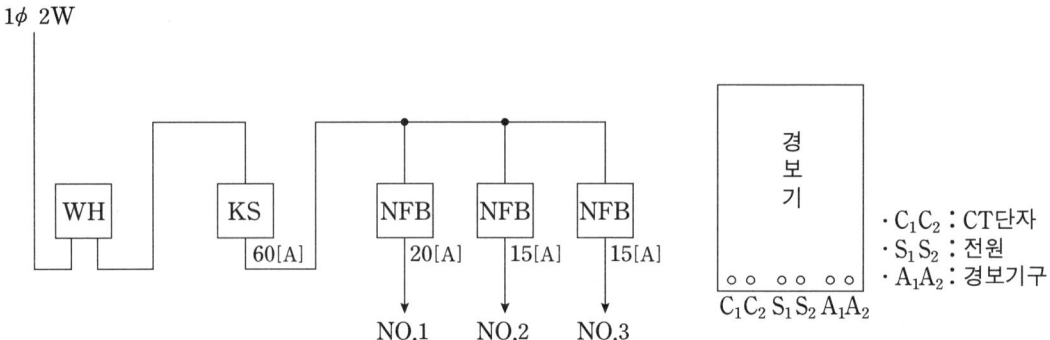

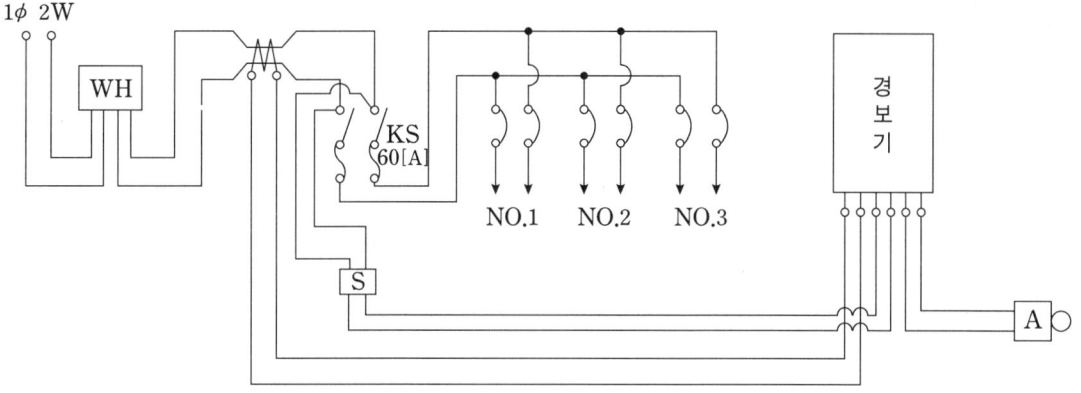

2) 누전 경보기 시험

① 온도 특성 시험
② 전로 개폐 시험
③ 단락 전류 강도 시험
④ 과 누전 시험
⑤ 노화 시험, 방수 시험, 절연 저항 시험, 절연 내력 시험

24. 실내 배선공사에 사용하는 공구

(1) 와이어 스트리퍼 : 전선피복을 벗기는 공구
(2) 워어터 펌프 플라이어 : 금속관 배관공사시 관 상호 접속 및 로크너트를 죌 때
(3) 드라이브 이트 : 콘크리트면이나 철판 등에 기구 취부용 나사를 쏘아 넣는 것
(4) 프레셔투울(압착 펜치) : 터미널 리그, 링 슬리브 등을 압착
(5) 노크 아웃 펀치 : 철판의 구멍 뚫기에 사용
(6) 홀소 : 드릴에 취부하여 금속판(캐비닛)의 구멍 뚫기에 사용
(7) 버니어 켈리퍼스 : 외경 및 내경 판 두께 측정
(8) 네온 검전기 : 접지, 비접지극 조사 및 충전 유무 조사
(9) 파이프 드레더 : 금속관에 대한 나사 내기에 사용
(10) 쇠톱 : 금속관, 경질비닐관, 강재 등의 절단
(11) 볼트 클리퍼 : 볼트, 철근, 철선, 굵은 전선(22[mm^2] 이상) 등의 절단
(12) 케이블 커터 : 케이블, 굵은 전선 등 절단
(13) 유압식 파이프 밴더 : 굵은 금속관의 굽힘 가공
(14) 파이프 바이스 : 금속관을 절단, 나사 내기 등을 할 때 관 고정

01 옥내배선

건축전기설비에 있어서 감전예방의 종류 중 직접접촉에 대한 감전 예방의 확인사항 5가지를 쓰시오.

정답

① 충전부의 절연에 의한 보호
② 격벽 또는 외함에 의한 보호
③ 장애물에 의한 보호
④ 손의 접근 한계 외측 설치에 따른 보호
⑤ 누전차단기에 의한 추가 보호

02 옥내배선

전기설비에 있어서 감전예방의 종류 중 간접접촉예방은 전기설비에 지락 등의 고장이 발생한 경우에 해당 전기설비에 사람 또는 동물이 접속한 경우를 대비해서 감전예방을 위한 보호이다. 간접접촉예방을 위한 보호방법 5가지를 쓰시오.

정답

① 전원의 자동차단에 의한 보호
② 전기적 분리에 의한 보호
③ 비도전성 장소에 의한 보호
④ 비접지용 국부적 등전위 접속에 의한 보호
⑤ Ⅱ급 기기의 사용 또는 이것과 동등 이상의 절연에 의한 보호

03 옥내배선

건축전기설비에서 회로를 다른 전기설비와 독립하여 제어할 필요가 있는 경우는 각 부분에 기능적 개폐기를 시설하여야 한다. 이때 사용되는 기능적 개폐기의 종류 5가지를 쓰시오.

정답

① 개폐기   ② 반도체 개폐장치   ③ 차단기   ④ 접촉기   ⑤ 계전기

04 옥내배선

전기설비에 있어서 감전 예방은 직접접촉예방과 간접접촉예방이 있으며, 간접접촉예방 중 전원의 자동차단에 의한 인체 보호를 위하여 전기회로 또는 전기기기의 충전부와 노출 도전성 부분 또는 보호선 간에 고장이 발생하여 교류 몇 [V](실효값)을 초과하는 접촉전압이 발생한 경우에 그 전원을 자동으로 차단하여야 하는지 쓰시오.

정답

50[V]

05 옥내배선

옥내 배선도를 작성하는 기본 순서를 열거한 것이다. 순서를 올바르게 번호를 나열하시오.

① 점멸기의 위치를 평면도에 표시한다.
② 전등, 전열기, 전동기의 전압별 부하집계표로 분기회로수를 결정한다.
③ 건물의 평면도 준비
④ 각 부분의 배선에 전선의 종류·굵기·전선수를 표시
⑤ 전기사용기계·기구를 심벌로 써서 위치를 표시한다.

정답

③ → ⑤ → ② → ① → ④

06 옥내배선

전기기기의 선정과 시설에 관한 일반사항이다. 배선설비의 선정과 시공시 고려할 사항 5가지만 쓰시오.

정답

① 감전예방
② 열전 영향에 대한 보호
③ 과전류에 대한 보호
④ 고장전류에 대한 보호
⑤ 과전압에 대한 보호

07 옥내배선

전기설비의 시공에 대한 검사는 육안검사 및 시험에 따른다. 이 때 육안검사 항목 5가지만 쓰시오.

> **정답**
>
> ① 전기기기의 표시확인과 손상유무 점검
> ② 감전예방의 종류 확인
> ③ 허용전류 및 전압강하에 관한 전선의 선정
> ④ 보호장치 및 감전장치의 선택 및 시설
> ⑤ 단로장치 및 개폐장치의 시설

08 옥내배선

다음 빈칸을 알맞은 용어로 채우시오.

> (1) 과전류 차단기라 함은 배선용 차단기, 휴즈, 기중 차단기와 같이 (①) 및 (②)를 자동차단하는 기능을 가진 기구를 말한다.
> (2) 누전차단장치라 함은 전로에 지락이 생겼을 경우에 부하기기 금속제 외함 등에 발생하는 (③) 또는 (④)를 검출하는 부분에 차단기 부분을 조합하여 자동적으로 전로를 차단하는 장치를 말한다.
> (3) 배선용 차단기라 함은 전자작용 또는 바이메탈의 작용에 의해서 (⑤)를 검출하고 자동으로 차단하는 (⑥) 차단기로써, 그 최소 동작 전류가 정격전류의 100[%]의 (⑦)사이에 있고 외부에서 수동전자식, 또는 전동적으로 조작할 수 있는 것을 말한다.
> (4) 과전류라 함은 과부하전류 및 (⑧)를 말한다.
> (5) 중성선이라 함은 (⑨) 전로에서 (⑩)에 접속된 전선을 말한다.

> **정답**
>
> ① 과부하전류 ② 단락전류 ③ 고장전압 ④ 지락전류 ⑤ 과전류
> ⑥ 과전류   ⑦ 125[%] ⑧ 단락전류 ⑨ 다선식   ⑩ 중성극

09 옥내배선

다음 설명의 괄호 안에 적합한 전선의 굵기를 써 넣으시오.

> 저압 옥내배선에 사용하는 전선은 단면적 (①)[mm²] 이상의 연동선 또는 도체의 단면적이 (②) [mm²] 이상의 미네럴 인슈레이션(MI) 케이블이어야 한다. 다만, 옥내배선의 사용전압이 400[V] 미만의 경우로 전광표시 장치, 출퇴 표시등, 기타 이와 유사한 장치 또는 제어회로 등의 배선에는 단면적 (③)[mm²] 이상의 연동선 또는 (④)[mm²] 이상의 다심케이블 또는 다심캡타이어케이블을 사용하고, 진열장 내의 배선공사에는 단면적 (⑤)[mm²] 이상의 코드 또는 캡타이어케이블을 사용하여야 한다.

정답

① 2.5   ② 1   ③ 1.5   ④ 0.75   ⑤ 0.75

10 옥내배선

애자와 전선의 굵기에서 놉 애자의 종류 가운데 소, 중, 대, 특대를 사용할 때 각 사용 전선의 최대 굵기[mm²]를 쓰시오.

정답

① 소놉 애자 : 16[mm²]
③ 대놉 애자 : 95[mm²]
② 중놉 애자 : 50[mm²]
④ 특대놉 애자 : 240[mm²]

11 옥내배선

애자사용공사에 사용되는 애자에 대한 다음 (   ) 안에 알맞은 말을 써 넣으시오.

> 애자 사용배선에 사용하는 (①), (②), 및 (③)이 있는 것이어야 한다.

정답

① 절연성   ② 난연성   ③ 내수성

12 옥내배선

다음 (　) 안에 알맞은 내용을 쓰시오.

"애자사용 배선의 전선은 애자로 지지하고 조영재 등에 접촉될 우려가 있는 개소는 전선을 (①) 또는 (②)에 넣어 시설하여야 한다."

정답

① 애관   ② 합성수지관

13 옥내배선

가공전선을 애자에 바인드 하는 방법은 어떤 바인드법이 있는지 3가지를 쓰시오.

정답

- 두부바인드
- 측부바인드
- 인류바인드

14 옥내배선

그림과 설명을 읽고 어떤 바인드(OW 3.2[mm] 이하) 법인가 답하시오.

① 바인드선을 전선 규격에 맞게 자른다.
② 애자의 홈에 전선끝을 20~30[cm] 남겨놓고 건다.

③ 바인드선을 전선에 첨가하여 일자 바인드로 1회 감는다.
④ 전선 2가닥과 b측 바인드선을 a측 바인드선으로 10회 정도 밀착하여 감는다.

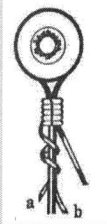
⑤ 전선 끝을 빌리고 전선 1가닥과 첨가된 b측 바인드 선을 a측 바인드 선으로 3~4 밀착하여 감는다.

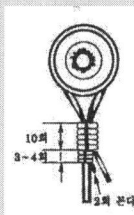
⑥ b측과 바인드선과 a측 바인드선을 2회 꼰 후 여유분을 자른다.

정답

인입 인류 바인드 시공법

15 옥내배선

다음은 코드 및 캡타이어 케이블의 단말처리를 규정한 것이다. 괄호 안에 적당한 말을 쓰시오.

코드 및 캡타이어 케이블과 로제트 또는 소켓단자의 접속점에는 2개연 코드일 경우에 (①) 묶음으로 하고 대편코드, 원형코드 및 캡타이어 케이블일 경우에 코드 스페너 등으로 (②)이(가) 걸리지 않도록 시공하여야 한다.

정답

① S자형   ② 장력

16 옥내배선

금속관 공사 때 사용하는 부속품이다. 번호에 해당하는 부품의 명칭을 쓰고 용도를 간단하게 쓰시오.

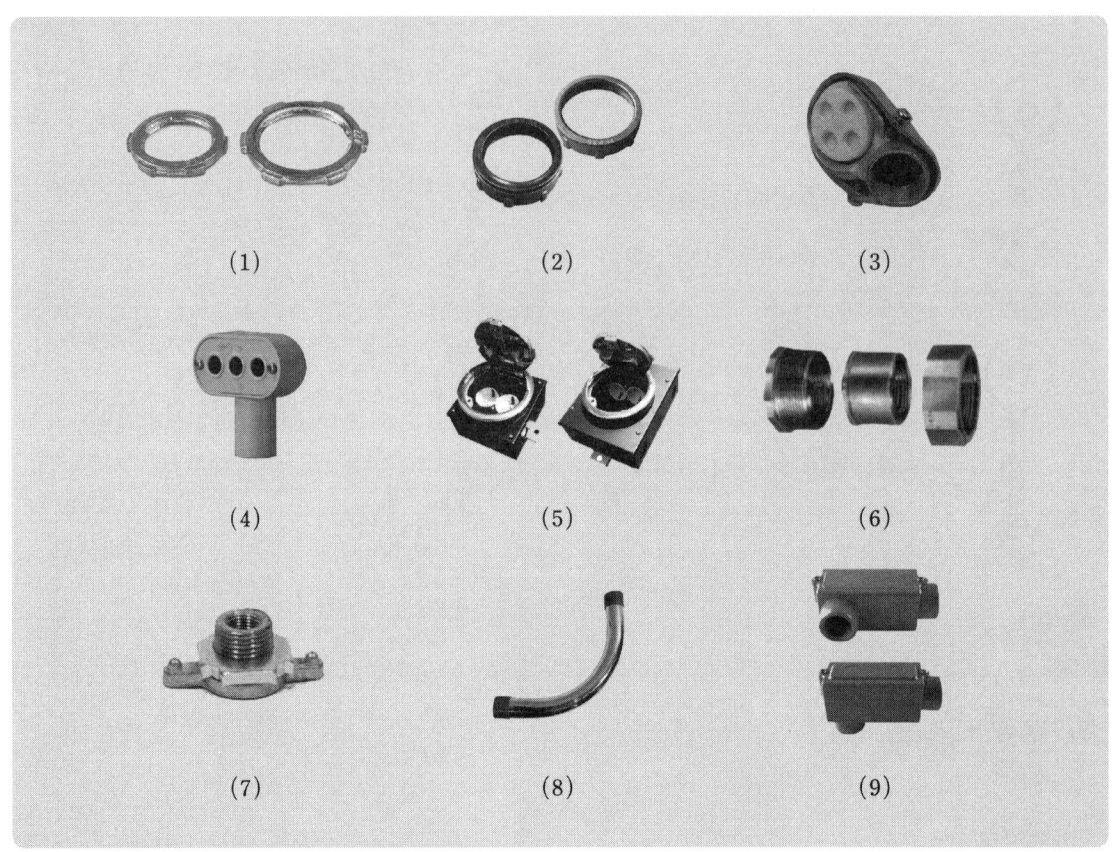

정답

(1) 로크너트 : 박스에 금속관을 고정시킬 때 사용
(2) 부싱(절연부싱) : 전선의 피복손상 방지를 위해 금속관 단에 설치
(3) 엔트런스캡 : 저압 가공 인입구 인출구 수직배관 상부에 사용 수용장소로 들어가는 관단에 설치 빗물의 침입을 방지
(4) 터미널 캡 : 옥내 저압가공 인입선에서 금속관으로 옮겨지는 곳 또는 금속관에서 전선을 뽑아 전동기 단자 부분에 접속할 때 전선을 보호하기 위해 관 끝에 설치
(5) 플로어 박스 : 바닥에 매입 배선 시 콘센트 등을 바닥에 취부하기 위해 사용
(6) 유니온 커플링 : 금속관 양단이 고정되어 돌려 끼울 수 없는 전선관 상호를 접속
(7) 픽스터 스터드 및 히키 : 무거운 조명기구를 아웃트렛 박스에 취부 할 때 사용
(8) 노멀밴드 : 배관 공사 시의 금속관을 직각으로 굽이는 곳에 관 상호간 접속 시 사용
(9) 유니버셜 엘보우 : 노출배관 공사시 관을 직각으로 구부리는데 사용

17 옥내배선

금속관배선에 사용하는 금속관의 단구에는 전선의 인입 또는 교체시에 전선의 피복이 손상되지 아니하도록 시설 장소에 따라 다음 각 호에 의하여 시설하여야 한다. 괄호 안(① ~ ⑦)에 알맞은 부품을 써넣으시오.

> - 관단에는 (①)을 사용하여야 한다. 다만 금속관에서 애자사용배선으로 바뀌는 개소에는 (②), (③), (④)등을 사용하여야 한다.
> - 우선외에서 수직배관의 상단에는 (⑤)을 사용하여야 한다.
> - 우선외에서 수평배관의 말단에는 (⑥) 또는 (⑦)을 사용하여야 한다.

정답

① 부싱   ② 절연부싱   ③ 터미널 캡   ④ 엔드
⑤ 엔트런스캡   ⑥ 터미널 캡   ⑦ 엔트런스 캡

18 옥내배선

노멀 밴드(전선관용) 3종류를 쓰시오.

정답

- 박강전선관용
- 후강 전선관용
- 나사가 없는 전선관용

19 옥내배선

본딩선이란 무엇인가? 간단하게 설명하시오.

정답

금속관 상호 또는 이들과 금속박스를 전기적으로 접속하는 금속선

20 옥내배선

그림은 콘크리트 매입배관에서 박스에 파이프를 부착하는 방법이다. 물음에 답하시오.

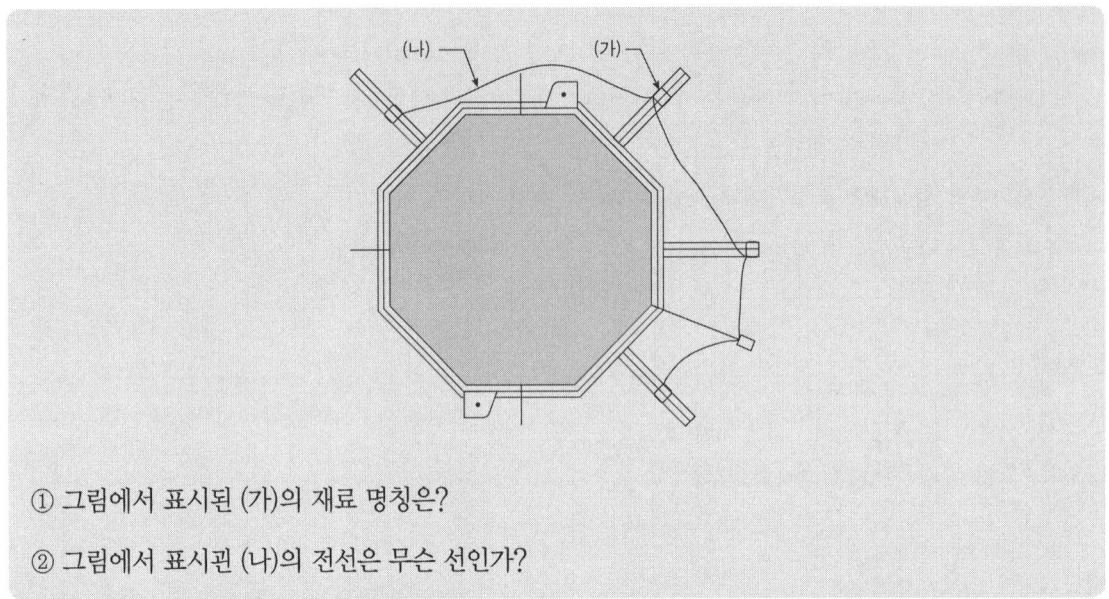

① 그림에서 표시된 (가)의 재료 명칭은?

② 그림에서 표시된 (나)의 전선은 무슨 선인가?

정답

① 접지클램프(접지크램프) ② 본드선(본딩선)

21 옥내배선

풀박스(Pull bax)의 시설장소로 적당한 곳 3개소만 답하시오.

정답

① 금속관의 굴곡이 심한 장소
② 금속관에서 직각 또는 직각에 가까운 굴곡장소가 3개소를 초과하는 장소
③ 금속관의 길이가 25[m]를 초과하는 경우

22 옥내배선

joint Box와 Pull Box의 사용목적과 그 설치 개소에 대하여 쓰시오.

정답

(1) Joint Box
  ① 사용목적 : 전선 상호간의 접속시 접속 부분이 외부로 노출되지 않도록 하기 위해
  ② 설치개소 : 전선 접속점

(2) Pull Box
  ① 사용목적 : 전선의 배관 내 입선을 용이하게 하기 위하여
  ② 설치개소 : 굴곡개소가 많은 경우 또는 관의 길이가 25[m]를 초과하는 경우

23 옥내배선

금속관공사에서 부싱이 10개가 소요될 때 로크너트는 몇 개가 필요한가?

정답

녹 아웃 1개에 부싱1개 로크너트 2개 이므로 $10 \times 2 = 20$개

24 옥내배선

폭연성 분진이 존재하는 곳의 저압옥내배선에 사용되는 금속관은 어떤 전선관이며, 관 상호 및 관과 박스의 접속은 몇 턱 이상 나사조임 접속으로 시공하여야 하는가?

정답

박강전선관, 5턱이상

25 옥내배선

금속관공사에 대한 설명이다. 문제를 읽고 ( ) 안에 알맞은 답을 쓰시오.

(1) 금속관을 구부릴 경우 금속관의 단면이 심하게 변형되지 아니하도록 구부려야 하며, 그 안측의 반지름은 관 안지름의 ( )배 이상이 되어야 한다.
(2) 굴곡개소가 많은 경우 또는 관의 길이가 ( )[m]를 초과하는 경우에는 풀박스를 설치한다.
(3) 금속관 상호는 ( )(으)로 접속할 것
(4) 금속관과 박스를 접속할 때 틀어 끼우는 방법에 의하지 않을 경우 ( )을(를) 2개 사용하여 박스 양측을 조일 것
(5) 금속관을 조영재에 따라 시공할 때는 새들 또는 ( ) 등으로 견고하게 지지하고, 그 간격을 ( )[m] 이하로 한다.

정답

(1) 6　　(2) 25　　(3) 커플링　　(4) 로크너트　　(5) 행거, 2

26 옥내배선

금속관 배선에서 사용되는 박강전선관과 후강전선관의 규격(호칭)을 나열하였다. ( ) 안에 알맞은 규격(호칭)을 쓰시오.

- 후강전선관 : 16, 22, ( ), 36, 42, 54, ( ), 82, 92, ( )
- 박강전선관 : 19, ( ), 31, ( ), 51, 63, ( )

정답

- 후강전선관 : 16, 22, (28), 36, 42, 54, (70), 82, 92, (104)
- 박강전선관 : 19, (25), 31, (39), 51, 63, (75)

27 옥내배선

NR 전선 4[mm²] 3본 10[mm²] 3본을 넣을수 있는 후강 전선관의 최소 굵기는 몇 [mm]를 사용하는 것이 적당한가? (단, 전선관의 내 단면적의 32[%] 이하가 되도록 한다.)

[표 1. 전선(피복 절연물을 포함)의 단면적]

도체 단면적[mm²]	절연체 두께[mm]	평균 완성 바깥지름[mm]	전선의 단면적[mm²]
1.5	0.7	3.3	9
2.5	0.8	4.0	13
4	0.8	4.6	17
6	0.8	5.2	21
10	1.0	6.7	35
16	1.0	7.8	48
25	1.2	9.7	74
35	1.2	10.9	93
50	1.4	12.8	128
70	1.4	14.6	167
95	1.6	17.1	230
120	1.6	18.8	277
150	1.8	20.9	343
185	2.0	23.3	426
240	2.2	26.6	555
300	2.4	29.6	688
400	2.6	33.2	865

[비고 1] 전선의 단면적은 평균완성 바깥지름의 상한 값을 환산한 값이다.
[비고 2] KS C IEC 60227-3의 450/750[V] 일반용 단심 비닐절연선(연선)을 기중한 것이다.

[표 2. 절연전선을 금속관내에 넣을 경우의 보정계수]

도체 단면적[mm²]	보정계수
2.5, 4	2.0
6, 10	1.2
16 이상	1.0

[표 3. 후강 전선관의 내단면적의 32[%] 및 48[%]]

관의 호칭	내단면적의 32[%][mm²]	내단면적의 48[%][mm²]	관의 호칭	내단면적의 32[%][mm²]	내단면적의 48[%][mm²]
16	67	101	54	732	1,098
22	120	180	70	1,216	1,825
28	201	301	82	1,701	2,552
36	342	513	92	2,205	3,308
42	460	690	104	2,843	4,265

정답

◦ 계산과정

피복 절연물을 포함한 전선의 단면적 합계

표1에서 도체의 단면적 4[mm²]의 전선의 단면적 17[mm²] 표2에서 보정계수 2.0

표1에서 도체의 단면적 10[mm²]의 전선의 단면적 35[mm²] 표2에서 보정계수 1.2

$A = (17 \times 3 \times 2.0) + (35 \times 3 \times 1.2) = 228[\text{mm}^2]$

표3에서 내단면적 32[%]란에서 계산 값이 201[mm²]을 넘어 342[mm²]을 선택하여 36[mm]로 선정한다.

◦ 정답 : 후강전선관 36[mm]

28 옥내배선

배관의 굵기가 22[mm]이다. 내경의 32[%]까지 수용 시공할 때 전선의 피복을 포함한 단면적이 16[mm²]이고 보정계수 1.2인 경우 최대 몇 가닥을 넣을 수 있는가?

정답

◦ 계산과정

$A = \dfrac{\pi}{4} \times 22^2 = 380.132 = 380.13[\text{mm}^2]$, 32[%]를 수용 하므로

$A_0 = 380.13 \times 0.32 = 121.641 = 121.64[\text{mm}^2]$

$N = \dfrac{121.64}{16 \times 1.2} = 6.33 = 6$가닥 소수점 이하 절하

◦ 정답 : 6가닥

29 옥내배선

35[mm²] NR 전선 6본과 25[mm²] 1본을 같은 후강전선관에 수용시공 할 때 전선관의 굵기는? (단, 공칭외장(절연체 포함) 35[mm²]는 10.9[mm] 이고 25[mm²]는 9.7[mm] 이다. 전선관내 단면적은 32[%] 수용)

정답

◦ 계산과정

$$A = \frac{\pi}{4} \times 10.9^2 \times 6 + \frac{\pi}{4} \times 9.7^2 \times 1 = 633.78 [\text{mm}]$$

후강전선관의 직경을 D라 하면 $\frac{\pi D^2}{4} \times 0.32 \geq 633.78$

$$D = \sqrt{\frac{4 \times 633.78}{0.32 \times \pi}} = 50.22 [\text{mm}]$$

◦ 정답 : 후강전선관 54[mm]

30 옥내배선

그림은 합성 수지관 공사 도면의 일부이다. 이 그림을 보고 다음 각 물음에 답하시오.(단, R은 곡률 반지름, D는 합성수지관의 외경이다.)

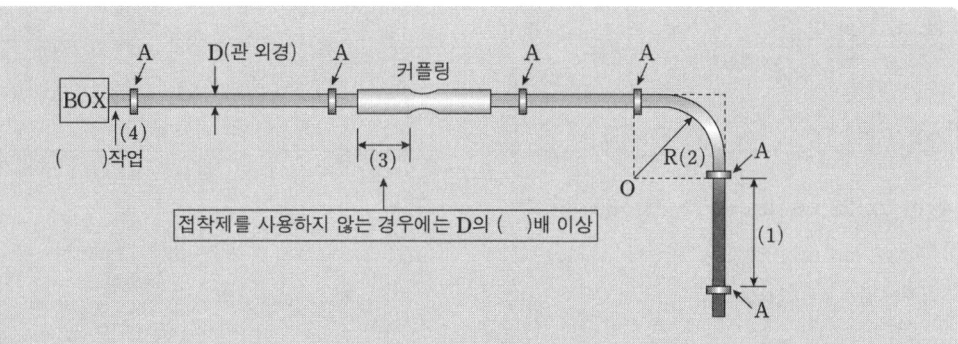

(1) 도면에서 A는 관을 지지하는 지지물이다. A의 명칭은 무엇인가?
(2) 그림에서 (1)의 지지점 간의 최소 간격은 몇 [m] 이하로 하는가?
(3) 그림과 같이 직각으로 구부러진 관의 곡률 반경 R(2)는 관 내경의 몇 배 이상인가?
(4) 그림에서 (3)은 합성수지관 공사시 커플링을 이용하여 관을 접속한 경우로 접착제를 사용하지 않을 때에는 관 외경의 몇 배 이상 겹쳐야 하는가?

(5) 그림에서 (4)는 관을 접속함과 결합시키는 부분으로 지지점과 접속함 사이에 일정수준의 높이를 가지고 있다. 이와 같이 하는 것을 무슨 작업이라 하는지 가장 적합한 작업 명칭을 쓰시오.

정답

(1) 새들
(2) 1.5
(3) 6
(4) 1.2
(5) 옵셋(Off-Set) 또는 S 구부리기

31 옥내배선

경질비닐전선관의 최소 굵기와 최대 굵기 [mm]를 쓰시오.

① 최소 굵기 :
② 최대 굵기 :

정답

14, 16, 22, 28, 36, 42, 54, 70, 82, 100 이므로
① 14
② 100

32 옥내배선

그림은 합성수지관의 접속도이다. 설명을 읽고 어떤 커플링 접속법인가 답하시오.

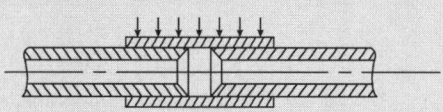

① 관단내면의 관두께의 1/3이 남을 때까지 모서리 깍기를 한다.
② 커플링 안지름과 관 바깥지름의 접속면을 마른 헝겊으로 잘 닦는다.
③ 커플링 안지름과 관 바깥지름의 접속면에 접착제(이 경우는 속효성의 것이 바람직하다.)를 엷게 고루 바른다.
④ 한쪽의 관을 들어올려서 커플링을 다른쪽 관에 보내어서 소정의 접속부로 복원시킨다.
⑤ 토오치램프 등으로 커플링을 사방에서 타지 아니하도록 가열해서 복원시켜 접속을 완료한다.

정답

유니온 커플링

33 옥내배선

합성수지제 가요전선관의 규격은 다음과 같다. ( ) 안에 적합한 규격을 쓰시오.

14호, (①), (②), (③), 28호, 36호, 42호

정답

① 16호 ② 18호 ③ 22호

34 옥내배선

가요 전선관 공사에 사용되는 부품 중 전선관 상호간에 접속되는 연결구로 사용되는 부품의 명칭은?

정답

스플릿 커플링 또는 플렉시블 커플링

35 옥내배선

플렉시블피팅을 사용한 전동기의 배선 예이다. 그림에서 A로 표시된 것의 명칭은?

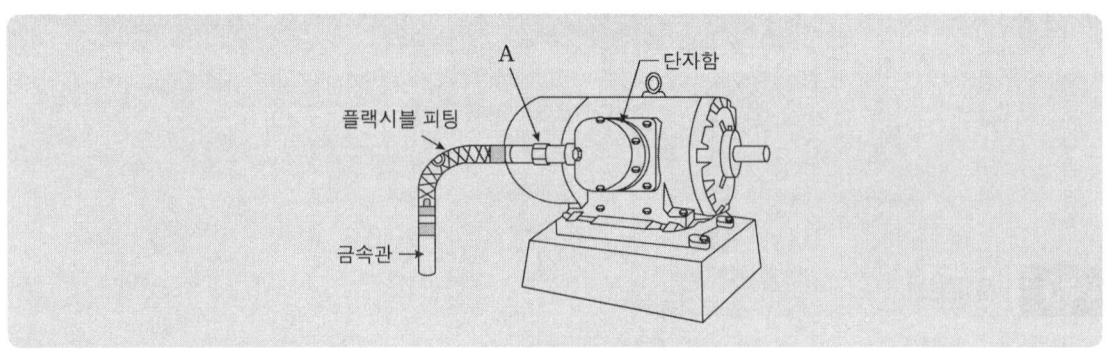

정답

유니온 커플링

36 옥내배선

1종 2종 금속제 가요전선관을 구부리는 경우의 시설이다. 다음 각 물음에 답하시오.

① 노출장소 또는 점검 가능한 은폐장소에서 관을 시설하고 제거하는 것이 자유로운 경우에는 곡률 반지름을 2종 금속제 가요전선관 안지름의 몇 배 이상으로 하여야 하는가?
② 노출장소 또는 점검 가능한 은폐장소에서 관을 시설하고 제거하는 것이 부자유하거나 또는 점검이 불가능한 경우에는 곡률 반지름의 2종 금속제 가요전선관 안지름의 몇 배 이상으로 하여야 하는가?
③ 1종 금속제 가요전선관을 구부릴 경우의 곡률 반지름은 관 안지름의 몇 배 이상으로 하여야 하는가?

정답

① 3   ② 6   ③ 6

37 옥내배선

1종 금속 몰드(메탈 몰딩) 공사에 사용하는 부속품 4가지를 쓰시오.

정답

① 조인트 커플링   ② 부싱   ③ 플랫 엘보   ④ 인터널 엘보

38 옥내배선

합성수지 몰드 배선은 옥내의 건조한 두 장소에 한하여 시설할 수 있다 어떤 장소인가?

정답

노출장소이며 건조한 장소 및 은폐장소이며 점검 가능한 건조한 장소

39 옥내배선

조인트 커플링이란 무엇인가 쓰시오.

| 정답 |

몰딩 캡의 이음새를 덮는 데 사용하는 재료

40 옥내배선

다음 각 물음에 답하시오.

(1) 합성수지몰드 배선시 베이스를 조영재에 부착할 경우는 (   )[cm] ~ (   )[cm] 간격마다 나사 등으로 견고하게 부착할 것
(2) 금속관을 조영재에 따라 시공할 때는 새들 또는 행거 등으로 견고하게 지지하고 그 간격을 (   )[m] 이하로 한다.
(3) 금속덕트는 취급자 이외의 자가 출입할 수 없도록 설비한 장소로서, 수직으로 설치하는 경우 (   )[m] 이하의 간격으로 견고하게 지지하여야 한다.
(4) 400[V]이상 애자사용 배선시 전선 상호간의 이격거리는 (   )[cm] 이상으로 한다.
(5) 캡타이어케이블을 조영재에 따라 시설하는 경우 그 지지점간의 거리는 (   )[m] 이하로 한다.

| 정답 |

(1) 40, 50   (2) 2   (3) 6   (4) 6   (5) 1

41 옥내배선

플로어덕트의 시설장소를 쓰시오.

| 정답 |

옥내의 건조한 콘크리트 또는 신더(Cinder) 콘크리트 플로어(Floor)내에 매입할 경우에 한하여 시설할 수 있다.

42 옥내배선

플로어덕트의 용도에 대하여 간단히 설명하시오.

정답

마루 밑에 매입하는 배선용의 홈통으로 마루위로 전선 인출은 목적으로 하는 것을 말한다.

43 옥내배선

그림은 버스 덕트 구조를 나타낸 모양이다. 어떤 버스 덕트인가?

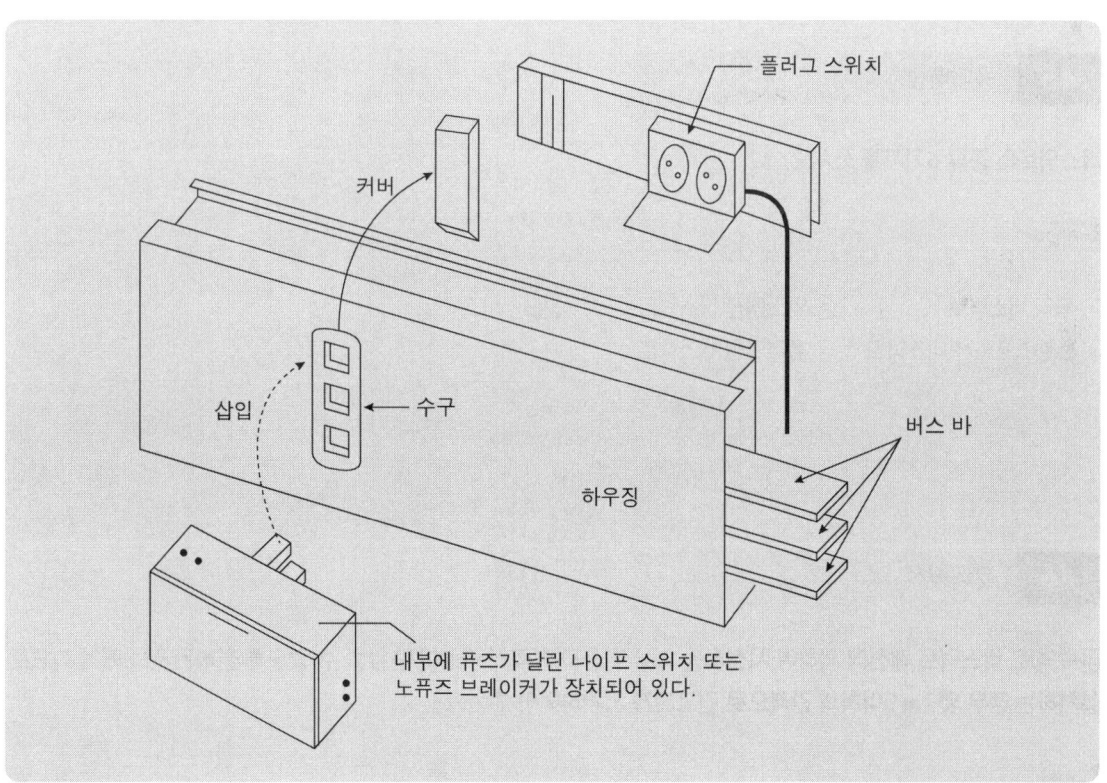

정답

플러그인 버스덕트

44 옥내배선

버스덕트 종류 3가지를 쓰시고 간단히 설명하시오?

정답

종류	용도
피더 버스덕트[FBD]	도중에 부하를 접속하지 아니한 것
플러그인 버스덕트[PBD]	도중에 부하 접속용으로 꽂음플러그를 설치한 것
트롤리 버스덕트[TBD]	도중에 이동부하를 접속할 수 있는 구조의 것

45 옥내배선

버스덕트의 종류 5가지를 쓰시오.

정답

① 피더 버스덕트 ② 익스팬션 버스덕트 ③ 탭붙이 버스덕트
④ 트랜스포지션 버스덕트 ⑤ 플러그인 버스덕트

46 옥내배선

금속덕트, 버스덕트 배선에 의하여 시설하는 경우 취급자 이외의 사람이 출입할 수 없도록 설비된 장소에 수직으로 설치하는 경우 몇 [m] 이하의 간격으로 견고하게 지지하여야 하는가?

정답

6 [m]

47 옥내배선

블랭크 와셔(BLANK WASHER)란 무엇인가 간단히 쓰시오.

정답

박스에 덕트를 접속치 않는 곳에 수분 및 먼지의 침입을 막기 위하여 사용되는 재료

48 옥내배선

박스의 4구석의 전선관 접속 구멍을 막는 것을 무슨 플러그라고 하는가?

정답

인서어트 플러그

49 옥내배선

( ) 안에 알맞은 수치를 쓰시오.

(1) 합성수지관 공사시 관상호 및 관과 박스와는 삽입 깊이를 관의 외경의 1.2배로하고 관의 지지점간의 거리는 ( )[m] 이하로 한다.
(2) 애자사용공사의 지지점간의 거리는 전선을 조영재면을 따라 붙이는 경우 ( )[m]이하로 한다.
(3) 버스덕트를 조영재에 붙이는 경우에는 덕트의 지지점간의 거리를 ( )[m] 이하로 견고하게 지지하여야 한다.

정답

(1) 1.5   (2) 2   (3) 3

50 옥내배선

다음 질문 중 ( ) 안에 알맞은 답을 쓰시오.

(1) 애자 사용공사에서 전선과 조영재와의 이격거리는 400[V]이하인 경우에는 (   )[mm] 이상이어야 한다.
(2) 합성수지 몰드공사에서 합성수지 몰드는 홈의 폭 깊이가 3.5[cm]이하, 두께 2[mm] 이상 일 것 다만 사람이 쉽게 접촉할 우려가 없도록 시설하는 경우에는 폭이 (   )[cm] 이하이어야 한다.
(3) 라이팅 덕트 공사에서 덕트 지지점간의 거리는 (   )[m] 이하로 하여야 한다.
(4) 소세력회로의 시설에서 전자 개폐기의 조작회로 또는 초인종, 경보벨 등에 접속하는 전로로써 최대 사용전압이 (   )[V] 이하인 것을 사용하여야 한다.

정답

(1) 25 (2) 5 (3) 2 (4) 60

51 옥내배선

다음 배전설비에 대한 물음에 답을 하시오.

(1) 셀룰러 덕트 배선의 사용전압은 (   )[V] 이하이어야 한다.
(2) 절연전선을 동일한 셀룰러 덕트 내에 넣을 경우 셀룰러덕트의 크기는 전선의 피복 절연물을 포함한 단면적의 총 합계가 셀룰러덕트 단면적의 (   )[%]이하가 되도록 선정하여야 한다.
(3) 셀룰러덕트의 판 두께는 셀룰러 덕트의 최대폭이 150[mm] 이하 일 때 몇 (   )[mm]이상이어야 하는가?
(4) 금속덕트는 (   )[m]이하의 간격으로 견고하게 지지 할 것
(5) 금속관을 구부릴 때 금속관의 단면이 심하게 변형되지 않도록 구부려야 하며 그 안측의 반지름은 관 안지름의 (   )배 이상이 되어야 한다.

정답

(1) 400 (2) 20 (3) 1.2 (4) 3 (5) 6

52 옥내배선

라이팅 덕트 공사에 의한 저압 옥내 배선은 각호에 따라 시설하여야 한다. (   ) 안에 들어갈 알맞은 말을 쓰시오.

(1) 덕트는 (   )를 관통하여 시설하지 아니 할 것
(2) 덕트를 사람이 용이하게 접촉할 우려가 있는 장소에 시설하는 경우에는 전원측에 (   )를 시설할 것
(3) 덕트의 사용전압은 (   )[V] 이하 일 것
(4) 덕트의 지지점간의 거리는 (   )[m] 이하로 할 것

정답

(1) 조영재   (2) 누전차단기   (3) 400   (4) 2

53 옥내배선

라이팅 덕트 공사에서 덕트에 접속하는 부분의 공사 방법의 종류 3가지를 쓰시오.

정답

- 금속관공사
- 합성수지관 공사
- 가요전선관공사

54 옥내배선

금속제 케이블 트레이 종류 4가지를 쓰시오.

정답

(1) 사다리형   (2) 펀칭형   (3) 그물망형   (4) 바닥 밀폐형

55 옥내배선

금속제 케이블 트레이에 사용되는 전선의 종류를 쓰시오.

정답

(1) 난연성 케이블
(2) 금속관 혹은 합성수지관에 넣은 절연전선
(3) 연피 케이블, 알루미늄 피 케이블

56 옥내배선

시설장소에 따른 저압 배선 방법 중 400[V] 이상의 습기가 많고 점검이 불가능한 은폐장소에 시설하는 옥내 배선 방법 5가지를 쓰시오.

정답

① 케이블 배선
② 케이블 트레이 배선
③ 금속관 배선
④ 합성수지관(CD관 제외) 배선
⑤ 비닐피복 2종 가요전선관 배선

57 옥내배선

케이블을 구부리는 경우에는 피복이 손상되지 않도록 하고, 그 굴곡부의 굴곡반경은 원칙적으로 케이블 완성품 외경의 몇 배 이상으로 하여야 하는가? (단, 단심 케이블의 경우임)

정답

8배

58 옥내배선

가연성 분진(소맥분, 전분, 유황 기타 가연성의 먼지)에 전기 설비가 발화원이 되어 폭발할 우려가 있는 곳에 시설하는 저압 옥내 배선으로 적합한 공사방법 3가지를 쓰시오.

정답

① 금속관 배선
② 합성수지관 배선
③ 케이블 배선

59 옥내배선

폭연성 분진 또는 화약류 분말이 전기 설비가 점화원이 되어 폭발할 우려가 있는 곳의 저압옥내 전기설비는 어느 공사에 의하는가?

정답

금속관 공사 또는 케이블 공사

60 옥내배선

사람이 상시 통행하는 터널 내의 배선방법을 3가지만 쓰시오. (단, 사용전압이 저압에 한한다.)

정답

① 케이블 배선
② 금속관 배선
③ 합성수지관 배선
④ 애자 사용 배선
⑤ 금속제 가요전선관 배선

61 옥내배선

클리퍼, 플라이어, 프레셔투울 중에서 전선을 솔더리스(solder less) 터미널에 압착하고 접속하여 쓰는 공구는?

정답

프레셔 투울

62 옥내배선

둥근 물건의 외경이나 파이프 등의 내경 또는 가공물의 깊이 등을 측정하며, 본척, 부척에 의하여 1/10[mm] 또는 1/20[mm]까지 측정 할 수 있는 측정 기구는?

정답

버니어 캘리퍼스

63 옥내배선

누전차단기 동작이 정상인지 아닌지 판별법을 간단히 답하시오.

정답

누전차단기의 점검 시험 버튼을 눌러서 확인한다.

64 옥내배선

그림은 전류 동작형 누전 차단기의 원리를 나타낸 것이다. 여기에서 저항 R의 설치목적은?

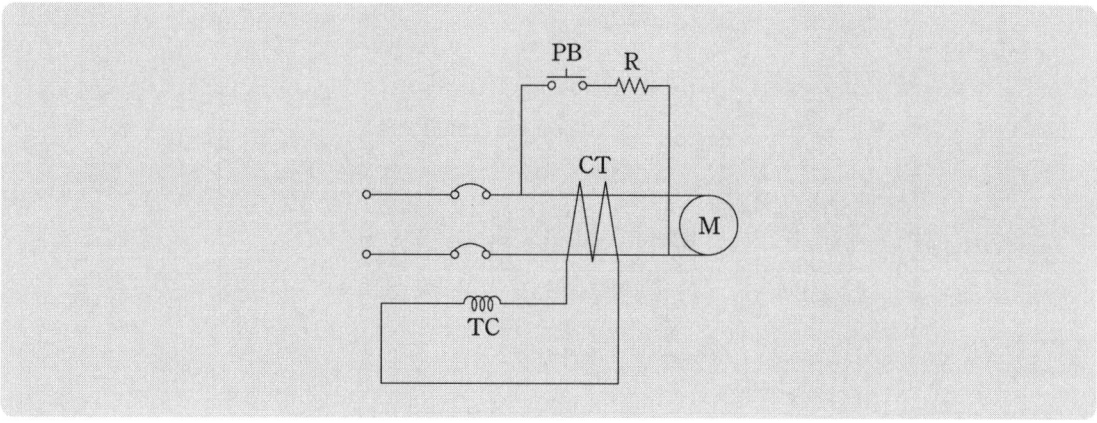

정답

전류 동작형 누전차단기에 저항을 설치하는 이유는 누전차단기 자체 동작 시험시 흐르는 전류를 일정 값 이상으로 흐르지 못하게 억제하기 위함

65 옥내배선

누전 화재 경보기의 변류기 시험을 하고자 한다. 어떤 종류의 시험을 하는지 그 종류를 5가지만 쓰시오.

정답

① 온도 특성 시험
② 전로 개폐 시험
③ 단락 전류 강도 시험
④ 과 누전 시험
⑤ 노화 시험

66 옥내배선

경보장치의 단선도를 복선도로 그리시오.

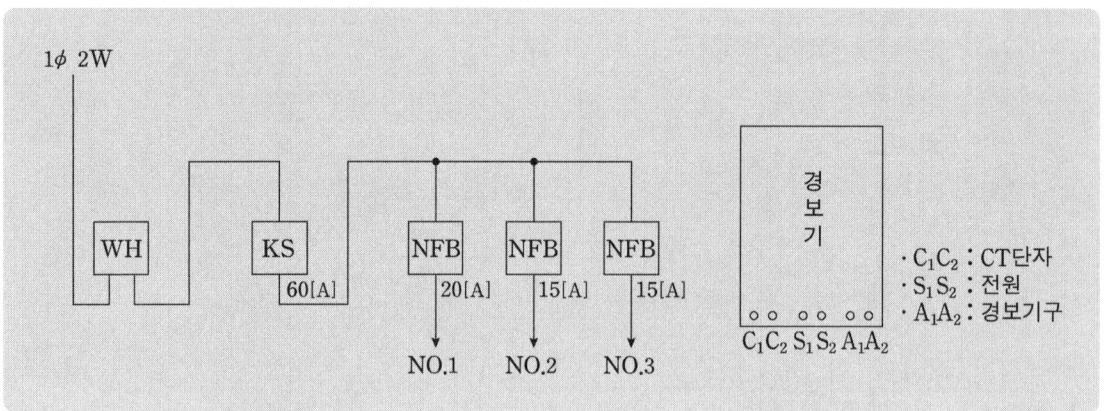

정답

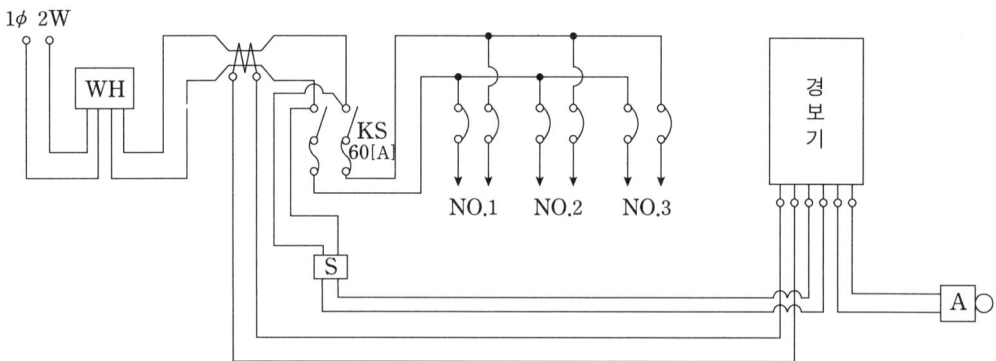

67 옥내배선

배전반, 분전반 등의 배관을 변경하거나 이미 설치 되어 있는 캐비닛에 구명을 뚫을 때 필요한 공구의 명칭을 쓰시오.

정답

홀소

68 옥내배선

굵은 전선($22[\text{mm}^2]$ 이상) 또는 볼트의 머리, 철선을 절단할 때 사용하는 공구?

정답

클리퍼

69 옥내배선

주택의 옥내에 시설하는 $300[\text{V}]$ 이하의 분전반에 반드시 설치하여야 할 인체감전 보호 장치는?

정답

누전차단기

70　옥내배선

저압 전로에 시설하는 누전차단기 등은 전류동작형으로 누전 차단기의 조작용 손잡이 또는 누름 단추는 어떤 구조의 기구이어야 하는가?

정답

트립프리(Trip Free)

71　옥내배선

가공인입선의 인입선 접속점 및 인입구 배선을 보여주는 그림이다 각 부위의 명칭을 쓰시오

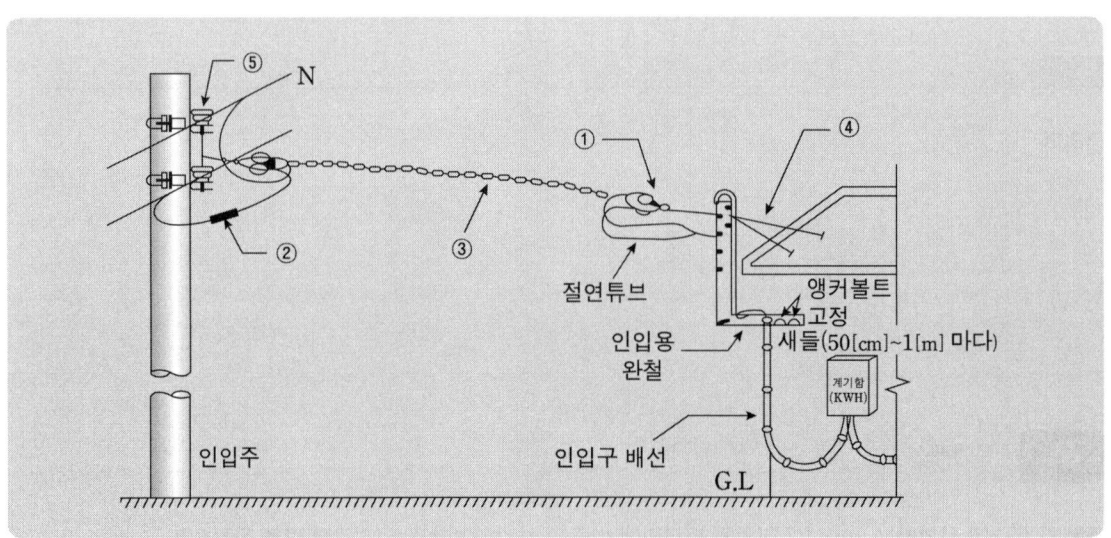

정답

① PVC 인류애자
② 전선퓨즈
③ 인입용 비닐절연전선(DV)
④ 완철지선
⑤ 랙(렉크)

72 옥내배선

다음 배전설비에 대한 물음에 답을 하시오.

다음은 저압전기설비에서 한국전기설비규정에 따른 화재의 확산을 최소화하기 위한 배선설비의 선정과 공사에 관한 내용의 일부이다. (   ) 안에 알맞은 내용을 쓰시오.

[배선설비 관통부의 밀봉]

가. 배선설비가 바닥, 벽, 지붕, 천장, 칸막이, 중공벽 등 건축구조물을 관통하는 경우, 배선설비가 통과한 후에 남는 개구부는 관통 전의 건축구조 각 부재에 규정된 내화등급에 따라 밀폐하여야 한다.

나. 내화성능이 규정된 건축구조부재를 관통하는 배선설비는 제1에서 요구한 외부의 밀폐와 마찬가지로 관통 전에 각 부의 내화등급이 되도록 내부도 밀폐하여야 한다.

다. 관련 제품 표준에서 자기소화성으로 분류되고 최대 내부단면적이 (①)[mm²] 이하인 전선관, 케이블트렁킹 및 케이블덕팅시스템은 다음과 같은 경우라면 내부적으로 밀폐하지 않아도 된다.
  (1) 보호등급 (②)에 관한 KS C IEC 60529(외곽의 방진 보호 및 방수 보호 등급)의 시험에 합격한 경우
  (2) 관통하는 건축 구조체에 의해 분리된 구획의 하나 안에 있는 배선설비의 단말이 보호등급 (②)에 관한 KS C IEC 60529(외함의 밀폐 보호등급 구분(IP코드))의 시험에 합격한 경우

정답

① 710   ② IP33

8 전동기 및 전열기

1. 단상 유도전동기 기동 방식

   1) 기동 토크가 큰 순서

   반발기동형＞반발유도형＞콘덴서기동형＞분상기동형＞세이딩 코일형＞모노 사이클릭형

   2) 기동장치 필요 이유

   단상에서는 교번 자속이 발생하여 회전 자계를 얻을 수 없으므로 별도의 기동장치로 기동토크(회전자계)를 발생

2. 3상 유도 전동기

   1) 전동기 기동법과 속도제어

종류	기동법	속도제어
직류전동기	직입, 저항, 워드레어나드	계자제어, 저항제어 전압제어(일그너, 워드레어너드)
동기전동기	자기기동법, 기동전동기법	
농형 유도 전동기	직입(전전압), Y-Δ, 기동 보상기법, 리액터	극수변환법, 전원주파수제어법, 전원전압제어법
권선형 유도 전동기	2차 저항 기동법(비례추이), 2차 임피던스 기동법	2차저항제어, 2차여자제어, 종속접속법

   2) 3상 유도 전동기의 슬립 측정 방법

   (1) 직류 밀리볼트계법
   (2) 수화기법
   (3) 스트로보스코프법
   (4) 회전계법

   3) 3상 유도 전동기 전기적 제동법

   (1) 발전제동 : 3상유도 전동기의 1차 권선을 전원에서 분리하여 직류여자전류를 통해 발전기로 동작시켜 제동하는 방식으로 발생된 전력은 저항에서 열로 소비 시키는 제동방식

(2) 회생제동 : 3상유도 전동기를 전원에서 분리하여 발전기로 동작 시켜 발생된 유도 기전력을 전원 전압보다 크게하여 발생전력을 전원으로 되돌리는 제동법

(3) 역상제동(플러깅) : 3상유도 전동기를 운전중 급히 정지 시킬 경우 3선중 2선의 접속을 바꾸어 접속하여 회전자의 방향을 반대로 하는 제동법

4. 각종부하의 소요동력계산

1) 펌프용(양수펌프) 전동기

$$P = \frac{9.8KqH}{\eta} = \frac{KQH}{6.12\eta}[\text{kW}]$$

여기서, K : 여유계수(손실계수), $H[\text{m}]$: 양정
$q[\text{m}^3/\text{sec}]$: 양수량, η : 효율, $Q[\text{m}^3/\text{min}]$: 양수량

2) 기중기 및 권상기용 전동기

$$P = \frac{9.8KvW}{\eta} = \frac{KVW}{6.12\eta}[\text{kW}]$$

여기서, K : 여유계수(손실계수), $W[\text{ton}]$: 중량(하중)
$v[\text{m/sec}]$: 권상속도, η : 효율, $V[\text{m/min}]$: 권상속도

3) 엘리베이터용 전동기

$$P = \frac{9.8KvW}{\eta} \times F = \frac{KVW}{6.12\eta} \times F[\text{kW}]$$

여기서, K : 여유계수(손실계수), $W[\text{ton}]$: 중량(하중)
$v[\text{m/sec}]$: 권상속도, η : 효율, $V[\text{m/min}]$: 권상속도, F : 평형율(0.4~0.6)

4) 송풍기용

$$P = \frac{KQH}{6120\eta}[\text{kW}]$$

여기서, K : 여유계수(1.1~1.3), $H[\text{mmAq}]$: 풍압, η : 효율, $Q[\text{m}^3/\text{min}]$: 송풍기의 풍량

5) 풍력 에너지

$$P = \frac{1}{2}\rho AV^3[\text{W}]$$

여기서, $P[\text{W}]$ $m[\text{kg}]$: 무게, $V[\text{m/s}]$: 속도,
$\rho = 1.225[\text{kg/m}^3]$: 공기 밀도, $A[\text{m}^2]$: 로터면적

5. 전열기 출력 및 화력 발전소 열효율

   1) 전열기의 발생열량

   $$P = \frac{Cm\theta}{860\eta t}[\text{kW}]$$

   여기서, $P[\text{kW}]$: 전열기 출력, $t[\text{h}]$: 시간, $m[\text{kg}]$: 질량(물 $1[l] = 1[\text{kg}]$)
   $C[\text{kcal/kg}]$: 비열(물 $C=1$), $\theta[\text{°C}]$: 온도차

   2) 화력발전소 열효률

   $$\eta = \frac{860W}{mH} \times 100$$

   여기서, $W[\text{kWh}]$: 발전 전력량, $m[\text{kg}]$: 연료소비량, $H[\text{kcal/kg}]$: 연료 발열량

6. 전동기 보호

   1) 전동기 소손방지 과부하 보호장치 종류

      (1) 전동기용 퓨즈
      (2) 열동계전기
      (3) 전동기 보호용 배선용차단기
      (4) 유도형 계전기
      (5) 정지형 계전기

   2) 전동기 보호 계전기

      (1) 전동기 보호 계전기 3E

         ① 과전류 보호
         ② 결상 보호
         ③ 역상 보호

7. 전기기계의 방폭구조 분류

   1) 내압방폭구조(flameproof type : d) : 전폐구조로 용기 내부에서 폭발성 가스 또는 증기가 폭발했을 때 용기가 그 압력 에 견디며, 또한 접합면, 개구부 등을 통해 외부의 폭발성 가스에 인화될 우려가 없도록 한 구조를 말한다.

   2) 압력방폭구조(pressureized type : p) : 용기 내부에 보호기체(신선한 공기 또는 질소등의 불연성 기체)를 압입하여 내부 압력을 유지하므로써 폭발성 가스 또는 증기가 침입하는 것을 방지하는 구조를 말한다.

3) 유입방폭구조(oil immersed type : o) : 전기기기의 불꽃, 아크 또는 고온이 발생하는 부분을 기름 속에 넣어 기름면 위에 존재하는 폭발성 가스 또는 증기에 인화될 우려가 없도록 한 구조를 말한다.

4) 안전증방폭구조(increased safety type : e) : 정상운전 중에 폭발성 가스 또는 증기에 점화원이 될 전기불꽃 아크, 또는 고온이 되어서는 안될 부분에 이런 것의 발생을 방지하기 위하여 기계적·전기적 구조상 또는 온도 상승에 대해서 특히 안전도를 증가시킨 구조를 말한다.

5) 본질안전방폭구조(intrinsic safety type : i) : 정상시 및 사고시(단선·단락·지락 등)에 발생하는 전기불꽃, 아크 또는 고온에 의하여 폭발성 가스 또는 증기에 점화되지 않는 것이 점화시험 등에 의하여 확인된 구조를 말한다.

6) 특수 방폭구조(s) : 방폭 검정규격에서 내압·압력·안전증·유입·본질 안전 방폭 구조까지 "이외의 방폭 구조로서 폭발성 가스 또는 증기에 점화 또는 위험 분위기로 인화를 방지할 것이 시험, 기타에 의하여 확인된 구조를 말한다 라는 총괄적인 요건이 표시되어 있다.

7) 분진 방폭 특수 방진구조 : 폭연성 분진이 있는 위험 장소에 개폐기, 과전류차단기, 제어기, 계전기, 분전반 등을 시설하여 사용하는 경우의 구조를 말한다.

8. 절연물의 종별에 따른 허용온도

Y	A	E	B	F	H	C
90℃	105℃	120℃	130℃	155℃	180℃	180℃초과

01 전동기 및 전열기

다음 물음에 답하시오.

(1) 엘리베이터용 직류 모터의 기본제어 방식은 어떤 방식인가?
(2) Y-△ 결선 방식의 주변압기 보호에 차동 전류계전기를 사용하였다. 이때 CT의 결선방식은 어느 것인가?
(3) 수용가는 수용 장소의 전체 부하 역률을 몇 [%] 이상으로 유지하여야 하는가?
(4) 단상 유도 전동기의 기동 방식을 4가지 쓰시오.

정답

(1) 워드 레어너드 방식
(2) △-Y 결선
(3) 92 [%]
(4) 반발기동형, 콘덴서기동형, 분상기동형, 셰이딩코일형

02 전동기 및 전열기

3상 농형 유도 전동기 기동방식을 3가지 이상 적으시오.

정답

① 직입(전전압)기동 ② Y-△ 기동 ③ 기동 보상기법 ④ 리액터 기동

03 전동기 및 전열기

저압 전동기의 소손을 방지하기 위한 과부하 보호장치를 3가지만 쓰시오.

정답

① 전동기용 퓨즈 ② 열동계전기 ③ 정지형계전기

04 전동기 및 전열기

22[kW] 4극 3상 농형 유도 전동기의 정격 시 효율이 91[%]이다. 이 전동기의 손실을 구하시오.

정답

◦ 계산과정
효율 $\eta =$ 출력/입력 $= P/P_i$를 이용하여
입력 $P_i = P/\eta = 22/0.91 = 24.175 ≒ 24.18$[kW]
손실 = 입력 − 출력 = 24.18 − 22 = 2.18[kW]

◦ 정답 : 2.18[kW]

05 전동기 및 전열기

회전 날개의 지름이 10[m]인 프로펠러형 풍차의 풍속이 5[m/s]일 때 풍력 에너지[W]를 계산 하시오. (공기의 밀도는 1.225[kg/m³]이다.)

정답

◦ 계산과정

$$P = \frac{1}{2}\rho A V^3 = \frac{1}{2} \times 1.225 \times \frac{\pi \times 10^2}{4} \times 5^3 = 6013.2[W]$$

여기서, P[W] m[kg] : 무게, V[m/s] : 속도, $\rho = 1.225$[kg/m³] : 공기 밀도, A[m²] : 로터면적

◦ 정답 : 6013.2[W]

06 전동기 및 전열기

전기설비의 방폭구조의 종류 5가지만 쓰시오.

정답

① 내압 방폭구조 ② 유입 방폭구조
③ 압력 방폭구조 ④ 안전증 방폭구조
⑤ 본질안전 방폭구조 ⑥ 특수 방폭구조

07 전동기 및 전열기

폭연성 분진이 있는 위험 장소에 개폐기, 과전류차단기, 제어기, 계전기, 배전반, 분전반 등을 시설하여 사용하는 경우, 어떤 구조의 것을 시설하여야 하는지 명칭을 쓰시오.

정답

분진 방폭 특수 방진구조

08 전동기 및 전열기

전기기계 기구의 상시 운전 중에 불꽃, 아크 또는 과열이 발생되면 안되는 부분에 일들이 발생되는 것을 방지하도록 구조상 또는 온도상승에 대하여 특히 안전도를 증가 시킨 방폭구조를 쓰시오.

정답

안전증 방폭 구조

09 전동기 및 전열기

전기설비를 방폭화한 방폭기기의 기호에 맞는 방폭구조를 쓰시오.

구분		기호
방폭구조의 종류	(①)	d
	(②)	o
	(③)	p
	(④)	e
	본질안전 방폭구조	i
	특수 방폭구조	s

정답

① 내압 방폭구조
② 유입방폭구조,
③ 압력방폭구조
④ 안전증방폭구조

10 전동기 및 전열기

절연 재료는 그 허용 최고 온도에 따라 분류한다. 그러면 다음에 주어진 절연 종류의 허용 최고 온도[°C]를 쓰시오.

(1) A종 (   ) (2) B종 (   )
(3) E종 (   ) (4) F종 (   )
(5) H종 (   )

정답

(1) A종 105[°C] (2) B종 130[°C]
(3) E종 120[°C] (4) F종 155[°C]
(5) H종 180[°C]

9-1 전선로 - 건주

1. 지지물

   1) 지지물 종류

      (1) 목주

      말구의 지름 12[cm] 이상, 지름 증가율 9/1000 이상

      (2) CP(콘크리트)주

      ① CP주 일반용, 중하용 규격 : 8, 10, 12, 14, 16[m]
      ② 말구의 지름 14[cm]이상, 지름 증가율 1/75 이상

      (3) 철주

   2) 전주 근입 시 전주의 지표면 지름

   $$D = d + \frac{1}{75} H \times 100 [\text{cm}]$$

   여기서, d[cm] : 전주 말구의 지름, H[m] : 전주의 지표면상 길이(전주의 길이 - 매설깊이)

   3) 근가 취부

      (1) 지표면하 0.5[m] 이상의 깊이에 근가를 취부한다.

      (2) 근가의 취부 방향

      ① 직선개소 : 전선로 방향으로 전주 좌우 교대로 설치
      ② 각도 및 인류 개소 : 각 장력의 합성방향으로 직각 설치
      ③ 횡단 개소 : 횡단 개소의 안쪽으로 장력 방향과 직각 설치

      (3) 근가와 설치용 U-Bolt의 표준

전주의 길이[m]	근가의 길이[m]	U-Bolt(직경×길이)[mm]
8	1.2	270×500
10	1.2	320×550
12	1.2	360×590
14	1.2	360×590
16	1.2	400×630

2. 철탑

1) 철탑의 종류

(1) 사용 목적에 의한 분류

① 직선형 : 전선로의 직선 부분 수평각도 3도 이하 장소에 사용
② 각도형 : 수평각도 3도를 넘는 수평각도를 이루는 곳에 사용
③ 인류형 : 전선로 전체의 긴섭선을 인류하는 곳에 사용하는 철탑
④ 내장형 : 전선로의 지지물의 양측의 경간차가 매우 크고 불평형 장력을 발생할 염려가 있는 개소에 사용 되며 직선철탑 10기 이하마다 1기를 설치
⑤ 보강형 : 전선로의 직선 부분에 그 보강을 위하여 사용하는 것

(2) 형태에 의한 분류

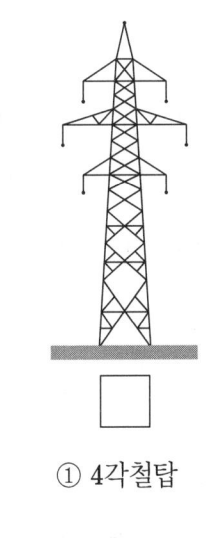
① 4각철탑

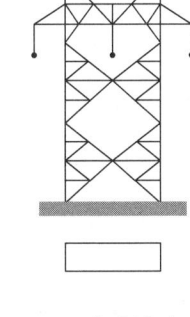
② 방형철탑

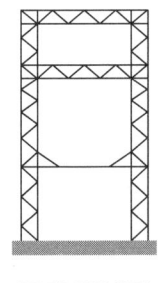
③ 문형철탑

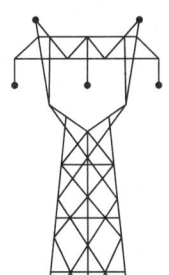
④ 우두형철탑

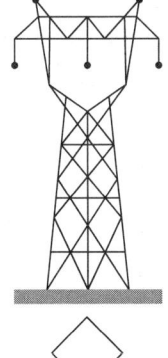
⑤ 회전형철탑

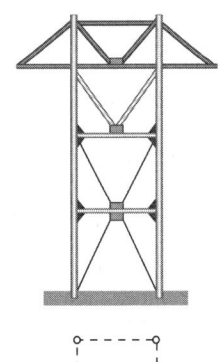
⑥ MC철탑

2) 철탑 각부의 명칭

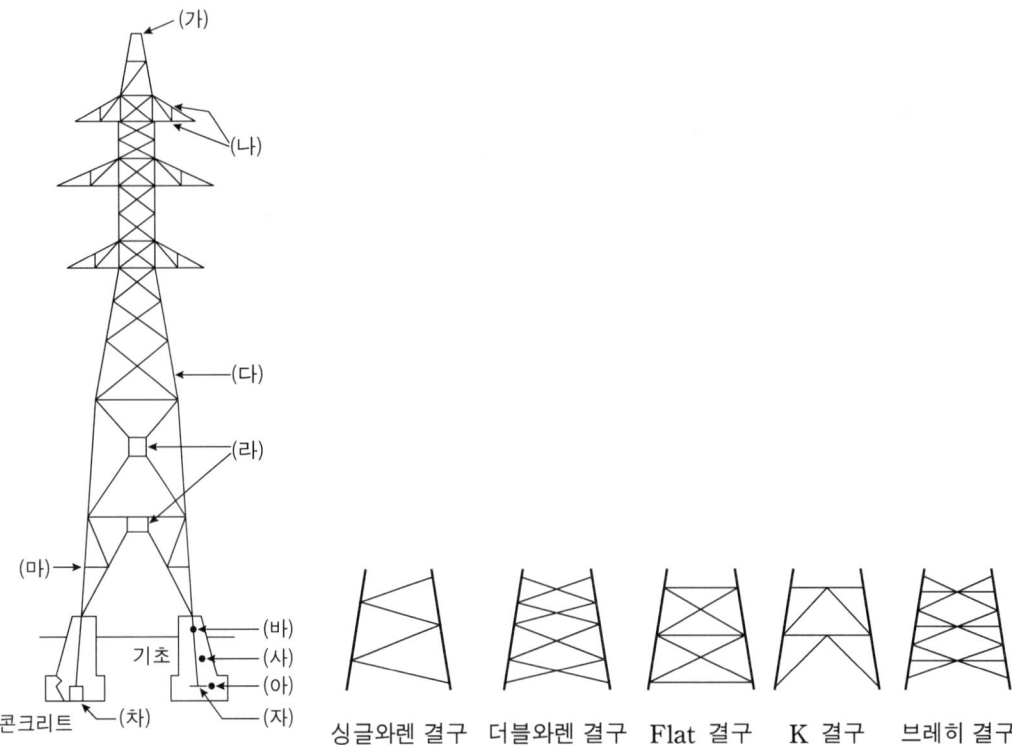

(가) 철탑정부, (나) 암, (다) 주주재, (라) 거싯플레이트, (마) 사재,
(바) 주각재, (사) 주체부, (아) 상판부, (자) 앵커재, (차) 앵커블록

(1) 강도 자체의 경제성으로 가장많이 사용되는 결구는 브레히 결구
(2) 철탑 기초 중 345[kV]에 가장 많이 사용하는 기초는 역T형
(3) 가공송전선로의 경우 높이 60[m] 이상인 경우 철탑에 대해 항공표시구를 가공지선에 취부하고, 항공장애 표시등 는(은) 철탑 높이 및 비행구역에 따라 취부한다.

3) 송전선로 철탑 건설 순서

굴착 ➡ 각입 ➡ 타설 ➡ 조립 ➡ 연선 ➡ 긴선

① 각입 : 철탑의 4각을 지지할 기초 철근 작업으로 주각재를 앵커재에 고정시키는 작업
② 연선 : 드럼에 감겨진 전선을 지지물에 끌어올리는 작업
③ 긴선 : 전선을 애자 장치에 고정시키는 작업
④ 철탑 조립시 볼트의 조임 정도를 측정하는 기구 : 토르크(토크) 렌치

4) 철탑접지공사

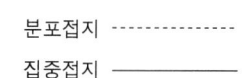

(1) 분포접지 : 탑각에서 방사형으로 매설지선을 포설하여 접지
(2) 집중접지 : 탑각에서 10[m] 떨어진 지점의 직각 방향으로 접지하는 방식
(3) 매설지선 : 철탑의 접지저항을 낮게 하여 피격 작용을 높여준다. 또한 역섬락을 방지하며 뇌해를 방지한다.

3. 지선

1) 지선, 지주의 시설목적과 강도

   (1) 지지물의 강도를 보강코자 할 때
   (2) 전선로의 안전성을 증대코자 할 때
   (3) 불평형하중에 대한 평형을 이루고자 할 때
   (4) 전선로가 건조물 등과 접근할 경우에 보안상 필요한 경우

2) 지선의 종류

   (1) 지선을 사용목적에 따라 형태별로 분류하면 다음과 같다.
      ① 보통지선(인류지선) : 불평형 장력이 크지 않은 일반적인 경우에 사용된다.
      ② 수평지선 : 토지의 상황이나 기타 사유로 인하여 보통지선을 시설할 수 없을 때 전주와 전주간, 또는 전주와 지선주간에 시설한 지선
      ③ 공동지선 : 두개의 지지물에 공통으로 시설하는 지선으로서 지지물 상호거리가 비교적 접근해 있을 경우에 시설하는 것
      ④ Y지선 : 여러 단의 완철이 설치되고 또한 장력이 클 때 또는 H주일 때 보통지선을 2단으로 부설하는 것
      ⑤ 궁지선 : 비교적 장력이 적고 지선의 설치 공간이 좁아 타 종류의 지선을 시설할 수 없는 경우에 적용하며 지선용 근가를 지지물 근원 가까이 매설하여 시설한다. A형 궁지선과 R형 궁지선이 있다.
      ⑥ 가공지선 : 직선로에서 선로 방향으로 불균형 장력 발생 시 다른 지지물을 이용하여 설치

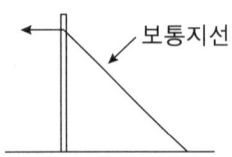
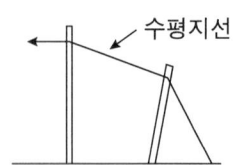
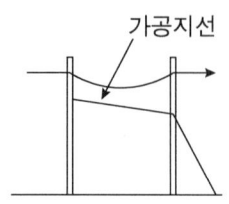
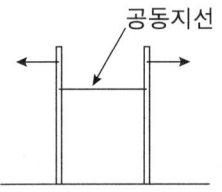
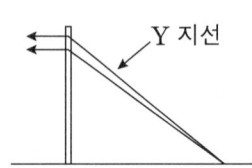
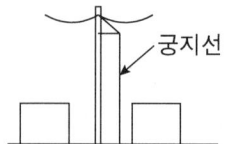

(2) 지선을 장력에 따라 분류하면 다음과 같다.

① 양횡지선 : 전선로와 직각방향으로 시설하는 것
② 양종지선 : 전선로와 동일방향으로 시설하는 것
③ 인류지선 : 불평형 장력을 시정하기 위해 시설

3) 지선의 설치

(1) 지선의 구비 조건

① 인장하중 4.31[kN] 이상(특고압 배전선로는 4.9[kN])
② 아연도금철선 4.0[mm] 3조 이상, 7/2.6[mm] 아연도금철연선
③ 지중부분과 지표상 30[cm] 아연도금 철봉
④ 도로 횡단시 지선의 높이는 5[m]이상
⑤ 안전율 : 2.5
⑥ 지선의 장력

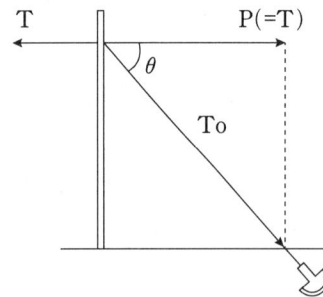

수평장력 $T = T_0 \cos\theta$

지선장력 $T_0 = \dfrac{T \text{수평장력(전선의 장력)}}{\cos\theta}$ [kg]

$= \dfrac{\text{소선 1가닥의 인장강도} \times \text{소선수}}{\text{안전율}}$

(2) 지선 공사용 재료

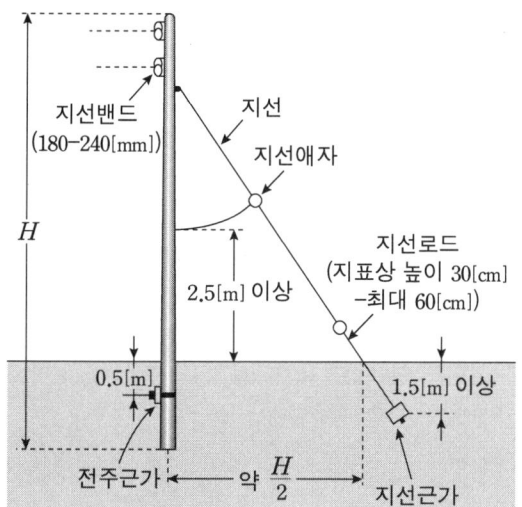

① 아연도 철선(아연도 철연선)
② 지선애자(구형애자)
③ 지선용 콘크리트 근가(700[mm])
④ 지선로드(지선봉)
⑤ 지선밴드
⑥ 지선커버(지선표식)

[지선 밴드 규격]

종류	규격(내경×볼트중심간 거리) [mm]
2방 밴드	150×203
〃	180×240
〃	200×260
〃	220×280
〃	250×311
3방 밴드	150×203
〃	180×240
〃	200×260
〃	220×280
〃	250×311
4방 밴드	150×203
〃	180×240
〃	200×260
〃	220×280
〃	250×311

01 전선로 – 건주

철근 콘크리트주로서 전장이 15[m]이고 설계 하중이 7.8[kN]이라 하면 땅에 묻히는 깊이는?

정답

- 계산과정

$$\left(15 \times \frac{1}{6}\right) + 30 = 2.8[\text{m}]$$

- 정답 : 2.8[m]

02 전선로 – 건주

콘크리트 전주의 지표면에서의 지름을 구하여라. (단 설계 하중 500[kg] 전주의 전장은 16[m] 전주 말구 지름 19[cm]이다.)

정답

- 계산과정

(지표면 지름) $D = 19 + \dfrac{1}{75} \times (16 - 2.5) \times 100 = 37[\text{cm}]$

- 정답 : 37[cm]

$$D = d + \frac{1}{75} H \times 100 [\text{cm}]$$

여기서, $d[\text{cm}]$: 전주 말구의 지름, $H[\text{m}]$: 전주의 지표면상 길이(전주의 길이 – 매설깊이)

전장 16[m] 설계하중 500[kg] $\times 9.8 \times 10^{-3} = 4.9[\text{kN}]$이므로 전주의 매설 깊이 2.5[m]

03 전선로 – 건주

근가 설치방법에 대하여 다음 물음에 답하시오.

(1) 근가는 지표면에서 몇 [cm] 정도의 깊이에 U볼트를 사용하여 설치하는가?
(2) 철근 콘크리트전주 지지에 사용하는 콘크리트 근가는 몇 [m] 근가를 사용하는가?
(3) 근가 취부용 U볼트 규격[mm](직경×길이) 4가지를 쓰시오.
(4) 중하중용 전주를 사용하는 개소에서는 반드시 무엇을 설치하여야 하는가?

정답

(1) 50[cm]
(2) 1.2[m]
(3) 270×500, 320×550, 360×590, 400×630
(4) 근가

04 전선로 – 건주

근가용 U볼트의 용도는?

정답

전주에 근가를 취부할 때 근가를 고정시켜 주는 볼트

05 전선로 – 건주

전선 기타 가섭선의 을종 풍압 하중은 가섭선 주위에 두께(①)[mm], 비중(②)의 빙설이 부착한 상태에서 수직 투영 면적 1[m²]당 (③)[Pa]로 계산한다. 괄호 속에 알맞은 것은?

정답

① 6, ② 0.9, ③ 372

갑종하중시 전선 기타 가섭선은 다도체 666[Pa], 기타 745[Pa]이며 을종 풍압 하중 시
전선 기타의 가섭선(架涉線) 주위에 두께 6[mm], 비중 0.9의 빙설이 부착된 상태에서 수직 투영면적 372 [Pa](다도체를 구성하는 전선은 333[Pa])이다.

06 전선로 – 건주

다음 설명에 대한 철탑의 명칭을 쓰시오.

(1) 전선로의 직선부분(3도 이하의 수평 각도를 이루는 곳을 포함)에 사용하는 철탑
(2) 전선로 중 수평각도가 3도를 넘고 30도 이하인 곳에 사용하는 철탑
(3) 전가섭선을 인류하는 곳에 사용하는 철탑
(4) 전선로를 보강하기 위하여 세워지는 철탑으로, 직선철탑이 다수 연속될 경우에는 약 10기마다 1기의 비율로 설치되는 철탑

정답

(1) 직선형 철탑
(2) 각도형 철탑
(3) 인류형 철탑
(4) 내장형 철탑

07 전선로 – 건주

다음 철탑의 명칭을 쓰시오.

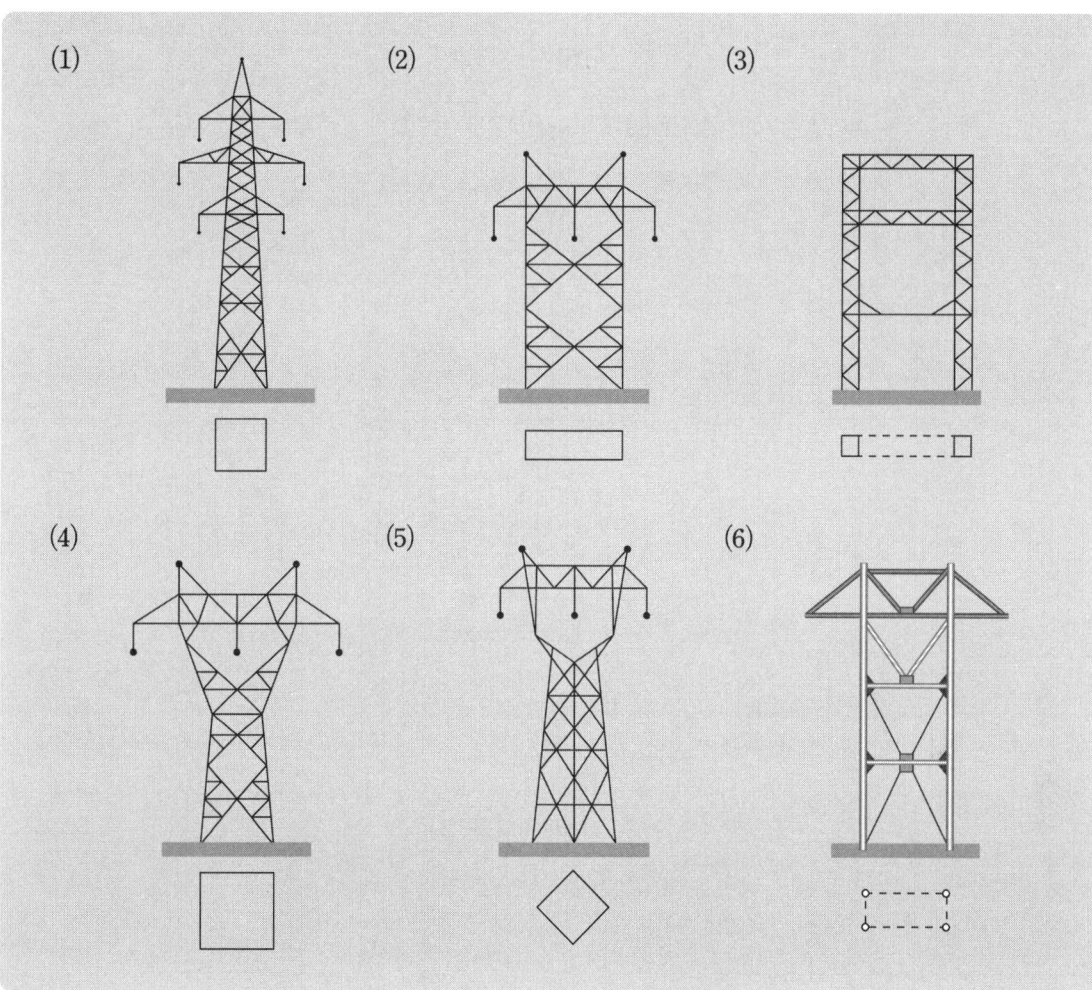

정답

(1) 사각 철탑   (2) 방형 철탑   (3) 우두형 철탑
(4) 문형 철탑   (5) 회전형 철탑   (6) MC 철탑

08 전선로 – 건주

철탑 도면에 표시된 번호를 보고 철탑 각 부의 명칭을 보기에서 골라 답하시오.

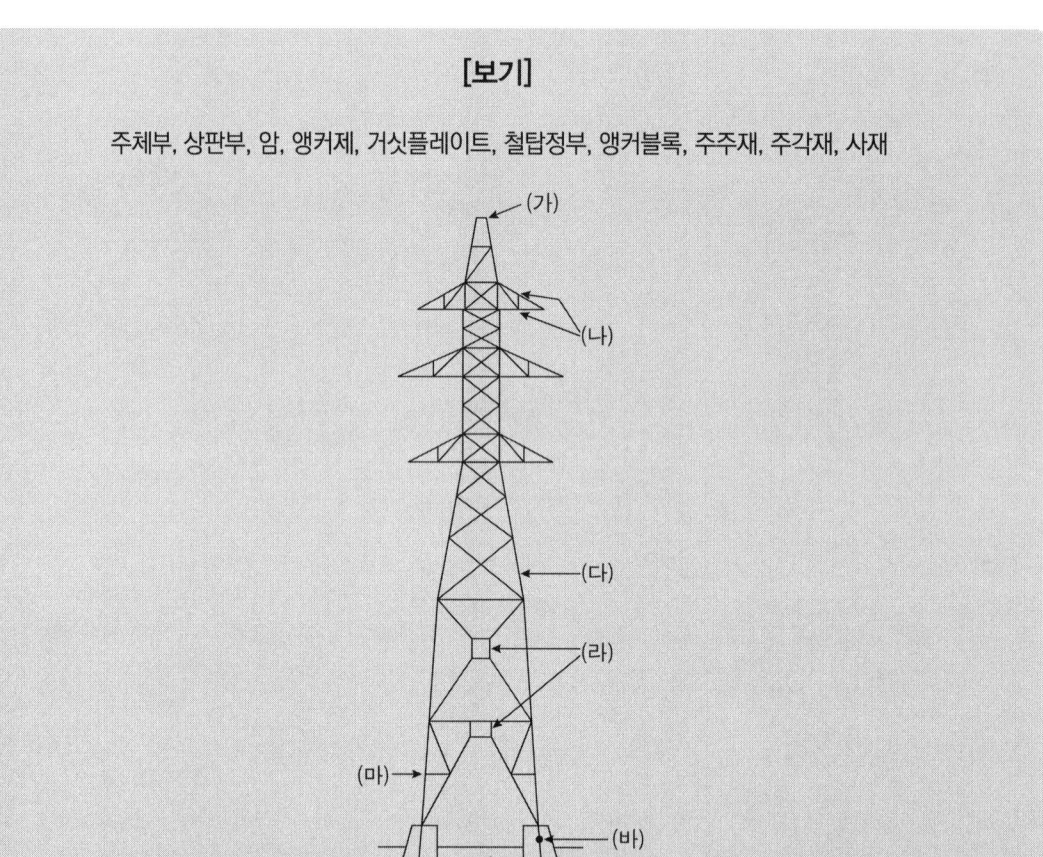

[보기]

주체부, 상판부, 암, 앵커제, 거싯플레이트, 철탑정부, 앵커블록, 주주재, 주각재, 사재

정답

(가) 철탑정부　(나) 암　(다) 주주재　(라) 거싯플레이트　(마) 사재
(바) 주각재　(사) 주체부　(아) 상판부　(자) 앵커재　(차) 앵커블록

09 전선로 - 건주

아래에 나열된 것들은 송전선로 공사에 대한 작업의 내용이다. 올바른 순서로 나열하시오.

① 연선, ② 타설, ③ 굴착, ④ 각입, ⑤ 긴선, ⑥ 조립

정답

③ → ④ → ② → ⑥ → ① → ⑤

10 전선로 - 건주

철탑 기초 공사에서 각입 이란?

정답

각입이란 철탑의 4각을 지지할 기초 철근 작업으로 주각재를 앵커재에 고정시키는 작업

11 전선로 - 건주

345[kV]에 적용되는 철탑 기초의 형상은?

정답

역T형

12 전선로 - 건주

강도 자체의 경제성으로 현재 가장 많이 사용되는 결구로 그림과 같은 철탑 부재의 결구 방식의 명칭은?

| 정답

Bleich 결구(브레히 결구)

13 전선로 - 건주

다음 (   ) 안에 알맞은 내용을 쓰시오.

> 가공송전선로의 경우 높이 (   )[m] 이상인 경우 철탑에 대해 항공표시구를 (   )에 취부하고, (   )는(은) 철탑 높이 및 비행구역에 따라 취부한다.

| 정답

가공송전선로의 경우 높이 (60)[m] 이상인 경우 철탑에 대해 항공표시구를 (가공지선)에 취부하고, (항공장애 표시등)는(은) 철탑 높이 및 비행구역에 따라 취부한다.

14 전선로 - 건주

철탑을 조립시 볼트의 조임 정도를 측정하기 위한 기구는 무엇인가?

| 정답

토크 렌치

15 전선로 – 건주

345[kV] 철탑 송전선로가 있다. 롤링스펜(Ruling Span)을 간단히 설명하시오.

정답

기하학적 등가 경간장 또는 내장주와 내장주 사이

16 전선로 – 건주

다음 그림은 보통지선을 그린 것이다. 도면을 보고 물음에 답하시오.

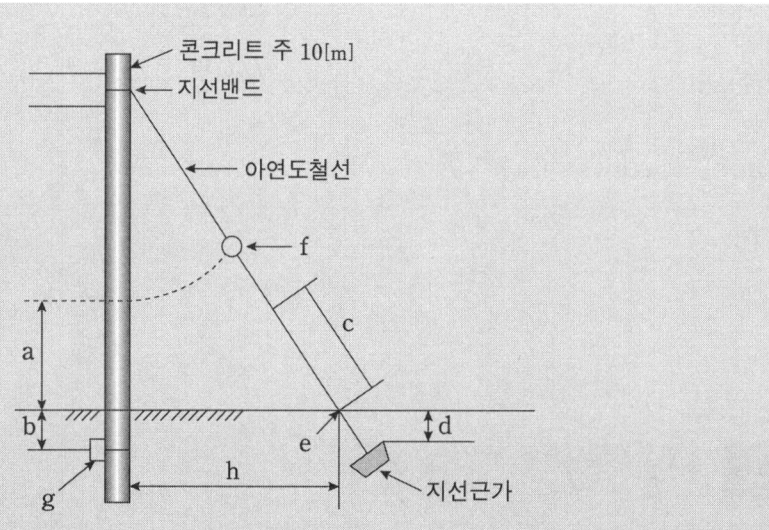

(1) 지선밴드의 규격은 몇 [mm]인가?
(2) 지선용 아연도 철선의 규격 2가지는?
(3) a의 높이는 최소 몇 [m] 이상을 원칙으로 하는가?
(4) b의 깊이는 몇 [m]인가?
(5) c의 지표상 최대 높이는 몇 [m]인가?
(6) d의 깊이는 최소 몇 [m] 이상인가?
(7) e의 명칭은?
(8) f의 명칭은?

(9) g의 명칭은?

(10) h의 간격은 몇 [m]인가?

(11) 콘크리트주 전체 길이가 10[m]인 경우 묻히는 최소 길이는?

(12) 아연도 철선의 소선은 최소 몇 선 이상인가?

(13) 지선의 안전율은 최소 얼마인가?

정답

(1) 180×240[mm]

(2) ① 4.0[mm] 아연도금 철선 3조
② 7/2.6[mm] 아연도금 철연선

(3) 2.5[m]

(4) 0.5[m]

(5) 0.6[m]

(6) 1.5[m]

(7) 지선로드

(8) 지선애자

(9) 전주근가

(10) $\dfrac{10}{2} = 5$[m]

(11) $10 \times \dfrac{1}{6} = 1.666 ≒ 1.67$[m]

(12) 3본

(13) 2.5

17 전선로 – 건주

지선(stay)의 시설목적을 4가지만 쓰시오.

정답

(1) 지지물의 강도를 보강코자 할 때

(2) 전선로의 안전성을 증대코자 할 때

(3) 불평형 하중에 대한 평형을 이루고자 할 때

(4) 전선로가 건조물 등과 접근할 경우에 보안상 필요한 경우

18 전선로 – 건주

지선 및 지주공사에 지선공사용 자재 6가지만 쓰시오.

정답

① 아연도 철선(아연도 철연선)
② 지선애자(구형애자)
③ 지선용 콘크리트 근가(700[mm])
④ 지선로드(지선봉)
⑤ 지선밴드
⑥ 지선커버(지선표식)
⑦ 지선클램프

19 전선로 – 건주

가공전선로의 지지물에 지선을 설치 할 때 고려하여야 할 사항 3가지를 쓰시오.

정답

① 지선의 안전율은 2.5 이상 일 것
② 허용 인장하중의 최저는 4.31[kN]일 것
③ 지중부분 및 지표상 30[cm]까지의 부분에는 내식성이 있는 것 또는 아연도금을 한 철봉을 사용하고 쉽게 부식되지 아니하는 근가에 견고하게 붙일 것
④ 연선을 사용할 경우에는 소선 3가닥 이상 연선일 것

20 전선로 – 건주

지선의 시설이 곤란한 경우에는 지주(Pole brace)를 시설해야 하며, 지선이나 지주를 시설할 때에는 어떤 점을 고려하여야 하는가?

정답

불균형 장력

21　전선로 – 건주

괄호 안에 알맞은 답을 쓰시오.

> 가공지선은 (①)에 (②)에 대한 (③)용으로로서 송전선로 지지물 최상부에 설치한다.

정답

① 송전선
② 뇌격
③ 차폐

22　전선로 – 건주

지선을 사용목적에 따라 각 지선에 대하여 설명을 쓰시오.

> ① 보통지선　　　　　　　　② 수평지선
> ③ 공동지선　　　　　　　　④ Y지선
> ⑤ 궁지선

정답

① 보통지선 : 불평형 장력이 크지 않은 일반적인 경우에 사용된다.

② 수평지선 : 토지의 상황이나 그 외 사유로 인하여 보통지선을 시설할 수 없을 때 전주와 전주간, 또는 전주와 지선주간에 시설한 지선

③ 공동지선 : 두개의 지지물에 공통으로 시설하는 지선으로서 지지물 상호거리가 비교적 접근해 있을 경우에 시설하는 것

④ Y지선 : 여러 단의 완철이 설치되고 또한 장력이 클 때 또는 H주일 때 보통지선을 2단으로 부설하는 것

⑤ 궁지선 : 비교적 장력이 적고 지선의 설치 공간이 좁아 타 종류의 지선을 시설할 수 없는 경우에 적용하며 지선용 근가를 지지물 근원 가까이 매설하여 시설한다. A형 궁지선과 R형 궁지선이 있다.

23 전선로 – 건주

그림과 같은 지선의 명칭은 무엇인가?

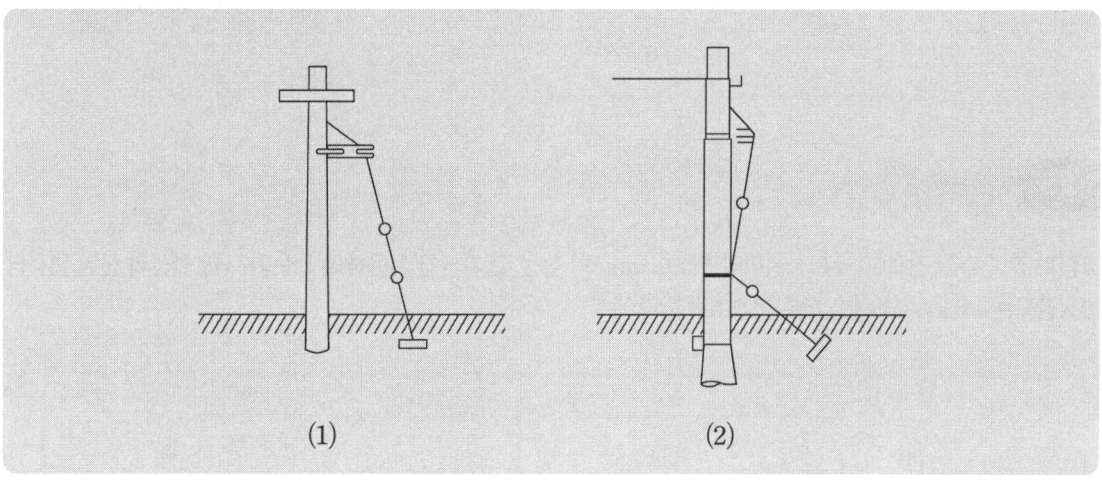

정답

(1) A형 궁지선   (2) R형 궁지선

24 전선로 – 건주

그림과 같이 전선1조마다 $50[\text{kg}]$의 장력을 받는 전선 3조와 인류지선을 시설하고자 한다. 이 경우 지선이 받는 장력$[\text{kg}]$을 구하시오.

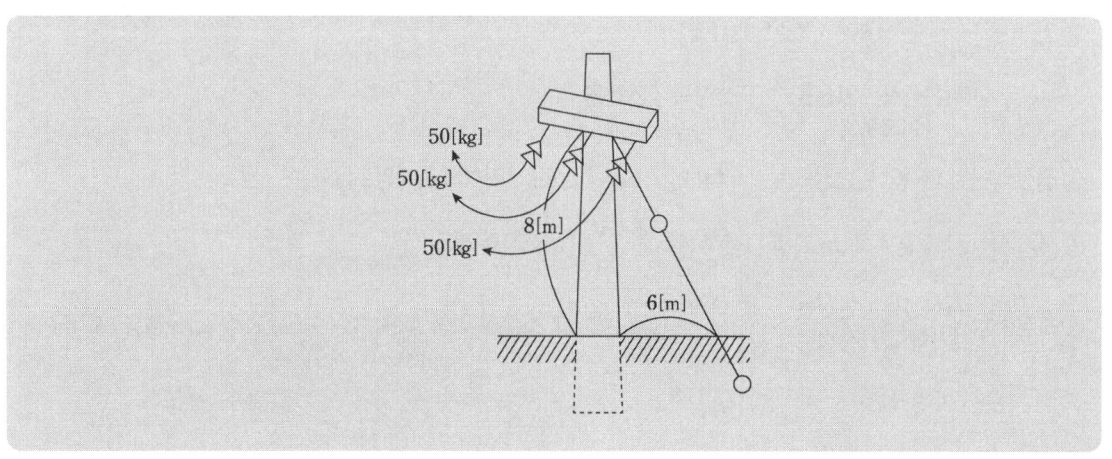

정답

- 계산과정

$$지선장력\ T_0 = \frac{T수평장력(전선의\ 장력)}{\cos\theta} = \frac{50 \times 3}{\frac{6}{\sqrt{6^2+8^2}}} = 250[\text{kg}]$$

- 정답 : 250[kg]

25 전선로 – 건주

그림과 같이 수평 장력이 $800[\text{kg}]$이라면 $4.0[\text{mm}]$의 철선 몇 가닥을 사용해야 하는가? (단 철선의 단위 면적당 인장강도는 $44[\text{kg/mm}^2]$, 안전율은 2.5로 한다.)

정답

- 계산과정

① $\sin\theta = \dfrac{6}{\sqrt{8^2+6^2}} = \dfrac{6}{10}$

② $T_0 = \dfrac{P}{\sin\theta} = \dfrac{10}{6} \times 800 = 1333.33[\text{kg}]$

③ 소선수 $= \dfrac{지선장력 \times 안전율}{인장하중} = \dfrac{지선장력 \times 안전율}{인장강도 \times A}$

④ 철선의 단위 면적당 인장강도는 $f = 44[\text{kg/mm}^2]$이므로 1가닥의 인장강도[kg]은

⑤ $f \times A[\text{kg}]$ 직경 $4.0[\text{mm}]$의 단면적 $A = \dfrac{\pi \times d^2}{4}[\text{mm}^2]$를 적용

⑥ 소선수 $= \dfrac{지선장력 \times 안전율}{1가닥의\ 인장강도} = \dfrac{1333.33 \times 2.5}{44 \times \dfrac{\pi \times 4.0^2}{4}} = 6.03$ 소수점 이하 절상

- 정답 : 7가닥

26 전선로 – 건주

지표상 12[m]의 점에 800[kg]의 수평장력을 받는 경사진 전주가 있다. 그림과 같이 지선을 시설할 경우 인장강도 35[kg/mm²], 지름 4[mm]인 철선을 사용하고 안전율을 2.5로 할 때, 여기에 필요한 지선의 가닥수를 산정하시오.

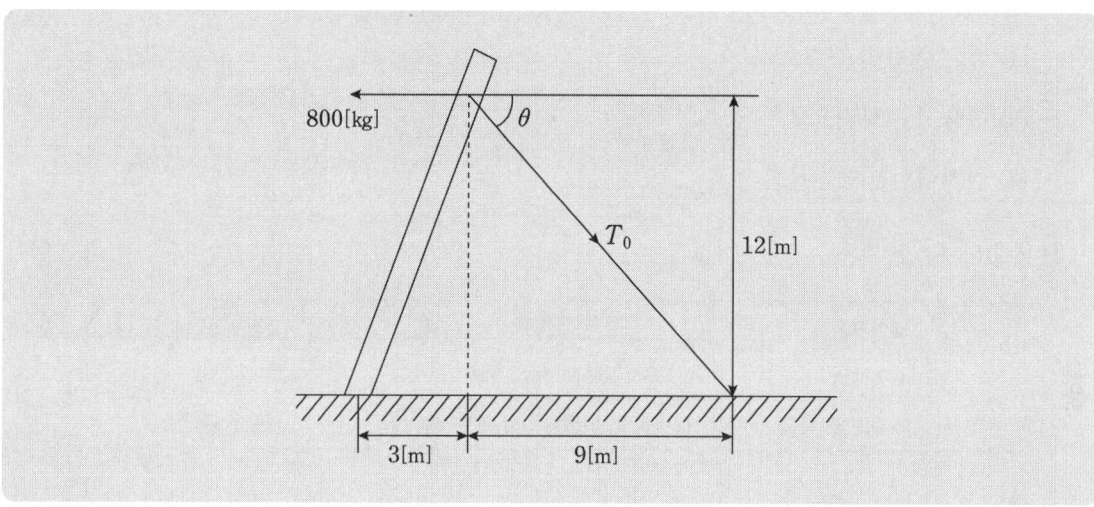

정답

∘ 계산과정

경사진 전주의 지선의 장력 $T_0 = \dfrac{\sqrt{b^2+H^2}}{a+b}T = \dfrac{\sqrt{9^2+12^2}}{3+9} \times 800 = 1000[\text{kg}]$

소선수 $= \dfrac{\text{지선장력} \times \text{안전율}}{\text{인장하중}} = \dfrac{\text{지선장력} \times \text{안전율}}{\text{인장강도} \times A} = \dfrac{1000 \times 2.5}{35 \times \dfrac{\pi \times 4.0^2}{4}} = 5.68$ 소수점 이하 절상

단, 인장하중[kg] = 인장강도$\left[\dfrac{\text{kg}}{\text{mm}^2}\right] \times \dfrac{\pi}{4} \times d^2 [\text{mm}^2]$

∘ 정답 : 6가닥

9-2 전선로 - 장주

1. 장주공사 개요

    1) 장주우선순위

        (1) 높은 전압이 상단으로

        (2) 전용선은 상단으로

        (3) 원거리선을 상단으로

    2) 배열에 따른 구분

배열구분	장주종류	적용선로
수평배열	보통장주, 창출장주, 편출장주	특고압선로
수직배열	랙크장주, 편출용 D형 랙크장주	저압선로

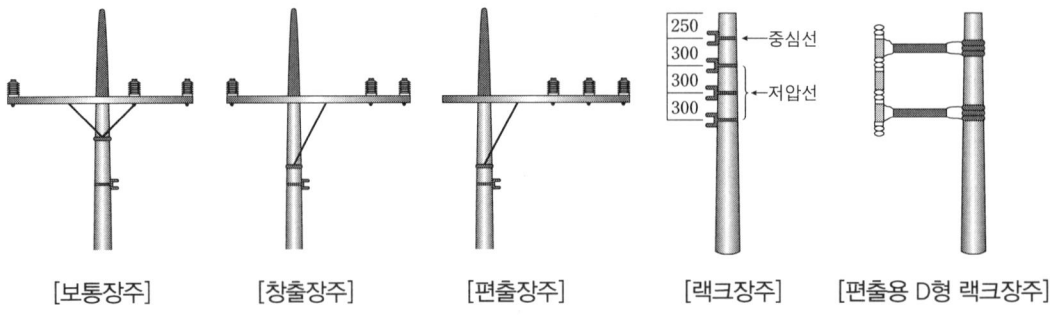

[보통장주]　　[창출장주]　　[편출장주]　　[랙크장주]　　[편출용 D형 랙크장주]

    2) 형태에 따른 구분

        (1) 인류장주

        (2) 내장주

        (3) 핀 장주

2. 장주용 자재

1) 배전 장주 자재

(1) 완금(완철) 및 완목 : 가공배전선로의 전주에서 전선 지지용 애자 및 각종 기기 등을 설치하기 위한 장주에 사용

① ㄱ형 완금 : 전주용U볼트로 취부 및 완금밴드로 고정하고 상하 움직임을 방지하기 위하여 암타이, 암타이 밴드로 고정한다.
(규격 예 ㄱ 90(가로)×90(세로)×9(두께)×2400(길이))

② 경(□) 완금 : 전주용 U볼트로 취부 및 완금밴드로 고정한다.
(규격 예 □ 75(가로)×75(세로)×3.2(두께)×2400(길이))

③ 배전용 완금의 표준길이 및 규격

가선수(전선조수)	저압	고압	특고압
1	–	–	900
2	900	1400	1800
3	1400	1800	2400
4	–	2400	–
5	–	2600	–

(2) 암타이 : 전주에 설치된 완금을 지지하고 완금의 상하 움직이는 것을 방지하여 수평을 유지하기 위하여 설치

(3) 암타이 밴드 : 암타이를 전주에 고정 시킬 때 사용

(4) 완금밴드 : 배전선로 장주의 미관개선 및 작업의 편의성 향상을 위하여 전주에 완철을 고정할 때 사용

(5) 지선밴드 : 전주에 지선을 연결 시 사용

(6) 행거밴드 : 주상 변압기를 전주에 연결 시 사용

(7) 머신(M) 볼트 : 완금에서 취부할 때 쓰이는 머신 볼트의 규격은 16×250[mm]

(8) 랙(랙크) : 저압가공전선을 수직으로 지지할 때 사용

(9) 발판볼트 : 지표상 1.8[m]에서 완철하부 0.9[m]까지 취부한다.

3. 장주도

1) 특고압 표준 장주도

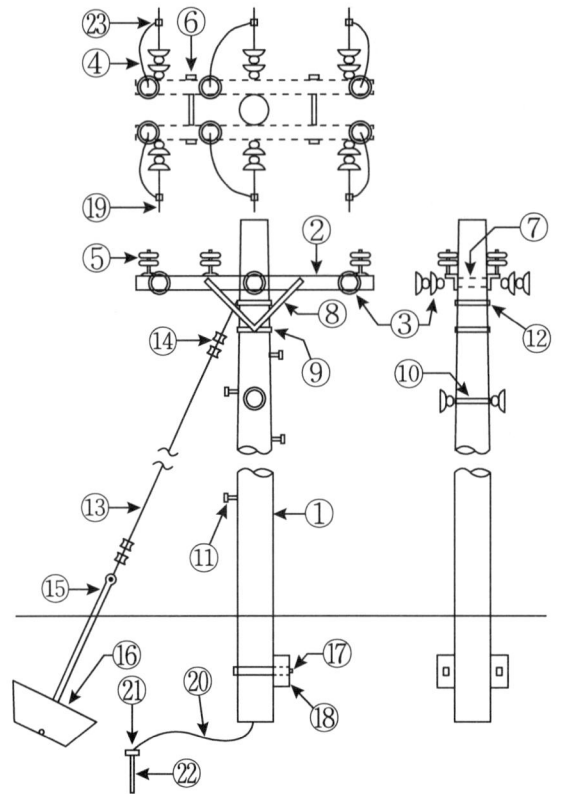

① CP주　　　　　② 완금(완철)　　　　③ 현수애자
④ 점퍼선　　　　⑤ 특고압 핀애자　　　⑥ 머신볼트(M볼트)
⑦ 완금밴드　　　⑧ 암 타이　　　　　　⑨ 암 타이 밴드
⑩ 랙 밴드　　　　⑪ 발판볼트　　　　　⑫ 지선밴드
⑬ 지선　　　　　⑭ 지선클램프　　　　⑮ 지선로드
⑯ 지선근가　　　⑰ 근가용U볼트　　　 ⑱ 전주근가
⑲ 전선　　　　　⑳ 접지도체　　　　　㉑ 접지 동봉 클램프
㉒ 접지 동봉　　　㉓ 데드엔드 클램프

2) 3상 4선식 선로의 각도주

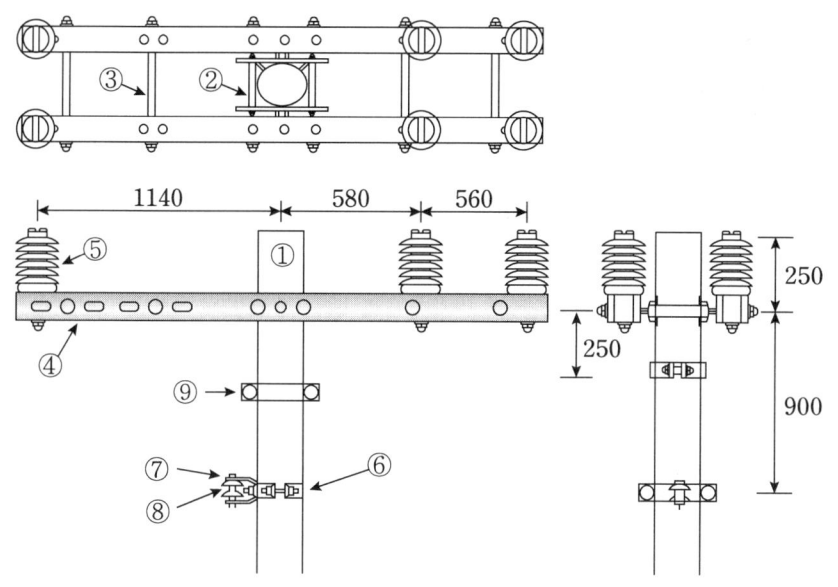

① 콘크리트(CP) 전주   ② 완금 밴드   ③ 6각 볼트 너트(M볼트)
④ 경완금(경완철)   ⑤ 라인포트스애자(LP애자) ⑥ 랙크 밴드
⑦ 랙(랙크)   ⑧ 저압 인류애자   ⑨ 지선 밴드

4. 애자

1) 애자의 구비조건

   (1) 절연저항이 클 것(누설 전류가 적을 것)
   (2) 기계적 강도가 클 것
   (3) 절연내력이 클 것
   (4) 정전용량이 작을 것
   (5) 경제적일 것

2) 가공 송 배전선로에서 쓰이는 애자의 종류

   (1) 핀애자 : 직선 선로 33[KV]이하
   (2) 현수애자 : 클레비스형과 볼소켓형이 있으며 인류 및 내장개소
      ① 254[mm](250[mm]) 현수애자 섬락 시험
         ◦ 건조 : 80[KV]   ◦ 주수 : 50[KV]
         ◦ 충격 : 125[KV]   ◦ 유중 : 140[KV]

② 현수애자 개수

전압[kV]	22	66	154	220	345	765
개수	2~3	4~5	9~11	12~13	19~23	39~43

③ 345[kV] 볼 소켓형 현수애자 규격
- 2도체 송전선로 : 254[mm]
- 4도체 송전선로 : 320[mm]

(3) 라인포스트(LP) 애자 : 특고압 가공배전선로에서 수평각도 15도 미만 개소와 내장 및 인류개소의 절연전선을 지지

① 일반형 : 갈색, 오손등급 B급 지역
② 내염형 : 회색, 오손등급 C급 지역
③ 장주시 ㄱ완금은 1호핀 ㅁ완금은 2호핀을 사용하여 시설

(4) 인류애자 : 인류개소 및 배전선로 중성선

(5) 내장애자 : 전선로의 지지물의 경간차가 큰 부분

(6) 가지애자 : 전선로를 다른 방향으로 돌릴 때

(7) 지지애자 : 발변전소나 개폐소의 모선 단로기 기타의 기기를 지지, 연가용 철탑 등에서 점퍼선을 지지하기 위해서 쓰이며 라인포스트애자가 대표적인 애자

3) 염분 등 오손에 의한 열화 종류

① 트래킹 현상

애자가 오손되면 표면에 흐르는 누설전류 때문에 미소방전이 생긴다. 그 결과 절연물 표면에는 탄화된 도전로가 형성되는데 이것을 트래킹이라고 한다. 트래킹이 형성된 애자를 그대로 방치하면 섬락이 발생하여 절연파괴로 인한 지락사고를 일으킨다.

② 에로전

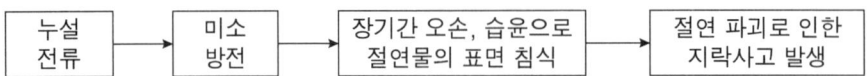

4) 사용전압에 따른 애자의 색

애자종류	색별
특고압 핀애자	적색
저압용 애자(접지측 제외)	백색
접지측 애자	파란색

5) 애자장치도

   (1) 소켓아이 : 현수애자와 클램프사이를 연결하는 금구

   (2) 볼쇄클 : 경완금에 현수애자 장치 시 사용

   (3) 앵커 쇄클 및 볼크레비스 : ㄱ완금에 현수애자 설치 시 사용

   (4) 데드엔드 클램프 : 현수 애자 설치 시 가공 AL 배전선의 인류 및 내장개소에 AL 전선을 현수애자에 설치하기 위한 금구류

   (5) 볼아이 : 가공 송배전선로와 변전소등의 애자장치에 사용되는 금구류

   (6) 인류스트랩 : 가공배전선로 및 인입선에서 인류하는 개소에 사용하는 금구류로 인류애자와 데드엔드 클램프를 연결하기 위한 금구류

   (7) 랙(래크) : 저압가공전선을 수직 배선하고자 할 때 암타이 밴드에 연결하여 사용하는 금구류로 가공 배전선로 및 인입선에서 인류 애자를 취부하기 위하여 사용되는 금구

6) 아킹혼(아킹링)의 기능

   (1) 애자련 섬락으로부터 보호
   (2) 애자에 걸리는 전압분포 균일
   (3) 애자련 효율 개선

7) 애자련 전압 분담 및 연 능률

   (1) 전압분담
   ① 최소 : 철탑에서 3번째 애자 및 전선에서 8번째 애자
   ② 최대 : 철탑에서 가장 먼 애자 및 전선에서 가장 가까운 애자

   (2) 애자련 연 능률

   $\eta = (V_n / nV_1) \times 100$

   여기서, V_n : 애자련 1련의 애자 전체 건조 섬락전압, V_1 : 애자 1개의 건조 섬락전압
   n : 애자의 개수

8) 전력용 애자장치 : 현수애자장치, 내장애자장치

(1) 2련 내장 애자장치

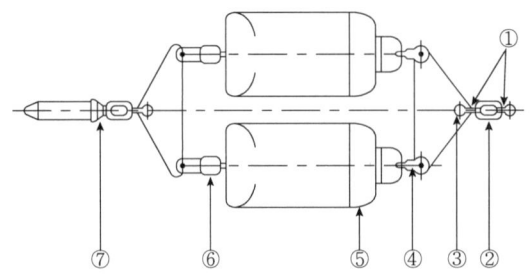

① 앵커쇄클 　　② 체인링크
③ 삼각요크 　　④ 볼크레비스
⑤ 현수애자 　　⑥ 소켓 크레비스
⑦ 압축형 인류클램프

※ 역조형으로 나올 경우 볼크레비스와 소켓 크레비스의 위치만 바꾸어 설치

(2) 1련 내장 애자 장치(역조형)

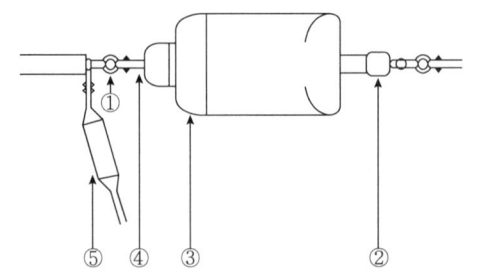

① 앵커 쇄클 　　② 소켓 아이
③ 현수 애자 　　④ 볼 크레비스
⑤ 압축형 인류 클램프

(3) 1련 내장 애자 장치(역조형)

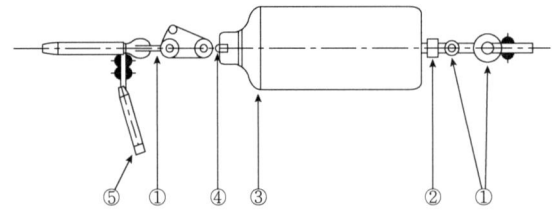

① 앵커 쇄클 　　② 소켓 아이
③ 현수애자 　　④ 볼 크레비스
⑤ 압축형 인류 클램프

(4) 154[kV] 송전선로의 1련 현수애자 장치도

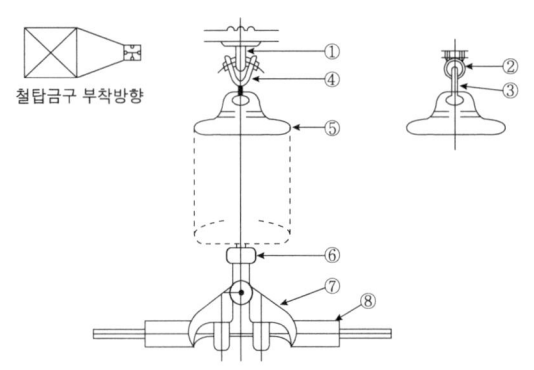

① 애자장치 U볼트 　　② 앵커쇄클
③ 볼아이 　　④ Y크레비스볼
⑤ 현수애자 　　⑥ 소켓아이
⑦ 현수클램프 　　⑧ 아마롯드

※ 현수클램프는 애자련에 수직이 되도록 취부하고 애자의 기울기는 애자련의 경우 2° 이하로 하며 애자련의 취부점으로부터 연직선과 현수 클램프 중심점과 차이가 수평거리 5[cm] 이하로 한다.

(5) 밴드를 이용한 애자 설치

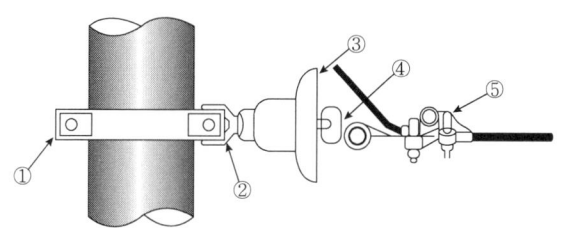

① 지선 밴드　② 볼아이
③ 현수애자　④ 소켓 아이
⑤ 데드엔드클램프

※ 특고압 장경간 개소에서 중성선을 지지하거나 저압전로에서 알루미늄 전선 사용 시 인류 또는 내장개소 또는 하천 철도 및 고속도로 횡단개소에서 사용

(6) 장간형 현수애자 ㄱ형 완철 애자

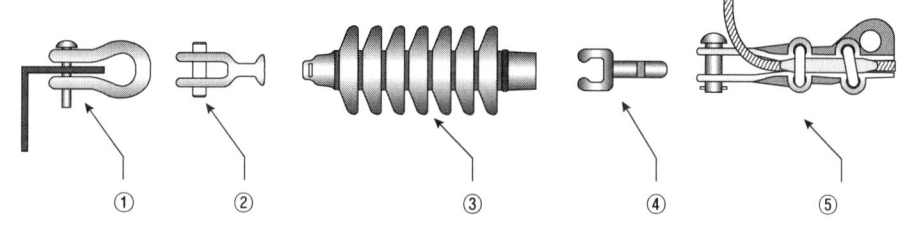

① 앵카쇄클　② 볼크레비스
③ 현수애자　④ 소겟아이
⑤ 데드엔드클램프

(7) 경완철에서 현수애자 설치

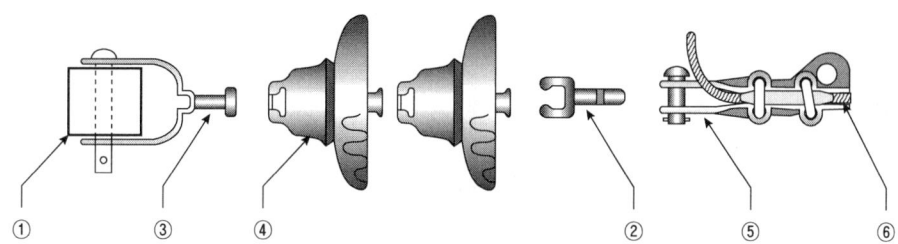

① 경완철　② 소켓아이
③ 볼쇄클　④ 현수애자
⑤ 데드엔드클램프　⑥ ACSR 전선

(8) 폴리머애자 설치

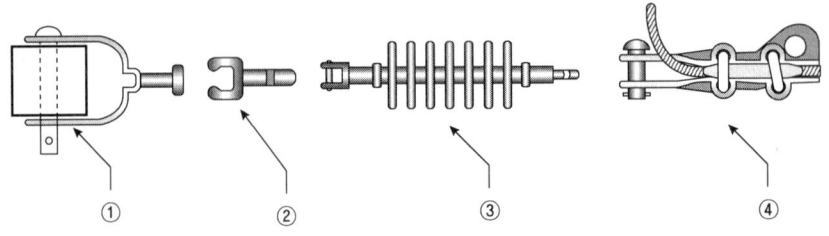

① 볼 쇄클
③ 폴리머 애자

② 소켓 아이
④ 데드엔드 크램프

(9) ㄱ완금을 이용한 애자 장치 배선

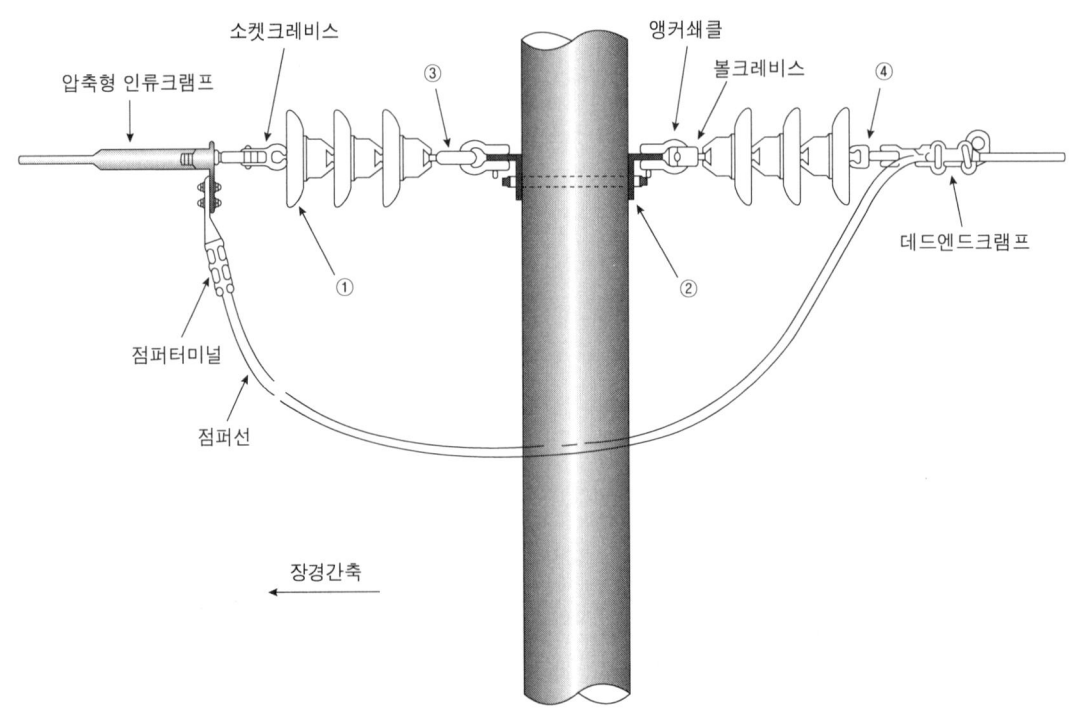

① 현수애자
③ 볼 아이

② ㄱ완금
④ 소켓아이

01 전선로 - 장주

편출장주에 대하여 설명하시오.

정답

전주에 완금을 설치할 때 완금을 전주의 한 쪽으로 완전히 치우쳐서 설치하는 장주

02 전선로 - 장주

다음 그림은 장주를 배열에 따라 구분한 것이다. 각 장주의 명칭을 쓰시오.

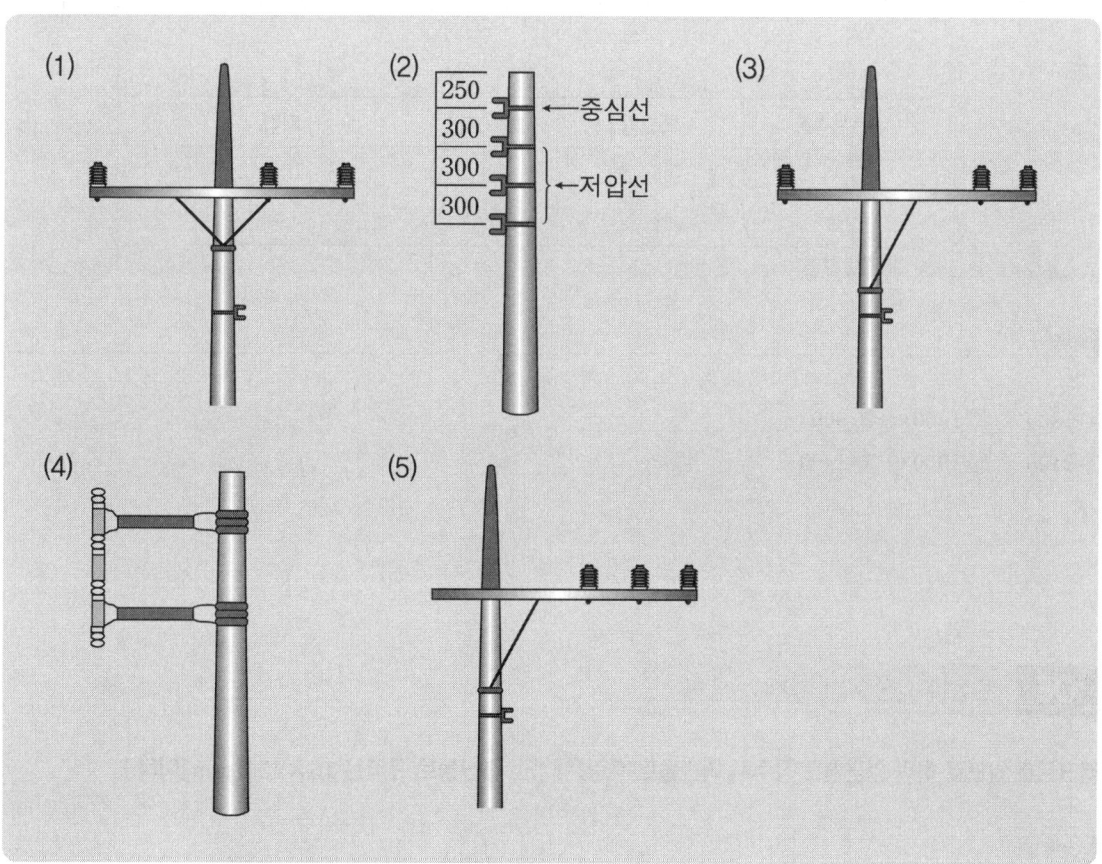

정답

(1) 보통장주   (2) 랙크장주   (3) 창출장주   (4) 편출용 D형 랙크장주   (5) 편출장주

03 전선로 - 장주

☐ 75×75×3.2×2400의 규격은 장주에 사용하는 어떤 자재명인가?

정답

경완철 (경완금)

04 전선로 - 장주

가공배전선로에서 전선을 수평으로 배열하기 위한 크로스 완금의 길이[mm]를 표의 빈칸 "① ~ ⑥"에 쓰시오.

전선수조	특고압	고압	저압
2	①	②	③
3	④	⑤	⑥

정답

① 1800 ② 1400 ③ 900
④ 2400 ⑤ 1800 ⑥ 1400

05 전선로 - 장주

겹크로스 암으로 하여 완금밴드 장주시 머신볼트 수량은? (단, 머신볼트 규격은 16×250[mm]이다.)

정답

머신볼트는 완금과 완금 상호를 연결해주는 재료로서, 완금밴드를 취부하여 고정하는 완철은 경완철로서 머신볼트 수량은 4개이다.

06 전선로 – 장주

다음의 설명에 맞는 배전자재의 명칭을 쓰시오.

(1) 주상 변압기를 전주에 설치하기 위해 사용되는 밴드는?
(2) 전주에 암타이 및 랙을 설치하기 위하여 사용되는 밴드는?
(3) 가공 배전선로 및 인입선공사에서 인류애자를 설치하기 위해 사용되는 금구는?
(4) 현수애자를 설치한 가공 ACSR 배전선의 인류 및 내장개소에 ACSR전선을 현수애자에 설치하기 위해 사용하는 금수는?

정답

(1) 행거 밴드   (2) 암타이 밴드   (3) 랙(래크)   (4) 데드엔드 클램프

07 전선로 – 장주

전선로에서 애자가 구비하여야 하는 조건을 아는 대로 5가지만 쓰시오.

정답

애자의 구비조건
(1) 기계적 강도가 클 것
(2) 절연내력이 클 것
(3) 절연저항이 클 것
(4) 누설전류가 적을 것
(5) 정전용량이 적을 것
(6) 경제적일 것

08 전선로 - 장주

그림에서 전선을 애자 두부에 밀착시키고 바이드선을 시계방향으로 약 10[mm] 간격으로 단단히 감은 후 끝을 위로 구브리는데, 이 때 감는 회수는?

정답

6~10 회

09 전선로 - 장주

가공배전 선로에 주로 쓰이는 애자에서 전선로의 방향을 바꾸는 부분에 사용하는 애자는?

정답

가지애자

10 전선로 - 장주

애자는 사용전압에 따라 원칙적으로 하는 색채가 있다. 주어진 답안지의 사용전압을 보고 답안지에 색채를 답하시오.

애자 종류	색 별
특고압용 핀애자	(1)
저압용애자(접지측 제외)	(2)
접지측 애자	(3)

정답

(1) 적색   (2) 백색   (3) 파란색

11 전선로 - 장주

경완금 취부 현수애자 부속자재 중 소켓아이 용도에 대하여 설명하시오.

정답

가공 송배전 선로 및 변전소의 현수애자 취부개소에 사용하는 것으로 현수애자와 클램프 사이를 연결하는 금구류

12 전선로 - 장주

다음 (   ) 안에 알맞은 내용을 쓰시오.

애자와 같은 유기절연재료가 오손되면 표면에 흐르는 누설전류 때문에 미소방전이 생긴다. 그 결과 절연물 표면에는 탄화된 도전로가 형성되는 이것을 (①)이라 부른다.
(②)이 형성된 애자를 그대로 방치하면 점차로 발전하여 섬락이 발생하게 되어 (③)를 야기 시킨다.

정답

① 트래킹   ② 트래킹   ③ 절연파괴로 인한 지락사고

13 전선로 – 장주

다음 (   ) 안에 알맞은 내용을 쓰시오.

> 유리애자는 70[%] 이상의 (①)(으)로 구성되어 있고, 저온으로 용해하기 위해 (②), 내구성 향상을 위해 (③), 제작 상 편리와 특성 유지를 위해 (④) 등의 성분을 적당한 비율로 배합하여 제작한다.

정답

① 규토   ② Na_2O(산화나트륨)   ③ CaO(산화칼슘)
④ MgO(산화마그네슘), Al_2O_3(알루미나), K_2O(산화칼륨)

14 전선로 – 장주

가공 전선로의 애자에 대한 내용이다. (   ) 안에 알맞은 내용을 쓰시오.

> (1) 애자련 개수의 결정은 (   )에 대하여 (   )를(을) 일으키지 않도록 하는 것을 기준으로 하고 있다.
> (2) 애자의 상하 금구 사이에 전압을 인가하고 전압을 점점 높여가면 애자 주위의 공기를 통해서 아크가 발생되어 애자가 단락되게 되는 전압을 (   )이라 한다.
> (3) 전선측에 붙여서 전선에 대한 정전용량을 늘리고, 선로의 섬락 시 애자가 열적으로 파괴되는 것을 막는데 효과가 있는 것을 (   )이라 한다.

정답

(1) 내부적인 원인에 의한 이상전압, 섬락
(2) 섬락전압
(3) 초호환 또는 초호각

15. 전선로 – 장주

우리나라 345[kV]급 볼-소켓형 현수애자에 대한 2도체 송전선로와 4도체 송전선로에 대한 IEC규격에서의 애자 규격을 쓰시오.

정답

① 2도체 송전선로 : 254[mm]
② 4도체 송전선로 : 320[mm]

16. 전선로 – 장주

다음 빈칸에 알맞은 값을 채우시오.

> 현수크램프는 애자련에 수직이 되도록 취부하고 현수애자 기울기의 허용치는 애자련의 경우 기울기 각도 (①) 이하, 애자련 취부점으로 부터의 연직선과 현수 크램프 중심점과의 차이가 수평거리 (②) 이내가 되도록 하여야한다.

정답

① 2°   ② 5[cm]

17. 전선로 – 장주

전력선용 애자장치의 종류 2가지를 쓰시오.

정답

① 현수애자장치   ② 내장애자장치

18 전선로 - 장주

라인포스트(LP) 애자를 완금에 부착시는 핀볼트를 1호핀, 2호핀을 사용한다. 이때 완금의 종류는?

- 1호핀 :
- 2호핀 :

정답

- 1호핀 : ㄱ완금
- 2호핀 : 경완금

19 전선로 - 장주

22.9[kV-Y] 배전선로에서 특고압 라인 포스트(line-post) 애자를 사용하는 이유와 사용장소(지역)를 간단히 쓰시오.

- 이유 :
- 사용장소 :

정답

- 이유 :
  ① 경년 열화가 적다.
  ② 염분에 의한 애자 오손이 적다.
  ③ 내무성이 좋고 보수점검이 용이하다.
- 사용장소 : 오손등급 B급 지역

20 전선로 - 장주

송전선에 뇌가 가해져서 애자에 섬락이 생길 경우 애자나 전선의 손상을 막기 위해 설치하는 것을 무엇이라 하는가?

정답

소호각(아킹혼), 소호환(아킹링)

21 전선로 - 장주

초호각의 역할은 무엇인지 3가지를 간단히 쓰시오.

정답

① 이상전압에 의한 섬락으로부터 애자련 보호
② 애자련의 전압분포 개선
③ 애자련 효율 향상

22 전선로 - 장주

154[kV] 송전선로에 쓰이는 현수애자 일련의 개수는 대략 몇 개 까지인가?

정답

9~11개

현수애자 개수

전압[kV]	22	66	154	220	345	765
개수	2~3	4~5	9~11	12~13	19~23	39~43

23 전선로 – 장주

지선밴드를 이용하여 현수애자를 설치하는 경우 3가지만 쓰시오

정답

① 특고압 장경간 개소에서 중성선 지지
② 저압선로에서 알루미늄전선 사용시 인류 또는 내장개소
③ 하천, 철도 및 고속도로 횡단개소

24 전선로 – 장주

BIL 이란 무엇인지 설명하시오.

정답

BIL(기준충격 절연강도)이란 뇌 임펄스 내전압 시험값으로서 절연 레벨의 기준을 정하는데 적용된다.

ELECTRIC WORK

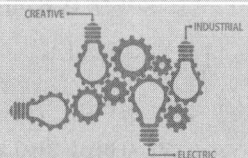

9-3 전선로 - 연선 긴선 가선

1. 전선

   1) 전선 접속의 일반사항

      횡단하는 장소에서는 접속개소를 만들어서는 안 됨

      (1) Al 전선의 접속

      ① 브러쉬·샌드페이퍼로 산화피막제거
      ② 도전성 컴파운드 도포
      ③ 적합한 금구와 공구 사용
         (알루미늄선용 압축 슬리브 : 강심 알루미늄연선을 접속시키는데 사용되는 자재)
      ④ 컴파운드의 사용목적 : 알루미늄 전선의 산화 피막생성 방지하여 접속저항을 감소시키며 수밀성 이므로 수분침입을 막아 부식을 방지한다.

      (2) 동선의 접속

      ① 장력이 걸리는 부분 : 권부접속(슬리브 브리타니어 슬리브압축접속)
      ② 장력이 걸지지 않는다 : 클램프접속, 콘넥터 접속

   2) 가공 송전선로의 전선의 구비조건

      ① 도전율이 높을 것
      ② 기계적 강도가 클 것
      ③ 비중이 적을 것
      ④ 가요성이 풍부할 것

   3) 켈빈의 법칙

      경제적인 송전선의 전선의 굵기를 결정

2. 전선의 가선 방법

   1) 가공전선로 가설에 있어서 전선 매달기 순서는 상부로부터 (가공지선) (전력선)의 순으로 2회선 이상의 대칭 배열시 (좌우) 완철에 전선을 동시에 전선 매달기 작업을 시행하며, 1회선 수평 배열의 경우 (양외선), (중성선)의 순서로 매달기를 한다.

   2) 저압 가공전선을 지지물에 수직배선으로 가선 시 접지측 전선을 상부에 시설하여야 한다.

3. 이도

1) 전선의 이도

(1) 이도

$$D = \frac{WS^2}{8T}[\text{m}]$$

여기서, $W = \sqrt{(전선자중 + 빙설하중)^2 + 풍압하중^2}$: 전선의 중량[kg/m]

S : 경간(span) [m], $T = \dfrac{인장하중}{안전율} = $ 전선의 수평 장력[kg]

※ 이도를 결정하는 요소 : 경간, 전선의 수평 장력, 합성하중, 안전율, 온도

(2) 부하계수(합성하중과 전선자중의 비)

$$W_s = \frac{W}{W_c} = \frac{\sqrt{(W_i + W_c)^2 + W_w}}{W_c}$$

여기서, W_i : 빙설하중, W_c : 전선자중, W_w : 풍압하중

(3) 온도 변화 시 이도

$$D_2 = \sqrt{D_1^2 \pm \frac{3}{8}atS^2}$$

여기서, D_1 : 온도 변화전 이도, a : 전선온도계수 또는 선 팽창계수,
$t[℃]$: 온도, $S[\text{m}]$: 경간

2) 전선의 실제 길이

(1) 전선의 실제 길이

$$L = S + \frac{8D^2}{3S}[\text{m}]$$

(2) 온도 변화시 실제 길이

$L_2 = L_1 \pm atS[\text{m}]$

여기서, L_1 : 온도 변화전 길이, a : 전선온도계수 또는 선 팽창계수,
$t[℃]$: 온도, $S[\text{m}]$: 경간

(3) 이도를 결정하는 요소

경간, 수평장력, 하중, 안전율

(4) 이도 측정 방법

등장법, 이장법, 각도법, 수평이도법

3) 전선의 평균 높이

$$h = h' - \frac{2}{3}D$$

여기서, h' : 지지점의 높이, D : 이도

4) 전선 가선 시 소요량 계산

   (1) 선로평탄 시 : {선로의 길이 × 전선조수} × 1.02
   (2) 고저차 : {선로의 길이 × 전선조수} × 1.03
   (3) 철거 시 : {선로의 길이 × 전선조수}

5) 연선 긴선 가선 작업시 사용되는 장비

   (1) 이도 조정 금구 : 긴선 작업 후 전선의 높이를 미세조정
   (2) 장선기(시메라) : 전선 가선 시 적정 이도까지 전선을 잡아 당겨주는 공구(이도 조정 및 지선의 장력조정)
   (3) 데드 엔드 스토킹 또는 브레이드 스토킹 : 연선 작업 시 전선의 앞뒤에 설치하여 커넥터와 연결하고 전선의 손상 방지

01 전선로 – 연선 긴선 가선

가공 송전 선로에 사용되는 전선으로서는 어떤 조건들을 구비하는 것이 바람직한가 아는대로 7가지만 간략하게 쓰시오.

정답

1) 경제적일 것
2) 기계적 강도 클 것
3) 도전율이 클 것
4) 비중이 적을 것
5) 가요성이 풍부할 것
6) 부식성이 적을 것
7) 내구성이 있을 것

02 전선로 – 연선 긴선 가선

다음 설명의 (　) 안에 알맞은 내용을 쓰시오.

> "가공송전선로 가설에 있어서 전선 매달기 순서는 상부로부터 (　　), (　　)의 순서로 해야 하고, 2회선 이상의 대칭배열의 경우 (　　)완금에 전선을 동시에 전선매달기 작업을 시행하며, 1회선 수평배열의 경우 (　　), (　　)의 순서로 매달기를 한다."

정답

"가공송전선로 가설에 있어서 전선 매달기 순서는 상부로부터 (가공지선), (전선(전력선))의 순서로 해야하고, 2회선 이상의 대칭배열의 경우 (좌우)완금에 전선을 동시에 전선 매달기 작업을 시행하며, 1회선 수평배열의 경우 (양 외선), (중성선)의 순서로 매달기를 한다."

03 전선로 - 연선 긴선 가선

송전선로의 전선의 굵기를 결정하는 5가지 요소를 간단히 쓰시오.

정답

① 허용전류　② 전압강하　③ 기계적 강도
④ 코로나 손실 또는 전력 손실　⑤ 경제성

04 전선로 - 연선 긴선 가선

저압 가공전선을 지지물에 수직배선으로 가선하는 방법이다. 접지측 전선을 상부, 중간, 하부 중 어느 곳에 시설하여야 하는가?

정답

상부

05 전선로 - 연선 긴선 가선

다음 각 항의 문제를 읽고 물음에 답하시오.

(1) 가공배전선로에 주로 쓰이는 애자에서 전선로의 방향을 바꾸는 부분에 사용하는 애자는?
(2) 전력선의 이도(Dip)을 결정하는 요소 4가지를 쓰시오.
(3) 22.9[kV] 지중케이블 접속방법 4가지를 쓰시오.
(4) 간접조명이지만 특히 간접조명기구를 사용하지 않고 천장, 또는 벽의 구조로서 만들어 높은 건축화 조명기구는 무엇인가?
(5) 피뢰침의 인하도선의 수는 2조 이상으로 하여야 한다. 다만 피 보호물의 수평 투영면적이 몇 [m²] 이하일 때 1조로 할 수 있는가?

정답

(1) 가지애자
(2) 경간, 수평 장력, 합성하중, 안전율
(3) 직선접속, 분기접속, 종단접속, 엘보접속
(4) 코브(Cove) 라이트
(5) $50[\text{m}^2]$

06 전선로 – 연선 긴선 가선

다음 각 항의 문제를 읽고 물음에 답하시오.

(1) 22.9[kV–Y] 특고선 3조를 수평으로 배열하기 위한 완금의 길이는?
(2) 22.9[kV–Y] 3상 4선식 중성점 다중접지 방식의 특고압 가공전선로에 있어서 중성선의 최소 굵기는?
(3) 22.9[kV–Y] 가공전선(동선)의 최소 굵기는?

정답

(1) $2400[\text{mm}]$
(2) $32[\text{mm}^2]$
(3) $22[\text{mm}^2]$

07 전선로 – 연선 긴선 가선

765[kV], 6도체 가공송전 선로 방식에서 (345[kV], 4도체 방식도 동일) 각 도체간의 간격유지와 진동방지를 위하여 설치하는 것의 정확한 명칭은?

정답

스페이서 댐퍼

08 전선로 – 연선 긴선 가선

조가선(Messenger Wire)란 무엇인지 간단히 설명하시오.

정답

가공전선로의 케이블 또는 통신 케이블을 지지하기 위한 강철선

09 전선로 – 연선 긴선 가선

가공전선로 설계 시 부하계수란 무엇인지 쓰시오.

정답

합성하중과 전선의 자중에 대한 비

10 전선로 – 연선 긴선 가선

송전로로 연선 작업 시에 전선의 앞뒤에 설치하여 커넥터(Connector)와 연결하고 전선의 손상을 방지하여 주는 공구는?

정답

브레이드 스토킹 또는 데드엔드 스토킹

11 전선로 – 연선 긴선 가선

장선기(시메라)는 어떤 용도로 쓰이는 공구인가?

정답

이도 조정 및 지선의 장력조정

12 전선로 – 연선 긴선 가선

긴선 작업 후 전선의 높이를 미세 조정하는 기구는?

정답

이도 조정금구

13 전선로 – 연선 긴선 가선

330[mm²]인 ACSR선이 경간 500[m]에서 이도가 8.6[m]이었다면 전선의 실제 길이는 몇 [m]인가?

정답

◦ 계산과정

$$L = S + \frac{8D^2}{3S} = 500 + \frac{8 \times 8.6^2}{3 \times 500} = 500.39[m]$$

◦ 정답 : 500.39[m]

14 전선로 – 연선 긴선 가선

가공 배전선로로 가선할 때의 전선 가선시 소요량은 일반적으로 선로가 평탄할 때 어떻게 계산하는가?

정답

선로긍장 × 전선조수 × 1.02

15 전선로 – 연선 긴선 가선

주로 탑 사이의 거리가 긴 송전선로에 사용되는 것은 다음 중 어느 것인가?

> 단금속선, 합금선, 쌍금속선, 합성연선

정답

합성연선(ACSR)

16 전선로 – 연선 긴선 가선

가공송전선로에서 이도 설계 시 전선에 가해지는 하중의 종류 3가지를 쓰시오.

정답

- 전선의 자중
- 풍압하중
- 빙설하중

17　전선로 – 연선 긴선 가선

지름 10[mm]의 경동선을 사용한 가공전선로가 있다. 경간을 100[m]로 지지점의 높이는 동일하다. 지금 수평 풍압 110[kg/m²]인 경우에 전선의 안전율을 2.2로 하기 위하여 전선의 길이를 얼마로 하면 좋은가? (단, 전선 1[m]의 무게는 0.7[kg], 전선의 인장 강도는 2860[kg]으로서 장력에 이하는 전선의 신장은 무시한다.)

정답

∘ 계산과정

(1) 합성하중은 수평 풍압하중이 110[kg/m²]이므로 $W=\sqrt{0.7^2+\left(\frac{1100}{1000}\right)^2}=1.303≒1.3$

　　만약 수평 풍압하중이 110[kg/m]로 나온다면 $W=\sqrt{0.7^2+110^2}$ 으로 계산하면 된다.

(2) 이도 $D=\frac{WS^2}{8T}=\frac{1.3\times100^2}{8\times\frac{2860}{2.2}}=1.25[m]$

(3) 전선의 실제 길이 $L=S+\frac{8D^2}{3S}=100+\frac{8\times1.25^2}{3\times100}=100.041≒100.04[m]$　　∘ 정답 : 100.04[m]

> **참고**
>
> 풍압하중 = 풍압$\left[\frac{kg}{m^2}\right]\times$ 전선의 지름[m] = $\left[\frac{kg}{m}\right]$
>
> $=110\left[\frac{kg}{m^2}\right]\times10\times10^{-3}[m]$
>
> $=\frac{1100}{1000}\left[\frac{kg}{m}\right]=1.1\left[\frac{kg}{m}\right]$

18 전선로 – 연선 긴선 가선

공칭단면적 200[mm²], 전선 무게 1.838[kg/m], 전선의 바깥 지름 18.5[mm]인 경동연선을 경간 200[m]로 가설하는 경우 이도(Dip)와 전선의 실제 거리는? (단, 경동연선의 인장 하중은 7910[kg], 빙설하중은 0.416 [kg/m], 풍압하중은 1.525[kg/m]이고 안전율은 2.2라 한다.)

정답

◦ 계산과정

(1) 이도 $= D = \dfrac{\sqrt{(1.838+0.416)^2+1.525^2} \times 200^2}{8 \times \dfrac{7910}{2.2}} = 3.78[\text{m}]$ ◦ 정답 : 3.78[m]

(2) 전선의 실제 길이 $L = 200 + \dfrac{8 \times 3.78^2}{3 \times 200} = 200.19[\text{m}]$ ◦ 정답 : 200.19[m]

19 전선로 – 연선 긴선 가선

240[mm²] ACSR 전선을 200[m]의 경간에 가설하려고 하는 이도는 계산 상 8[m]였지만 가설후의 실측 결과는 6[m]이어서 2[m] 증가시키려고 한다. 이때 전선을 경간에 몇[m] 만큼 밀어 넣어야 하는가?

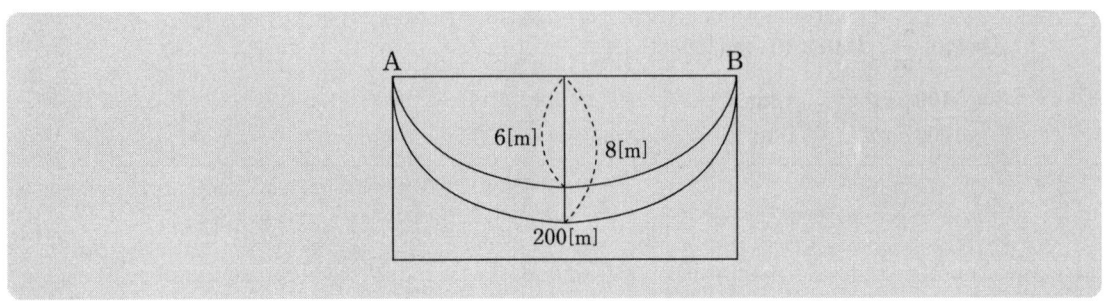

정답

◦ 계산과정

8[m]일때 $L_1 = 200 + \dfrac{8 \times 8^2}{3 \times 200} = 200.853[\text{m}] = 200.85[\text{m}]$

6[m]일때 $L_2 = 200 + \dfrac{8 \times 6^2}{3 \times 200} = 200.48[\text{m}]$

$L = L_1 - L_2 = 200.85 - 200.48 = 0.37[\text{m}]$ ◦ 정답 : 0.37[m]

20 전선로 - 연선 긴선 가선

경제적 송전선의 굵기를 결정하고자 할 때 적용되는 법칙은 무엇인가?

정답

켈빈의 법칙

21 전선로 - 연선 긴선 가선

아래 그림과 같이 전선 지지점에 고저차가 없는 곳에 경간의 이도가 각각 1[m], 4[m]로 동일한 장력으로 전선이 가설되어 있다. 사고가 발생해 중앙의 지지점에서 전선이 떨어졌다면 전선의 지표상 최저 높이[m]를 구하시오.

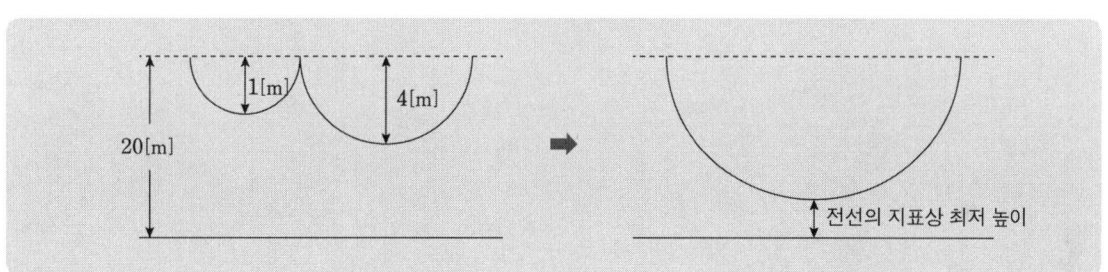

정답

○ 계산과정

① 이도 $D = \dfrac{\omega S^2}{8T}$ 에서 장력 $T = \dfrac{\omega S^2}{8D}$ 이다.

이도 1[m]인 구간의 이도와 경간을 D_1. S_1

이도 4[m]인 구간의 이도와 경간을 D_2. S_2라고 하면,

장력이 동일하다고 하였으므로

$\dfrac{\omega S_1^2}{8D_1} = \dfrac{\omega S_2^2}{8D_2}$

$\dfrac{S_2}{S_1} = \sqrt{\dfrac{D_2}{D_1}} = \sqrt{\dfrac{4}{1}} = 2[\text{m}]$

② 중간 지지점에서 전선이 떨어진 경우의 이도를 D_x라고 하면

$$D_x^2 = \left(\frac{D_1^2}{S_1} + \frac{D_2^2}{S_2}\right)(S_1 + S_2) \text{에서 } S_2 = 2S_1 \text{이므로}$$

$$D_x^2 = \left(\frac{1^2}{S_1} + \frac{4^2}{2S_1}\right)(S_1 + 2S_1) = \frac{2+16}{2S_1} \times 3S_1 = 27$$

$$\therefore D_x = \sqrt{27} = 5.2 [\text{m}]$$

따라서, 전선의 지표상 높이 $= 20 - 5.2 = 14.8 [\text{m}]$

◦ 정답 : 14.8[m]

ELECTRIC WORK

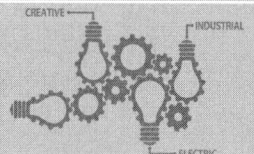

9-4 전선로 – 지중전선로

1. 지중전선로 매설방식과 매설깊이

   1) 지중전선로 매설방식

      (1) 직접매설식 : 구내 인입선 케이블 시공 시 트라프 부설

      (2) 관로식 : 22.9[KV] 시가지 배전선로 강관사용 굴곡이 심한 주택가는 ELP(합성수지파형 전선관)를 사용

      ① 관로식 허용 전류
      - 관로 거리가 가까울수록 = 감소
      - 깊이가 깊다 = 감소
      - 관로공수 많을수록 = 감소

      ② 관로식 맨홀의 종류
      - A : 직선형
      - B : 직각형
      - C : 각도형
      - D : 짧은 다리T형
      - E : 긴다리형
      - X : 사방형, SA : 특수형

      ③ 관로식 맨홀 부속 설비
      맨홀 뚜껑, 발판볼트, 사다리, 관로구 및 방수 장치, 훅크, 서포터 및 앵카 볼트, 물받이, 접지장치

      (3) 암거식 : 발변전소 인입구 인출구 부근 또는 부하밀집지역 대도시에 시설

   2) 지중 전선로 매설 깊이

      (1) 차량 또는 중량물의 압력을 받을 우려가 있는 장소: 1[m]

      (2) 기타의 장소: 0.6 [m]

      관로식에 의하여 시설하는 경우에는 매설깊이를 1[m] 이상으로 하되, 매설깊이가 충분하지 못한 장소는 견고하고 차량 기타 중량물의 압력에 견디는 것을 사용할 것
      다만, 중량물의 압력을 받을 우려가 없는 곳은 0.6[m] 이상으로 한다.

   3) 지중전선로 케이블의 방호범위 : 지상 2[m] 이상 지하 20[cm] 이상

2. 지중전선로 포설

1) 지중 cable 인입 시공

① 고저차가 있는 Cable 인입방향
(높은 쪽에서 낮은 쪽)

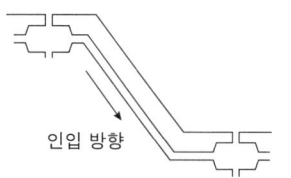

② 굴곡 개소가 있는 Cable 인입방향
(굴곡이 있는 곳의 가까운 곳에서부터)

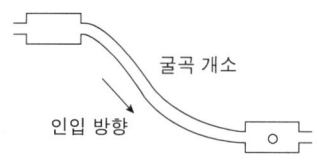

③ 맨홀 길이에 따른 Cable 인입방향
(맨홀 길이가 짧은 쪽에서부터)

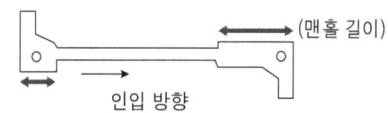

2) 케이블 포설 공사 시 유의 사항

(1) 맨홀내의 가스 검출, 산소측정, 환기
(2) 맨홀내의 배수 및 청소
(3) 드럼측과 윈치측의 연락체계 확인
(4) 맨홀내의 로라 활차 등의 고정 상태 확인 및 외상방지 대책
(5) 와이어의 강도, 소선 단선, 킹크(케이블이 꼬이거나 휘어져 있는 상태) 여부 확인
(6) 기자재의 정리 정돈

3) 지중배선공사의 현장시험항목

절연저항, 절연내력, 접지저항, 상일치, 검상 시험

4) 지중 케이블 고장개소 찾는 방법

머레이루프법, 펄스레이더법, 정전용량법, 수색코일법

5) 절연 감시법

메거법, tanδ 측정법, 부분방전법

3. 케이블 단말처리[케이블헤드=CH]

  1) 고압케이블에서 단말처리의 주목적

    케이블 내부로의 습기 및 먼지의 침입으로 인한 절연 열화 방지

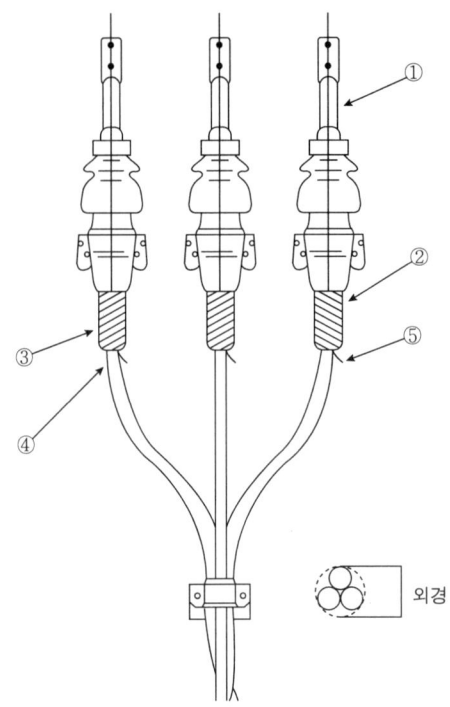

   (1) 케이블의 도체와 단자와의 접속법 : 터미널러그에 의한 압축접속공법

   (2) 절연 테이프의 명칭 : 점착성 폴리에틸렌테이프

   (3) 최외각 층 테이프 감는 방법 : 하부에서 상부로 향해서 감는다.

   (4) 테이프 용도 : 상색별 구별

   (5) 무슨 선인지 : 접지선

   (6) 케이블의 허용 구부림 반경(고압)
      ◦ 3심 일괄 다심(외부피복이 붙은 것 완성 바깥지름의 10배)
      ◦ 절연체를 노출할 때 단심(완성바깥지름의 8배)

   (7) 단말 처리 접속 명칭 : 고압케이블 기중 종단 접속

2) 3심 가교 폴리에틸렌 절연 비닐 외장 케이블(CV)의 옥외 종단개소의 단말처리

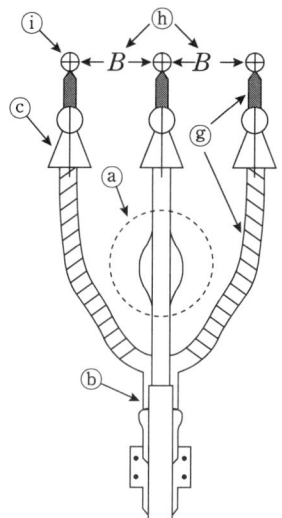

(1) B의 표준치수 : 200[mm](특고 500[mm])
(2) ⓐ 재료 명칭 : 스트레스콘 이라 하며 목적은 전계의 세기 완화
(3) ⓑ 재료 명칭 : 3분지관
(4) ⓒ 명칭과 용도 : 우복=빗물막이, 빗물(수분)침투 방지
(5) ⓖ 테이프 감는 방법 : 아래에서 위로 감는다.

01 전선로 - 지중전선로

KEC에 의한 지중전선로의 케이블 시설방법 3가지를 쓰시오.

정답

- 직접매설식
- 관로식
- 암거식

02 전선로 - 지중전선로

발전소 전기공사 중 EDB(Electrical Duct Bank)란 무엇인가?

정답

지하 매설용 전선 집합관

03 전선로 - 지중전선로

그림은 전력케이블의 시공방법이다. 어떤 시공방법 설치도면인가 답하시오.

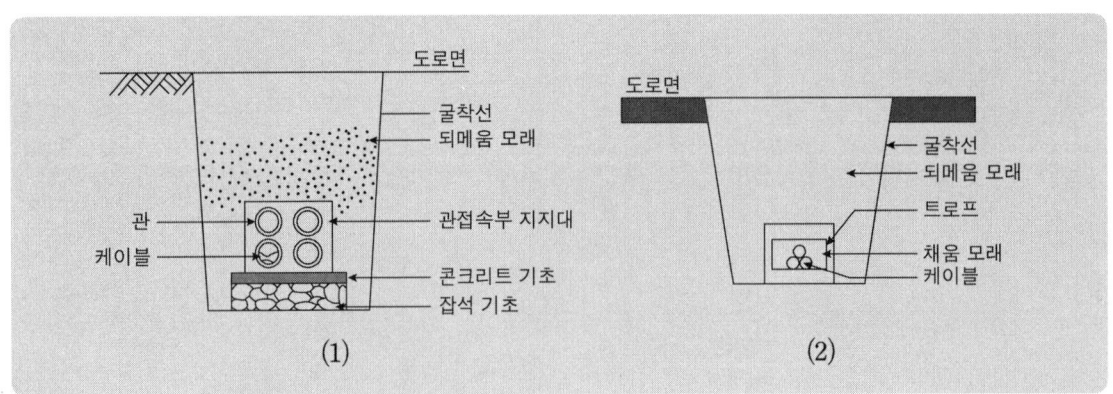

정답

(1) 관로식 (2) 직접매설식

04 전선로 – 지중전선로

22.9[kV] 지중 케이블 접속 방법 4가지를 쓰시오.

정답

- 직선 접속
- 종단 접속
- 분기 접속
- 엘보 접속

05 전선로 – 지중전선로

관로식 케이블 포설시 관재의 선정 및 시공 방법에 따라 허용 전류, 포설 장력 등에 많은 영향을 주고 있다. 관로배열과 전력 케이블의 허용 전류 변화에 대하여 다음 물음에 답하시오. ((1), (2), (3)은 증가 또는 감소로 표기)

(1) 관로간의 거리가 가까울수록 허용 전류는?
(2) 관로의 매설 깊이가 깊을수록 허용 전류는?
(3) 관로 공수가 많을수록 허용 전류는?
(4) 굴곡 개소가 많은 곳에 사용하는 관재의 명칭은?

정답

(1) 감소   (2) 감소   (3) 감소   (4) 합성수지파형전선관

06 전선로 – 지중전선로

고압 케이블에서 단말 처리의 주목적은 무엇인가?

정답

케이블 내부로의 습기 및 먼지의 침입으로 인한 절연 열화 방지

07 전선로 – 지중전선로

케이블 포설 후 바로 접속을 하지 않는 경우 습기 등이 침입되지 않도록 케이블 끝을 그림과 같이 방수 처리하여 준다. 물음에 답하시오.

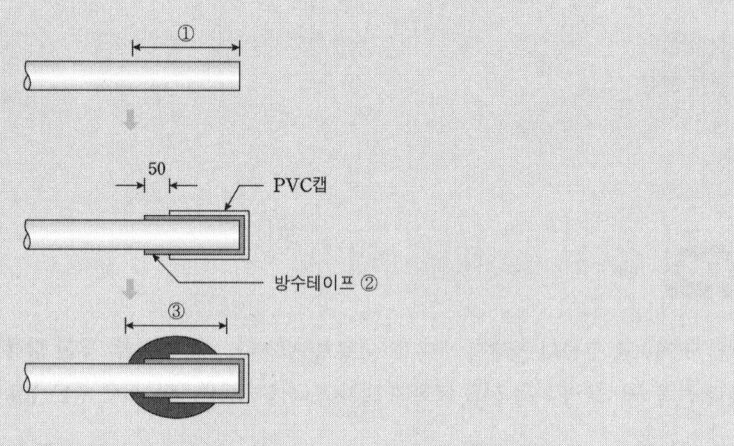

(1) 케이블 외피 위 ①은 몇 [mm]까지 사포로 문지르고 솔벤트로 청소하여야 하는가?
(2) ②는 사포로 문지른 곳을 방수 테이프로 몇 회를 감고, 그 위에 PVC캡을 씌우는가?
(3) ③을 방수 테이프로 그림과 같이 하여 몇 [mm] 정도 반겹쳐서 왕복 2회로 감는가?

정답

(1) 200[mm]
(2) 2회
(3) 100[mm]

08 전선로 – 지중전선로

다음 문제를 읽고 ( )을 채우시오.

(1) 특고압 가공전선은 케이블인 경우를 제외하고 단면적 (①)의 (②) 또는 이와 동등 이상 세기 및 굵기의 (③) 이어야 한다.
(2) 지중전선로는 전선에 케이블을 사용하고 또한 (④), (⑤) 또는 (⑥)에 의하여 시설하여야 한다.
(3) 사용전원의 정전 시에 사용하는 비상용 예비전원을 (수용장소에 시설하는 것에 한한다.) (⑦) 측의 전로와 (⑧)으로 접속되지 아니하도록 한다.
(4) 고압 또는 특고압의 전로 중에 있어서 (⑨)및 (⑩)을 보호하기 위하여 필요한 곳에는 과전류 차단기를 시설하여야 한다.

정답

(1) ① 22[mm^2]   ② 경동연선   ③ 연선
(2) ④ 관로식   ⑤ 암거식   ⑥ 직접매설식
(3) ⑦ 상용 전원측   ⑧ 전기적
(4) ⑨ 기계기구   ⑩ 전선

09 전선로 – 지중전선로

특고압 지중 cable 인입 시공은 인입 방향에 따라 시공이 용이하다. 단압지 도면과 같은 현장일 때 올바른 방향 표시를 화살표로 그리시오.

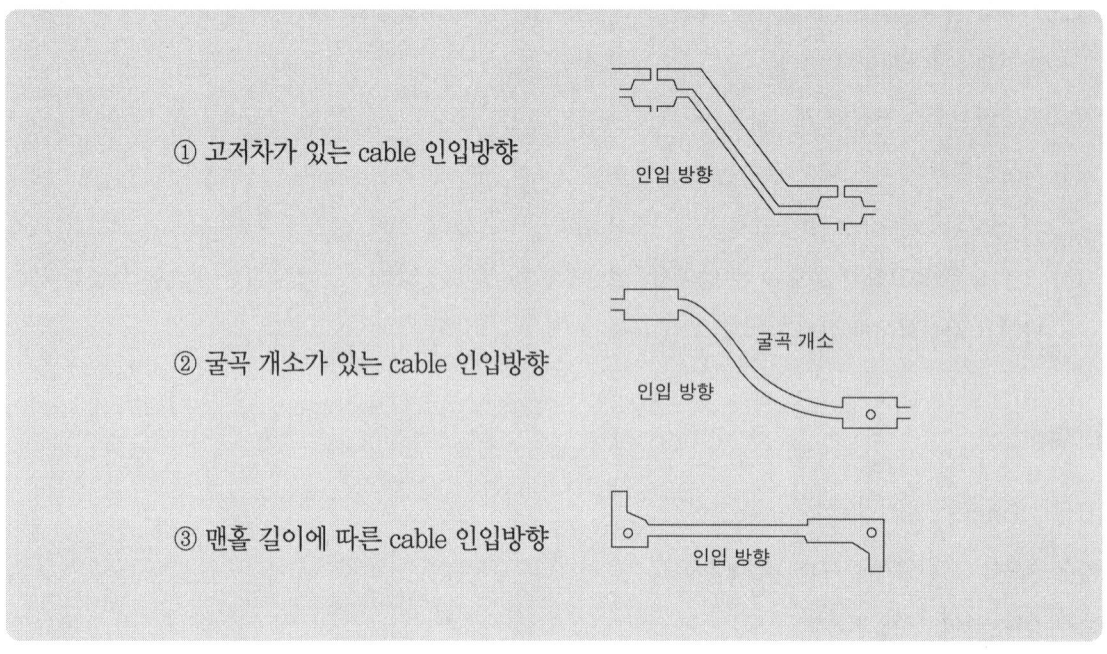

정답

① 고저차가 있는 cable 인입방향
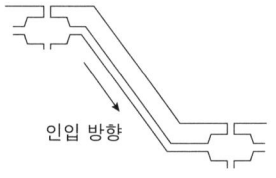

② 굴곡 개소가 있는 cable 인입방향
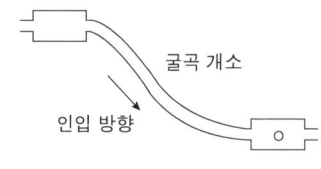

③ 맨홀 길이에 따른 cable 인입방향
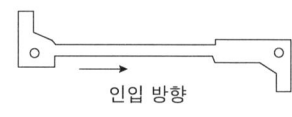

10 전선로 – 지중전선로

그림은 전력회사의 고압가공 전선로로부터 자가용 수용가 구내기둥을 거쳐 수변전 설비에 이르는 지중인입선의 시설도이다. 다음 물음에 답하시오.

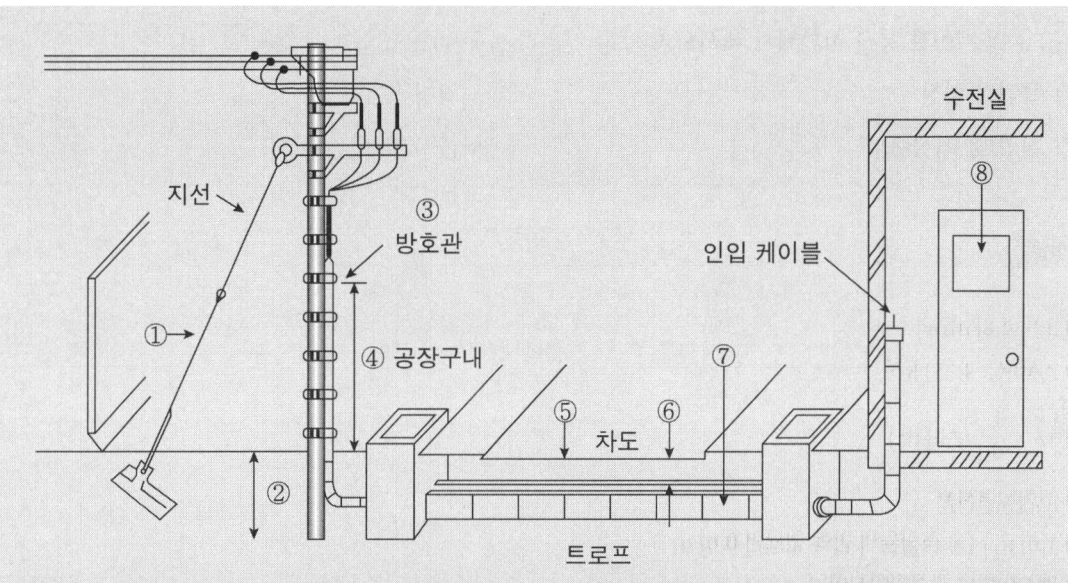

(1) ①의 지선은 몇 가닥 이상의 연선이어야 하며, 소선 지름의 최소값[mm]은?

(2) 지선의 안전율은 몇 이상으로 하고 허용인장하중의 최저값은 몇 [kN]으로 하는가?

(3) ②전주의 근입의 최소값[m]은? (단, 전체길이 15[m]의 철근콘크리트이다.)

(4) ③의 전선으로 사용할 수 없는 것은 다음 중 어느 것인가 1개만 쓰시오.

"비닐 외장 케이블, 폴리에틸렌 외장 케이블, 클로로프렌 외장케이블, 고압절연전선"

(5) ⑥의 지중전선로의 차도 부분 매설 깊이의 최소값[m]은?

(6) ⑦의 케이블 매설 방법에서 다음 중 잘못된 것을 1개만 쓰시오.

- 케이블을 콘크리트제 트로프에 넣어 시설하였다.
- 매설 방법은 관로인입식이다.
- 케이블의 바로 위 지표면에 표식을 설치하였다.
- 위 매설 방법은 직접 매설식이다.

(7) ⑧의 수전실 출입구와 문에 의무화되어 있지 않는 것은 다음 중 어느 것인가 택하시오.
- 자물쇠 장치를 시설하였다.
- 관계자외 출입금지 표시를 하였다.
- 화기엄금 표시를 하였다.

(8) ⑤의 케이블 표시 시트에서 표시하지 않는 것은 다음중 어느 것인가 택하시오.
- 물건의 명칭
- 관리자명
- 전압 및 매설년도
- 케이블의 종류

정답

(1) 3조, 2.6[mm]
(2) 2.5이상, 4.31[kN]
(3) $15 \times \dfrac{1}{6} = 2.5[m]$
(4) 고압절연전선
(5) 1.0[m] (※ 중량물의 압력 없으면 0.6[m])
(6) 매설방법은 관로인입식이다.
(7) 화기엄금 표시를 하였다.
(8) 케이블의 종류

11 전선로 – 지중전선로

지중 케이블 고장개소 찾는 방법 5가지를 적으시오.

정답

- 머레이루프법
- 펄스레이더법
- 정전용량법
- 수색코일법

12 전선로 – 지중전선로

지중배선 공사의 현장 시험항목을 아는대로 나열하시오.

정답

- 검상
- 절연저항 측정
- 상일치 확인
- 절연내력시험
- 접지저항 측정

13 전선로 – 지중전선로

가공 배전선로에서 전선공사 흐름도이다. (1), (2)번 빈 공간에 흐름도가 옳도록 완성하시오.

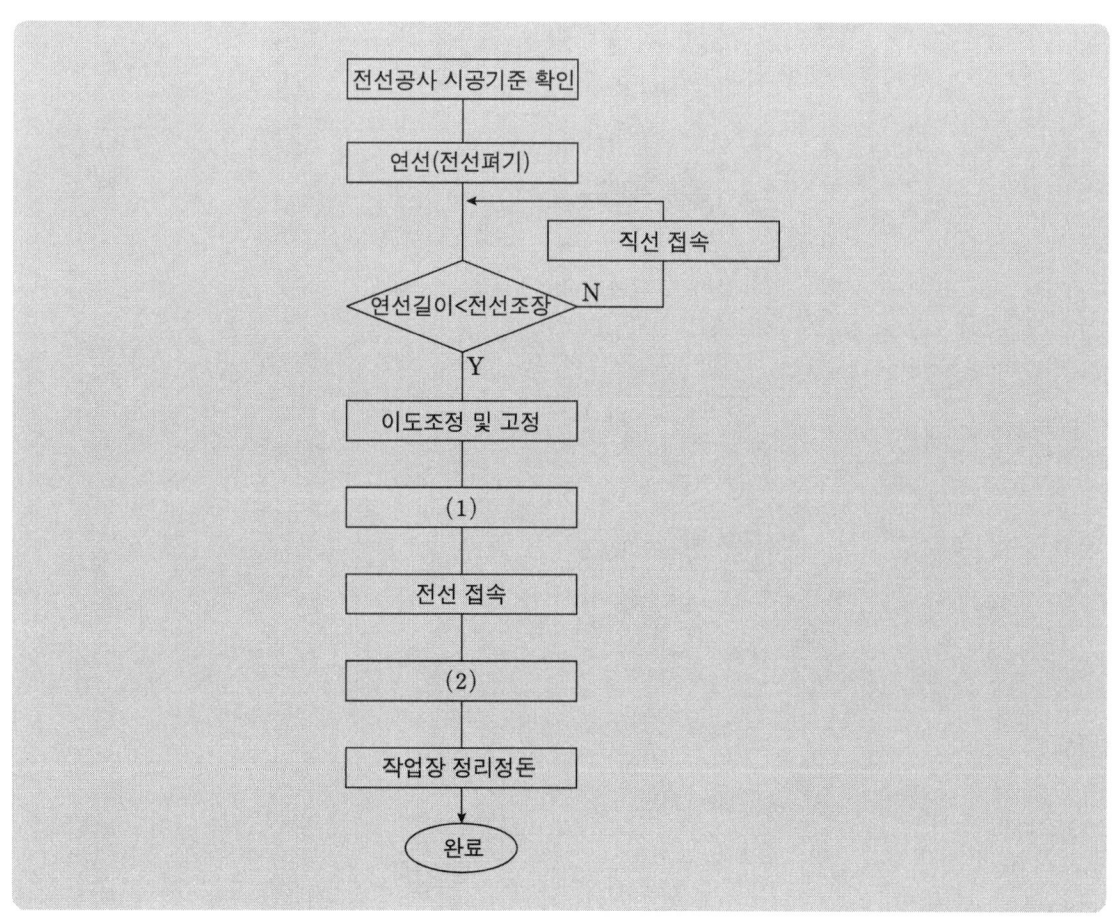

> 정답

(1) 바인드 시공
(2) 절연 처리

14 전선로 - 지중전선로

전기공사표준작업절차서 중 가공배전선로에서 전선 접속 작업흐름도이다. 흐름도가 옳도록 (1), (2), (3)에 들어갈 알맞은 용어를 답란에 쓰시오.

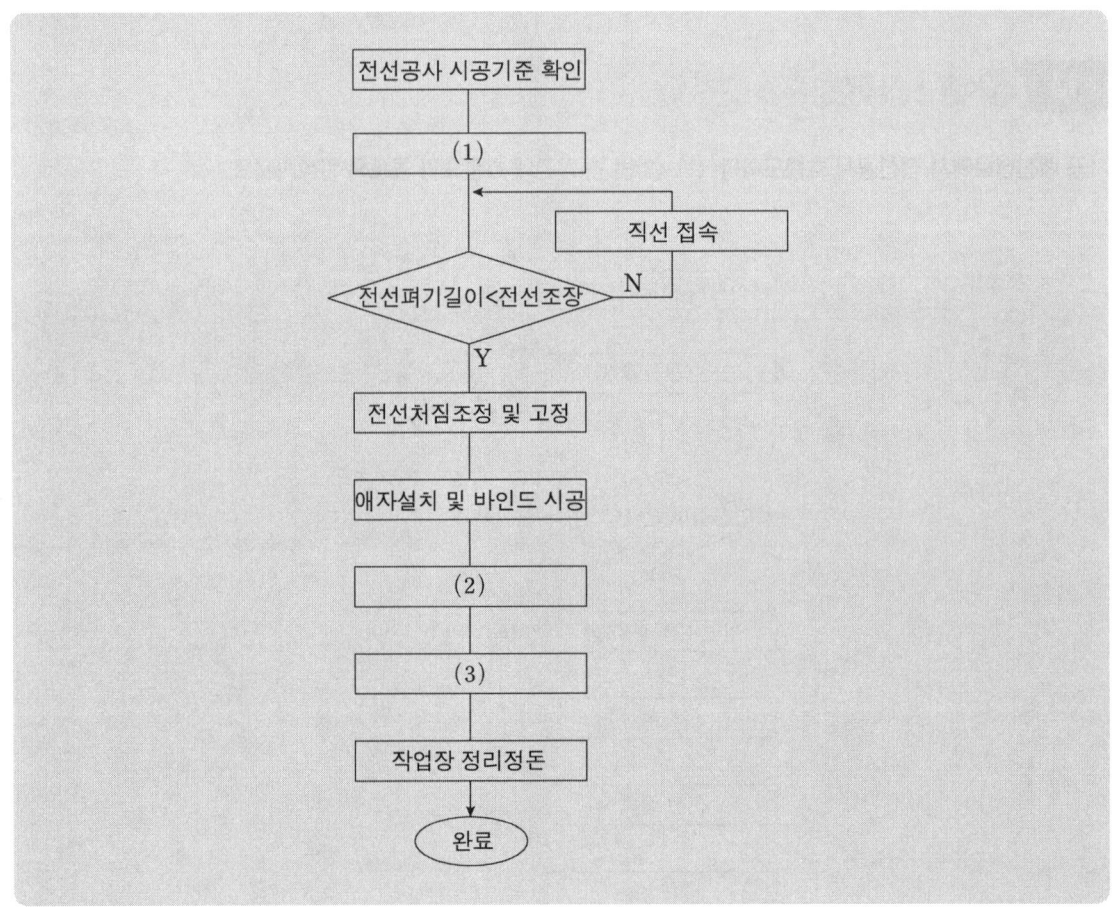

> 정답

(1) 전선펴기
(2) 전선 접속
(3) 충전부 절연 처리

15 전선로 - 지중전선로

가공 배전선로에 인입선 공사의 시공 흐름도이다. 챠트를 참고하여 (1), (2), (3) 번호의 빈공간에 흐름도가 옳도록 완성하시오.

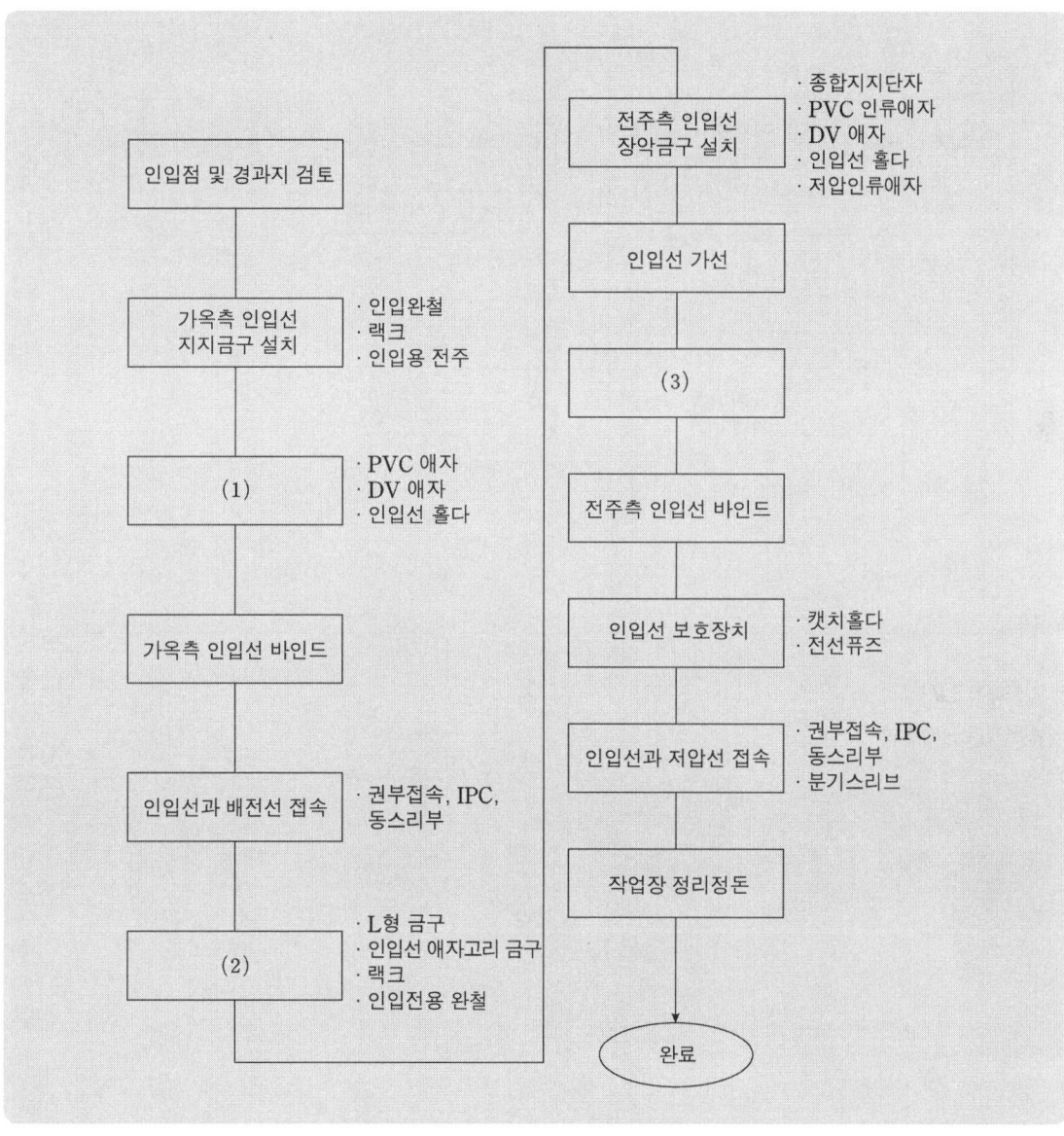

정답

(1) 가옥측 인입선 장악금구 설치
(2) 전주측 인입선 지지금구 설치
(3) 인입선 이도조정

16 전선로 – 지중전선로

가공배전공사에서 지선공사에는 보통지선공사와 수평지선공사가 있다. 지선, 지주 시공 흐름선도에서 수평지선공사 ①, ②에 흐름도를 완성하시오.

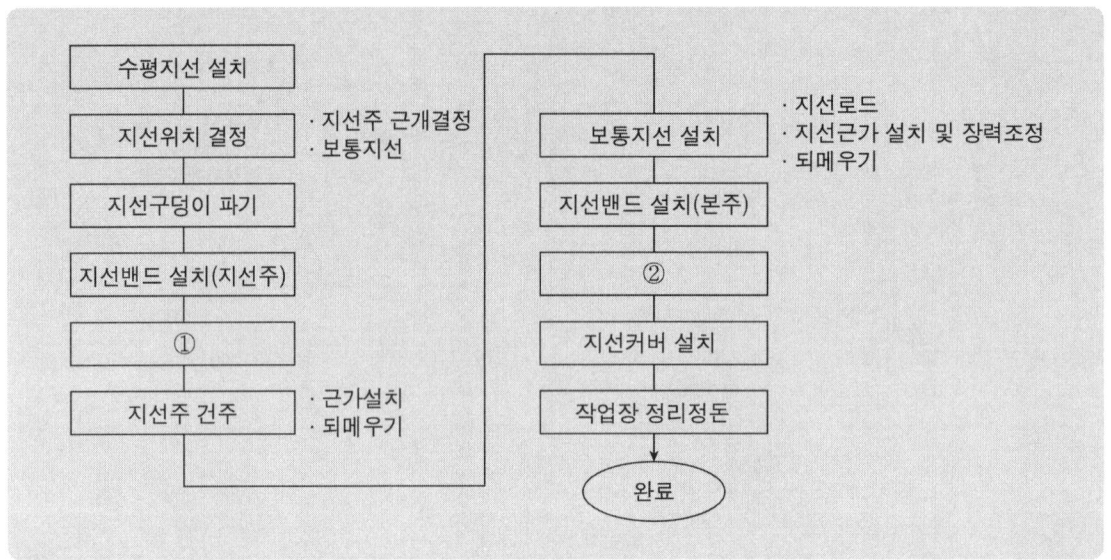

정답

① 지선애자 설치
② 수평지선 장력조정

ELECTRIC WORK

10 배전 활선

1. 정전

   1) 정전의 5 단계

      - 1단계 : 작업 전 전원 차단
      - 2단계 : 전원 투입의 방지(시건장치 및 통전금지 표지판 설치)
      - 3단계 : 작업 장소의 무전압 여부 확인(잔류 전하 방전 → 검전기 사용)
      - 4단계 : 단락 접지(단락 접지 기구 사용)
      - 5단계 : 작업 장소의 보호

2. 활선

   1) 활선근접작업

      나도체(22.9[KV]ACSR-OC절연전선포함) 상태에서 이격거리 이내 근접하여 작업함을 말한다. 단, DC60[V] 이상 1.5[kV] 미만은 절연물로 피복된 경우 피복이 제거된 나도체된 부분부터 이격거리 내에 작업할 때를 말한다.

   2) 활선작업공구

      (1) 고무브랑켓 : 활선 작업 시 작업자에게 위험한 충전 부분을 절연하기에 아주 편리한 고무판으로써 접거나 둘러쌓을 수도 있고 걸어 놓을 수도 있는 다목적 절연 보호장구이다. 주로 변압기 1, 2차측 내장애자개소, COS 등 덮개류로 절연하기 어려운 여러 가지 개소에 사용한다.

      (2) 그립올 크램프 스틱 : 활선 바인드 작업 시 전선의 진동방지 및 절단된 전선을 슬리브에 삽입할 때 전선이 빠지지 않도록 잡아주며, 간접 작업 시 활선 장구류(덮개)의 설치 및 제거 등 여러 용도로 사용되는 절연봉

      (3) 나선형(스파이얼) 링크스틱 : 작업 장소가 좁아서 스트레인 링크스틱을 직접 손으로 안전하게 설치할 수 없을 때 사용하는 절연 장구

      (4) 데드앤드 덮개 : 활선 작업 시 작업자가 현수애자 및 데드앤드 클램프에 접촉되는 것을 방지하기 위하여 사용되는 절연 장구

      (5) 라인호스(전선커버) : 활선 작업자가 활선에 접촉되는 것을 방지하고자 절연 고무관으로로 전선을 덮어 씌워 절연하는 장구로써 유연성이 있어 설치, 제거가 용이하고 내면이 나선형으로 굴곡이 져 있어서 취부개소로부터 미끄러지지 않는다.

      (6) 라쳇트형 전선커터 : 이 전선 절단기는 아주 제한된 작업 구간 내에서 전선, 점퍼선, 바인드선 등을 절단할 수 있는 절연장구

(7) 롤러링크 스틱 : 전주 교체시 전주에 전선이 닿지 않도록 전선을 벌려 주어야 할 때 봉의 밑 고리에 로우프를 메어 양편으로 잡아당겨 전선 간격을 빌려주어 전주 교체 작업이 수월하도록 사용되는 절연장구

(8) 바이패스 점퍼스틱 : 활선 작업 시 점퍼선을 절단할 필요가 있을 때 정전되지 않도록 전류를 바이패스 시켜주는 절연봉과 케이블, 클램프로 구성된 장구

(9) 애자덮개 : 활선 작업 시 특고압 핀애자 및 라인포스트 애자를 절연하여 작업자의 부주의로 접촉되더라도 안전사고가 발생하지 않도록 사용되는 절연 덮개

(10) 와이어 홀딩스틱 : 점퍼선 작업 시 형태잡기, 구부리기, 위치 잡아주기 등 기타 작업시에 전선을 다각도에서 잡아주는 데 편리하고 안전하게 작업 할 수 있는 장구

(11) 와이어 통 : 핀 애자나 현수애자의 장주에서 활선을 작업권 밖으로 밀어낼 때 사용하는 절연봉

(12) 절연고무장화 : 활선 작업 시 작업자가 전기적 충격을 방지하기 위하여 고무장갑과 더불어 이중절연의 목적으로 작업화 위에 신고 작업할 수 있는 절연장구

(13) 핫스틱 텐션풀러 : 내장형 장주에서 현수애자 교체 또는 이도 조정 작업시 전선의 장력을 잡아주는 라쳇트(기계식)식으로 된 절연장구

(14) 회전 갈퀴형 바인드 스틱 : 주로 바인드 선을 감거나 풀 때 많이 사용되는 봉으로써 전선에 캄아롱(장선기와 조합시켜 전선을 장악하는데 사용)을 부착할 때 고리에 갈퀴를 걸어 사용한다.

(15) 활선 클램프 : 활선 작업 시 분기 고리와 결합하여 COS 1차측 인하선에 연결하는 금구류로 가공 배전선로의 장력이 걸리지 않는 장소에 사용

(16) 활선 피박기 : 활선 상태에서 전선의 피복을 벗기는 공구

3) 감전 위험이 있는 전기설비 부위에 활선 표시장치를 해야 할 3가지 개소

(1) 수전점 개폐기의 전원 측 부하 측 각상

(2) 분기 회로 개폐기의 전원 측 부하 측 각상

(3) 변압기 등 의 전원 측 부하 측 각상

4) 배전활선 무정전 공법

(1) 이동용 변압기 공법

(2) 바이패스 케이블 공법

(3) 공사용 개폐기 공법

01 배전 활선

"활선근접작업"이란 어떤 상태에서의 작업을 말하는지 상세히 쓰시오.

정답

나도체(22.9[kV], ACSR-OC 절연 전선 포함) 상태에서 이격거리 이내 근접하여 작업하는 것으로, DC60[V] 이상 1.5[kV] 미만은 절연물로 피복된 경우 피복이 제거된 나도체된 부분부터 이격거리 이내에서 작업할 때를 말한다.

02 배전 활선

배전선로의 무정전 공법 3가지를 쓰시오.

정답

- 이동용 변압기 공법
- 바이패스 케이블 공법
- 공사용 개폐기 공법

03 배전 활선

활선작업을 할 때에 필요한 사항으로 다음 각 물음에 대하여 답하시오.

(1) 활선 장구의 종류 5가지를 쓰시오.
(2) 충전되어 있는 활선을 움직이거나 작업권 밖으로 밀어낼 때 등에 사용되는 절연봉을 다른 말로 무엇이라 하는가?

정답

(1) 라인호스, 절연고무장화, 고무브랑켓트 그립올 크램프 스틱, 와이어 통
(2) 와이어 통(Wire tong)

04 배전 활선

다음은 활선 장구에 대한 용어이다. 다음 각 물음에 답하시오.

(1) 와이어 통(Wire tong)의 사용 목적을 쓰시오.
(2) 애자 커버의 사용 목적을 쓰시오.

정답

(1) 핀 애자나 현수애자의 장주에서 활선을 작업권 밖으로 밀어낼 때 사용하는 절연봉
(2) 활선 작업 시 특고압 핀애자 및 라인포스트 애자를 절연하여 작업자의 부주의로 접촉되더라도 안전사고가 발생하지 않도록 사용되는 절연 덮개

05 배전 활선

활선 클램프란 무엇인지 설명하시오.

정답

활선 작업 시 분기 고리와 결합하여 COS 1차측 인하선에 연결하는 금구류로 가공 배전선로의 장력이 걸리지 않는 장소에 사용

06 배전 활선

절연전선으로 가선된 배전선로가 활선상태인 경우 전선의 피복을 벗기는것은 매우 곤란한 작업이다. 이와 같은 활선상태에서 전선의 피복을 벗기는 공구로는 무엇을 사용하는지 그 공구 명칭을 쓰시오.

정답

활선 피박기

07 배전 활선

배전 활선 바인드 작업시 전선의 진동을 방지하기 위하여 전선을 잡아주거나 절단된 전선을 슬리브로 연결할 때에 전선을 빠지지 않도록 잡아당길 수 있는 스틱은 다음 중 어느 것인가?

(1) Grip-all clamp stick
(2) Strain link stick
(3) Riller link stick
(4) spiral link stick

정답

Grip-all clamp stick

08 배전 활선

정전작업 전 작업순서 5단계를 쓰시오.

정답

① 작업 전 전원차단(DS개로, 잔류전하방전)
② 전원 투입 방지(잠금장치, 경고표시장치)
③ 작업 장소 무전압 확인(검전기사용)
④ 단락접지
⑤ 작업장소의 보호(충전부 절연용 방호구 설치)

09 배전 활선

감전의 위험이 있는 전기시설의 부위에는 전기의 가압 여부를 식별할 수 있는 활선 표시장치 등을 각 상에 부착하도록 권장하고 있다. 이 활선 표시장치를 하여야 할 곳에 대하여 3개소로 구분하여 쓰시오.

정답

① 수전점 개폐기의 전원측 및 부하측 각상
② 분기회로 개폐기의 전원측 및 부하측 각상
③ 변압기 등의 전원측 및 부하측 각상

ELECTRIC WORK

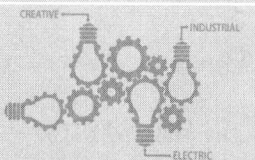

11 전력공학

01 KEC 우선 순위 핵심 문제

심야 전력용 기기를 정액제로 하는 경우 인입구 장치 배선은 그림과 같다. 물음에 답하시오.

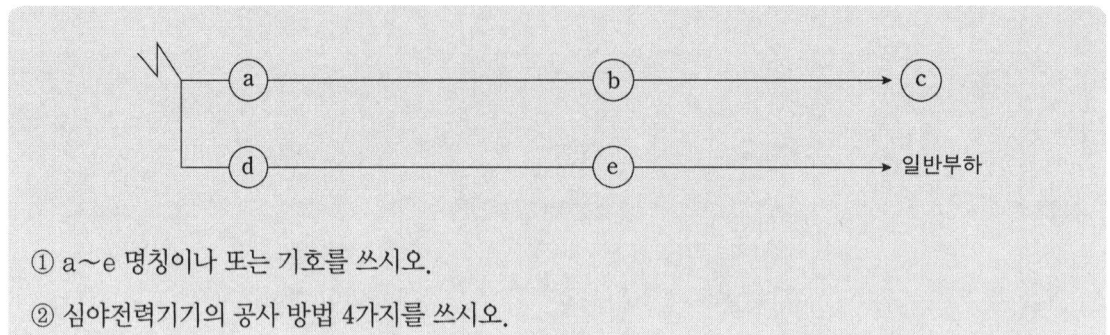

① a∼e 명칭이나 또는 기호를 쓰시오.
② 심야전력기기의 공사 방법 4가지를 쓰시오.

정답

① ∘ a : 타임스위치(TS) ∘ b : 인입구 장치
   ∘ c : 심야 전력 기기 ∘ d : 전력량계(WH)
   ∘ e : 인입구 장치

② ∘ 금속관 공사 ∘ 케이블 공사
   ∘ 합성수지관공사 ∘ 금속제 가요전선관공사

02 KEC 우선 순위 핵심 문제

다음 그림은 심야 전력기기의 인입구 장치 부분의 배선을 나타낸 것이다. 그림은 어떤 경우의 시설을 나타낸 것인가?

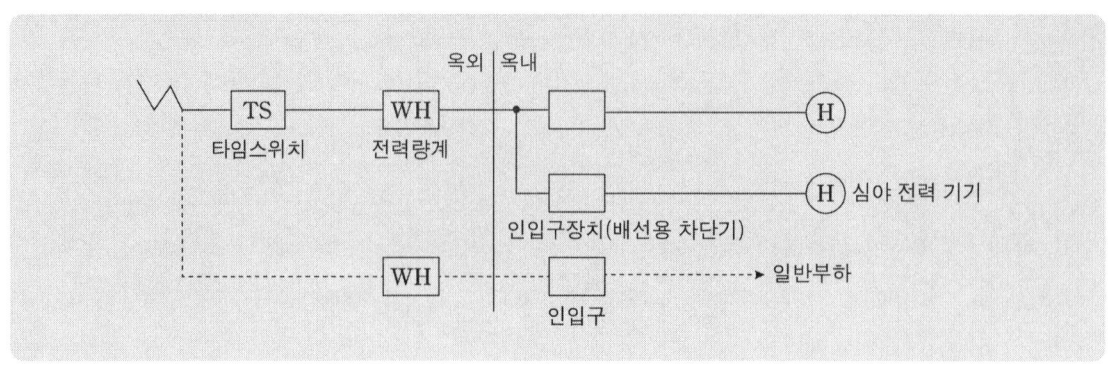

정답

종량제

03 KEC 우선 순위 핵심 문제

다음 그림은 심야 전력기기의 인입구 장치부분의 배선을 나타낸 것이다. 그림은 어떤 경우의 시설을 나타낸 것인가?

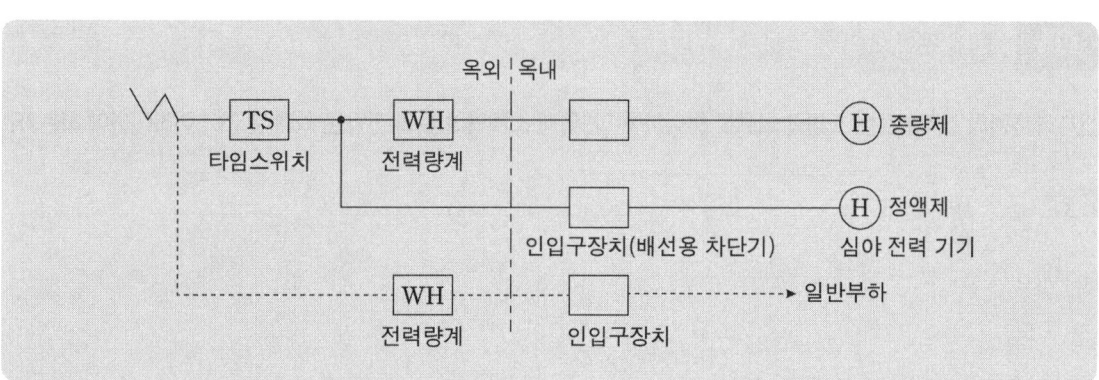

정답

정액제 및 종량제 병용

04 KEC 우선 순위 핵심 문제

배전선로의 형태 분류시 종류를 4가지 쓰시오.

정답

① 수지식(방사상식) ② 환상식(Loop식)
③ 저압 네트워크(망상식) ④ 저압 뱅킹방식

05 KEC 우선 순위 핵심 문제

고압 배전계통의 배전 방식 중 사고가 났을 때 정전 범위를 가장 좁게 할 수 있는 배전방식은?

정답

망상식(Network System)

06 KEC 우선 순위 핵심 문제

전자 개폐기의 조작회로는 소세력 회로로 하여야 한다. 이때 소세력 회로의 전압은 최대 몇 [V] 이하이어야 하는가?

정답

60 [V]

07 KEC 우선 순위 핵심 문제

조가선(Messenger Wire)란 무엇인지 간단히 설명하시오.

정답

가공전선로의 케이블 또는 통신 케이블을 지지하기 위한 강철선

08 KEC 우선 순위 핵심 문제

사고가 났을 때 정전 범위를 가장 좁게 할 수 있는 배전 방식은?

정답

저압 네트워크 배전 방식

09　KEC 우선 순위 핵심 문제

수전 방식에서 다음 그림 및 특징을 보고 무슨 수전방식인지 기입하시오.

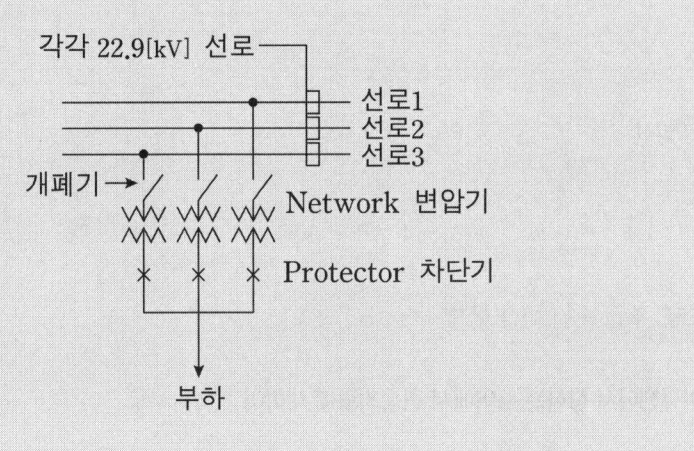

[특징]

① 무정전 공급이 가능하다.　　② 효율 운전이 가능하다.
③ 전압 변동률이 적다.　　　　④ 전력 손실을 감소시킬 수 있다.
⑤ 부하 증가에 대한 적응성이 크다.

정답

스포트 네트워크(Spot-network) 수전방식

10　KEC 우선 순위 핵심 문제

배전변전소 또는 발전소로부터 배전간선에 이르기까지의 도중에 부하가 접속되어 있지 않은 선로를 무엇이라 하는가?

정답

급전선

11 KEC 우선 순위 핵심 문제

배전 방식 중에 저압 네트워크 방식, 선상 뱅킹 방식, 환상 뱅킹 방식 등이 있다. 이들 중 계통의 신뢰도가 가장 우수한 계통 구성 방법은?

정답

저압 네트워크 방식

12 KEC 우선 순위 핵심 문제

한국전기설비규정에서 정하는 용어에서 관등회로에 대하여 기술하시오.

정답

방전등용 안정기로부터 방전관까지의 전로

13 KEC 우선 순위 핵심 문제

부하의 역률 개선에 대한 다음 물음에 답하시오.

(1) 부하설비의 역률이 저하하는 경우, 수용가가 볼 수 있는 손해 4가지를 쓰시오.
(2) 역률을 개선하는 원리에 대해 간단히 설명하시오.

정답

(1) ① 전력손실이 커진다.   ② 전기요금이 증가한다.
    ③ 전압강하가 커진다.   ④ 전원설비 용량이 증가한다.

(2) 전력용 콘덴서를 부하와 병렬로 연결하여 진상전류를 공급하여 무효전력을 감소시켜 역률을 개선한다.

14　KEC 우선 순위 핵심 문제

조상 설비에 대한 설명을 쓰시오.

1) 조상설비를 설치하는 목적은?
2) 조상설비 3가지를 쓰시오.

정답

1) 무효전력을 제어하여 송전 손실 경감 및 안정도 향상
2) ◦ 동기조상기　　　　　　　　　　◦ 분로리액터
　　◦ 전력용 콘덴서　　　　　　　　◦ 정지형 무효 전력 보상장치

15　KEC 우선 순위 핵심 문제

전선로 부근이나 애자 부근(애자와 전선의 접속 부근)에 임계 전압 이상이 가해지면 전선로나 애자 부근의 공기의 절연이 부분적으로 파괴되는 현상이 발생하는데 이것을 무슨 현상이라고 하는가? 그리고 이러한 현상이 미치는 영향과 방지 대책을 간단하게 답하시오.

◦ 현상 :
◦ 영향 :
◦ 대책 :

정답

◦ 현상 : 코로나 현상
◦ 영향 : ① 코로나 손실이 발생(전력손실)　　② 코로나 잡음에 의한 전파 장해 발생
　　　　③ 전선의 부식　　　　　　　　　　④ 통신선으로의 유도장해 발생
◦ 대책 : ① 굵은 전선을 사용한다.(ACSR, 중공연선)　② 복도체 방식을 사용한다.
　　　　③ 가선금구를 개량한다.

※ 코로나 임계 전압 $E_0 = 24.3 m_0 m_1 \delta d \log_{10} \dfrac{D}{r}$ [kV]

여기서, m_0 : 표면계수, m_1 : 날씨계수, $\delta = \dfrac{0.386b}{273+t}$: 상대 공기밀도

d[cm] : 전선직경, r[cm] : 전선반경, D[cm] : 선간거리, b : 기압, t : 온도

$$\dfrac{D}{r} = \dfrac{2D}{r}$$

※ 코로나 피크식 $P = \dfrac{241}{\delta}(f+25)\sqrt{\dfrac{d}{2D}}(E-E_0)^2 \times 10^{-5}$ [kW/km/선]

여기서, f[Hz] : 주파수, E[kV] : 전선에 걸리는 대지전압, E_0[kV] : 코로나 임계전압

16 KEC 우선 순위 핵심 문제

345[kV] 변전소 모선에 알루미늄 파이프(AL TUBE) 설치 시 알루미늄 파이프에 단위 길이당 중앙 하단에 직경 10[mm]의 구멍을 뚫는다. 그 이유는?

정답

결로에 의해 알루미늄 파이프 내부에 생긴 수분제거

17 KEC 우선 순위 핵심 문제

송전방식에는 교류송전 방식과 직류송전 방식이 있다. 직류 송전 방식의 장점을 3가지만 쓰시오.

정답

1) 장점
   ① 선로의 리액턴스가 없으므로 안정도가 높다
   ② 유전체손 및 충전용량이 없고 절연 내력이 강하다
   ③ 비동기 연계가 가능하다
   ④ 단락전류가 적고 임의 크기의 교류계통을 연계 시킬수 있다

⑤ 코로나손 및 전력 손실이 적다
⑥ 표피효과나 근접 효과가 없으므로 실효 저항의 증대가 없다

2) 단점
① 전력 변환 장치가 필요하다.
② 전압의 승압 및 강압이 어렵다.
③ 고조파 억제 대책이 필요하다.

18 KEC 우선 순위 핵심 문제

전등 수용가에 대한 배전 방식 비교에서 3상 4선식배전방식의 장·단점을 쓰시오.

(1) 장점 3가지
(2) 단점 3가지

정답

(1) 장점
　① 공급 능력 최대
　② 경제적 배전 방식
　③ 배전 설비의 단순화

(2) 단점
　① 부하 불평형 발생
　② 동력 부하 기동시 플리커 현상 발생 우려
　③ 중성선 단선시 이상 전압 유입

19 KEC 우선 순위 핵심 문제

3상 3선식과 비교에서 3상 4선식 다중 접지 배전방식의 장,단점을 쓰시오.

> 정답

- 장점
  ① 고저압 혼촉 시 저압측 전위상승 낮다.
  ② 지락고장 시 건전상 전위상승 1.3배 이하
  ③ 변압기의 단절연이 가능하여 경제적이다.
  ④ 이중 고장 발생확률이 적다.

- 단점
  ① 지락전류가 커져서 통신 유도장해를 발생시킨다.
  ② 지락전류가 커져서 안정도가 나쁘다.
  ③ 지락전류가 단락전류보다 커지는 경우가 있어 차단기의 용량이 증대

20 KEC 우선 순위 핵심 문제

복도체 방식을 사용하는 경우는 단도체 방식에 비하여 인덕턴스와 정전용량이 몇 [%] 증가 또는 감소하는지를 수치를 사용하여 설명하시오.

> 정답

① 인덕턴스 : 20[%]~30[%] 감소
② 정전용량 : 20[%]~30[%] 증가

21 KEC 우선 순위 핵심 문제

전력 퓨즈(PF)가 갖추어야 할 기능 2가지를 쓰시오.

> 정답

① 부하 전류는 안전하게 통전시켜야 한다.
② 어떤 일정값 이상의 과전류는 차단하여 전로나 기기를 보호하여야 한다.

22 KEC 우선 순위 핵심 문제

시가지에서 고압 가공 전선로에는 별도의 단서가 없는 한 긍장 몇 [km] 이하마다 개폐기를 설치해야 하는가?

정답

2 [km]

23 KEC 우선 순위 핵심 문제

유입개폐기, 고압 컷아웃, 단로기, 전력 퓨즈 중 고전압 옥내 배선에서 단락 보호용으로 쓰이는 것은?

정답

전력 퓨즈

- 유입 개폐기 : 통상의 부하 전류를 개폐
- 고압 컷아웃 : 변압기 1차측에 설치하는 과전류 차단기
- 단로기 : 무 부하 회로의 전로를 개폐하는 것
- 전력 퓨즈 : 회로를 단락사고로부터 보호하는 것

24 KEC 우선 순위 핵심 문제

다음 보기를 식으로 정확히 나타내시오.

① 수용률
② 부하률
③ 부등률

정답

① 수용률 = $\dfrac{\text{최대수용전력[kW]}}{\text{설비용량[kW]}} \times 100$

② 부하율 = $\dfrac{\text{평균수용전력[kW]}}{\text{합성 최대수용전력[kW]}} \times 100$

※ 부하율이 클수록 그에 대한 공급설비가 유효하게 사용됨

③ 부등률 = $\dfrac{\text{각 개 최대수용전력의 합(설비용량} \times \text{수용률)[kW]}}{\text{합성 최대수용전력[kW]}}$

25 KEC 우선 순위 핵심 문제

최근 전력기기가 대용량화됨에 따라 기기의 부분방전 여부가 기기의 수명에 크게 영향을 미치고 있다. 부분방전에 대하여 설명하시오.

정답

절연물 표면에서 집중되는 고전계에 의한 부분적인 표면 방전과 절연물 내부에 존재하는 공극이나 기포에 발생하는 내부 방전이 있다.

26 KEC 우선 순위 핵심 문제

정격 소비 전력이 몇 [kW] 이상이면 전기기계기구에 전기를 공급하기 위한 전로에 전용의 개폐기 및 과전류 차단기를 시설하는가?

정답

3[kW]

27 KEC 우선 순위 핵심 문제

다음 ( ) 안에 알맞은 내용을 쓰시오.

"직류전기설비의 접지시설을 양(+)도체에 접지하는 경우는 (①)에 대한 보호를 하여야 하며, 음(-)도체에 접지하는 경우는 (②)를 하여야 한다.

정답

① 감전
② 전기부식방지

28 KEC 우선 순위 핵심 문제

사용전압 15[kV] 이하인 특고압 가공전선로의 중성선에 다중접지를 하는 경우에는 다음에 의하여야 한다. 물음에 답하시오.

(1) 접지선으로 공칭단면적 몇 [mm²] 이상의 연동선이어야 하는가?
(2) 접지개소 상호간의 거리는 몇 [m] 이하인가?
(3) 1[km] 마다 중성선과 대지와의 사이에 합성 전기저항치는 몇 [Ω] 이하이어야 하는가?

정답

(1) 6[mm²]
(2) 300[m]
(3) 30[Ω]

29 KEC 우선 순위 핵심 문제

SF_6 가스차단기에 대한 특징 5가지만 쓰시오.

> 정답

① 밀폐구조이므로 소음이 적다.
② 절연거리를 적게 할 수 있어 차단기 전체를 소형화, 경량화 할 수 있다.
③ 근거리 고장 등 가혹한 재기전압에 대해서도 성능이 우수하다.
④ 소호시 아크가 안정되어 있어 차단저항이 필요없고 접촉자의 소모가 극히 적다.
⑤ 가스 중에 수분이 존재하면 내전압 성능이 저하하고 저온에서 가스가 액화되므로 겨울철에는 보온장치 등이 필요하다.

30 KEC 우선 순위 핵심 문제

가스차단기의 절연에 주로 사용되는 SF_6 가스의 특징 중 전기적 성질 4가지를 쓰시오.

> 정답

1) 물리적, 화학적 성질
    ① 열전달성이 뛰어나다
    ② 불활성 가스이므로 안정적이다
    ③ 무색 무취 무해 불연성 가스이다
    ④ 열적 안정성이 뛰어나다

2) 전기적 성질
    ① 절연 내력이 높다
    ② 소호 성능이 뛰어나다
    ③ 아크가 안정되어 있다
    ④ 절연회복이 빠르다

31. KEC 우선 순위 핵심 문제

차단기의 동작 책무에 의해 차단기를 재투입할 경우 전자기계력에 의한 반발력을 견디어야 하는데 차단기의 정격 투입전류는 최대(정격) 차단 전류의 몇 배 이상을 선정하는지 쓰시오.

정답

2.5 배

32. KEC 우선 순위 핵심 문제

리액터의 종류 4가지를 쓰고 그 사용목적을 쓰시오.

정답

① 분로리액터 : 페란티 현상의 방지
② 직렬 리액터 : 제5고조파 제거
③ 소호 리액터 : 지락전류의 제한
④ 한류 리액터 : 단락전류의 제한

33. KEC 우선 순위 핵심 문제

자동 고장 구분 개폐기(ASS)의 설치시 주의사항을 아는 대로 4가지만 쓰시오.

정답

① 최소 동작전류 확인
② 외부제어 전원의 확인
③ 돌입전류 억제기능 정정
④ 계통확인 동작기능 정정
⑤ 수변전 설비용량 검토
⑥ 설치장소 및 위치결정
⑦ 제품사용 결정
⑧ 한국 전력 공사와 협의한다.

34 KEC 우선 순위 핵심 문제

변전소의 모선 보호방식을 열거하시오.

| 정답 |

① 방향 비교 계전방식 ② 위상 비교 계전방식
③ 전압 차동 계전방식 ④ 전류 차동 계전방식

35 KEC 우선 순위 핵심 문제

저압뱅킹방식에서 캐스 케이딩이란?

| 정답 |

변압기 또는 선로의 사고에 의해서 뱅킹 내의 건전한 변압기의 일부 또는 전부가 차단되는 현상

36 KEC 우선 순위 핵심 문제

345[kV] 모선 보호용 변류기는 다음 사항에 유의하여 적용하여야 하는데 1가지 누락된 사항이 있다. 간략하게 쓰시오.

> ① 모선 보호용 변류기는 전용으로 설치 적용한다.
> ② 모선 보호용 변류기는 각 계열마다 독립하여 설치한다.
> ③ 전압 차동 모선보호 방식에서 각 변류기는 가능한 동일 특성의 동일 변류비로 한다.
> ④ 모선 보호용 변류기는 외부사고에 오동작 않도록 포화특성에 유의하여 선택한다.

| 정답 |

모선 보호용 변류기는 보호 맹점이 발생하지 않도록 변류기 설치 위치에 유의할 것

37 KEC 우선 순위 핵심 문제

LPG를 주유하는 주유소의 전기설비에 대한 전기설계를 하고자 한다. 다음 사항에 답하시오.

(1) 재해 방지를 위해 이와 같은 곳에 전기설비는 어떤 설비로 설계되어야 하는가?
(2) 동력전원공급배관은 노즐공사이다. 배관으로 인한 가스 유입을 막기 위한 어떤 구조의 배관 부속품을 사용하여야 하는가?
(3) 전기기계 기구는 어떤 구조를 선택해야 하는가?
(4) 정전기에 의한 피해를 막기 위하여 어떤 공사를 하여야 하는가?

정답

(1) 방폭구조로 된 전기설비(방폭 전기설비)
(2) 압력방폭구조
(3) 방폭(내압, 압력, 유입)구조
(4) 제전기 설치 및 접지공사

38 KEC 우선 순위 핵심 문제

3상 수직 배치인 선로에서 오프셋을 주는 이유는 무엇을 방지하기 위한 것인가?

정답

수평 이격거리 차를 두어 상·하선의 혼촉(단락)방지이다.

39 KEC 우선 순위 핵심 문제

저압 지중배전 계통구성방식의 종류를 5가지를 나열하시오.

정답

① 수지상 인입방식 ② 저압뱅킹방식
③ 레귤러 네트워크 방식 ④ π(파이)형 인입방식
⑤ T형 인입방식

40 KEC 우선 순위 핵심 문제

전기사업법에서 정의하는 전기 설비의 종류 3가지를 쓰시오.

정답

① 전기사업용 전기설비
② 일반용 전기설비
③ 자가용 전기설비

41 KEC 우선 순위 핵심 문제

선로를 시공 완료하고, 선로 운전 전압으로 가압하기전에 케이블 절연층의 절연 상태를 전기적으로 확인하기 위해 행하는 준공시험은 무엇인지 쓰시오.

정답

교류 내 전압 시험

42 KEC 우선 순위 핵심 문제

다음은 무엇을 결정하는 식인가? (단, $L[\text{km}]$는 송전거리, $P[\text{kW}]$는 송전 전력)

$$V_s = 5.5\sqrt{0.6L + \frac{P}{100}}\ [\text{kV}]$$

정답

- 스틸의 식 : 경제적인 송전 전압의 결정

43 KEC 우선 순위 핵심 문제

콘덴서 설비 보호의 종류 4가지를 쓰시오.

정답

- 과전압보호
- 단락보호
- 저전압보호
- 지락보호(부족전압보호)

44 KEC 우선 순위 핵심 문제

승강로 및 승강기에 시설하는 절연 전선 및 이동케이블의 동전선의 최소 굵기를 각각 쓰시오.

1) 절연전선
2) 이동 케이블

정답

1) 절연전선 : 연선 $1.5[\text{mm}^2]$ 이상
2) 이동케이블 : $0.75[\text{mm}^2]$ 이상

45 KEC 우선 순위 핵심 문제

송전전압 66[kV]의 3상 3선식 송전선에서 1선 지락사고로 영상전류 $I_0=50$[A]가 흐를 때 통신선에 유기되는 전자 유도 전압은 어떻게 되는가? (단, 상호 인덕턴스 $M=0.05$[mH/km], 병행 거리 $l=100$[km], 주파수는 60[Hz]이다.)

정답

○ 계산과정

전자유도전압 $E_m = -j\omega Ml(\dot{I_a}+\dot{I_b}+\dot{I_c}) = -j\omega Ml(3I_0)$ 이고

여기서, I_0 : 기 유도 전류=1선 지락사고시 영상전류, $I_a I_b I_c$: 각선에 흐르는 전류

l : 전력선과 통신선이 병행한 거리, M : 상호 인덕턴스, $\omega=2\pi f$[rad/s] : 각주파수

$E_m = 2\pi \times 60 \times 0.05 \times 10^{-3} \times 100 \times 3 \times 50 = 282.74$[V]   ○ 정답 : 282.74[V]

46 KEC 우선 순위 핵심 문제

전력 시스템에서 운용 되고 있는 SCADA 시스템은 자동급전, 배전 사령실의 지역 급전 및 배전 자동화 등에 이용된다. SCADA의 기능을 3가지만 쓰시오.

정답

○ 경보기능
○ 감시 제어기능
○ 지시 및 표시 기능

※ SACDA 시스템이란 중앙제어시스템이 원격 장치를 감시제어하는 시스템을 말하며 발전, 송배전시설, 플랜트산업 등 여러 종류의 원격지 시설 장치를 중앙 집중식으로 감시하는 제어 시스템을 말한다.

47 KEC 우선 순위 핵심 문제

345[kV] 옥외 변전소 시설에 있어서 울타리의 높이와 울타리에서 충전 부분까지의 거리의 최소값은?

정답

◦ 계산과정

울타리 담등의 시설
1) 35[kV] 이하 : 거리의 합계 : 5[m]
2) 35.1[kV]~160[kV] 이하 : 거리의 합계 : 6[m]
3) 160[kV] 초과 : 1만[V]마다 12[cm]씩 가산한다.
 $6+\{(X-16)\times 0.12[m]\}$ $34.5-16=18.5$ 소수점이하 절상 이므로 $X=19$
 $6+(19\times 0.12)=8.28[m]$ ◦ 정답 : 8.28[m]

48 KEC 우선 순위 핵심 문제

전력계통에서 적용하는 보호 방식 중 방사성 계통의 단락보호에 적합하며, 계전기 간의 동작 시간차로 고장 구간을 차단하는 것으로 주보호와 후비보호를 동시에 할수 있어 경제적이지만 보호시간이 길어지는 단점을 가지는 보호 방식?

정답

한시차 계전 방식

49 KEC 우선 순위 핵심 문제

배전반 및 분전반의 시설장소 3가지만 쓰시오.

정답

① 전기회로를 쉽게 조작할 수 있는 장소 ② 개폐기를 쉽게 개폐할 수 있는 장소
③ 노출된 장소 ④ 안정된 장소

50 KEC 우선 순위 핵심 문제

단선 결선도의 흐름도이다. 흐름도를 보고 저압 배전반에 해당하는 계량장치 종류를 (   ) 안에 3가지 쓰시오.

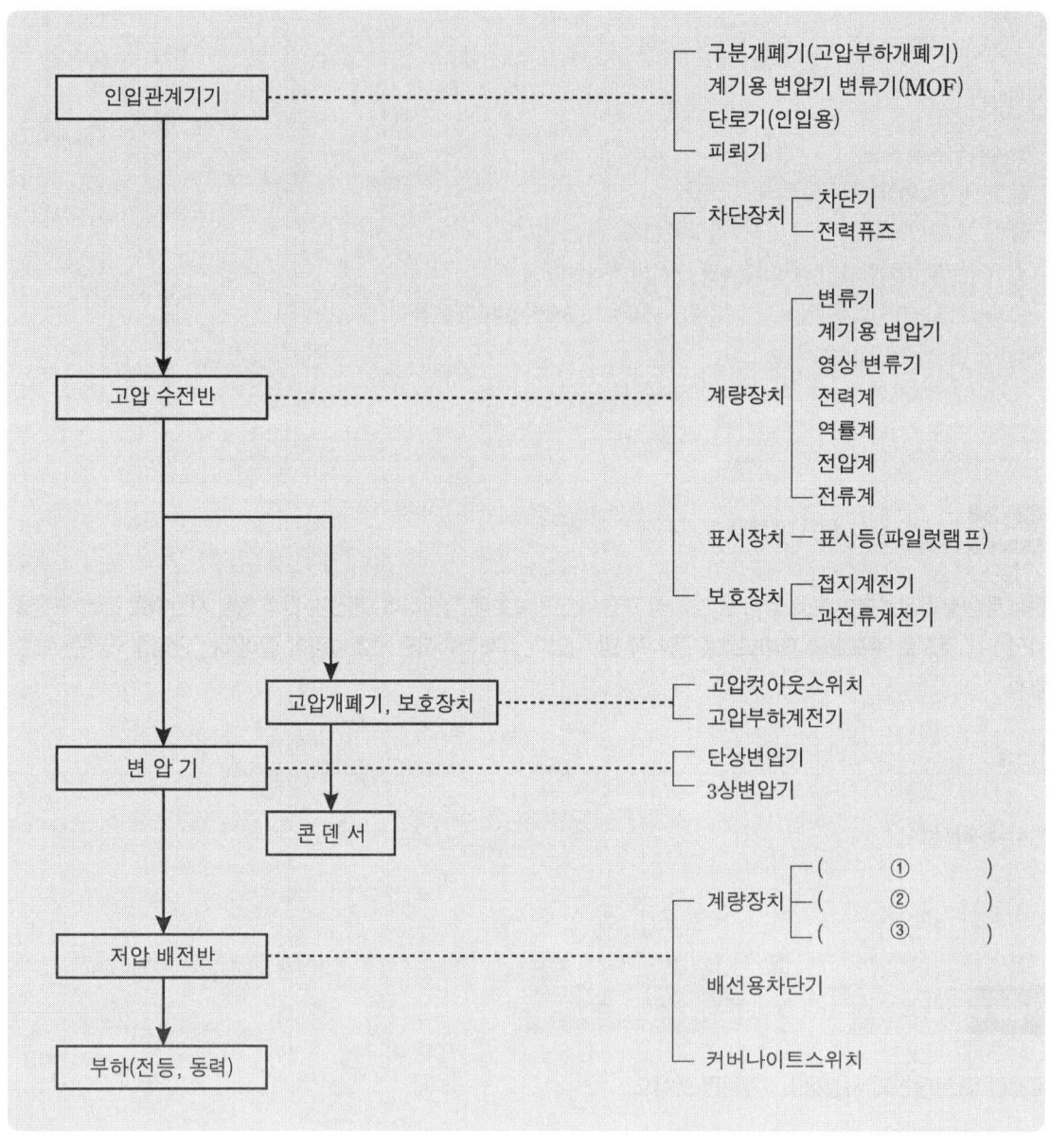

정답

① 변류기   ② 전압계   ③ 전류계

※ 주의 사항 지금 문제는 저압 배전반의 계량장치이지만 고압배전반의 계량장치도 물어보므로 같이 암기할 것

51　KEC 우선 순위 핵심 문제

가스터빈 발전설비의 장단점을 4가지씩 쓰시오.

> 정답

1) 장점
   ① 구조가 간단하고 운전 조작이 용이하다.
   ② 급속한 기동정지와 출력 조정이 가능하다.
   ③ 운전보수가 용이하며 전자동 원격조작이 가능하다.
   ④ 공기가 짧고 건설비를 절감 할수 있다.
   ⑤ 냉각수의 소요량이 적으며 입지조건의 제약이 적다.

2) 단점
   ① 값 비싼 내열 재료를 사용한다.
   ② 열효율이 대용량의 기력 발전소보다 낮다.
   ③ 공기 압축기의 소요 동력이 크다.
   ④ 개방 사이클 가스터빈은 외기 온도와 대기압의 영향을 받는다.
   ⑤ 소음이 크다.

52　KEC 우선 순위 핵심 문제

공장이나 일반건축물에 있어서 변전실의 위치 선정시 기능면과 경제면에서 고려해야할 사항 5가지를 쓰시오.

> 정답

① 부하 중심에서 가까울 것
② 인입선의 인입이 쉽고, 보수유지 및 점검이 용이한 곳
③ 간선처리 및 증설이 용이한 곳
④ 기기 반·출입하는데 지장이 없을 것
⑤ 습기, 먼지 발생이 적은 장소
⑥ 발전기, 축전기실에서 가까울 것
⑦ 천장 높이는 4[m] 이상일 것
⑧ 지반이 튼튼하고 침수 기타 재해가 일어날 염려가 적을 것
⑨ 주위에 화재 폭발 등의 위험성이 적을 것

53 KEC 우선 순위 핵심 문제

공사 계획에 의한 수전 설비의 일부가 완성되어 그 완성된 설비만을 사용하고자 할 때, 전기 설비 검사 항목 처리 지침서에 의한 검사 항목을 쓰시오.

정답

① 외관검사
③ 계측 장치 설치 상태
⑤ 절연유 내압 및 산가 측정
⑦ 절연저항 측정
② 접지저항 측정
④ 보호 장치 설치 및 동작 상태
⑥ 절연 내력 시험

54 KEC 우선 순위 핵심 문제

변전설비에서 차단기 사용전 검사 항목을 전기 설비 검사 업무 처리 지침서에 의거한 검사항목을 쓰시오.

정답

① 외관 검사
③ 절연 저항 측정
⑤ 보호 장치 설치 및 동작 상태
② 접지 저항 측정
④ 절연 내력 시험
⑥ 계측장치 설치 상태

55 KEC 우선 순위 핵심 문제

공사계획에 의한 발전설비에서 변압기 설비가 완료되었을 때 검사항목을 쓰시오.

정답

① 외관검사
③ 접지 저항 측정
⑤ 보호 계전기 설치 및 동작상태 검사
⑦ 절연유 내압시험 및 산가측정

② 절연 저항 측정
④ 절연 내력시험
⑥ 계측 장치 설치 및 동작상태 검사

56 KEC 우선 순위 핵심 문제

주상 변압기 설치 시 고려 사항을 쓰시오.

(1) 설치 전
(2) 설치 후
(3) 주상변압기 설치시 실시하는 측정 및 시험

정답

(1) 설치 전
  ① 절연저항 측정
  ② 절연유 상태(유량, 누유 상태)
  ③ 외관 상태(부싱의 손상유무), 핸드홀 커버 조임 상태
  ④ Tap changer의 위치(1차와 2차의 전압비)
  ⑤ 변압기 명판 확인

(2) 설치 후
  ① 2차 전압 측정
  ② 상측정
  ③ 변압기 이상유무 확인
  ④ 점검 및 측정결과 기록

(3) 주상변압기 설치시 실시하는 측정 및 시험 : 절연저항측정, 여자 시험, 전압비 시험, 위상각 시험, 절연유 내압시험

57 KEC 우선 순위 핵심 문제

태양광 발전설비의 장·단점을 쓰시오.

| 정답 |

태양광 발전이란 지상으로 내려쬐는 태양 에너지를 태양 전지를 이용하여 직접 전기적 에너지로 변환하는 발전 방식

1) 장점
   ① 규모에 관계없이 발전 효율이 일정하다.
   ② 태양이 내리쬐는 곳이라면 어디서나 설치할수 있고 보수가 용이하다.
   ③ 에너지원 청정, 무제한이다.
   ④ 확산광(산란광)도 이용 할수 있다.
   ⑤ 친환경 에너지 이다.

2) 단점
   ① 에너지 밀도가 낮다.
   ② 비가 오거나 흐린 날씨에는 발전 능력이 저하한다.
   ③ 설치 장소가 한정적이다.

58 KEC 우선 순위 핵심 문제

주택용 계통 연계형 태양광 발전 설비의 태양전지의 출력은?

| 정답 |

$20[\text{kW}]$

59 KEC 우선 순위 핵심 문제

태양 전지 모듈에 대한 것이다. (   ) 안에 들어갈 말과 물음에 답하시오.

① 부하측 전로에는 그 접속점에 (   )하여 (   ) 및 (   )를 시설할 것
② 전선은 (   )[KN] 이상 또는 지름 (   )[mm²]의 연동선
③ 태양전지 모듈 공사는 어떤 공사 방법을 이용하는가?
④ 모듈이란?

정답

① 근접, 개폐기, 과전류 차단기
② 1.04, 2.5
③ 합성수지관공사, 금속관공사, 금속제 가요전선관공사
④ 태양 전지의 최소 단위를 셀이라하는데 이 셀을 다수 조합한 것을 모듈이라 한다.

60 KEC 우선 순위 핵심 문제

연료전지 발전에 대하여 설명하시오.

정답

① 발전효율이 높다.
② 다양한 연료사용 가능
③ 환경 친화적이다.(공해물질 없다.)
④ 소음이 없다.(구동부가 없어)
⑤ 전기와 열(난방)이 동시 가능

61 KEC 우선 순위 핵심 문제

계통 연계란 무엇인가?

정답

둘 이상의 전력계통 사이를 전력이 상호 융통될 수 있도록 선로를 통하여 연결하는 것으로 전력계통 상호간을 송전선, 변압기 또는 직류·교류 변환설비 등에 연결하는 것

62 KEC 우선 순위 핵심 문제

분산형전원을 설치하는 경우 이상 또는 고장 발생 시 자동적으로 분산형 전원을 전력계통으로부터 분리 할수 있어야 한다. 이때 이상 또는 고장 발생의 종류 2가지를 쓰시오. (단 분산형 전원의 내부고장 및 기타 고장은 제외한다.)

정답

① 연계한 전력계통의 이상 또는 고장
② 단독 운전상태

63 KEC 우선 순위 핵심 문제

배전선로에 가장 많이 사용되는 개폐기는?

정답

- 부하개폐기
- 리클로저
- 컷아웃스위치
- 섹셔널라이저

64 KEC 우선 순위 핵심 문제

고압 개폐기의 종류에서 단로기의 기능, 용도, 기호를 쓰시오.

정답

(1) 기능 : 무부하전류(여자전류, 충전전류)개폐
(2) 용도 : 보수점검 용도로 회로접속 변경 및 회로 끊는 목적
(3) 기호 : DS

65 KEC 우선 순위 핵심 문제

변류비 100/5인 CT 2개를 그림과 같이 접속하였을 때 전류계에 8.66[A]가 흐른다고 하면, CT 1차측에 흐르는 전류는 몇 [A]인가?

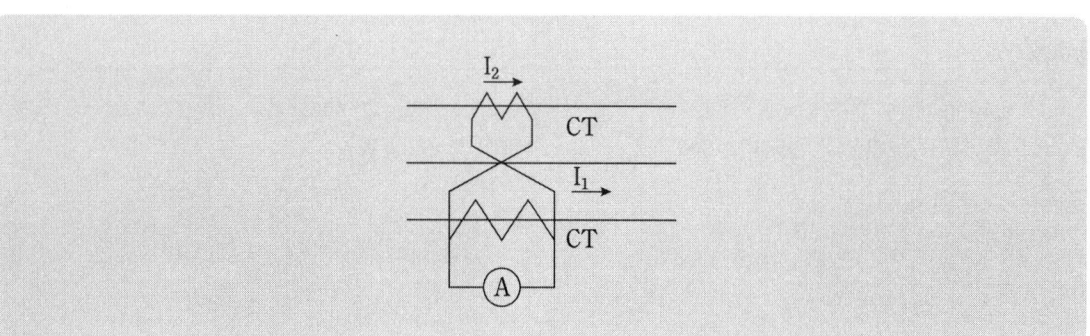

정답

$$I_1 = \frac{A}{\sqrt{3}} \times \text{변류비} = \frac{8.66}{\sqrt{3}} \times \frac{100}{5} = 99.97 = 100[\text{A}]$$

66 KEC 우선 순위 핵심 문제

최대 전류 40[A]의 특고압수전의 변류기가 60/5[A]로 되어 있다. 최대 전류의 1.2배에서 차단기를 동작시키자면 과전류 계전기의 전류 탭을 어느 것에 설명하겠는가? 과전류 계전기의 전류 탭은 2[A], 3[A], 4[A], 5[A], 6[A], 7[A], 8[A], 10[A], 12[A]로 되어 있다.

정답

$$I = I_{max} \times \frac{1}{변류비} \times 1.2 = 40 \times \frac{5}{60} \times 1.2 = 4[A]$$

67 KEC 우선 순위 핵심 문제

어느 수용설비의 3상 3선식 6[kV] 수전점에서 60/5[A] CT 2대, 6600/110[V] PT 2대를 사용하여 CT, PT의 2차측에서 측정한 전력이 600[W]로 되면 수전전력은 얼마인가?

정답

$$P_1 = 2차측\ P[W] \times 변압비 \times 변류비 = 600 \times \frac{6600}{110} \times \frac{60}{5} \times 10^{-3} = 432[kW]$$

68 KEC 우선 순위 핵심 문제

수변전설비 공사에서 차단기의 정격차단용량과 차단기 종류를 4가지만 쓰시오.

정답

① $P_s = \sqrt{3} \times 정격전압 \times 정격차단전류$
② OCB, ABB, GCB, VCB

69 KEC 우선 순위 핵심 문제

그림과 같은 계통도가 있을때 A점의 차단용량은 몇 [MVA]인가?

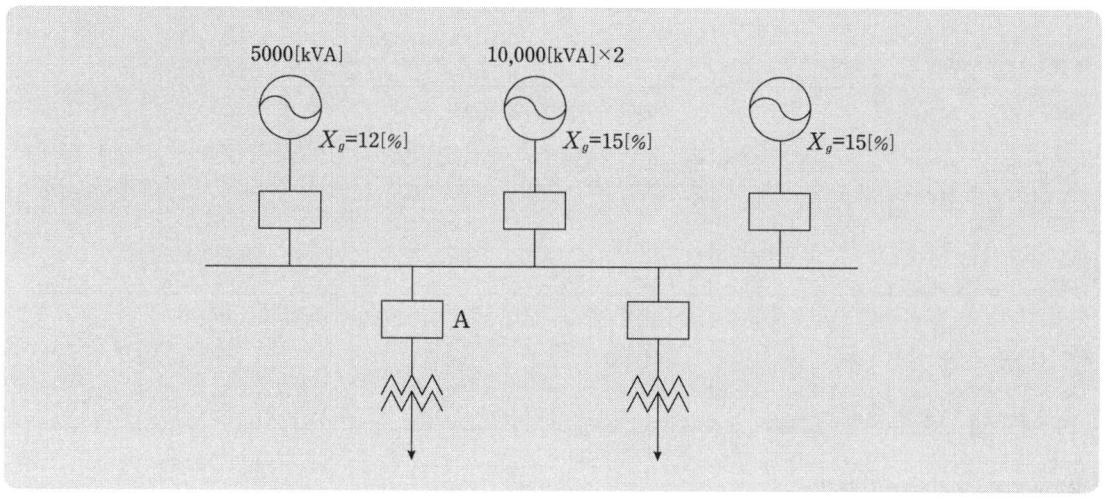

정답

◦ 계산과정

10,000[kVA] 기준 적용 $X_g = 12 \times \dfrac{10,000}{5,000} = 24[\%]$

전원측 합성임피던스는 $\%Z = \dfrac{1}{\dfrac{1}{24} + \dfrac{1}{15} + \dfrac{1}{15}} = 5.713[\%]$

$P_S = \dfrac{100}{\%Z} P = \dfrac{100}{5.713} \times 10000 \times 10^{-3} = 175.039 [\mathrm{MVA}]$

◦ 정답 : 175.04[MVA]

70 | KEC 우선 순위 핵심 문제

수용가 인입구의 전압기 22.9[kV], 주차단기의 차단용량은 250[MVA]이다. 10[MVA], 22.9/3.3[kV] 변압기의 임피던스가 5.5[%]일 때 변압기 2차측에 필요한차단기 용량을 표에서 선정하시오.

차단기 정격용량[MVA]
10, 20, 30, 50, 75, 100, 150, 200, 250, 300, 400

정답

◦ 계산과정

10[MVA] 기준, 수전점 $\%Z_S = \dfrac{100}{250} \times 10 = 4[\%]$

합성 $\%Z = 4 + 5.5 = 9.5[\%]$

$P_S = \dfrac{100}{9.5} \times 10 = 105.26[\text{MVA}]$

◦ 정답 : 150[MVA] 선정

---

71 | KEC 우선 순위 핵심 문제

부하의 역률개선에 대한 다음 각 물음에 답하시오.

(1) 역률을 개선하는 원리를 간단히 설명하시오.
(2) 부하설비의 역률이 저하하는 경우 수용가가 볼 수 있는 손해 2가지만 쓰시오.
(3) 어느 고장의 3상부하가 30[kW]이고 역률이 85[%]이다. 이것을 90[%]로 개선 하려면 전력용 콘덴서 용량은 몇 [kVA]인가?

정답

(1) 전력용 콘덴서를 부하와 병렬로 연결하여 진상전류를 공급하여 지상무효전력을 감소시켜 역률을 개선
(2) 전력손실이 크다. 전압강하가 크다. 전기요금이 증가, 전원 설비용량 증가
(3) $Q_c = 30 \times \left(\dfrac{\sqrt{1-0.85^2}}{0.85} - \dfrac{\sqrt{1-0.9^2}}{0.9} \right) = 4.06[\text{kVA}]$

72 KEC 우선 순위 핵심 문제

부하율에 대하여 설명하고 부하율이 작다는 것은 무엇을 의미하는지를 2가지로 쓰시오.

> 정답

① 공급설비를 유효하게 사용하지 못한다.
② 부하설비의 가동률 떨어진다.(평균전력과 최대전력 차가 커져서)

73 KEC 우선 순위 핵심 문제

다음 그림은 어느 공장의 일부하 곡선이다. 이 공장에서의 일부하율은 몇 [%]인가?

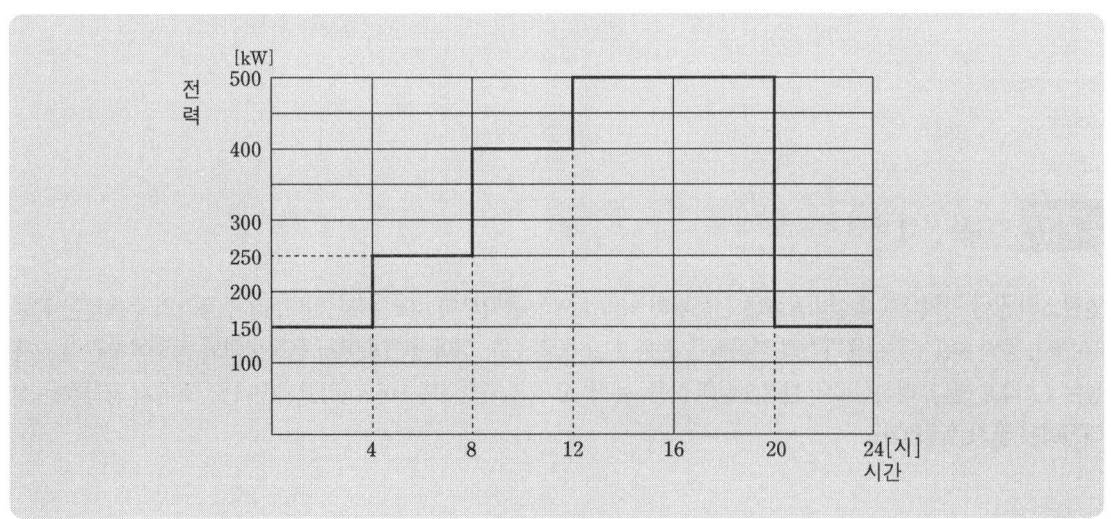

> 정답

◦ 계산과정

$$일부하율 = \frac{평균전력[kW]}{최대전력[kW]} \times 100$$

$$= \frac{150 \times 4 + 250 \times 4 + 400 \times 4 + 500 \times 8 + 150 \times 4}{500 \times 24} \times 100 = 65[\%]$$

◦ 정답 : 65[%]

74 KEC 우선 순위 핵심 문제

다음 표의 수용가 A, B, C에 공급하는 배전선로의 최대전력은 500[kW]이다. 이 때 수용가의 부등률은?

수용가	설비용량[KVA]	수용률[%]
A	300	70
B	300	60
C	400	80

정답

◦ 계산과정

$$부등률 = \frac{개별\ 최대전력\ 합(설비용량 \times 수용률)}{합성최대전력}$$

$$= \frac{300 \times 0.7 + 300 \times 0.6 + 400 \times 0.8}{500} = 1.42$$

◦ 정답 : 1.42

75 KEC 우선 순위 핵심 문제

변전소의 공급 구역내에 총설비용량은 전등부하 600[kW], 동력부하 800[kW]이다. 각 수용가의 수용률은 전등 60[%], 동력 80[%], 수용가간의 부등률은 전등 1.2, 동력 1.6, 이며 변전소에서 전등부하와 동력부하간의 부등률은 1.4라고 한다. 배전선로의 전력손실이 전등, 동력, 모두 부하전력의 10[%]라고 하면 변전소에서 공급하는 최대전력은 몇 [kW]인가?

정답

◦ 계산과정

$$전등최대전력 = \frac{600 \times 0.6}{1.2} = 300[kW]$$

$$동력최대전력 = \frac{800 \times 0.8}{1.6} = 400[kW]$$

$$전등,\ 동력부하\ 최대전력 = \frac{300+400}{1.4} = 500[kW]$$

$$P_m = 500 \times 1.1 = 550[kW]$$

◦ 정답 : 550[kW]

76 KEC 우선 순위 핵심 문제

부하전력을 그림과 같이 측정하였더니 전력계의 지시가 500[W]이었다. 부하전력은 몇 [kW]인지 계산하여라. (단, 변압비, 변류비는 각각 30, 20이다)

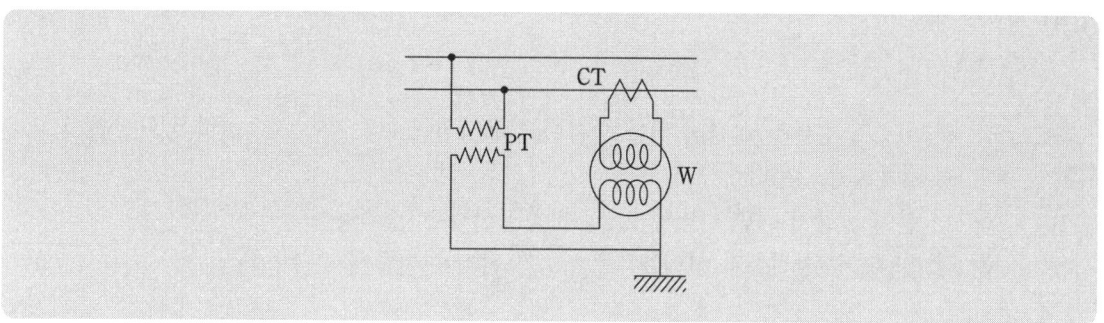

정답

$P = P[\mathrm{W}] \times 변압비 \times 변류비$

부하전력 $P = 500 \times 30 \times 20 \times 10^{-3} = 300[\mathrm{kW}]$

◦ 정답 : 300[kW]

12 변압기

1. 변압기 결선

   1) △-△ 결선

      (1) 장점

         ① 제3고조파 전류가 △결선 내를 순환하므로 정현파교류 전압을 유기하여 기전력의 파형이 왜곡되지 않는다.
         ② 1상분이 고장이 나면 나머지 2대로써 V결선 운전이 가능하다.
         ③ 각 변압기의 상전류가 선전류의 $1/\sqrt{3}$ 이 되어 대전류에 적당하다.

      (2) 단점

         ① 중성점을 접지할 수 없으므로 지락 사고의 검출이 곤란하다.
         ② 권수비가 다른 변압기를 결선 하면 순환 전류가 흐른다.
         ③ 각 상의 임피던스가 다를 경우 3상 부하가 평형이 되어도 변압기의 부하 전류는 불평형이 된다.

   2) Y-Y 결선

      (1) 장점

         ① 1차 전압, 2차 전압 사이에 위상차가 없다.
         ② 1차, 2차 모두 중성점을 접지할 수 있으며 고압의 경우 이상 전압을 감소시킬 수 있다.
         ③ 상전압이 선간 전압의 $1/\sqrt{3}$ 배이므로 절연이 용이하여 고전압에 유리하다.
         ④ 변압비, 임피던스가 달라도 순환전류 없다.

      (2) 단점

         ① 제3고조파 전류의 통로가 없으므로 기전력의 파형이 제3고조파를 포함한 왜형파가 된다.
         ② 중성점을 접지하면 제3고조파 전류가 흘러 통신선에 유도 장해를 일으킨다.
         ③ 부하의 불평형에 의하여 중성점 전위가 변동하여 3상 전압이 불평형을 일으키므로 송, 배전 계통에 거의 사용하지 않는다.

   3) Y-△, △-Y 결선

      (1) 장점

         ① 한 쪽 Y결선의 중성점을 접지 할 수 있다.
         ② Y결선의 상전압은 선간 전압의 $1/\sqrt{3}$ 이므로 절연이 용이하다.

③ 1, 2차 중에 △결선이 있어 제3고조파의 장해가 적고, 기전력의 파형이 왜곡되지 않는다.
④ Y-△ 결선은 강압용으로, △-Y 결선은 승압용으로 사용할 수 있어서 송전 계통에 융통성 있게 사용된다.

(2) 단점
① 1, 2차 선간전압 사이에 30°의 위상차가 있다.
② 1상에 고장이 생기면 전원 공급이 불가능해 진다
③ 중성점 접지로 인한 유도 장해를 발생한다.

4) V-V 결선

(1) 장점
① △-△ 결선에서 변압기 1대 고장 시 그대로 3상 공급할 수 있다.
② 장래의 부하 증설이 용이하다.

(2) 단점
① 설비의 이용률이 86.6[%]로 저하된다.
② △결선에 비해 출력이 57.7[%]로 저하된다.
③ 부하의 상태에 따라서, 2차 단자 전압이 불평형이 될 수 있다.

5) Y-Y-△의 3권선 변압기에서 3차 권선의 용도
① 제3고조파 제거
② 조상 설비 설치
③ 소내용 전원 공급

2. 변압기 운전

1) 단상 변압기 병렬 운전 조건

(1) 각 변압기의 극성이 같을 것

조건이 맞지 않을 경우 : 극성이 같지 않을 경우 2차 권선의 순환 회로에 2차 기전력의 합이 가해지고 권선의 임피던스는 작으므로 큰 순환 전류가 흘러 권선을 소손시킨다.

(2) 각 변압기의 권수비 및 1차, 2차 정격 전압이 같을 것

조건이 맞지 않을 경우 : 2차 기전력의 크기가 다르면 순환 전류가 흘러 권선을 과열시킨다.

(3) 각 변압기의 %임피던스 강하가 같을 것

조건이 맞지 않을 경우 : %임피던스 강하가 다르면 %Z가 작은 변압기에 과부하 발생한다.

(4) 각 변압기의 내부 저항과 누설 리액턴스 비가 같을 것

조건이 맞지 않을 경우 : 변압기간의 저항과 누설 리액턴스 비가 다르면 각 변압기의 전류 간에 위상차가 생겨 동손이 증가한다.

2) 3상 변압기 병렬 운전 조건

3상 변압기의 병렬 운전 조건은 단상 변압기의 병렬 운전 조건 이외의 다음 조건을 만족해야 한다.

(1) 상회전 방향이 같을 것

(2) 각 변위가 같을 것

3) 3상 변압기 병렬 운전의 결선 조합

병렬 운전 가능	병렬 운전 불가능
△-△와 △-△	
Y-△와 Y-△	△-△와 △-Y
Y-Y와 Y-Y	△-△와 Y-△
△-Y와 △-Y	△-Y와 Y-Y
△-△와 Y-Y	Y-△와 Y-Y
△-Y와 Y-△	

4) 변압기 효율이 떨어지는 경우

① 역률 저하
② 부하 변동이 심할 때
③ 유도전동기의 경부하 운전시

5) 변압기 전원을 처음 인가 시 소음 원인

① 변압기의 하부의 앵커 볼트 조임 상태 불량
② 변압기의 탭전압보다 높은 전압이 들어오는 경우
③ 변전실 내 및 외함내에서 공진 현상
④ 철심의 찌그러짐(철심의 자왜 현상)
⑤ 변압기 단자에 부스바를 직접 연결한 경우

6) 변압기 호흡작용

변압기 외부 온도와 내부에서 발생하는 열에 의해 절연유의 부피가 수축, 팽창하여 외부공기 가 변압기 내부로 출입하는 현상

7) 절연유가 구비할 조건

① 절연내력이 클 것
② 인화점이 높을 것
③ 화학적으로 안정할 것
④ 응고점이 낮을 것
⑤ 점도가 낮고 비열이 커서 냉각효과가 클 것

8) 절연유의 열화 원인

① 수분의 흡수 및 산화 작용
② 금속의 접촉작용
③ 절연재료의 영향

9) 변압기 명판에 있는 정격

정격전압, 정격용량, 냉각방식, 주파수, %Z, 정격전류, 제조번호

3. 변압기 냉각 방식과 보호 방법

1) 변압기 냉각 방식 ANSI(IEC)

(1) AA(AN) : 건식 자냉식
(2) OA(ONAN) : 유입자냉식
(3) FA(ONAF) : 유입풍냉식
(4) OW(ONWF) : 유입수냉식
(5) FOA(OFAF) : 송유풍냉식
(6) FOW(OFWF) : 송유수냉식

2) 345[kVA]·154[kVA] 변압기 보호 계전기

(1) 비율 차동 계전기

(2) 브흐흘쯔(츠) 계전기

① 원리 : 내부 고장 시 고장전류가 유입되면 절연유가 팽창하여 압력 상승가 가스가 발생하는 것을 감지하여 변압기 보호하는 장치
② 설치 위치 : 변압기 본체와 콘서베이터 사이

(3) 가스 검출 계전기

(4) 과전류 계전기

(5) 충격 압력 계전기

(6) 유온계, 유면계

(7) 방압 안전장치

4. 변압기 종류

1) 아몰퍼스 변압기의 장단점

   (1) 장점
   ① 철손과 여자 전류가 매우 적다.
   ② 전기저항이 높다.
   ③ 결정 자기 이방성이 없다.
   ④ 판의 두께가 매우 얇다.

   (2) 단점
   ① 포화 자속밀도가 낮다.
   ② 점적률이 나쁘다.
   ③ 압축응력이 가해지면 특성이 저하된다.

2) 몰드 변압기의 장단점

   (1) 장점
   ① 난연성이 우수하다.
   ② 단시간 과부하 내량이 크다.
   ③ 비폭발성이다.(화재 우려가 없다.)
   ④ 절연유를 사용하지 않으므로 보수 점검 용이하다.
   ⑤ 전력손실이 적다.

   (2) 단점
   ① 옥외 설치 시 외함이 필요하다.
   ② 소음이 크다.
   ③ 표면 접촉 시 감전 우려가 있다.
   ④ 절연내력 약하다.(서지에 약하다.)

5. 피뢰기(LA)

1) 피뢰기 설치전 점검사항

   (1) 애자부분 손상유무 점검

   (2) 피뢰기 1차, 2차단자 및 단자 볼트 이상 유무 점검

   (3) 절연저항 측정

   절연저항은 1000[V]급 메가로 1차 2차 단자간 금속부분에 1000[MΩ] 이상이면 양호
   - 피뢰기 양 단의 전압은 용량성(분압기), 누설전류는 (영상변류기)를 이용하여 측정

2) 피뢰기 접지선의 굵기 계산

$$A = \frac{\sqrt{t}}{282} \times I_s [\text{mm}^2] \quad (t=\text{고장시간},\ 22[\text{kV}]\text{급}=1.1,\ \text{낙뢰고장전류})$$

$$I_s = \frac{\text{차단용량}[\text{MVA}] \times 10^3}{\sqrt{3} \times \text{정격전압}[\text{kV}]}$$

6. 서지 흡수기(SA)

1) 서지흡수기

   (1) 개폐 서지, 순간과도전압 등의 이상 전압으로부터 2차 기기를 보호

   (2) 서지 과전압 발생 원인

   ① 차단기 개폐에 의한 과전압
   ② 뇌에 의한 과전압
   ③ 지락 사고에 의한 과전압

2) 적용범위

공칭전압[kV]	3.3	6.6	22.9
정격전압[kV]	4.5	7.5	18
공칭 방전 전류[kA]	5	5	5

차단기종류	VCB				
전압등급[kV]	3	6	10	20	30
2차보호기기					
전동기	적용	적용	적용	–	–
변압기 / 유입식	불필요	불필요	불필요	불필요	불필요
변압기 / 몰드식	적용	적용	적용	적용	적용
변압기 / 건식	적용	적용	적용	적용	적용
콘덴서	불필요	불필요	불필요	불필요	불필요
변압기와 유도기기와의 혼용 사용시	적용	적용	–	–	–

7. 컷아웃 스위치(COS)

변압기 및 주요 기기의 1차 측에 부착하여 단락 등에 의한 과전류로부터 기기를 보호하는 데 사용된다.

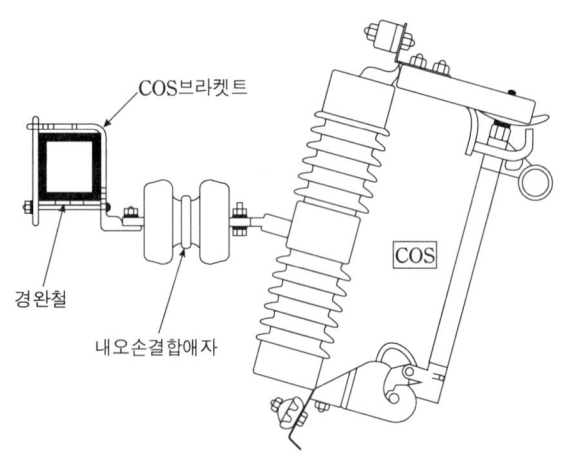

1) COS 부속품

① 브라켓트
③ COS
⑤ 퓨즈 링크

② 내오손 결합애자
④ COS 카바

01 변압기

부등률은 반드시 어디에 적용하여야 하는가?

정답

변압기 용량을 계산할 때

02 변압기

다음 물음에 답을 하시오?

(1) 콘덴서 전력용 변압기의 결선상 단위를 나타내는 용어는 무엇인가?
(2) 배전 선로의 보안 장치로서 주상 변압기의 저압(2차) 측에 설치하는 것은?
(3) 배전 선로의 보안 장치로서 주상 변압기의 1차측 설치하는 것은?

정답

(1) 뱅크
(2) 캐치홀더
(3) 컷 아웃 스위치

03 변압기

단상 변압기의 병렬운전 조건을 4가지 기술하고 이들 조건이 맞지 않을 경우에 어떤 현상이 나타나는지 간단히 서술하시오.

정답

병렬운전 조건	조건이 맞지 않는 경우
정격전압(권수비)가 같을 것	순환전류가 흘러 권선이 과열된다.
극성이 같을 것	큰 순환전류가 흘러 권선이 소손된다.
%임피던스 강하가 같을 것	%임피던스가 작은 변압기가 과부하 걸린다.
내부 저항과 누설 리액턴스의 비가 같을 것	각 변압기 전류간에 위상차가 생겨 동손이 증가한다.

04 변압기

변압기의 병렬운전의 결선 조항에서 병렬운전 가능, 병렬운전 불가능한 결선을 구분하여 모두 쓰시오.

정답

병렬 운전 가능	병렬 운전 불가능
△-△와 △-△	
Y-△와 Y-△	△-△와 △-Y
Y-Y와 Y-Y	△-△와 Y-△
△-Y와 △-Y	△-Y와 Y-Y
△-△와 Y-Y	Y-△와 Y-Y
△-Y와 Y-△	

05 변압기

아래의 변압기 결선도를 보고 결선방식과 이 결선방식의 장단점을 각각 2가지만 쓰시오.

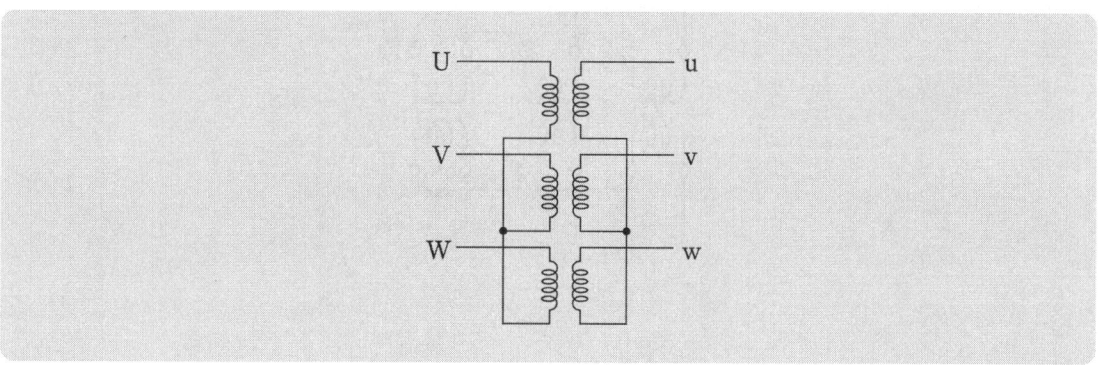

정답

Y-Y 결선

(1) 장점
① 1차 전압, 2차 전압 사이에 위상차가 없다.
② 1차, 2차 모두 중성점을 접지할 수 있으며 고압의 경우 이상 전압을 감소시킬 수 있다.
③ 상전압이 선간 전압의 $1/\sqrt{3}$ 배이므로 절연이 용이하여 고전압에 유리하다.

(2) 단점
① 제3고조파 전류의 통로가 없으므로 기전력의 파형이 제3고조파를 포함한 왜형파가 된다.
② 중성점을 접지하면 제3고조파 전류가 흘러 통신선에 유도 장해를 일으킨다.
③ 부하의 불평형에 의하여 중성점 전위가 변동하여 3상 전압이 불평형을 일으키므로 송, 배전 계통에 거의 사용하지 않는다.

06 변압기

다음 설명을 잘 이해한 후 어떤 결선 방식인가 답하고 결선도를 그리시오.

- 2차 권선의 전압이 선간전압의 $1/\sqrt{3}$ 이고 승압용에 적당하다.
- 즉, △-△ 결선과 Y-Y 결선의 장점을 갖고 있다.
- 30° 위상변위가 있어서 한 대가 고장이 나면 전원공급이 불가능한 결선이다.

정답

△-Y 결선

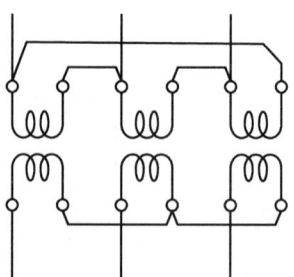

07 변압기

다음 내용들은 변압기 결선에 대한 장·단점이다. 내용을 읽고 어떤 결선인가 쓰고, 결선도를 그리시오.

- 중성점을 접지할 수 있으므로 단절연 변압기를 채택할 수 있다.
- 상전압이 선간 전압의 0.577이 되고 고전압의 결선에 적합하다.
- 변압비, 권선 임피던스가 서로 틀려도 순환 전류가 흐르지 않는다.
- 제3고조파 전류의 통로가 없으므로 유도기전력이 제3고조파를 함유하고 중성점을 접지하면 통신선에 유도장해를 준다.
- 기전력 파형은 제3고조파를 포함한 왜형파가 된다.

정답

Y-Y 결선

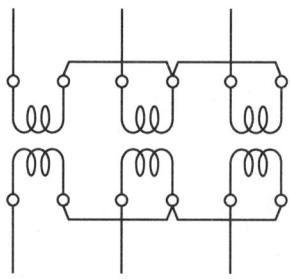

08 변압기

변압기 3상 결선 방법 중 접지를 할 수 없고, 1상에 고장이 발생하면 V결선으로 할 수 있는 결선 방법은?

정답

△-△ 결선

09 변압기

Y-Y 결선된 변압기는 △권선을 내장시켜 제작한다. 그 이유는?

정답

- 제3고조파 제거
- 조상설비 설치
- 소내용 전원공급

10 변압기

22.9[kV] 특고압 배전선로에서 단상 변압기 3대를 사용하여 3상 440[V]의 전동기에 공급하려고 할 때 2차측 결선은?

정답

△ 결선

11 변압기

다음 내용을 읽고 물음에 답하시오.

> (1) 주상 변압기 설치 전 절연유 상태 점검은 무엇을 확인하여야 하는가?
> (2) 뱅크(Bank)의 용어정의를 간단하게 쓰시오.
> (3) 구내선로에서 발생할 수 있는 개폐서지, 순간과도전압 등으로 이상전압이 2차기기에 악영향을 주는 것을 막기 위해 무엇을 시설하는 것이 바람직한가?
> (4) 브리지의 원리를 이용하여 선로의 고장점(1선지락)을 검출하는 방법은?

정답

(1) 절연유 불량 여부와 함 내 표시된 유면 위치 확인
(2) 콘덴서나 전력용 변압기의 결선상의 단위
(3) 서지 흡수기(Surge Absorber)
(4) 머레이 루프법

12 변압기

다음 내용을 읽고 용어의 명칭을 쓰시오.

> "이것은 비선형 부하에 의해 고조파의 영향을 받는 기계기구(변압기 등)가 과열현상 없이 부하에 전력을 안정적으로 공급해 줄 수 있는 능력이다."

정답

K-Factor
k-factor 란 : 비직선형 부하에 의해 고조파의 영향을 받는 기계기구가 과열 현상 없이 부하에 전력을 안정적으로 공급해 줄수 있는 능력을 말한다.

13 변압기

대용량의 변압기 내부고장을 보호할 수 있는 보호장치 5가지만 쓰시오.

정답

① 유온계
③ 부흐홀쯔 계전기
⑤ 충격압력 계전기
② 방압 안전장치
④ 비율차동 계전기

14 변압기

변압기에 전원을 처음 인가 했을 때 발생하는 소음의 주된 발생원인 3가지를 쓰시오.

정답

① 변압기의 하부의 앵커볼트 조임 상태 불량
② 변전실 내 및 외함 내에서 공진현상
③ 변압기의 탭전압보다 높은 전압이 들어오는 경우

15 변압기

몰드(Mold) 변압기의 장점 및 단점을 각각 3가지씩 쓰시오.

정답

(1) 장점
   ① 난연성이 우수하다.
   ② 단시간 과부하 내량 크다.
   ③ 비폭발성이다.(화재우려가 없다.)
   ④ 절연유를 사용하지 않아 보수 점검 용이하다.
   ⑤ 전력손실이 적다.

(2) 단점
　　① 옥외 설치 시 외함 필요하다.
　　② 표면 접촉 시 감전 우려가 있다.
　　③ 절연내력 약하다.(서지에 약하다.)

16　변압기

수변전설비에서 주요 기기의 보수점검의 하려고 한다. 설치된 변압기가 유입변압기일 경우 이 변압기의 주요 보수점검 사항을 5가지만 쓰시오.

정답

① 외관 점검
② 절연유 점검
③ 접속부 열화 및 접속상태 점검
④ 권선의 절연저항 측정
⑤ 부품상태 점검

17　변압기

500[KVA] 단상 변압기 3대를 △-△결선의 1Bank로 하여 사용하고 있는 변전소가 있다. 지금 부하의 증가에 1대의 단상 변압기를 증가하여 2Bank로 하였을때 최대 얼마의 3상 부하에 응할 수 있겠는가?

정답

◦ 계산과정

　　V-V 결선 2뱅크이므로 $P_V = 2\sqrt{3}\,P = 2 \times \sqrt{3} \times 500 = 1732.05 [kVA]$

◦ 정답 : 1732.05[kVA]

18 변압기

22.9[KV-Y] 배전용 주상 변압기의 1차측 22000[V]의 경우에 저압측 전압220[V]이다. 저압측을 210[V]로 하자면 1차측의 어느 탭 전압에 접속해야 하는가? 탭은 20000[V], 21000[V], 22000[V], 23000[V]가 있다.

정답

◦ 계산과정

변경 $TAP = 22000 \times \dfrac{220}{210} = 23047.6[V]$

◦ 정답 : 23000[V] TAP 선정

19 변압기

배전지역 간선도로변에 도표와 같은 부하설비의 건물을 신축하고자 한다. 변압기의 시설용량은 몇 [KVA]가 적절한가? (단, 부하상호간의 부등률은 1.15로 하고 변압기는 표준용량인 것으로 한다.)

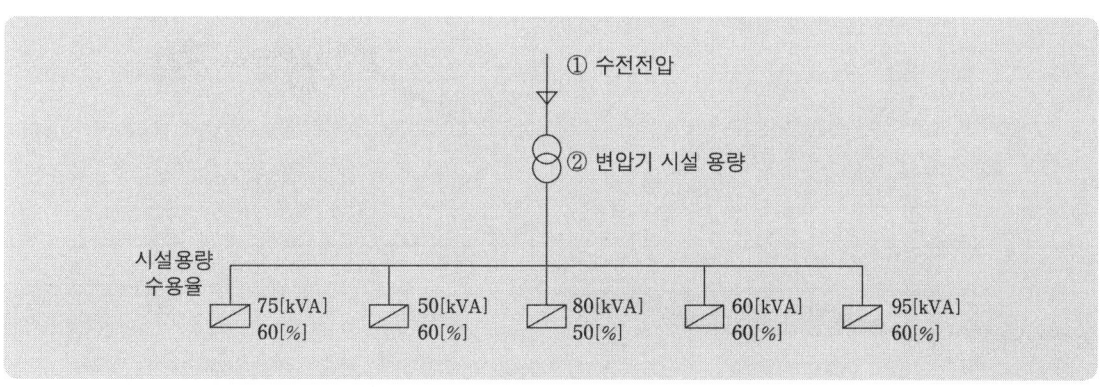

정답

◦ 계산과정

$$변압기용량 = \dfrac{\sum(시설용량 \times 수용률)}{부등률}$$

$$= \dfrac{75 \times 0.6 + 50 \times 0.6 + 80 \times 0.5 + 60 \times 0.6 + 95 \times 0.6}{1.15}$$

$$= 180.87[kVA]$$

◦ 정답 : 표준용량 200[kVA] 선정

20 변압기

변압기 공사 시공 흐름도 이다. 1, 2, 3, 4, 5 빈 공간에 시공흐름도가 옳도록 완성하시오.

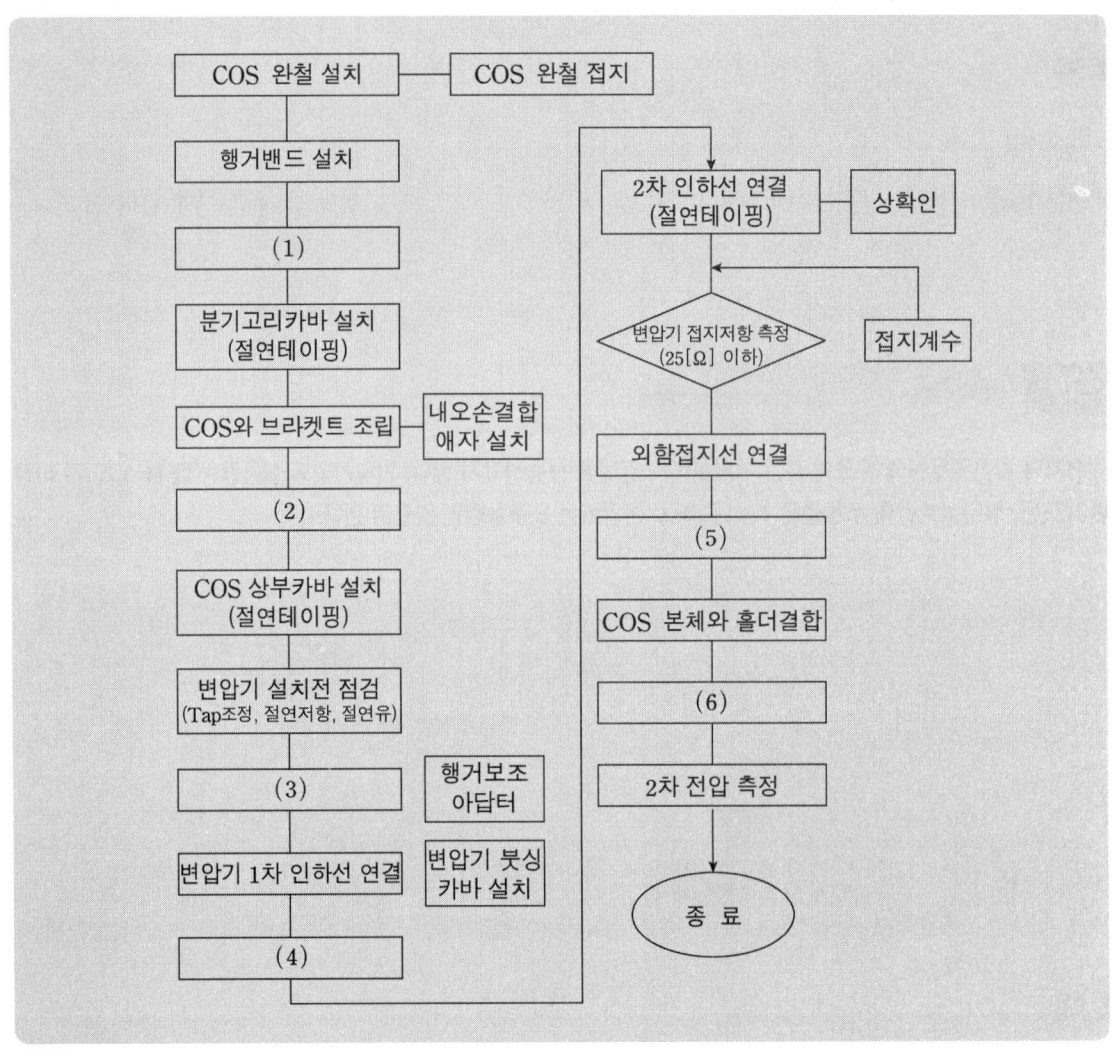

정답

1. 분기고리 설치
2. COS 설치
3. 변압기 설치
4. 변압기 2차측 결선
5. Fuse Link 조립
6. COS 투입

21 변압기

피뢰기 설치 시 점검사항 3가지를 쓰시오.

정답

피뢰기 설치전 점검사항
(1) 애자부분 손상유무 점검
(2) 피뢰기 1차, 2차단자 및 단자 볼트이상유무 점검
(3) 절연저항측정

22 변압기

피뢰기를 설치하여야 할 개소 중 IKL(Iso Karaumic Lavel)이 11일 이상인 지역에서는 전선로 매 500[m] 이내마다 LA를 설치하고 있다. 여기서 IKL이란?

정답

연간 뇌우 발생일수

23 변압기

수전 차단용량이 520[MVA]이고, 22.9[kV]에 설치하는 피뢰기용 접지선의 굵기를 계산하고 선정하시오.

정답

$A = \dfrac{\sqrt{t}}{282} \times I_s [\text{mm}^2]$ ($t=$고장시간, 22[kV]급$=1.1$

$I_s = \dfrac{\text{차단용량}[\text{MVA}] \times 10^3}{\sqrt{3} \times \text{정격전압}[\text{kV}]}$

$A = \dfrac{\sqrt{1.1}}{282} \times \dfrac{520 \times 10^3}{\sqrt{3} \times 25.8} = 43.28 [\text{mm}^2]$ ∘ 정답 : 50[mm²]

전선의 공칭 단면적[mm²]
1.5, 2.5, 4, 6, 10, 16, 25, 35, 50, 70, 95, 120, 150, 185, 240, 300, 400, 500, 630

24 변압기

피뢰기(L.A)의 종류 4가지를 쓰시오.

> 정답

① 갭저항형
② 갭레스형
③ 밸브형
④ 밸브저항형

25 변압기

피뢰기와 피뢰시스템의 차이를 간단히 쓰시오.

> 정답

항목	피뢰기 (Lightning arrester)	피뢰시스템 (Lightning protection system)
사용목적	이상전압(낙뢰 또는 개폐기 발생하는 전압)으로부터 전력설비의 기기를 보호	구조물 뇌격으로 인한 물리적 손상을 줄이기 위해 사용되는 시스템
취부위치	◦ 발전소·변전소 또는 이에 준하는 장소의 가공전선 인입구 및 인출구 ◦ 가공전선로에 접속하는 배전용 변압기의 고압측 및 특고압측 ◦ 고압 및 특고압 가공전선로로부터 공급을 받는 수용장소의 인입구 ◦ 가공전선로와 지중전선로가 접속되는 곳	◦ 지상으로부터 높이가 20[m] 이상인 것 ◦ 전기전자 설비가 설치된 건축물, 구조물로서 낙뢰로부터 보호 필요한 것

26 변압기

피뢰기 공사 시설 흐름도이다. ①, ②, ③, ④ 번호의 빈 공간에 흐름도가 옳도록 완성하시오.

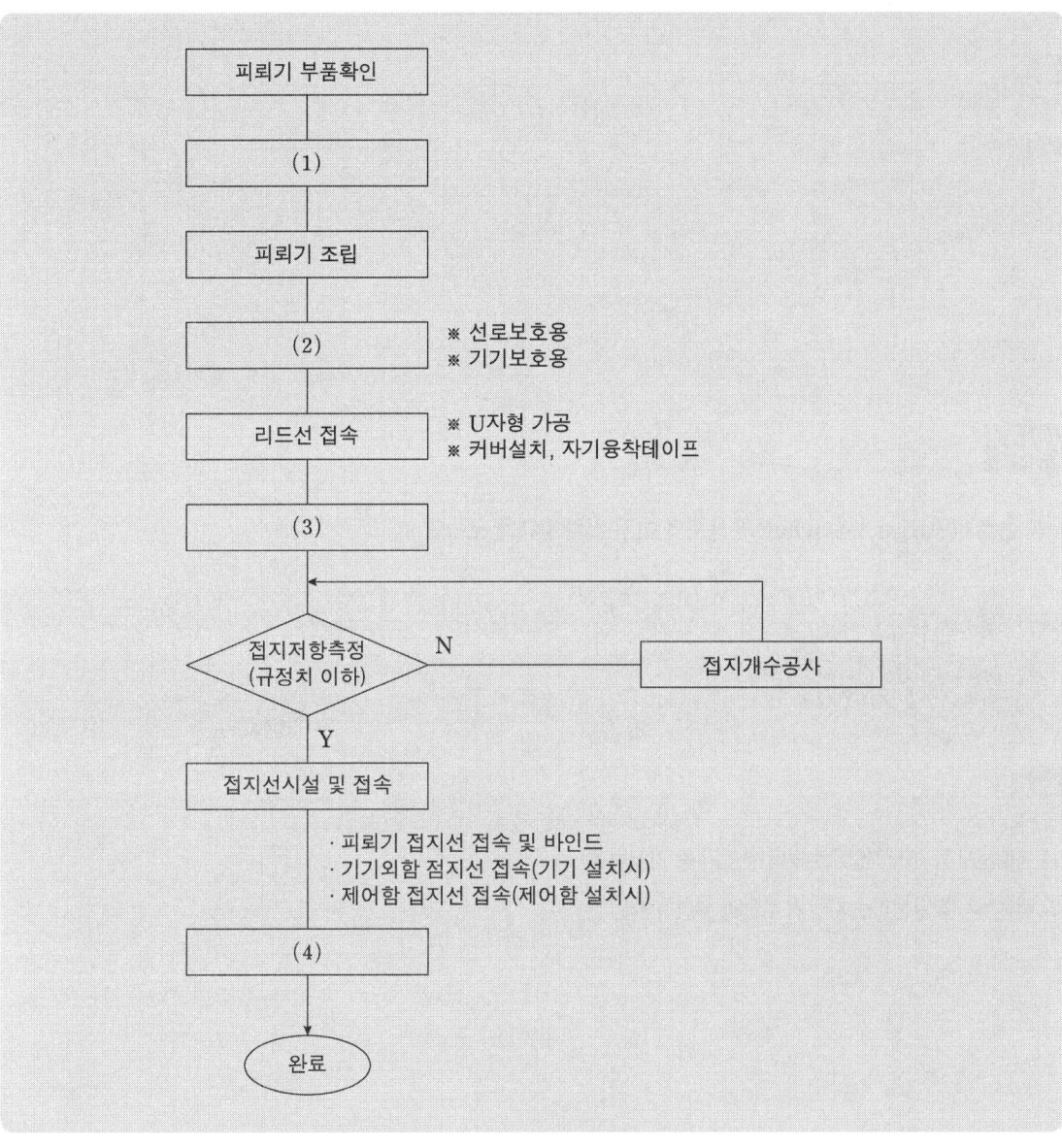

정답

(1) 피뢰기 점검 (2) 피뢰기 설치
(3) 접지극 시설 (4) 작업장 정리 정돈

27 변압기

수전전압 13.2/22.9[kV−Y]에 진공차단기와 몰드 변압기를 사용시 어떤 흡수기를 사용하여 이상전압으로부터 변압기를 보호 하는가?

정답

서지 흡수기

28 변압기

서지 흡수기(Surge Absorber)의 용도와 설치 위치에 대해 쓰시오.

(1) 서지 흡수기의 용도
(2) 서지 흡수기의 설치 위치

정답

(1) 개폐서지 등 이상전압으로부터 변압기 등 기기보호
(2) 개폐서지를 발생하는 차단기 후단과 부하측 사이

29 변압기

3.3[kV] 구내선로에서 발생할수 있는 개폐서지, 순간과도전압 등으로 이상전압이 2차 기기에 악 영향을 주는 것을 막기 위해 시설하는 서지 흡수기의 정격 전압[kV]과 공칭 방전 전류[KA]는?

정답

정격전압 : 4.5[kV], 공칭방전전류 : 5[kA]

공칭전압[kV]	3.3	6.6	22.9
정격전압[kV]	4.5	7.5	18
공칭 방전 전류[kA]	5	5	5

30 변압기

COS 설치시 사용되는 사용 자재(COS포함) 5가지를 쓰시오.

정답

COS 부속품

① 브라켓트
② 내오손 결합애자
③ COS
④ COS 카바
⑤ 퓨즈 링크

13 소방전기설비

01 소방전기설비 우선 순위 핵심 문제

층수가 몇 층 이상의 특정 소방대상물의 경우 비상콘센트를 설치하는지 쓰시오.

정답

11층 이상

02 소방전기설비 우선 순위 핵심 문제

화재안전기준에 의해 비상콘센트설비로 전원회로(비상콘센트에 전력을 공급하는 회로를 말한다.)를 하려고 한다. 다음 ( ) 안에 알맞은 수 값을 써넣으시오.

> "비상콘센트설비의 전원회로는 단상 교류 (①)[V]인 단상 교류의 경우 (②)[KVA] 이상인 것으로 할 것"

정답

① 220
② 1.5

03 소방전기설비 우선 순위 핵심 문제

다음은 소화활동설비 중 비상콘센트설비에 관한 절연저항 및 절연내력의 기준에 관한 사항이다. (   ) 안에 알맞은 내용을 쓰시오.

> - 절연저항은 전원부와 외함 사이를 (①)[V]의 절연저항계로 측정할 때 (②)[MΩ]이상일 것
> - 절연내력은 전원부와 외함 사이에 정격전압이 150[V] 이하인 경우에는 (③)[V]의 실효전압을, 정격전압이 150[V] 이상인 경우에는 그 정격전압에 (④)를 곱하여 (⑤)을 더한 실효전압을 가하는 시험에서 (⑥)분 이상 견디는 것으로 할 것

정답

① 500[V]
③ 1000[V]
⑤ 1000
② 20[MΩ]
④ 2
⑥ 1

04 소방전기설비 우선 순위 핵심 문제

비상콘센트설비에 관한 사항이다. (   ) 안에 알맞은 내용을 쓰시오.

> - 층수가 (①)층 이상 특정소방대상물의 경우에는 11층 이상의 층에 설치한다.
> - 바닥으로부터 높이 (②)[m] 이상 (③)[m] 이하의 위치에 설치한다.
> - 지하상가 또는 지하층의 바닥면적의 합계가 3,000[m²] 이상인 것은 수평거리 25[m] 이에 해당하지 아니하는 것은 수평거리 (④)[m]
> - 하나의 전용회로에 설치하는 비상콘센트는 (⑤)개 이하로 할 것
> - 비상콘센트용의 풀박스 등은 방청도장을 한 것으로서, 두께 (⑥)[mm] 이상의 철판으로 할 것

정답

① 11
③ 1.5
⑤ 10
② 0.8
④ 50
⑥ 1.6

05 소방전기설비 우선 순위 핵심 문제

비상콘센트 설비의 상용전원회로의 배선은 다음의 경우에 어디에서 분기하여 전용 배선으로 하는지 설명하시오.

> (1) 저압수전인 경우
> (2) 특고압 수전 또는 고압 수전인 경우

정답

(1) 인입개폐기의 직후에서 분기
(2) 전력용 변압기 2차측의 주차단기 1차측 또는 2차측에서 분기

06 소방전기설비 우선 순위 핵심 문제

자동화재탐지설비의 구성요소 중 5가지만 쓰시오.

정답

① 감지기　　　　　　　　② 수신기
③ 발신기　　　　　　　　④ 중계기
⑤ 음향장치

07 소방전기설비 우선 순위 핵심 문제

자동화재탐지설비 수신기 종류 5가지만 쓰시오.

정답

- P형수신기
- M형
- GP형
- R형
- GR형
- 간이형수신기

08 소방전기설비 우선 순위 핵심 문제

유도등 설비에 대한 다음 ( ) 안에 알맞은 말을 써 넣으시오.

"건축전기설비와 소방설비에서 유도등 설비는 화재 등 비상시에 사람의 피난을 용이하게 하기위한 피난구의 표시 또는 방향을 지시하는 조명설비로 설치 장소에 따라 (①)유도등, (②)유도등, (③)유도등으로 분류된다."

정답

① 피난구
② 통로
③ 객석

09 소방전기설비 우선 순위 핵심 문제

그림 기호는 자동화재탐지설비에 관련된 기호이다. 명칭을 정확히 쓰시오.

정답

정온식 스포트형 감지기(내알칼리형)

감지기의 종류	그림기호	비고
정온식 스포트형 감지기	▽	• 방 수 형 : ▽ • 내 산 형 : ▽ • 내알칼리형 : ▽ • 방 폭 형 : ▽EX
차동식 스포트형 감지기	▽	
보상식 스포트형 감지기	▽	

10 소방전기설비 우선 순위 핵심 문제

자동화재탐지설비의 감지기는 부착 높이에 따라 설치하여야 하는 감지기의 종류를 규정하고 있다. 일반적으로 감지기의 부착 높이가 8[m] 이상 15[m] 미만인 경우 어떤 종류의 감지기를 부착하여야 하는지 감지기의 종류 7가지를 쓰시오.

정답

① 차동식 분포형 감지기
② 이온화식 1종 또는 2종 감지기
③ 불꽃감지기
④ 연기복합형
⑤ 광전식(스포트형, 분리형, 공기흡입형) 1종 또는 2종

11 소방전기설비 우선 순위 핵심 문제

15 ~ 20[m] 천장에 설치되는 감지기 종류 3가지를 쓰시오.

정답

① 이온화식 1종
② 광전식(스포트형, 분리형, 공기흡입형) 1종
③ 연기복합형
④ 불꽃 감지기

12 소방전기설비 우선 순위 핵심 문제

자동화재탐지설비의 발신기 설치기준에 대하여 3가지만 쓰시오.

정답

① 조작이 쉬운 장소에 설치하고, 스위치는 바닥으로부터 0.8[m]이상 1.5[m]이하의 높이에 설치할 것
② 소방대상물의 층마다 설치하되, 당해 소방대상물의 각 부분으로부터 수평거리가 25[m] 이하가 되도록 할 것
③ 발신기의 위치를 표시하는 표시등은 함의 상부에 설치하되, 부착지점으로부터 10[m] 이내의 어느 곳에서 서로 쉽게 식별할 수 있는 적색등으로 할 것

13 소방전기설비 우선 순위 핵심 문제

자동화재탐지설비와 관련된 다음 각 물음에 답하시오.

> (1) 소방대상물 중 화재신호를 발신하고 그 신호를 수신 및 유효하게 제어할 수 있는 구역으로 정의되는 구역의 명칭은?
> (2) 감지기나 발신기에서 발하는 화재신호를 직접 수신하거나 중계기를 통하여 수신하여 화재 발생을 표시 및 경보하여 주는 장치는?
> (3) 자동화재탐지설비에서 발하는 화재신호를 시각경보기에 전달하여 청각장애인에게 점멸형태의 시각경보를 하는 것은?
> (4) 화재발생신호를 수신기에 수동으로 발하는 장치는?
> (5) 감지기·발신기·또는 전기적 접점 등의 작동에 따른 신호를 받아 이를 수신기의 제어반에 전송하는 장치는?

정답

(1) 경제구역
(2) 수신기
(3) 시각경보장치
(4) 발신기
(5) 중계기

14 소방전기설비 우선 순위 핵심 문제

자동화재탐지설비에서 종단저항을 설치하는 주 목적은?

정답

감지기회로의 도통시험을 용이하게 하기 위해

15 소방전기설비 우선 순위 핵심 문제

누전경보기의 변류기를 시험하려고 한다. 어떤 종류의 시험을 하여야 하는지 그 종류를 6가지만 쓰시오.

정답

① 온도특성시험　　　　　　　　② 절연저항시험
③ 단락전류강도시험　　　　　　④ 충격파 내전압시험
⑤ 진동시험　　　　　　　　　　⑥ 방수시험

ELECTRIC WORK

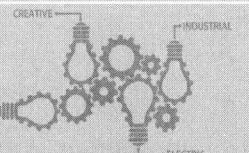

14 예비전원설비

1. 예비전원설비

   1) 예비전원설비

   상용전원이 정전되었을 때 소방부하, 비상부하 및 그 밖에 정전 시 운전이 필요한 부하에 전기를 공급하는 독립된 예비의 전원을 말하며 자가발전설비, 축전지설비, 무정전 전원장치, 전기장치 등이 있다.

   (1) 특별 비상전원

   상용전원을 정지 시켰을 때 10초 이내 자동적으로 부하에 전력을 공급할 수 있는 전원

   (2) 일반 비상전원

   상용전원을 정지 시켰을 때 40초 이내 자동적으로 부하에 전력을 공급할 수 있는 전원

   2) 구비조건

   (1) 비상용 부하의 사용 목적에 적합한 방식
   (2) 신뢰도가 높은 것
   (3) 취급 운전 조작이 용이한 것
   (4) 경제적인 것

   3) 발전기 용량 산정

   $$GP \geq [\Sigma P + (\Sigma P_m - P_L) \times a + (P_L \times a \times c)] \times K$$

   - GP : 발전기 용량[kVA]
   - ΣP : 전동기 이외 부하의 입력용량 합계[kVA]
   - ΣP_m : 전동기 부하용량 합계[kW]
   - P_L : 변동기 부하중 기동용량이 가장 큰 전동기 부하용량[kW]
   - a : 전동기 [kW]당 입력 용량계수[kVA]
   - c : 전동기 기동계수
   - K : 발전기 허용전압 강하계수

   4) 예비전원과 부하에 이르는 전로시설 기구

   ① 발전기와 연결시 : 개폐기, 과전류 차단기, 전류계, 전압계 시설
   ② 축전기와 연결시 : 개폐기, 과전류 차단기

5) 발전기 병렬 운전 조건

조건	조건에 부합시 문제점
기전력의 크기가 같을 것	무효 순환 전류(무효횡류)
기전력의 위상이 같을 것	동기화 전류(유효횡류)
기전력의 주파수가 같을 것	난조발생
기전력의 파형이 같을 것	고조파 무효순환전류

6) 발전기실의 위치 선정

(1) 엔진 및 배기관의 소음, 진동 주위에 영향을 미치치 않는 장소 일 것

(2) 급기와 배기가 잘되는 장소 일 것

(3) 발전기의 보수 점검 등이 용이 하도록 충분한 면적 및 높이를 확보 할 것

(4) 엔진 기초는 건물 기초와 관계없는 장소로 할 것

2. 무정전 전원 장치(UPS : Uninterruptible Power Supply)

1) UPS 개요

UPS는 축전지, 정류 장치(Converter)와 역변환 장치(Inverter)로 구성되어 있으며 상시전원의 정전 또는 이상 상태가 발생하여도 정상적으로 안정된 전력을 부하에 공급하는 설비를 UPS라 한다.

2) UPS 종류

(1) ON – LINE 방식

정상적인 교류 입력 전원을 공급받아 내장된 축전지 및 인버터를 상시 동작시켜 비상시에 무순단으로 전력을 공급 하는 방식

(2) OFF – LINE 방식

정상시 교류 입력 전원을 사용하다가 정전시 입력 전원이 허용치보다 낮아지면 축전지를 통하여 인버터 전원을 사용하는 방식

(3) LINE INTERACTIVE 방식

정상적인 상용전원 인입 시에는 인버터 모듈 내의 IGBT 프리 휠링 다이오드를 통한 풀 브리지 정류방식으로 충전기 기능을 하고 정전 시에는 인버터로 동작을 하여 출력전원을 공급하는 방식으로, 오프라인 방식이지만 일정 전압이 자동으로 조정되는 기능을 갖는 방식

(4) DYNAMIC UPS

　　STATIC UPS와 MOTER / GENERATOR을 조합한 방식

3) UPS의 구성도

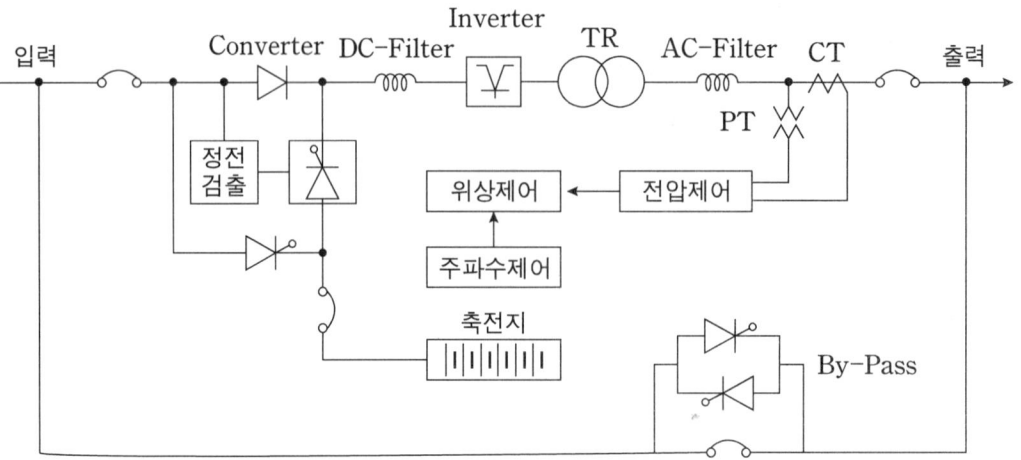

(1) 정류 장치(Converter) : 교류를 직류로 변환
(2) 축전지 : 정류 장치에 의해 변환된 직류 전력을 저장
(3) 역변환 장치(Inverter) : 직류를 사용 주파수의 교류 전압으로 변환
(4) DC/AC필터 : 직류 필터는 정류기에서 DC로 변환된 직류 전압의 리플을 평활 하게 해주며 교류필터의 경우는 DC에서 AC로 변환된 출력교류전압에 포함된 고조파를 제거
(5) 바이패스(By-Pass)회로 : 무정전 전원장치의 고장으로 차단이 되었을 경우 상용전원을 그대로 부하에 공급하는 회로
(6) 정전압 정주파수 전원 장치(CVCF) : 전압과 주파수를 일정하게 유지 시켜주는 장치로 주파수 변환장치도 포함한다.

4) 비상 전원으로 사용되는 UPS의 블록 다이어그램

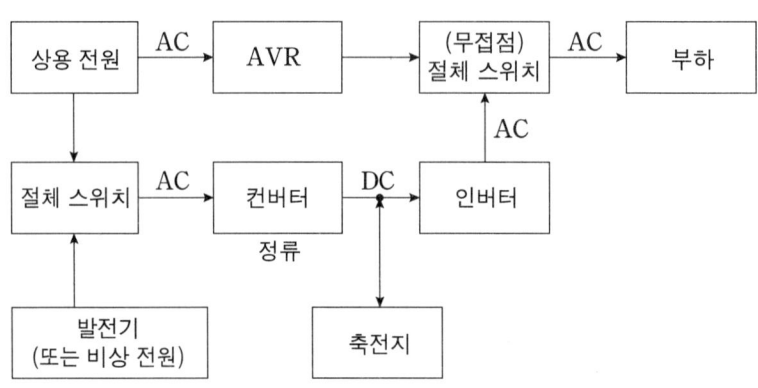

3. 축전지 설비

1) 축전지 설비 구성요소

(1) 축전지   (2) 보안장치

(3) 충전장치   (4) 제어장치

2) 축전지의 충전 방식

(1) 초기충전

축전지에 전해액을 주입하여 처음으로 하는 충전

(2) 보통충전

필요할 때 마다 표준 시간율로 충전 방식

(3) 균등충전

각 전해조에서 일어나는 전위차를 보정하기 위하여 1~3개월마다 1회씩, 정전압으로 10~12시간 충전하여 각 전해조 용량을 균등하게 하는 방식

(4) 급속충전

보통 충전 전류의 2~3배의 전류로 급격히 충전하는 방식

(5) 세류충전

자기 방전량만을 항시 충전하는 방식

(6) 부동충전

축전지의 자기 방전을 보충함과 동시에 상용 부하에 대한 전력 공급은 충전기가 부담하도록 하되, 충전기가 부담하기 어려운 일시적인 대전류 부하는 축전지로 하여금 부담하게 하는 방식으로 회로의 구성은 충전기 축전지 부하가 병렬로 구성이 된다.

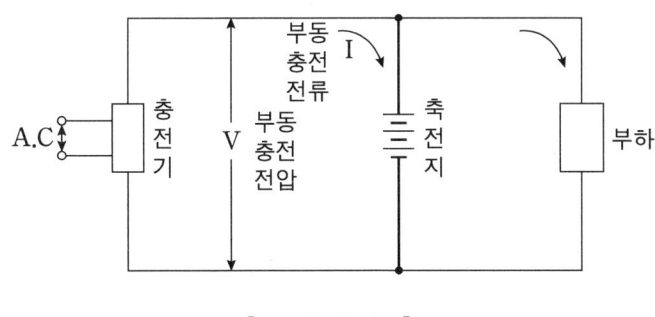

[부동충전 방식]

3) UPS용 축전지의 선정과 관련하여 축전지의 용량 산정에 필요한 조건

   (1) 부하의 크기와 성질   (2) 예상 정전시간
   (3) 순시 최대 방전전류의 세기   (4) 제어 케이블에 의한 전압강하
   (5) 경년에 의한 용량의 감소   (6) 온도 변화에 의한 용량 보정

4) 축전지 용량

   (1) 축전지 용량 산출식

   $$C = \frac{1}{L}[K_1 I_1 + K_2(I_2 - I_1) + \cdots + K_n(I_n - I_{n-1})]$$

   여기서, C : 축전지 용량[Ah], K : 용량 환산 시간계수
   L : 보수율(경년 용량 저하율 일반적으로 0.8), I : 방전 전류[A]

   (2) 충전기 2차 전류

   $$I = \frac{축전기용량[Ah]}{정격방전율[h]} + \frac{P[VA]}{V[V]}$$

   여기서, 정격 방전율(연축전지 10, 알카리축전지 5),
   $P[VA]$: 상시 부하용량, $V[V]$: 표준 전압

   (3) 축전기 한 개의 허용 최저 전압

   $$V = \frac{V_a + V_c}{n}[V/cell]$$

   여기서, V_a : 부하의 허용 최저전압, V_c : 축전지와 부하 사이의 접속선의 전압강하
   n : 직렬로 접속된 전지의 개수(셀 수)

5) 축전지실을 점검 보수 할 때 유의 사항

   (1) 충분한 환기   (2) 보호 장구의 착용
   (3) 외부 손상 여부 점검   (4) 균열여부 점검
   (5) 화기 엄금   (6) 정전기를 제거

6) 설페이션 현상

   연(납)축전지를 방전 상태에서 오랫동안 방치하여 두면 극판의 황산납이 회백색으로 변하고 (황 산화현상) 내부저항이 대단히 증가하여 충전 시 전해액의 온도상승이 크고 황산의 비중 상승이 낮으며 가스 발생이 심하게 되며 전지의 용량이 감퇴하고 수명이 단축되는 현상

(1) 원인

① 방전상태로 장기간 방치
② 불충분한 충전을 반복하는 경우
③ 방전전류가 큰 경우
④ 전해액의 부족으로 극판이 노출되어 있을 때
⑤ 비중과다
⑥ 불순물

4. 축전지의 종류

1) 연(납)축전지

(1) 특성

① 공칭전압 : 2.0[V/cell]
② 기전력 : 2.05~2.08[V/cell]
③ 공칭용량 : 10[Ah]
④ 형식
   - CS형(클래드식) : 일반 방전형 또는 완전 방전형으로 부동충전전압은 2.15[V]이며 오래 방전할 수 있어 주로 변전소에서 사용됨
   - HS형(페이스트식) : 고율 방전형 또는 급방전형으로 부동충전전압은 2.18[V]이며 단시간 대전류 부하로 짧게 방전할 수 있으며, 주로 UPS에서 활용됨
⑤ 알칼리 축전지와 비교하여 충전용량이 크며 1셀 당 공칭전압이 높으며 효율이 좋아서 단시간 대 전류 공급이 가능하다.

(2) 화학 반응식

$$PbO_2 + 2H_2SO_4 + Pb \,(\text{충전시}) \rightleftharpoons PbSO_4 + 2H_2O + PbSO_4 \,(\text{방전시})$$
양극   전해액   음극   양극   전해액   음극

2) 알칼리 축전지

(1) 특성

① 공칭전압 : 1.2[V/cell]
② 기전력 : 1.34[V/cell]
③ 공칭용량 : 5[Ah]

④ 형식
- 포켓식 알칼리 축전지
  ⓐ AL형 : 완전 방전형, 느리게 방전됨
  ⓑ AM형 : 표준형, 소전류 장시간 부하로 열차 조명, 선박 등에 사용됨
  ⓒ AMH형 : 급방전형, 장시간 부하와 단시간 대전류 부하가 복합 활용됨
  ⓓ AH-P형 : 초급 방전형, 비상 조명, 공장 예비 전원 등으로 활용
- 소결식 알칼리 축전지
  ⓐ AH-S형 : 초급 방전형, 단시간 대전류로 인버터, DC 모터 등에 사용
  ⓑ AHH형 : 초(극)초급 방전형, 단시간 대전류 부하

⑤ 알칼리 축전지의 장·단점

장점	단점
◦ 수명이 길다(납 축전지의 3~4배) ◦ 진동과 충격에 강하다. ◦ 충 방전 특성이 양호하다. ◦ 방전 시 전압 변동이 작다. ◦ 사용 온도 범위가 넓다.	◦ 연(납)축전지보다 공칭 전압이 낮다. ◦ 가격이 비싸다.

(2) 화학 반응식

$$2NiOOH + 2H_2O + Cd \rightleftharpoons 2Ni(OH)_2 + Cd(OH)_2$$
　　양극　　　음극　　양극　　　음극

3) 니켈수소 전지

니켈수소 전지는 충전과 방전을 반복할 수 있는 2차 전지로, 양극 활물질은 니켈산화물(Nickel Oxyhydroxide), 음극 활물질은 수소저장합금(Hydrogen storage alloy)인 금속수소화물(Metal Hydride), 전해액은 수산화칼륨을 주성분으로 하는 알카리 수용액을 사용한 전지로서 정식 명칭은 니켈 금속 수소화물 전지(Nickel Metal Hydride Battery)이며, 약칭으로 니켈수소(Ni-MH) 전지라고 표현한다. 니켈수소 전지는 니켈-카드뮴 전지보다 에너지 밀도가 높고 고출력, 고용량화가 가능하며, 과방전 및 과충전에 대한 내성이 강한 특성을 가지고 있다.

(1) 특성
① 공칭전압 : 1.2[V/cell]
② 기전력 : 1.34[V/cell]
③ 공칭용량 : 5[Ah]

Chapter 14. 우선순위 핵심문제

01 예비전원설비

예비 전원에 시설하는 저압 및 고압 발전기에서 부하에 이르는 전로에는 발전기에 가까운 곳에 쉽게 개폐 및 점검을 할 수 있는 곳에 (   ), (   ), (   ), (   )를 설치하여야 하는가?

정답

개폐기, 과전류 차단기, 전류계, 전압계

02 예비전원설비

$22.9[kV-Y]$ 중성점 다중접지 계통의 지중 배전선로에 사용되는 개폐기로서 정전이 발생할 경우 큰 피해가 예상되는 수용가에 서로 다른 변전소에서 2중 전원을 확보하여 A변전소에서 공급되는 상용전원의 정전이나 기준전압 이하로 떨어진 경우에 B변전소에서 공급되는 예비전원으로 순간 자동전환을 하는 그림 (가)의 개폐기 명칭을 쓰시오.

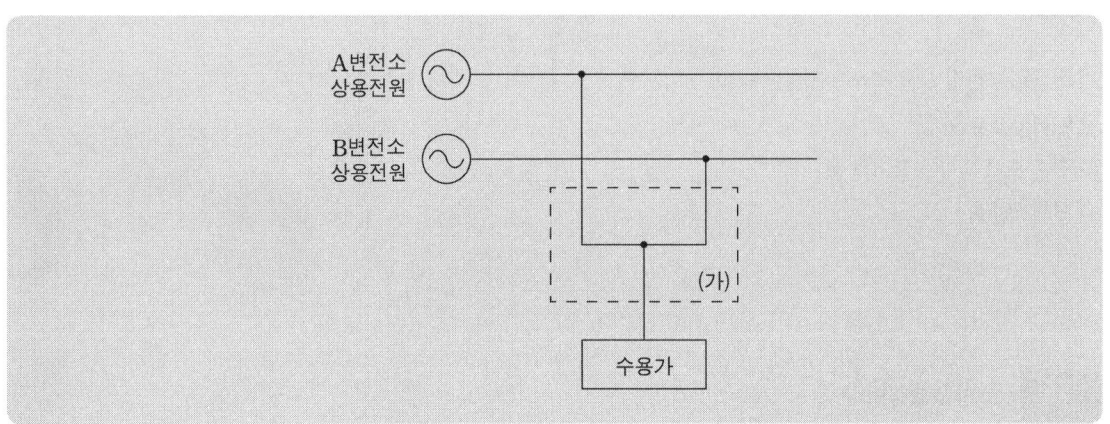

정답

자동부하전환개폐기

03 예비전원설비

다음 설명은 상용전원과 예비 전원 운전 시 유의하여야 할 사항이다. (   ) 안에 알맞은 내용을 쓰시오.

> 상용전원과 예비전원 사이에는 병렬 운전을 하지 않는 것이 원칙이므로 수전용 차단기와 발전용 차단기 사이에는 전기적 기계적 (①)을 시설하고 상호연동 기능을 갖춘 (②)를 사용

정답

① 인터록
② 전환개폐기

04 예비전원설비

예비전원 설비가 구비해야 할 조건 4가지를 쓰시오.

정답

(1) 비상용 부하의 사용 목적에 적합한 방식
(2) 신뢰도가 높은 것
(3) 취급 운전 조작이 용이한 것
(4) 경제적인 것

05 예비전원설비

용어의 뜻에서 특별 비상전원과 일반 비상전원을 구분하여 간단히 답하시오.

정답

① 특별 비상전원 : 상용전원을 정지시켰을 때 10초 이내 자동적으로 부하에 전력을 공급할 수 있는 전원을 말한다.
② 일반 비상전원 : 상용전원을 정지시켰을 때 40초 이내 자동적으로 부하에 전력을 공급할 수 있는 전원을 말한다.

06 예비전원설비

예비전원설비 4가지를 쓰시오.

정답

① 자가 발전 설비
② 축전지 설비
③ 무정전 전원장치
④ 전기 저장 장치

07 예비전원설비

2대 이상의 발전기를 병렬 운전하기 위한 조건을 3개만 쓰시오.

정답

① 기전력의 크기가 같을 것
② 기전력의 위상이 같을 것
③ 기전력의 주파수가 같을 것
④ 기전력의 파형이 같을 것

08 예비전원설비

UPS용 축전지의 선정과 관련하여 축전지의 용량 산정에 필요한 조건 6가지를 쓰시오.

정답

① 부하의 크기와 성질
② 예상 정전시간
③ 순시 최대 방전전류의 세기
④ 제어 케이블에 의한 전압강하
⑤ 경년에 의한 용량의 감소
⑥ 온도 변화에 의한 용량 보정

09 예비전원설비

정상적인 상용전원 인입 시에는 인버터 모듈 내의 IGBT 프리 휠링 다이오드를 통한 풀브리지 정류방식으로 충전기 기능을 하고 정전 시에는 인버터로 동작을 하여 출력전원을 공급하는 방식으로, 오프라인 방식이지만 일정 전압이 자동으로 조정되는 기능을 갖는 UPS 동작 방식을 쓰시오.

정답

라인 인터랙티브 방식(Line Interactive)

10 예비전원설비

그림은 거치용 축전지의 충전장치를 간략하게 표시한 도면이다.

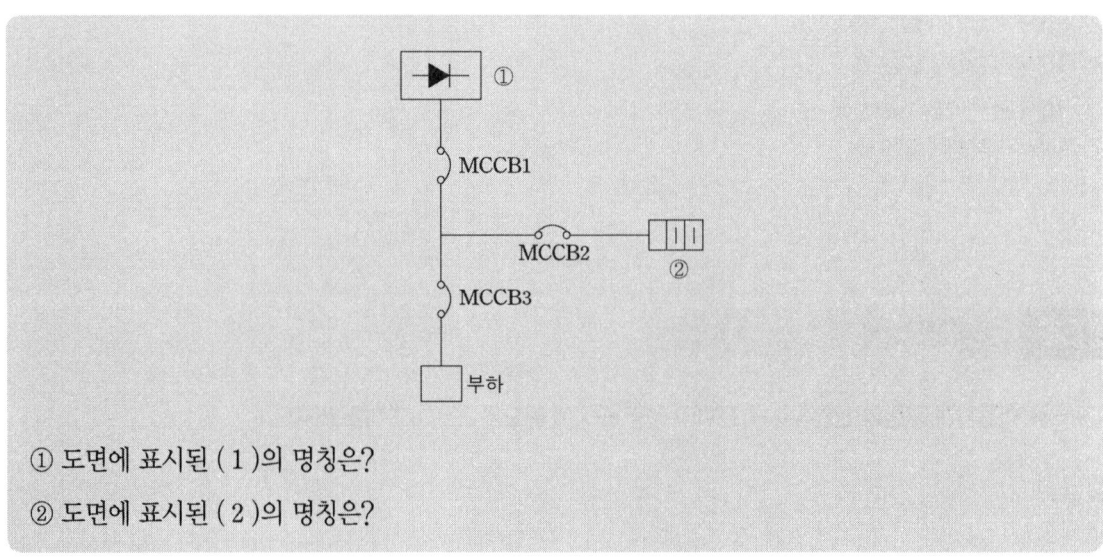

① 도면에 표시된 (1)의 명칭은?
② 도면에 표시된 (2)의 명칭은?

정답

① 컨버터(정류기)   ② 축전지

11 예비전원설비

UPS 설비 블록 다이어그램 중 물음에 답하시오.

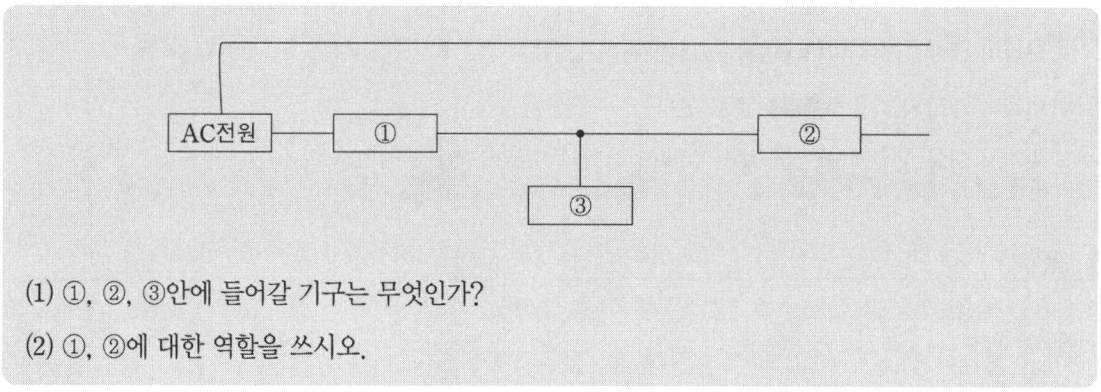

(1) ①, ②, ③안에 들어갈 기구는 무엇인가?
(2) ①, ②에 대한 역할을 쓰시오.

정답

(1) ① 컨버터(정류기), ② 인버터(역변환장치), ③ 축전지

(2) ① 컨버터(정류기) : 교류를 직류로 변환
② 인버터(역변환장치) : 직류를 교류로 변환

12 예비전원설비

납축전지에서 발생되는 설페이션(Sulfation) 현상에 대하여 쓰시오.

정답

납축전지를 방전 상태에서 오랫동안 방치하여 두면 극판의 황산납이 회백색으로 변하고(황산화현상) 내부저항이 대단히 증가하여 충전 시 전해액의 온도상승이 크고 황산의 비중 상승이 낮으며 가스 발생이 심하게 되며 전지의 용량이 감퇴하고 수명이 단축되는 현상을 설페이션 현상이라 한다.

13 예비전원설비

아래에 열거된 현상에 대하여 무슨 현상이라고 하는가?

- 극판이 백색으로 되거나 표면에 백색반점이 생긴다.
- 비중이 저하되고 충전용량이 감소한다.
- 충전시 전압 상승이 빠르고 가스 발생이 심하나 비중이 증가하지 않는다.

정답

설페이션 현상

14 예비전원설비

축전지의 전해액이 변색되며 충전하지 않고 방치된 상태에서도 다량으로 가스가 발생되고 있다. 어떤 원인의 고장으로 추정 되는가?

정답

전해액에 불순물 혼입

15 예비전원설비

변전소에 200[Ah]의 연 축전기가 55개 설치되어 있다.

① 묽은 황산의 농도는 표준이고, 액면이 저하하여 극판이 노출되어 있다. 어떤 조치를 하여야 하는가?
② 부동 충전 시에 알맞은 전압은?
③ 충전 시에 발생하는 가스의 종류는?
④ 가스 발생 시의 주의 사항을 쓰시오.
⑤ 충전이 부족할 때 극판에 발생하는 현상을 무엇이라고 하는가?

정답

① 증류수를 보충한다.
② 부동충전시 변전소 이므로 1셀의 부동충전전압 2.15[V/cell]이므로 $2.15 \times 55 = 118.25$[V]가 된다.
③ 수소(H_2)
④ 화재 및 폭발
⑤ 설페이션 현상

16 예비전원설비

축전지의 자기 방전을 보충함과 동시에 상용 부하에 대한 전력 공급은 충전기가 부담하도록 하되, 충전기가 부담하기 어려운 일시적인 대전류 부하는 축전지로 하여금 부담하게 하는 방식은 무엇이라 하는가?

정답

부동충전방식

17 예비전원설비

한국전기설비규정에 따른 전기저장장치의 시설에 대한 설명이다. 다음 빈칸에 알맞은 내용을 쓰시오.

> 전기저장장치의 이차전지에는 다음에 따라 전로로부터 차단하는 장치를 시설하여야 한다.
> 1. (①) 또는 (②)가 발생한 경우
> 2. 제어장치에 이상이 발생한 경우
> 3. 이차전지 모듈의 내부 (③)가 급격히 상승할 경우

정답

① 과전압   ② 과전류   ③ 온도

18 예비전원설비

극판 형식에 의한 축전지 분류표이다. 빈 칸에 알맞은 내용을 쓰시오.

종별	연축전지	알칼리축전지	니켈수소전지
형식	CS, HS	포켓식,소결식	GMH
기전력[V]	2.05~2.08	( )	1.34
공칭전압[V]	( )	( )	1.2
시간율[Ah]	( )	5	( )

정답

종별	연축전지	알칼리축전지	니켈수소전지
형식	CS, HS	포켓식,소결식	GMH
기전력[V]	2.05~2.08	1.32	1.34
공칭전압[V]	2.0	1.2	1.2
시간율[Ah]	10	5	5

19 예비전원설비

연축전지의 HS형의 부동 충전전압은?

정답

2.18[V]

20 예비전원설비

알칼리 축전지의 종류에 대한 다음 각각의 형식명을 적으시오?

(1) 포켓형
(2) 소결식

정답

- 포켓식 알칼리 축전지 : AL형, AM형, AMH형, AH-P형
- 소결식 알칼리 축전지 : AH-S형, AHH형

21 예비전원설비

축전지 설비 구성요소 4가지를 쓰시오.

정답

축전지, 보안장치, 충전장치, 제어장치

22 예비전원설비

축전지실을 점검 보수 할 때 유의점 6가지를 쓰시오.

정답

(1) 충분한 환기
(2) 보호 장구의 착용
(3) 외부 손상 여부 점검
(4) 균열여부 점검
(5) 화기 엄금
(6) 정전기를 제거

23 예비전원설비

예비전원설비에 대한 각 물음에 답하시오.

(1) 부동충전방식의 설비에 대한 개략적인 회로도를 그리시오.
(2) 축전지의 과방전 또는 방치상태에서 기능회복을 위하여 실시하는 것은 어떤 충전 방식인가?
(3) 밀폐형 축전지의 1셀 당 알칼리 축전지인 경우 정격전압은 몇 [V]로 하는가

정답

(1)

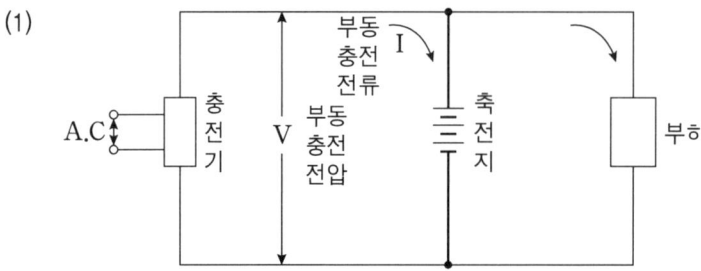

(2) 회복충전
(3) 1.2[V]

24 예비전원설비

연축전지의 정격 용량은 250[Ah]이고 상시부가 8[kW]이며 표준전압이 100[V]인 부동충전방식의 충전전류는 몇 [A]인가?

정답

○ 계산과정

$$I = \frac{축전기용량[Ah]}{정격방전율[h]} + \frac{P[VA]}{V[V]} = \frac{250}{10} + \frac{8000}{100} = 105[A]$$

○ 정답 : 105[A]

25 예비전원설비

비상용 조명부하 100[V]용 40[W] 120등, 60[W] 50등, 합계 7800[W]가 있다. 방전 시간 30분, 축전지 HS형 54셀, 허용 최저전압 92[V], 최저 축전지 온도 5[°C]일 때 주어진 표를 이용하여 축전지 용량을 계산하시오.

연축전지의 용량 환산기 시간 K(900[Ah] 이하)

형식	온도[°C]	10분			30분		
		1.6[V]	1.8[V]	1.8[V]	1.6[V]	1.7[V]	1.8[V]
HS	25	0.58	0.7	0.93	1.03	1.14	1.38
	5	0.62	0.74	1.05	1.11	1.22	1.54
	−5	0.68	0.82	1.15	1.2	1.35	1.67

정답

◦ 계산과정

문제에서 전류 환산 시간를 주지 않았으므로 표를 이용 축전지 HS셀 54셀, 허용 최저전압 92[V]이므로,

1셀 전압 = $\frac{92}{54}$[V], 방전 시간 30분, 최저 축전지 온도 5[°C]를 적용하면 전류 환산 시간 K=1.22로 선정

전류 $I = \frac{(40 \times 120 + 60 \times 50)}{100} = 78[A]$, 보수율 $L=0.8$ 적용

$C = \frac{1}{L}KI = \frac{1}{0.8} \times 1.22 \times 78 = 118.95[Ah]$ ◦ 정답 : 118.95[Ah]

26 예비전원설비

그림과 같은 부하 특성일 때 사용 축전지의 보수율(L)은 0.8, 최저 축전지 온도 5[°C], 허용 최저 전압이 1.06[V/cell]일 때 축전지의 용량[C]을 계산하시오. (단, $K_1=1.17$, $K_2=0.93$이다.)

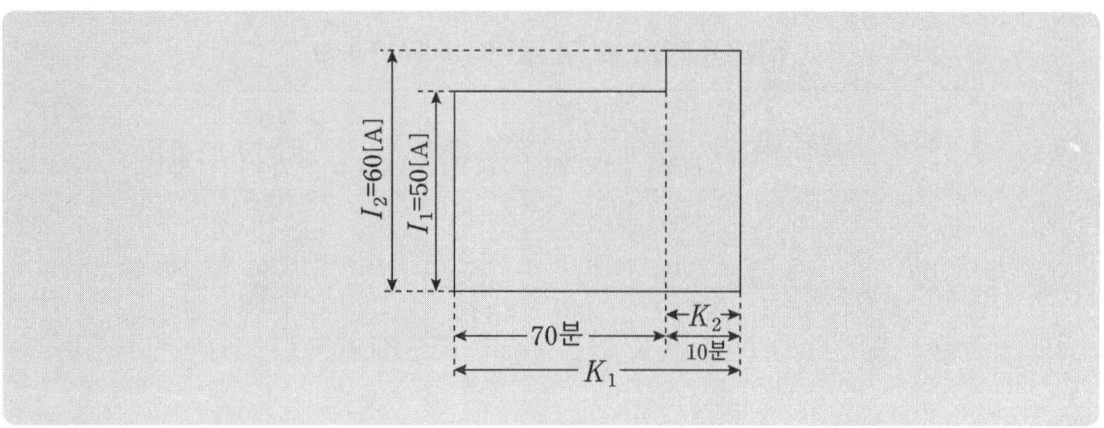

정답

∘ 계산과정

$$C=\frac{1}{L}[K_1I_1+K_2(I_2-I_1)]$$

$$=\frac{1}{0.8}[1.17\times50+0.93(60-50)]=84.75[Ah]$$

∘ 정답 : 84.75[Ah]

27 예비전원설비

그림과 같은 방전 특성을 갖는 부하에 대한 축전지 용량은 몇 [Ah]인가?

- 방전전류[A] : $I_1=500, I_2=300, I_3=100, I_4=200$
- 방전시간[분] : $T_1=120, T_2=119, T_3=60, T_4=1$
- 용량환산시간 : $K_1=2.49, K_2=2.49, K_3=1.46, K_4=0.57$
- 보수율 : 0.8

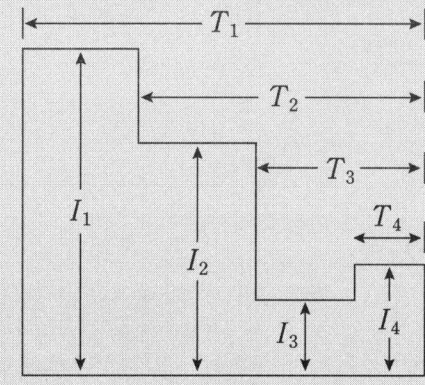

정답

○ 계산과정

$$C=\frac{1}{L}[K_1I_1+K_2(I_2-I_1)+K_3(I_3-I_2)+K_4(I_4-I_3)]$$

$$=\frac{1}{0.8}[2.49\times 500+2.49(300-500)+1.46\times(100-300)+0.57\times(200-100)]$$

$$=640[Ah]$$

○ 정답 : 640[Ah]

15 시험 및 측정

1. 계기 오차

    1) 오차=측정값(M)−참값(T)

    2) 오차율 $\% = \dfrac{M-T}{T} \times 100$

    3) 보정률 $\% = \dfrac{T-M}{M} \times 100$

2. 계기의 등급

    1) 계기의 등급별 분류

급수		허용오차[%]	적용	용도
0.2급	특별정밀급	±0.2	부표준기로 사용될 수 있는 확도와 구조를 가짐	실험실용
0.5급	정밀급	±0.5	정밀측정에 사용되는 구조를 가짐	휴대용
1.0급	준정밀급	±1.0	0.5급에 따른 확도와 구조를 가짐	휴대용(소형)
1.5급	보통급	±1.5	공업용 보통 측정용의 확도와 구조를 가짐	배전반용
2.5급	준보통급	±2.5	확도에 큰 비중을 안 둘 때 사용됨	배전반용(소형)

    2) 전기 계기오차의 원인

    (1) 계기 자세   (2) 가동부분의 마찰

    (3) 스프링 탄성의 피로   (4) 온도, 습도의 영향

    (5) 자기가열   (6) 외부자기장 및 외부정전기장의 영향

    (7) 주파수 영향

3. 저항측정법

    1) 도선의 저항 측정

    (1) 캘빈더블 브리지 : 굵은 나전선의 저항

    (2) 휘스톤 브리지 : 검류계의 내부저항, 수천 옴의 가는 전선의 저항

    (3) 전압강하법 : 백열전구의 필라멘트 저항 측정

2) 특수 저항

   (1) 절연저항계(메거) : 선로와 대지 간 절연저항 측정

   (2) 콜라우시 브리지법 : 접지저항측정 및 전해액의 저항 측정

4. 휴대용 테스터기

멀티 테스터기 아날로그 테스터기라고도 한다.

1) 측정가능

   (1) 저항   (2) 직류전압

   (3) 직류 전류   (4) 교류 전압

   (5) 도통시험   (6) 트랜지스터의 극성확인

2) 측정 방법

   (1) 저항계측을 이용한 단선여부 판단

      ① 단선인 경우 저항은 무한대

      ② 단락된 경우 저항은 0

   (2) 전압

      ① 임의의 전압인 경우는 배율이 높은 것으로부터 낮은 순으로 변경하며 측정

      ② 부하설비와 테스터기를 병렬로 연결

   (3) 전류

     부하설비와 테스터기를 직렬로 연결

   (4) + 단자는 적색, - 단자는 흑색

5. 후크온 메타

활선 상태시 배전선의 전류 측정

01 시험 및 측정

계기의 급별에서 용도에 따라 급별을 쓰시오.

① 대형 부표준기
② 휴대용 계기(정밀급)
③ 소형 휴대용 계기(정밀 측정)
④ 배전반용 계기(공업용 보통 측정)
⑤ 배전반용 소형 계기

정답

급수		허용오차[%]	적용	용도
0.2급	특별정밀급	±0.2	부표준기로 사용될 수 있는 확도와 구조를 가짐	실험실용
0.5급	정밀급	±0.5	정밀측정에 사용되는 구조를 가짐	휴대용
1.0급	준정밀급	±1.0	0.5급에 따른 확도와 구조를 가짐	휴대용(소형)
1.5급	보통급	±1.5	공업용 보통 측정용의 확도와 구조를 가짐	배전반용
2.5급	준보통급	±2.5	확도에 큰 비중을 안 둘 때 사용됨	배전반용(소형)

02 시험 및 측정

그림과 같은 눈금판을 가진 계기가 있다. 이 계기에 대하여 다음 물음에 답하시오.

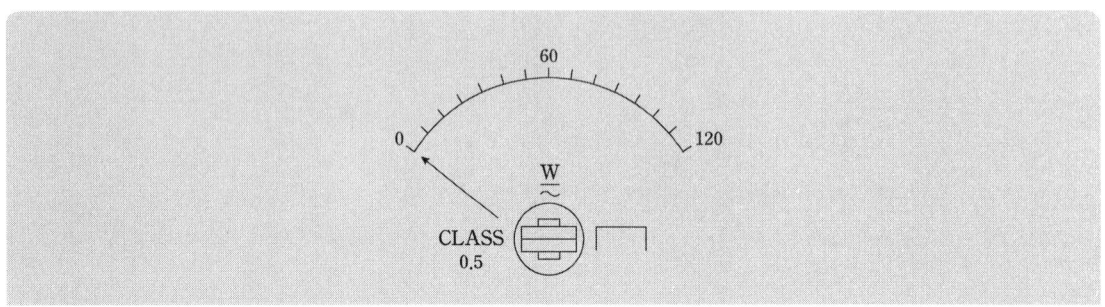

(1) 이 계기의 형은?
(2) 이 계기의 명칭은?
(3) 이 계기의 거치방법은? (예 수직, 수평, 경사)
(4) 이 계기의 허용오차는 몇 [%]인가?

정답

계기의 거치방법에 따른 분류

거치방법	수직	수평	경사
기호	⊥	▭	∠ 각도

(1) 전류력계형
(2) 단상 전력계
(3) 수평
(4) 0.5[%]

03 시험 및 측정

지시 전기 계기의 동작 원리에 의한 분류를 나타낸 것으로 번호 ①, ②, ③, ④에 적당한 문자를 주어진 답안지에 기입하시오.

계기의 종류	기호	사용회로 교·직류
가동 코일형		직류
①		③
②		④

정답

① 전류력계형
② 유도형
③ 교류, 직류
④ 교류

04 시험 및 측정

전기 계기오차의 원인 6가지를 쓰시오.

정답

(1) 계기 자세
(2) 가동부분의 마찰
(3) 스프링 탄성의 피로
(4) 온도, 습도의 영향
(5) 자기가열
(6) 외부자기장 및 외부정전기장의 영향
(7) 주파수 영향

05 시험 및 측정

다음과 같은 저항을 측정할 때 가장 적당한 측정방법은?

(1) 굵은 나전선의 저항
(2) 수천옴의 가는 전선의 저항
(3) 전해액의 저항
(4) 옥내 전등선의 절연저항

정답

(1) 캘빈더블 브리지법
(2) 휘스톤 브리지법
(3) 콜라우시 브리지법
(4) 절연저항계법(메거법)

06 시험 및 측정

그림은 무엇을 측정하기 위한 것인가?

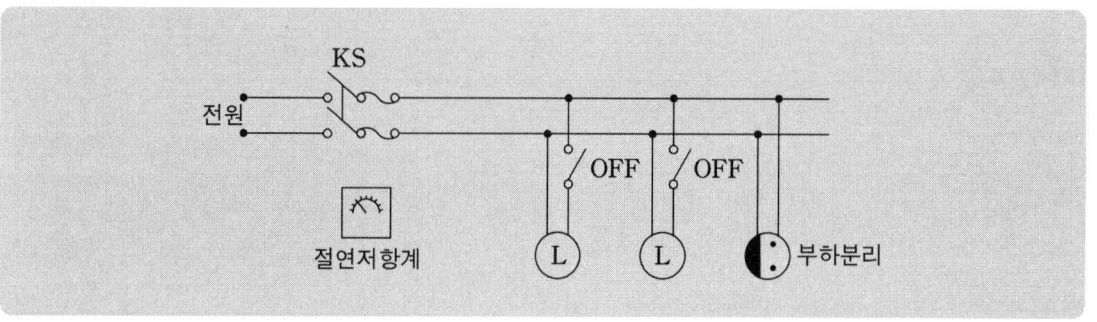

정답

선간 절연 저항

07 시험 및 측정

아날로그 멀티 테스틱로 교류(AC) 전압을 측정하려면 부하설비와 어떻게 연결하여 측정하는가?

정답

병렬로 연결한다.

08 시험 및 측정

휴대용 Taster로 측정할 수 있는 5가지를 쓰시오.

정답

저항, 직류전압, 직류 전류, 교류 전압, 도통시험, 트랜지스터의 극성

09 시험 및 측정

아날로그 멀티 테스터기를 사용하여 전기회로의 단선 유무를 판단하려고 한다. 전환 스위치를 교류전압, 직류전압, 저항의 위치 중에서 어느 단자에 놓고 측정하는가?

정답

저항의 위치

10 시험 및 측정

아날로그 멀티테스터기로 직류전압을 측정하고자 한다. 흑색 리드선은 어느단자에 연결하여야 하는가?

정답

− 단자 : 흑색
+ 단자 : 적색

11 시험 및 측정

수전설비의 절연저항을 측정하기 위한 절연저항계의 체크방법에서 영점체크를 하는 이유는?

정답

절연저항을 측정하기 전 절연저항계의 E, L 단자의 선이 단선 되었는지 여부를 확인하기 위하여 영점을 체크한다.

12 시험 및 측정

전원이 인가된 상태에서 아날로그 멀티 테스터기를 사용하여 전기회로의 저항값을 측정할 수 있는가?

정답

측정불가

13 시험 및 측정

후크온 메터기는 주로 무엇을 측정 할 때 사용 하는가?

정답

활선 상태에서 부하전류를 측정

ELECTRIC WORK

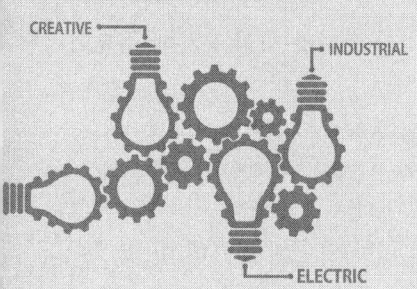

02 전기설비견적

Chapter 01. 견적

Chapter 02. 공사원가 계산

Chapter 03. 품셈적용 및 노무량 산출

Chapter 04. 터파기 계산

1 견적

1. 견적

예정가격을 산출하기 위하여 설계도서와 시방서 및 시공 현장의 조건에 따라 시설 공사에 소요되는 재료와 노무의 품을 계산하는 일련의 과정과 업무를 말한다.
적산에는 개산(개략)견적, 상세견적, 변경 견적, 정산 견적 등이 있다.

1) 개략계산 견적

이 방법에는 건물의 연면적에 의한 방법 스케치도 및 설계도에 의한 방법에 있으며 이 방법으로 산출 시에는 직접 필요한 자재량 및 수량, 공사금액 이외에 다음과 같은 요인 등이 있다.

2) 상세견적

주어진 도면 또는 사양서 등의 설계 도면에 의해 재료 등 관계 법령을 이해하고 현장 상황을 파악하여 상세하게 견적을 계산하는 것

2. 시방서

설계 도면만으로 명시 할 수 없는 여러 가지 사항을 명문화한 것

1) 시방서 종류

① 표준시방서 : 시설물의 안전 및 공사시행의 적정성과 품질확보 등을 위하여 시설별로 정한 표준적인 시공기준으로서 발주청 또는 설계 등 용역업자가 공사 시방서를 작성하는 경우에 활용하기 위한 시공기준을 말한다.
② 전문시방서 : 시설물별 표준시방서를 기본으로 모든 공종을 대상으로 하여 특정한 공사의 시공 또는 공사시방서의 작성에 활용하기 위한 종합적인 시공기준을 말한다.
③ 공사시방서 : 공사별로 건설공사 수행을 위한 기준으로서 계약문서의 일부가 되며, 설계도면에 표시하기 곤란하거나 불편한 내용과 당해 공사의 수행을 위한 재료, 공법, 품질시험 및 검사 등 품질관리, 안전관리계획 등에 관한 사항을 기술하고, 당해 공사의 특수성, 지역 여건, 공사방법 등을 고려하여 공사별, 공종별로 정하는 시행하는 시공기준을 말한다.
④ 자재구입 시방서
⑤ 견적 시방서

2) 시방서 작성 시 요구되는 전문성

① 설계도서 구성 및 작성에 대한 이해
② 계약수립 및 관리 과정에 관한 지식
③ 설계 도서의 활용에 대한 이해
④ 공사 개시 전 준비단계에 대한 이해
⑤ 공사 추진 과정의 단계별 활용에 대한 이해
⑥ 사용 자재 및 장비에 관한 기술적 지식
⑦ 공사 완성 단계의 업무에 대한 이해
⑧ 법적, 기술적, 책임 한계를 명확하게 표현 할 수 있는 지식

※ 견적도 : 견적서에 붙여서 조회자에게 주는 도면으로 주문할 사람에게 물품의 내용 및 가격 등을 설명하기 위한 도면

3. 견적(적산)순서

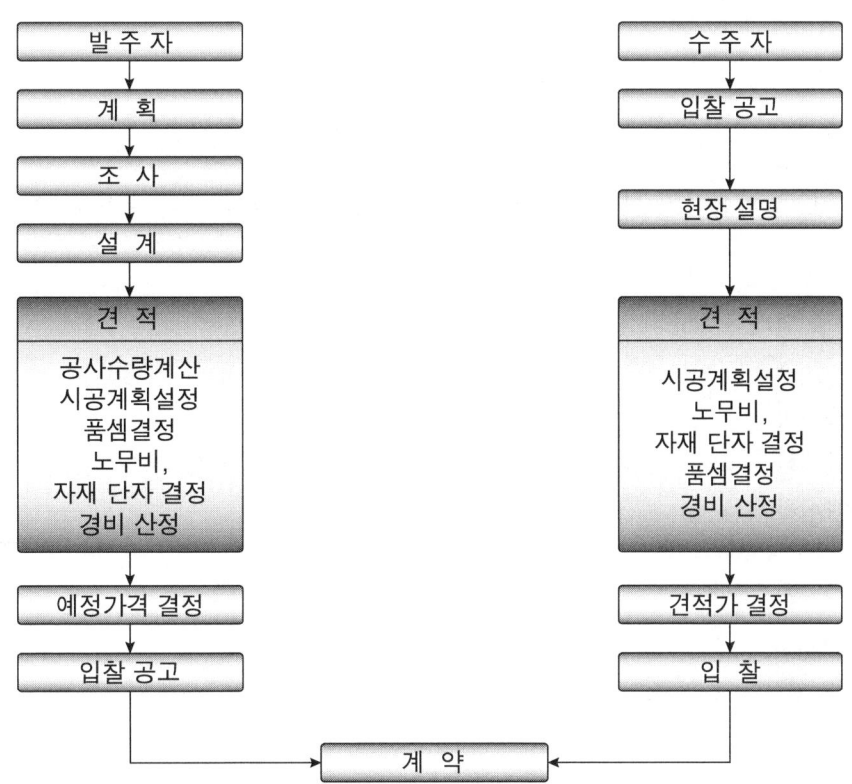

1) 시공계획서 작성 시 현장 조건의 검토 사항

　① 현장의 지형 및 토양 상태
　② 농지, 농원, 공원, 문화재, 천연 기념물 지정구역
　③ 설비의 활용성 및 안정성확보 및 재해 요인의 잠재 여부
　④ 인가 밀집 지역이나 향후 지역 발전 여건등을 감안한 경과지 타당성 여부
　⑤ 시공 후 책임 소재 등 이해관계가 야기 될 수 있는 문제점 조사

2) 공정계획서 작성 시 현장 조건의 검토 사항

　① 현장 여건에 따른 시공 순서
　② 공정별, 주간별, 작업계획(주간, 심야, 가공 및 지중공사 등)
　③ 현장에 투입되는 공정별 작업 인원수
　④ 공정별 소요자재 출고 및 운반
　⑤ 장비, 기계 공기구의 종류, 수량등의 준비 및 사용법
　⑥ 환경 훼손에 영향을 미치는 제반 요인 해소 대책

3) 변경설계 작성 순서

> 표지 – 목차 – 변경이유서 – 일반시방서 – 특별시방서 – 예정공정표 – 동원인원계획표 – 내역서 – 일위대가표 – 자재표 – 중기사용료 및 잡비계산서 – 수량계산서 – 설계도면

4) 자재구입 단계별 요소

　① 원단위산정
　② 사용계획
　③ 재고계획
　④ 구매계획

2 총(공사)원가 계산

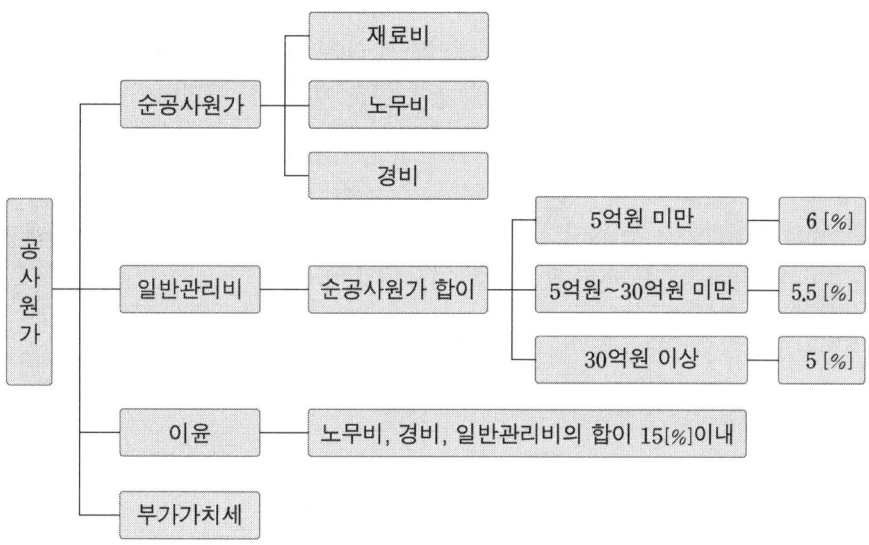

1. (순)공사원가

    공사원가라 함은 공사시공과정에서 발생한 재료비, 노무비, 경비의 합계액을 말한다.

    1) 재료비

        재료비는 공사원가를 구성하는 다음 내용의 직접재료비 및 간접재료비로 한다.

        ① 직접재료비는 공사목적물의 실체를 형성하는 물품의 가치를 말한다.

        ② 간접재료비는 공사목적물의 실체를 형성하지 않으나 공사에 보조적으로 소비 되는 물품의 가치를 말한다.

        ③ 재료의 구입과정에서 당해재료에 직접 관련되어 발생하는 운임, 보험료, 보관비등의 부대비용은 재료비로서 계산한다. 다만 재료 구입 후 발생되는 부대비용은 경비의 각 비목으로 계산한다.

        ④ 계약목적물의 시공 중에 발생하는 작업설비, 부산물 등은 그 매각액 또는 이용 가치를 추산하여 재료비로부터 공제하여야 한다.

2) 노무비

노무비는 제조원가를 구성하는 다음 내용의 직접노무비, 간접노무비를 말한다.

① 직접노무비 : 제조현장에서 계약목적물을 완성하기 위하여 직접작업에 종사하는 종업원 및 노무자에 의하여 제공되는 노동력의 대가로서 다음 각호의 합계액으로 한다. 다만, 상여금은 년 400[%], 제수당, 퇴직 급여 충당 금은 근로 기준법상 인정되는 범위를 초과하여 계상할 수 없다.

② 간접노무비 : 직접 제조작업에 종사하지 않으나, 작업현장에서 보조작업에 종사하는 노무자, 종업원과 현장감독자 등의 기본급과 제수당, 상여금, 퇴직급여충당금의 합계액으로 한다. 간접노무비는 직접노무비를 초과하여 계상할 수 없다.

- 간접노무비 = 직접노무비 × 간접노무비율

- 간접노무비율 = $\dfrac{종류별 + 규모별 + 기간별}{3}$

간접노무비율 계산 (단위 [%])

구분		간접노무비율
공사종류별	건축공사	14.5
	토목공사	15
	특수공사(포장·준설 등)	15.5
	기타(전문·전기·통신 등)	15
공사규모별 * 품셈에 의하여 산출되는 공사원기준	50억원 미만	14
	50~300억원 미만	15
	300억원 이상	16
공사기간별	6개월 미만	13
	6~12개월 미만	15
	12개월 이상	17

3) 경비

① 경비는 공사의 시공을 위하여 소요되는 공사원가중 재료비, 노무비를 제외한 원가를 말하며, 기업의 유지를 위한 관리활동부문에서 발생하는 일반관리비와 구분된다.

② 경비는 당해 계약목적물 시공기간의 소요(소비)량을 측정하거나 원가 계산 자료의 비치 및 활용에 의한 원가 계산 자료나 계약서, 영수증 등을 근거로 예정하여야 한다.

③ 복리후생 비율 = $\dfrac{복리후생비}{재료비 + 노무비} \times 100[\%]$

2. 일반관리비

1) 일반관리비란 기업의 유지를 위한 관리 활동 부분에서 발생되는 제비용으로서 공사 원가에 속하지 아니하는 모든 영업 비용 중 판매비 등을 제외한 비용
   - 일반관리비＝판매비와 일반 관리비－(광고 선전비＋접대비＋대손상각 등)
   - 일반관리비＝(재료비＋노무비＋경비)×일반 관리비율(5~6[%])
   - 일반관리비율＝$\dfrac{일반관리비}{매출원가}\times 100[\%]$

2) 일반관리비의 계상

   일반관리비는 아래의 비율을 초과하여 계상할 수 없으며 아래와 같이 공사 규모별을 채점 적용한다.

시 설 공 사(종합공사)		전문, 전기, 전기통신공사	
공사원가	일반관리비율	공사원가	일반관리비율
50 억원 미만	6[%]	5억원 미만	6[%]
50억원~300억원 미만	5.5[%]	5억원~30억원 미만	5.5[%]
300억원 이상	5[%]	30억원 이상	5[%]

3. 이 윤

이윤은 영업 이익을 말하며 공사원가 중 노무비, 경비와 일반관리비의 합계액(이 경우 기술료 및 외주가공비는 제외한다)에 이윤을 15[%]를 초과하여 계상할 수 없다.
   - 이윤＝(노무비＋경비＋일반관리비)×0.15

4. 예정가격
   - 총원가＋부가가치세(10[%])

   여기서 부가가치세는 총원가(공급가액)의 10[%]

5. 공사원가 계산서

공사원가계산을 하고자 할 때는 다음표의 공사원가계산서를 작성하고 공사원가계산서 작성요령에 의거 비목별 산출근거를 명시한 기초계산서를 첨부하여야 한다.

[공사원가 계산서]

1. 공사명 :   공사기간 :

비목			구분	금액	구성비	비고
순공사원가	재료비		직 접 재 료 비			
			간 접 재 료 비			
			작업설·부산물등(△)			
			소 계			
	노무비		직 접 노 무 비			
			간 접 노 무 비			
			소 계			
	경 비		전 력 비			
			수 도 광 열 비			
			운 반 비			
			기 계 경 비			
			특 허 권 사 용 료			
			기 술 료			
			연 구 개 발 비			
			품 질 관 리 비			
			가 설 비			
			시 험 검 사 비			
			지 급 임 차 료			
			보 험 료			
			복 리 후 생 비			
			보 관 비			
			외 주 가 공 비			
			안 전 관 리 비			
			소 모 품 비			
			여비·교통비·통신비			
			세 금 과 공 과			
			폐 기 물 처 리 비			
			도 서 인 쇄 비			
			지 급 수 수 료			
			환 경 보 전 비			
			보 상 비			
			기 타 법 정 경 비			
			소 계			
	일반관리비( )[%]					
	이 윤( )[%]					
	총 원 가					

3 품셈 적용 및 노무량 산출

1. 품셈

1) 품셈의 정의
인력 또는 건설 장비(기계)를 이용하여 어떤 목적물을 완성하기 위하여 단위당 소요로 하는 인력과 재료량을 수량으로 표시한 것

2) 표준 품셈
여러 가지 환경과 기후 및 현장 여건 등을 고려하여 현장의 작업이 시행되기 전에도 공사비를 계산할 수 있도록 각 작업의 내용에 따라 재료, 인력 및 장비의 소요량 등을 표준화한 것

2. 전기재료의 할증률 및 철거손실률

전기재료의 할증률 및 철거용 재료의 손실률은 일반적으로 다음 표의 값 이내로 한다.

종류	할증률[%]	철거손실율
옥외전선	5	2.5
옥내전선	10	—
Cable (옥 외)	3	1.5
Cable (옥 내)	5	—
전 선 관 (옥 외)	5	—
전 선 관 (옥 내)	10	—
케이블 랙 (트레이), 덕트, 레이스웨이	5	—
Trolley선	1	—
동대, 동봉	3	1.5
애자류 100개 미만	5	2.5
100개 이상	4	2
200개 이상	3	1.5
500개 이상	1.5	0.75
1,000개 이상	1	0.5
전선로 철물류 100개 미만	3	6
100개 이상	2.5	5
200개 이상	2	4
500개 이상	1.5	3
1,000개 이상	1	2
조가선 (철·강)	4	4
합성수지 파형전선관 (파상형경질폴리에틸렌전선관)	3	—

[해설] 철거손실률이란 전기설비공사에서 철거 작업 시 발생하는 폐자재를 환입할 때 재료의 파손, 손실, 망실, 일부 부식 등에 의한 손실률을 말함.

3. 공구손료와 잡품 및 소모재료

   1) 공수손료

      ① 공구손료는 일반공구, 통신공사용 특수공구 및 특수시험 검사용 기구류의 손료로서 공사중 항상 일반적으로 사용하는 것을 말하며 직접 노무비(제수당, 상여금 및 퇴직급여충당금 제외)의 3[%] 까지 계상할 수 있다.
      ② Chain hoist, block, pipe expander, straight edge, 절연내압시험기, 변압기, 탈수기, 자동전압조정기, synchroscope, potentiometer 등 특수공구 및 특수시험 검사용 기구류의 손료 산정은 경장비 손료에 준한다.

   2) 잡품 및 소모 재료

      잡품 및 소모 재료는 설계 내역에 표시하여 계상한다. 단, 동력 및 조명 공사 부문에서 계상이 어렵고 금액이 근소한 조명 공사의 소모품(땜납, 페스트, 테이프류, 토취 램프용 휘발유, 잡나사 등)에 대해서는 직접 재료비(전선관 배관 자재비)의 2~5[%]까지 계상할 수 있다.

4. 소운반

   품에서 규정된 소운반이라 함은 20[m] 이내의 수평거리를 말하며 소운반이 포함된 품에서 있어서 소운반 거리가 20[m] 를 초과할 경우에는 초과분에 대하여 이를 별도 계상하며 경사면의 소운반 거리는 직고 1[m] 를 수평거리 6[m]의 비율로 본다.

5. 운반 차량의 구분

   1) 공사용 자재의 운반차량은 덤프트럭을 원칙으로 하되 훼손의 위험이 있는 기자재는 화물자동차로 운반한다. 다만, 전주등 장척물의 경우는 자동차의 길이가 적재하고자 하는 장척물 길이의 10/11 이상인 차종으로 운반한다.

   2) 화물자동차의 운반비는 화물자동차의 차량손료 방식으로 운반비를 산출한다. 다만, 가격조사 기관에서 발행하는 물가정보지 가격이 있는 경우에는 『전세차량비에 의한 운반비 방식』으로 산출할 수 있다.

   3) 전세차량비에 의한 운반비 산출

      ① 차량운반비(원) = (계산차량대수 × 전세차량비) + 총 상하차임
      ② 계산차량대수 = $\dfrac{1}{480}[T_1 + T_2]$

③ T_1(총주행 소요시간:분)$=\left[\dfrac{L}{V_1}(1+a)+\dfrac{L}{V_2}\right]\times 60 \times N$

L : 운반거리(편도) [km], V_1 : 적재시 평균속도[km/hr], V_2 : 공차시 평균속도 [km/hr]

N(대수) : $N=\dfrac{\text{총 운반 할 자재중량[ton]}}{\text{사용차량의 적재능력[ton]}}$, T_2 : 적상하시간(분)

a : 품목별 할증률 및 할인율(국토해양부 운임 및 요금표상의 할증 및 할인 해당분 한함)

※ 전세차량비는 구역화물, 차종별, 전세운임 적용
※ 총 중량 1[ton] 이하의 운송비는 용달운임차량을 이용할 수 있는 지역은 용달운임을 적용

4) 운반도로와 평균 주행속도[km/hr]

도로상태	평균속도	
	적재	공차
1차선의 교차가 힘든 산간지 도로	10	15
2차선 이상의 산간지 도로 및 미포장도로	15	20
2차선 이상의 교통량 및 교통대기가 많은 시가지 포장도로(7,000대/일 이상)	20	25
2차선 이상의 시가지 포장도로 (7,000~2,000대/일)	25	30
2차선 이상의 교외 포장도로 (2,000대/일 이상)	30	35
2차선 이상의 포장도로 (2,000대/일 미만)	35	35
2차선 고속도로	50	55
4차선 고속도로(편도 교통량 1일 40,000대 미만)	60	60

6. 인력운반 및 적상하 시간 기준

1) 인부(지게) 운반과 장대물·중량물 등 목도 운반비 산출 공식

① 기본공식

$$\text{운반비}=\dfrac{A}{T}\times M \times \left(\dfrac{60\times 2 \times L}{V}+t\right)$$

여기에서 A : 공사특성에 따른 직종노임
M : 필요한 인력의 수($M=$ 총 운반량[kg]/1인당 1회 운반량[kg])
L : 운반거리[km]
V : 왕복 평균속도 [km/hr]
T : 1일 실작업시간 [분]
t : 준비작업시간 [2분] (1회 운반량은 25[kg/인])

② 왕복 평균 속도[km/hr]

구분	장대물, 중량물등 인력운반왕복 평균 속도	인부(지게)운반 왕복 평균 속도
도로상태 양호	2	3
도로상태 보통	1.5	2.5
도로상태 불량	1	2
물논, 도로가 없는 산림지 및 숲이 우거진 지역	0.5	1.5

도로상태 구분

- 양호 : 운반로가 평탄하며 보행이 자유롭고 운반상 장애물이 없는 경우
- 보통 : 운반로가 평탄하지만 다소 운반에 지장이 있는 경우
- 불량 : 보행에 지장이 있는 운반로의 경우
        습지, 모래질, 자갈질, 암반 등 지장이 있는 운반로의 경우

③ 경사지 운반 환산계수 α

경사도	[%]	10	20	30	40	50	60	70	80	90	100
	각도	6	11	17	22	27	31	35	39	42	45
환산계수 α		2	3	4	5	6	7	8	9	10	11

경사지 환산거리 $= \alpha \times L$

2) 품종별 적상하 기준

품종별		단위	편성 인원	시간(분)		전공	보통 인부
				적상	적하		
CP전주	10[m] 이하	본	12	15	10	0.313	0.313
	11[m] 이상	본	20	15	10	0.521	0.521
애자류		톤	6	14	10	0.15	0.15
철재류		톤	6	10	8	0.113	0.113
전선류		톤	15	15	10	0.391	0.391
근가류		톤	5	14	10	0.125	0.125
비계목류		톤	4	21	12	0.138	0.138
시멘트류		톤	5	14	10	-	0.25

① 일정한 평지에서 20[m] 내 소운반 작업 포함
② 이 작업에서는 적상적하시의 정리작업 포함

③ 목주는 CP주의 60[%]로 함
④ CU, ACSR 등 폐전선의 적상하 기준은 전선류의 50[%]로 적용함
⑤ 전공은 송전, 배전, 내선공사 등 해당직종의 기능공을 적용한다.

7. 품의 할증

1) 할증의 중복 가산요령

$$W = P \times (1 + a_1 + a_2 + \cdots + a_n)$$

W : 할증이 포함된 품
P : 기본품 또는 각장 해설란의 필요한 증·감 요소가 감안된 품
$a_1 \sim a_n$: 품 할증요소

2) 건물 층수별 할증률

지상층	2~5층 이하 1[%] 10층 이하 3[%] 15층 〃 4[%] 20층 〃 5[%] 25층 〃 6[%] 30층 〃 7[%] 30층 초과에 대하여는 매 5층 이내 증가마다 1.0[%] 가산
지하층	지하 1층 1[%] 지하 2~5층 2[%] 지하 6층 이하는 지하 1개층 증가마다 0.2[%] 가산

3) 지세별 할증률

보통	0[%]
불량	25[%]
매우 불량	50[%]
물이 있는 논	20[%]
농작물이 있는 건조한 논밭	10[%]
소택지 또는 깊은 논	50[%]
번화가 1	20[%] (지중케이블공사는 30[%])
번화가 2	10[%] (지중케이블공사는 15[%])
주택가	10[%]
도서지구[본토(육지)]에서 인력 파견시]	50[%]까지
공항에서 1일 비행기 이착륙 회수 20회 이상	50[%]
10회 이상 20회 미만	25[%]
6회 이상 10회 미만	15[%]
5회 이하	10[%]

왕복소요시간	할증률
2시간이하	25[%]
3시간이하	40[%]
3시간초과	50[%]

주1) 왕복소요시간은 운항시간과 승선대기시간의 합
주2) 선박은 일반선박 기준임
주3) 작업자의 선박운임(인력, 차량, 장비 등)은 별도 계상
주4) 공사기간 등 여건에 따라 할증률 차등적용
주5) 제주도는 할증 적용 제외

4) 지형별 할증률

강 건너기	50[%] (강폭 150[m] 이상)
계곡 건너기	30[%] (긍장 150[m] 이상)

5) 위험 할증률

① 교량작업

인도교	15[%]
철교	30[%]
공중작업	70[%]

② 고소작업 지상(비계를 없이 시공되는 작업에 적용한다.)

5[m] 미만	0[%]
5[m] 이상 10[m] 미만	20[%]
10[m] 〃 15[m] 〃	30[%]
15[m] 〃 20[m] 〃	40[%]
20[m] 〃 30[m] 〃	50[%]
30[m] 〃 40[m] 〃	60[%]
40[m] 〃 50[m] 〃	70[%]
50[m] 〃 60[m] 〃	80[%]

고소작업 지상 60[m] 이상 매 10[m] 이내 증가마다 10[%] 가산

③ 고소작업 지상(비계를 사용 시공되는 작업에 적용한다.)

10[m] 이상	10[%]
20[m] 〃	20[%]
30[m] 〃	30[%]
50[m] 〃	40[%]

④ 지하작업 : 지하 4[m] 이하 10[%]

⑤ 활선 근접작업 : 30[%]
  AC 154[kV]급 이상 : 4[m] 이내
  AC 66[kV]급 이상 : 3[m] 이내
  AC 6.6[kV]급 이상 : 2[m] 이내
  AC 600[V] 이상 : 1[m] 이내
  DC 1,500[V] 이상 : 1[m] 이내
  DC 60[V] 이상 1,500[V] 미만 : 30[cm] 이내
  단, 전력선 첨가 및 회선 증설(조가선, 케이블 가설 등)은 20[%]

> **해 설** 활선근접작업이란 나도체(22.9[kV] ACSR-OC 절연전선 포함) 상태에서 이 격거리 이내 근접하여 작업함을 말하며, AC 60[V]이상 600[V]미만, DC 60[V]이상 750[V] 미만은 절연물로 피복된 경우 나도체된 부분부터 이격거리 내에서 작업할 때를 말한다.

⑥ 터널내 작업 및 터널내 작업과 유사한 작업

인도 및 차량통행 전면통제(철도터널은 열차통행 전 또는 궤도 이용장비 사용시 포함) 차도	15[%]
차량(철도포함)통행 차도(부분통제도 포함)	30[%]

> **해 설**
> 1) 터널 내 사다리작업으로 작업능률이 현저하게 저하될 때는 위 할증률에 10[%]까지 가산할 수 있다.
> 2) 터널 내 작업할증률은 터널 입구에서 25[m] 이상 터널속에 들어가서 작업 시에 적용한다.

⑦ 군작전 지구 내에서 작업능률에 현저한 저하를 가져올 때에는 작업 할증률을 20[%]까지 가산한다.

⑧ 특수보안지역(교정기관, 군부대, 공항 등)에서 이루어지는 작업 중에서 경비원의 입회하에서만 작업이 가능하고 작업시간 및 통행로 제한으로 작업능률 저하가 현저할 경우 20[%]까지 가산할 수 있다.

6) 기타 할증률

① 아래와 같은 이유로 작업 능력저하가 현저할 때 50[%]까지 가산 할 수 있다.
  • 동일 장소에 수종의 장비 가동   • 작업장소의 협소
  • 소음   • 진동
  • 해상작업

② 기타 작업조건이 특수하여 작업시간 및 통행제한으로 작업능률 저하가 현저할 경우는 별도 가산할 수 있다.

7) 야간작업

PERT/CPM 공정계획에 의한 공기산출 결과 정상작업(정상공기)으로는 불가능하여 야간작업을 할 경우나 공사 성질상 부득이 야간작업을 하여야 할 경우에는 품을 25[%]까지 가산한다.

8. 시공 직종

1) 기술자 및 관리자

① 현장기술자(기사, 산업기사)의 품은 표준품셈에 명시된 바에 따라 계상한다.
② 직접 작업에 종사하지는 않으나, 공사현장에서 보조 작업에 종사하는 감독, 공사관리자, 현장사무소직원 등 간접인력에 대한 품은 계약예규의 간접노무비율 범위 내에서 계상한다.
③ 기사, 산업기사의 적용구분은 관계법령 또는 규정에 따라 계상한다.

2) 직종 구분

직종	작업구분
플랜트전공	발전설비 및 중공업설비의 시공 및 보수
변전전공	변전설비의 시공 및 보수
계장공	플랜트 프로세스의 자동제어장치, 공업제어장치, 공업계측 및 컴퓨터 등 설비의 시공 및 보수
송전전공	철탑(배전철탑 포함) 등 송전설비의 시공 및 보수
배전전공	전주 및 배전설비의 시공 및 보수
내선전공	옥내배관, 배선 및 등구류설비의 시공 및 보수
특고압케이블전공	특고압케이블 설비의 시공 및 보수(7[kV] 초과)
고압케이블전공	고압케이블 설비의 시공 및 보수(교류 600[V] 초과 7[kV] 이하, 직류 750[V] 초과 7[kV] 이하)
저압케이블전공	저압 및 제어용케이블 설비의 시공 및 보수(교류 600[V] 이하, 직류 750[V] 이하)
송전활선전공	송전전공으로서 활선작업을 하는 전공
배전활선전공	배전전공으로서 활선작업을 하는 전공
전기공사기사	전기공사업법에 의한 전기기술자로서 전기공사의시공 및 관리
전기공사산업기사	전기공사업법에 의한 전기기술자로서 전기공사의시공 및 관리

▶ 플랜트란 철강, 석유, 제지, 화학 및 발전 등의 프로세스공업에서 일반적으로 원료나 에너지를 공급하여 소요의 물질이나 에너지를 얻기 위하여 필요한 물리적, 화학적 작용을 행하는 장치를 말한다.
▶ 송전전공은 고소작업을 하는 직종으로 위험할증률(고소작업)별도 적용안함

4 터파기 계산

1. 터파기

    ① 독립 기초파기   ② 줄 기초파기   ③ 철탑 기초파기

    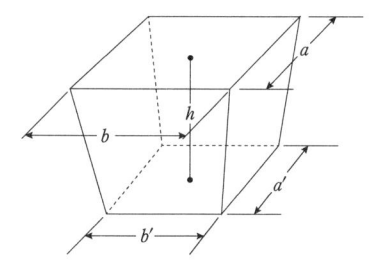 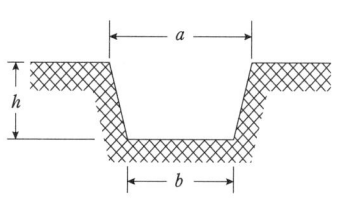 

    1) 독립기초 터파기량

        ① $\dfrac{h}{6}\{(2a+a')b+(2a'+a)b'\}[\text{m}^3]$

        ② $\dfrac{h}{3}(A_1+\sqrt{A_1A_2}+A_2)[\text{m}^3]$ 여기서 $A_1=ab[\text{m}^2]$, $A_2=a'b'[\text{m}^2]$ ($a=b$, $a'=b'$)

    2) 줄기초 터파기량

        $\left(\dfrac{a+b}{2}\right)h \times$ 줄기초길이$[\text{m}^3]$

    3) 철탑 기초 굴착(터파기)량

        가로×세로×h×휴지각$[\text{m}^3]$

        ※ 휴지각＝1.1×1.1＝1.21

2. 흙 되 메우기

   1) 흙 되 메우기 량=(흙 파기 체적－기초 구조부의 체적)

   2) 잔토 처리

      ① 일부 흙을 되 메우고 잔토 처리 할 때
        잔토 처리량={흙 파기 체적－(되 메우기 체적＋돋우기 체적)}×토량환산계수

      ② 흙을 되 메우기만 할 때
        잔토 처리량=(흙 파기 체적－되 메우기 체적)×토량환산계수

      ③ 흙 파기 량을 전부 잔토 처리 할 때
        잔토 처리량=흙 파기 체적×토량환산계수

      ※ 토량 환산 계수란 흙이 자연 상태의 토량과 다져진 상태의 토량 및 흐트러진 상태의 토량에 대한 변화율이며 통상 자연 상태의 환산계수는 1이다.

3. 벌목 보상비 산출

   1) 벌목 재적 산출식[m³] : 스말리안 식

   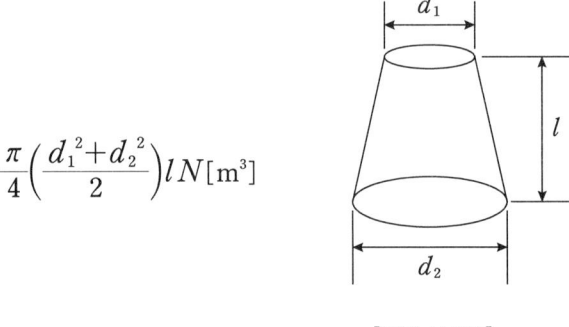

   [벌목 상세도]

   $$\frac{\pi}{4}\left(\frac{d_1^2+d_2^2}{2}\right)lN[\text{m}^3]$$

   d_1 : 상반원 직경, d_2 : 하반원의 직경, l : 높이, N : 벌목본수

   2) 벌목 보상비 : 재적[m³]×단가[원/m³]

Chapter 01 출제 예상 문제

01 견적

견적에는 개산 견적, 상세견적, 변경 견적, 정산 견적 등이 있다. 이중 상세 견적이란 무엇인지 간단하게 설명하시오.

정답

주어진 도면 또는 사양서 등의 설계 도면 및 자료에 의해 재료와 공법 등 관계법령을 이해하고 현장 상황을 파악하여 상세하게 견적을 계산하는 것

02 견적도

견적도란 무엇인가 간단하게 쓰시오.

정답

일반적으로 구조 치수를 나타내는 개요도, 외형도 정도의 것을 사용하는 도면으로 견적서에 첨부하여 피조회자에게 첨부되는 도면

03 시방서

시방서란 어떤 문서를 말하는가 정확하게 답하시오.

정답

설계도면으로 나타나기 어려운 사항을 문서로 표시한 서류

04 시방서 - 전문성

시방서(Specification)를 작성할 때 요구되는 전문성에 대하여 예시와 같이 5가지만 표현을 하시오.

[예시] 사용 자재 및 장비에 관한 기술적 지식

정답

① 설계도서 구성 및 작성에 대한 이해
② 계약수립 및 관리 과정에 관한 지식
③ 설계도서의 활용에 대한 이해
④ 공사 개시 전 준비단계에 대한 이해
⑤ 공사 추진 과정의 단계별 활용에 대한 이해

05 시방서의 종류

국내의 건설기술관리법에서 정하는 시방서의 종류 3가지를 쓰시오.

정답

표준시방서, 전문시방서, 공사시방서

06 설계서 작성순서 - 변경 설계

설계서의 작성순서에서 변경설계를 하려고 한다. 괄호 안에 알맞은 용어를 쓰시오.

표지 - 목차 - 변경이유서 - (①) - 특별시방서 - (②) - 동원인원계획표 - (③) - 일위대가표 - (④) - 중기사용료 및 잡비계산서 - (⑤) - 설계도면 - 이하생략

정답

① 일반시방서
② 예정공정표
③ 내역서
④ 자재표
⑤ 수량계산서

07 견적순서

견적 순서를 발주자 및 수주자 입장에서 작성해 보면 다음의 흐름도와 같다.
빈칸 ① ~ ⑤에 알맞은 답을 써넣으시오.

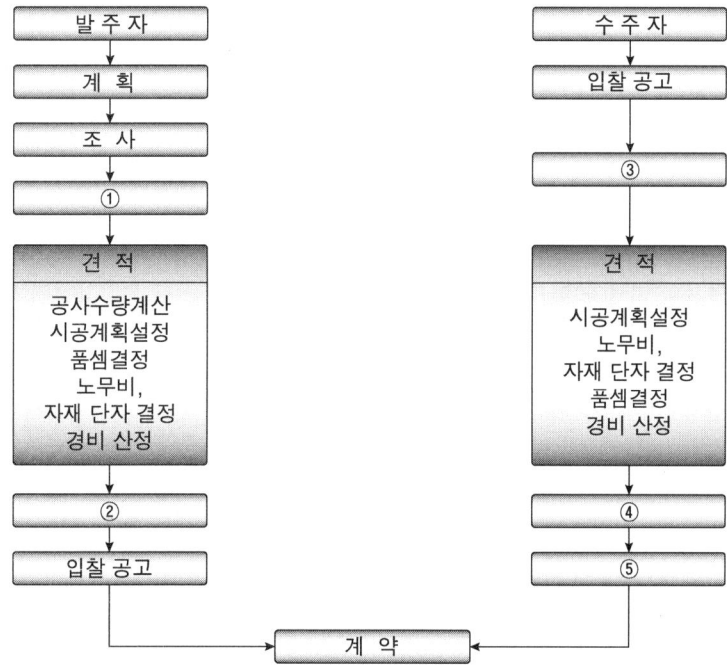

정답

① 설계
② 예정가격 결정
③ 현장설명
④ 견적가 결정
⑤ 입찰

08 자재계획 단계 순서

다음 중에서 자재계획 단계의 적합한 순서로 나열하시오.

① 원단위산정   ② 사용계획   ③ 구매계획   ④ 재고계획

정답

① - ② - ④ - ③

09 공사원가와 총공사원가

공사원가와 순 공사원가에 해당하는 항목으로 산출식(방법)을 쓰시오.

- 공사원가 :
- 순 공사원가 :

정답

- 공사원가 : 재료비＋노무비＋경비＋일반관리비＋이윤
- 순 공사원가 : 재료비＋노무비＋경비

10 간접노무비

간접노무비와 간접노무비율을 구하는 계산식을 쓰시오.

정답

(1) 간접노무비＝직접노무비×간접노무비율(15[％] 이하)

(2) 간접노무비율＝$\dfrac{\text{공사종류별}[\%]+\text{공사규모별}[\%]+\text{공사기간별}[\%]}{3}$

11 간접노무비 계산

총공사비가 29억원이고, 공사기간이 11개월인 전기공사의 간접노무비율[%]을 참고자료에 의거 계산하시오.

구분		간접노무비율
공사종류별	건축공사	14.5
	토목공사	15
	기타(전기·통신 등)	15
공사규모별 * 품셈에 의하여 산출되는 공사원가 기준	5억원 미만	14
	5~30억원 미만	15
	30억원 이상	16
공사기간별	6개월 미만	13
	6~12개월 미만	15
	12개월 이상	17

정답

- 계산 : $\dfrac{15+15+15}{3} = 15[\%]$

- 답 : $15[\%]$

12 복리후생비율

재료비 60, 노무비 20, 복리후생비 1.5 일 때 복리 후생비율을 구하시오.

정답

- 계산 : 복리후생비율 $= \dfrac{복리후생비}{재료비+노무비} \times 100 = \dfrac{1.5}{60+20} \times 100 = 1.88[\%]$

- 답 : $1.88[\%]$

13 일반관리비 계산

전기공사 일반관리비의 계산방법이다. 다른 공사 원가에 따른 일반 관리비 비율은 각각 얼마인지 쓰시오.

5억원 미만	(1)[%]
5억원 이상 ~ 30억원 미만	(2)[%]
30원 이상	(3)[%]

정답

(1) 6[%]   (2) 5.5[%]   (3) 5[%]

14 일반관리비

전기공사 금액이 3억원일 때 일반관리비율은 얼마인가?

정답

6[%]

15 일반관리비와 이윤

전기공사의 공사원가의 비목이 다음과 같이 구성되었을 경우 일반관리비와 이윤을 산출하라.

- 재료비 소계 : 70,000,000[원]
- 노무비 소계 : 30,000,000[원]
- 경   비 소계 : 15,000,000[원]

(1) 일반관리비
(2) 이윤

정답

(1) 일반관리비 : $(70,000,000+30,000,000+15,000,000) \times 0.055 = 6,325,000$ ◦ 답 : 6,325,000[원]

(2) 이윤 : $(30,000,000+15,000,000+6,325,000) \times 0.15 = 7,698,750$ ◦ 답 : 7,698,750[원]

16 할증률 – 재료

정부나 공공 기관에서 발주하는 전기공사의 물량 산출 시 일반적으로 옥내전선 할증률과 옥외전선 할증률 및 옥외전선 철거손실률은 얼마로 계산하는지 각각 쓰시오.

(1) 옥외전선 할증률
(2) 옥내전선 할증률
(3) 옥외전선 철거손실률

정답

(1) 옥외전선 할증률 : 5[%]
(2) 옥내전선 할증률 : 10[%]
(3) 옥외전선 철거손실률 : 2.5[%]

17 공구손료

공구손료에 대하여 설명하시오.

> 정답

일반공구 및 시험용 계측 기구류의 손료공사 중 상시 일반적으로 사용하는 것으로 직접노무비의 3[%]까지 계산할 수 있다.

18 소운반

품에서 규정된 소운반이라 함은 무엇을 뜻하는가?

> 정답

20[m] 이내의 수평 거리를 말하며, 경사면의 소운반 거리는 직고 1[m] 수평거리 6[m]의 비율로 본다.

19 전공

다음의 작업구분에 맞는 직종 명을 쓰시오.

(1) 발전설비 및 중공업 설비의 시공 및 보수
(2) 변전설비의 시공 및 보수
(3) 철탑 및 송전설비의 시공 및 보수
(4) 플랜트 프로세스의 자동제어장치, 공업제어장치 등의 시공 및 보수

> 정답

(1) 플랜트전공 (2) 변전전공
(3) 송전전공 (4) 계장전공

20 인력운반

콘크리트 전주(14[m]) 설치에 지형상 소운반(인력운반)이 필요하여 이를 산출하고자 한다.
아래 조건을 참고하여 다음 물음에 답을 하여라.

[조건]
- 소운 반거리 : 950[m]
- 운반 도로 : 도로 상태 불량
- 전주 무게 : 1,500[kg]
- 1일 실작업 시간(목도) : 360[분]
- 목도공 노임은 10,350[원]이고 목도공은 1일 6시간 기준으로 한다.

[참고 자료]

인력운반 및 적상하 시간 기준
인부(지게) 운반과 장대물, 중량물 등 목도 운반비 산출 공식

① 기본공식

$$운반비 = \frac{A}{T} \times M \times \left(\frac{60 \times 2 \times L}{V} + t\right)$$

여기에서 A : 목도공의 노임 [인부(지게) 운반일 경우 보통 인부의 노임]

M : 필요한 목도공의 수 $M \times \left(\frac{\text{총 운반량[kg]}}{\text{1인 1회 운반량[kg]}}\right)$ (단, 1회 운반량 50[kg/인])

L : 운반거리[km]

V : 왕복 평균속도 [km/h]

T : 1일 실작업 시간 [분]

t : 준비 작업 시간 [2분]

② 왕복 평균 속도

구분	장대물, 중량물 등 목도 운반, 왕복 평균 속도[km/h]	인부(지게)운반 왕복 평균 속도[km/h]
도로상태 양호	2	3
도로상태 보통	1.5	2.5
도로상태 불량	1.0	2.0
논, 도로가 없는 산림지 및 숲이 우거진 지역	0.5	1.5

(1) 필요한 운반 인원수[인]를 구하시오.
(2) 전주 운반에 따른 총 인력운반비[원]를 구하시오.

정답

(1) 목도공수 $M = \dfrac{\text{총 운반량}}{\text{1인당 운반량}} = \dfrac{1500}{50} = 30$ ◦ 답 : 30[인]

(2) 운반비 $W = \dfrac{A}{T} \times M \times \left(\dfrac{60 \times 2 \times L}{V} + t\right)$

$\qquad = \dfrac{10{,}350}{360} \times 30 \times \left(\dfrac{60 \times 2 \times 0.95}{1.0} + 2\right) = 100{,}050$ ◦ 답 : 100,050[원]

21 중복 할증 가산

품셈 적용시 기준에서 할증의 중복 가산요령에 대한 식을 쓰시오.

정답

$W = P \times (1 + a_1 + a_2 + \cdots + a_n)$

(W : 할증이 포함된 품, P : 기본품, $a_1 \sim a_n$: 품 할증요소)

22 할증률 - 건물 층수별

전기공사에서 건물(지상층) 층수별 물량 산출 시 건물 층수에 따라 할증률이 규정 적용된다. 이 때의 할증률[%]은 각각 얼마인지 쓰시오.

(1) 10층 이하

(2) 20층 이하

(3) 30층 이하

정답

(1) 10층 이하 : 3 [%]

(2) 20층 이하 : 5 [%]

(3) 30층 이하 : 7 [%]

23 할증률 - 고소작업

전기부문 표준품셈에 따른 각 경우에 해당하는 할증률을 쓰시오.

(1) 건물 층수별 할증률에서 20층 초과 25층 이하에 대한 할증률을 쓰시오.
(2) 위험 할증률에서 고소작업 지상 5[m] 이상 10[m] 미만에 대한 할증률을 쓰시오.
   (단, 비계틀 없이 시공되는 작업이다.)
(3) 전기재료의 할증률에서 옥내전선에 최대로 적용 가능한 할증률을 쓰시오.

정답

(1) 6[%]
(2) 20[%]
(3) 10[%]

24 터파기 - 독립기초

가로등용 기초를 설치하기 위하여 아래 그림과 같이 굴착을 해야 한다. 이때의 터파기량은 몇 [m³]인가?

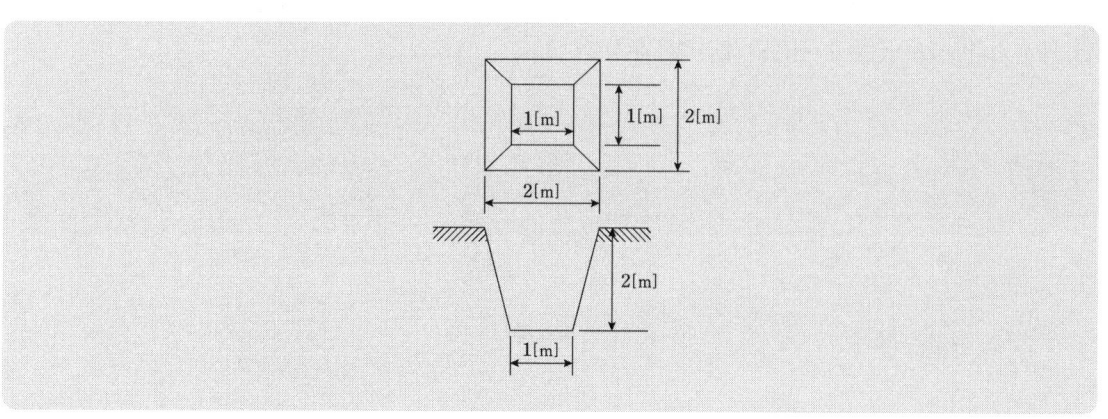

정답

터파기량 $= \dfrac{2}{3}(1+\sqrt{1\times 4}+4) = 4.67[\mathrm{m}^3]$

∘ 답 : $4.67[\mathrm{m}^3]$

25 터파기 – 줄기초파기 1

그림과 같은 줄기초 터파기량을 산출하려고 한다. 줄기초 터파기량 계산식을 쓰시오.

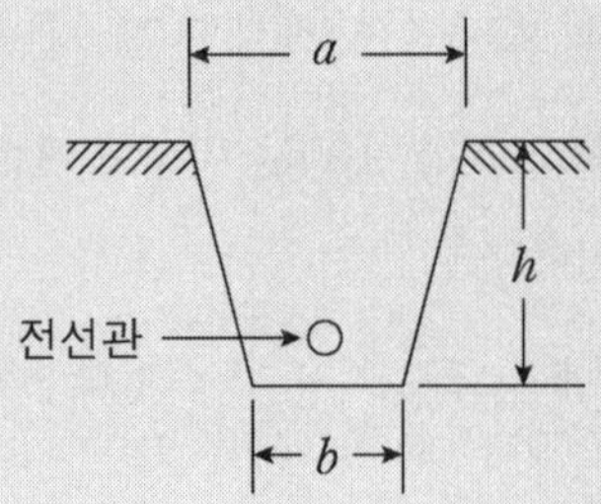

정답

터파기량 $V_0 = \dfrac{a+b}{2} \times h \times$ 줄기초길이

26 터파기 – 줄기초파기 2

그림과 같이 전선관을 지중에 매설하려고 한다. 터파기(흙파기)량은 몇 [m³]인지 계산하시오.
(단, 매설 거리는 70[m]이고, 전선관의 면적은 무시한다.)

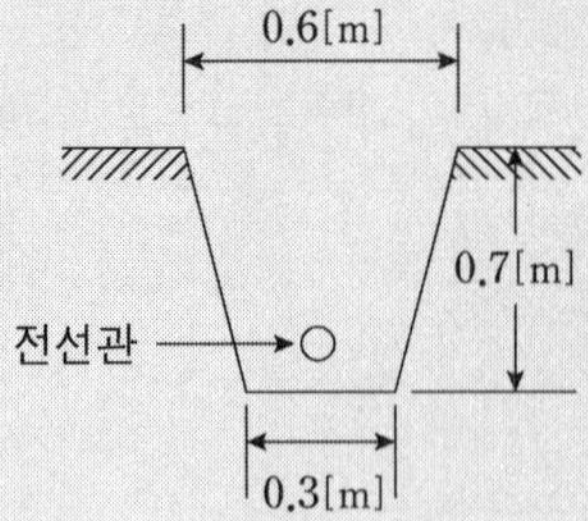

정답

◦ 계산 : $V_0 = \dfrac{0.6 + 0.3}{2} \times 0.7 \times 70 = 22.05 [\text{m}^3]$ ◦ 답 : 22.05[m³]

27 터파기 – 철탑기초파기

터파기에는 독립 기초, 줄 기초, 철탑 기초가 있다. 철탑 기초 파기의 터파기량 산정식을 쓰시오.

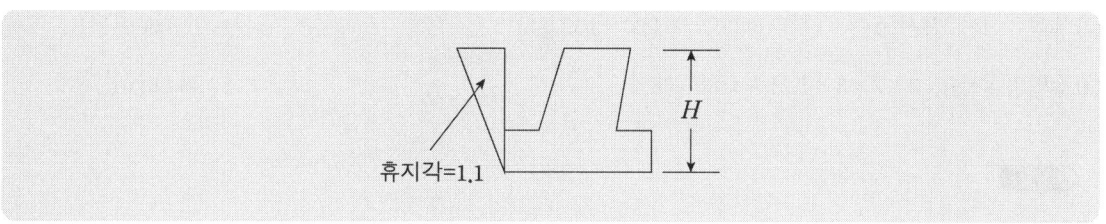

정답

터파기량=가로×세로×H×1.21

참고

휴지각=1.1×1.1=1.21

28 터파기, 벌목재적

산중턱에 송전선로를 가설하기 위하여 나무 10가구를 벌목하고 철탑기초파기 4개소를 하고자 한다.
상세도를 유의하여 물음에 답하시오.

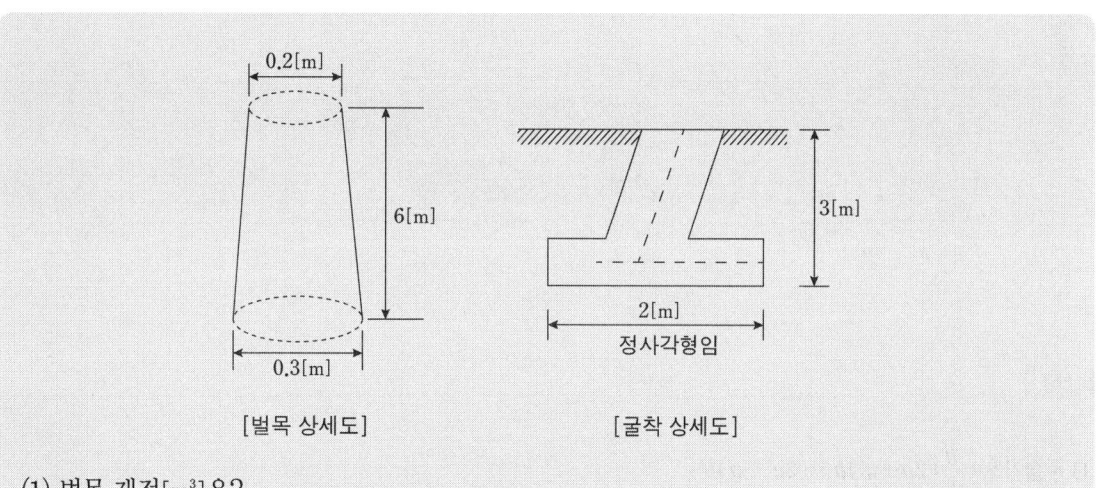

(1) 벌목 재적[m³]은?
(2) 벌목 보상비는? (단가=50,000[원/m³])
(3) 철탑의 굴착량[m³]은?

정답

(1) 벌목재적 : $V_0 = \dfrac{\pi}{4} \times \dfrac{0.3^2 + 0.2^2}{2} \times 6 \times 10 = 3.06$ ◦ 답 : 3.06[m³]

(2) 벌목 보상비 : 재적[m³] × 단가 = 3.06 × 50,000 = 153,000   ◦ 답 : 153,000[원]

(3) 철탑의 굴착량 : 2 × 2 × 3 × 1.21 × 4 = 58.08   ◦ 답 : 58.08[m³]

> **참고**
>
> (1) 벌목재적 : $V_0 = \dfrac{\pi}{4} \times \dfrac{d_1^2 + d_2^2}{2} \times \ell \times N = \dfrac{\pi}{4} \times \dfrac{0.3^2 + 0.2^2}{2} \times 6 \times 10 = 3.06 [\text{m}^3]$
>
> (2) 벌목 보상비 : 3.06(벌목재적) × 50,000(단가) = 153,000[원]
>
> (3) 철탑의 굴착량 : 2(가로) × 2(세로) × 3(높이) × 1.21(휴지각) × 4(개수) = 58.08[m³]

29   터파기

다음 그림의 터파기 계산방법을 수식으로 적어라.

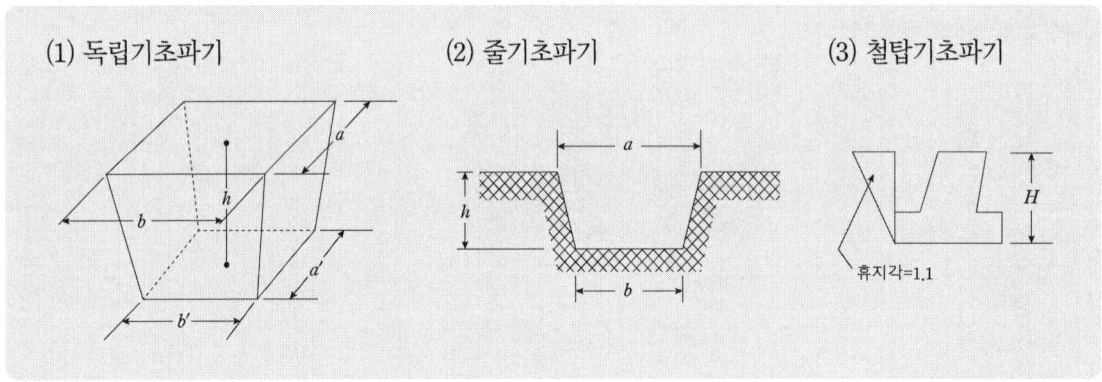

정답

(1) 독립기초 = $\dfrac{h}{6}(2a + a')b + (2a' + a)b'$

(2) 줄기초파기 = $\left(\dfrac{a+b}{2}\right)h \times$ 줄기초길이

(3) 철탑기초파기 = 가로 × 세로 × H × 휴지각 (※ 휴지각 = 1.1 × 1.1 = 1.21)

30 선로 신설

ACSR 38[mm²] 전선으로 전력을 공급하는 긍장 1[km]인 3상 2회선의 배전선로를 포설하기 위한 직접인건비계는 얼마인가? (단, 노임단가 배전전공은 35,000[원], 보통인부는 25,000[원]이다.)

[표] 배전선 가선 (100[m]당)

규격		보통인부	배전전공
나동선	14[mm²] 이하	0.20	0.10
	22[mm²] 이하	0.32	0.16
	30[mm²] 이하	0.40	0.20
	38[mm²] 이하	0.52	0.26
	60[mm²] 이하	0.76	0.38
	100[mm²] 이하	1.08	0.54
	150[mm²] 이하	1.32	0.66
	200[mm²] 이하	1.44	0.72
	200[mm²] 초과	1.52	0.76
ACSR, ASC	38[mm²] 이하	0.60	0.30
	58[mm²] 이하	0.88	0.44
	95[mm²] 이하	1.28	0.64
	160[mm²] 이하	1.56	0.78
	240[mm²] 이하	1.80	0.90

[해설] ① 이 품은 1선당 수작업으로 연선, 가선, 이도 조정품 포함
② 애자에 묶는 품 포함
③ 피복선 120[%]
④ 기설선로 상부 가설 120[%]
⑤ 장력조정만 할 때 20[%]
⑥ 철거 50[%], 재사용 철거 80[%]
⑦ 가공지선 80[%]
⑧ 재사용 전선 110[%]
⑨ [m]당 환산 시는 본 품을 100으로 나누어 산출
⑩ 22[kV], 66[kV] HDCC 송전선 1회선 가선품은 본 품의 300[%]
⑪ 66[kV] HDCC 송전선 가선은 송전전공이 시공한다.
⑫ 배전선을 가로수 또는 수목과 접촉하여 설치 작업 시는 수목으로 인한 장애를 감안하여 이품의 120[%] 적용

정답

○ 계산 : $\left(\dfrac{0.6}{100} \times 1000 \times 3 \times 2\right) \times 35,000 + \left(\dfrac{0.3}{100} \times 1000 \times 3 \times 2\right) \times 25,000 = 1,710,111$

○ 답 : 1,710,111[원]

> **참고**
>
> ○ 선로 신설 :
>
> 　배전전공 : $\dfrac{0.6(배전)}{100(m당)} \times 1000(1[km]) \times 3(3상) \times 2(2회선) = 36[인]$
>
> 　보통인부 : $\dfrac{0.3(보통)}{100(m당)} \times 1000(1[km]) \times 3(3상) \times 2(2회선) = 18[인]$
>
> ○ 직접 노무비 :
>
> 　배전전공 : $36 \times 35,000(배전노임) = 1,260,000[원]$
>
> 　보통인부 : $18 \times 25,000(보통노임) = 450,000[원]$
>
> ○ 계 : $1,260,000 + 450,000 = 1,710,000[원]$

31　선로 교체

ACSR $58[mm^2]$ 전선으로 전력을 공급하는 긍장 $1[km]$인 3상 2회선의 배전 선로가 포설되어 있다. 전선의 노후로 인하여 상부 전선을 철거하고 동일 규격의 ACSR-OC 전선으로 교체하는 경우의 인공을 구하시오.

[참고자료]

규 격		보통인부	배전전공
나동선	$14[mm^2]$ 이하	0.20	0.10
	$22[mm^2]$ 이하	0.32	0.16
	$30[mm^2]$ 이하	0.40	0.20
	$38[mm^2]$ 이하	0.52	0.26
	$60[mm^2]$ 이하	0.76	0.38
	$100[mm^2]$ 이하	1.08	0.54
	$150[mm^2]$ 이하	1.32	0.66
	$200[mm^2]$ 이하	1.44	0.72
	$200[mm^2]$ 초과	1.52	0.76
ACSR, ASC	$38[mm^2]$ 이하	0.60	0.30
	$58[mm^2]$ 이하	0.88	0.44
	$95[mm^2]$ 이하	1.28	0.64
	$160[mm^2]$ 이하	1.56	0.78
	$240[mm^2]$ 이하	1.80	0.90

[해설] ① 이 품은 1선당 수작업으로 연선, 가선, 이도 조정품 포함
② 애자에 묶는 품 포함
③ 피복선 120[%]
④ 기설선로 상부 가설 120[%]
⑤ 장력 조정만 할 때 20[%]
⑥ 철거 50[%], 재사용 철거 80[%]
⑦ 가공 지선 80[%]
⑧ 재사용 전선 110[%]
⑨ [m]당 환산 시는 본 품을 100으로 나누어 산출
⑩ 22[kV], 66[kV] HDCC 송전선 1회선 가선품은 본 품의 300[%]
⑪ 66[kV] HDCC 송전선 가선은 송전전공이 시공한다.
⑫ 배전선을 가로수 또는 수목과 접촉하여 설치 작업 시는 수목으로 인한 장애를 감안하여 이품의 120[%] 적용

정답

- 배전전공 : $\dfrac{0.88}{100} \times 1000 \times 3 \times 1.2 \times 0.5 + \dfrac{0.88}{100} \times 1000 \times 3 \times (1+0.2+0.2) = 52.8$[인]

- 보통인부 : $\dfrac{0.44}{100} \times 1000 \times 3 \times 1.2 \times 0.5 + \dfrac{0.44}{100} \times 1000 \times 3 \times (1+0.2+0.2) = 26.4$[인]

♥ 참고

- ACSR 58[mm²] 철거

  배전전공 : $\dfrac{0.88(배전)}{100(m당)} \times 1000(1[km]) \times 3(3상) \times 1.2(기설선로) \times 0.5(철거) = 15.84$[인]

  보통인부 : $\dfrac{0.44(보통)}{100(m당)} \times 1000(1[km]) \times 3(3상) \times 1.2(기설선로) \times 0.5(철거) = 7.92$[인]

- ACSR-OC 58[mm²] 신설

  배전전공 : $\dfrac{0.88(배전)}{100(m당)} \times 1000(1[km]) \times 3(3상) \times (1+0.2(기설선로)+0.2(피복선)) = 36.96$[인]

  보통인부 : $\dfrac{0.44(보통)}{100(m당)} \times 1000(1[km]) \times 3(3상) \times (1+0.2(기설선로)+0.2(피복선)) = 18.48$[인]

32 전주 설치

다음 도면은 어느 수용가의 3상 4선식 22.9[kV] 전용 배전선로이다. 참고 사항을 보고 물음에 답하시오.

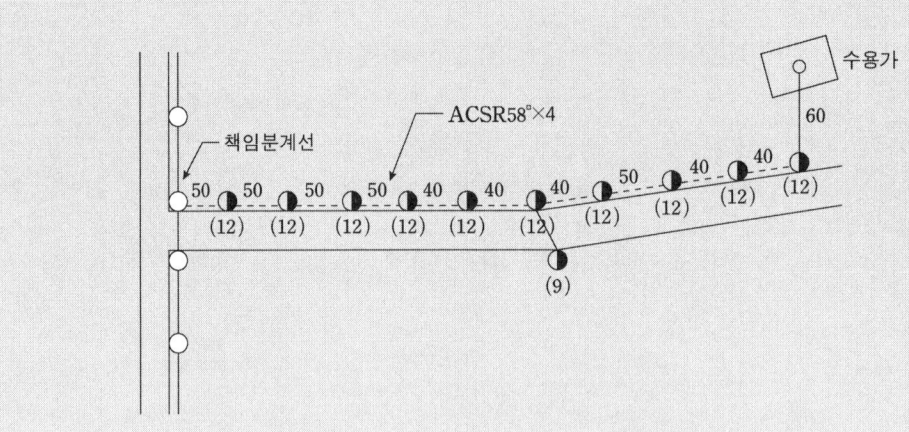

[참고사항]

① 도면에 표시된 치수는 [m]이다.

② 책임 분계점 전주는 제외한다.

③ 자재 산출시 옥외 전선은 3[%] 할증을 본다. 단, 인공 산출시 재료 할증은 제외한다.

④ 전주용 근가는 2개씩 보고 지주용 근가는 1개씩만 계산한다.

⑤ 표준 품셈은 아래의 표와 같다. 단, CONC 전주는 근가 1개 포함이며 1개 추가시 10[%] 추가 한다.

	배전전공	보통인부
ACSR 58[mm²](100[m]당)	0.44	0.88
CONC 전주 9[m]	1.68	2.13
CONC 전주 12[m]	2.86	3

(1) ACSR 58[mm²]의 총수량을 산출하시오.

(2) CONC 전주 12[m]와 9[m]는 각각 몇 본 인가?

(3) CONC 전주용 근가는 모두 몇 개인가?

(4) 가공 배전선을 신설하는 인공계를 구하시오.

(5) CONC 전주 12[m]용을 설치하는데 필요한 인공계를 구하시오.

(6) CONC 전주 9[m]용을 설치하는데 필요한 인공계를 구하시오.

정답

(1) 총수량 : $(50 \times 5 + 40 \times 5 + 60) \times 4 \times 1.03 = 2101.2 [m]$

(2) 12[m] : 10본, 9[m] : 1본

(3) 21개

(4) • 배전전공 : $\dfrac{0.44}{100} \times 2040 = 8.98 [인]$

　　• 보통인부 : $\dfrac{0.88}{100} \times 2040 = 17.95 [인]$

(5) • 배전전공 : $2.86 \times 1.1 \times 10 = 31.46 [인]$

　　• 보통인부 : $3.0 \times 1.1 \times 10 = 33 [인]$

(6) • 배전전공 : 1.68[인]

　　• 보통인부 : 2.13[인]

참고

(1) ACSR 58[mm²]의 총수량을 산출하시오.

　• $(50[m] \times 5 + 40[m] \times 5 + 60) \times 4 = 2040 [m]$

　• 3[%] 할증을 주면 $2040 \times 1.03 = 2101.2 [m]$

(2) CONC 전주 12[m]와 9[m]는 각각 몇 본 인가?

　• 12[m] : 10본　　• 9[m] : 1본

(4) 가공 배전선을 신설하는 인공계를 구하시오.

　• 배전전공 : $\dfrac{0.44(배전)}{100(m당)} \times 2040(ACSR) = 8.98[인]$

　• 보통인부 : $\dfrac{0.88(배전)}{100(m당)} \times 2040(ACSR) = 17.95[인]$

(5) CONC 전주 12[m]용을 설치하는데 필요한 인공계를 구하시오.

　• 배전전공 : $2.86(배전) \times 1.1(근가2개) \times 10(CONC\ 12[m]) = 31.46[인]$

　• 보통인부 : $3.0(보통) \times 1.1(근가2개) \times 10(CONC\ 12[m]) = 33[인]$

33 애자 교체

22.9[kV] 배전선로에서 노후로 인하여 애자를 교체하고자 한다.
다음 그림 및 표, 해설, 조건을 이용하여 각 물음에 답하시오.

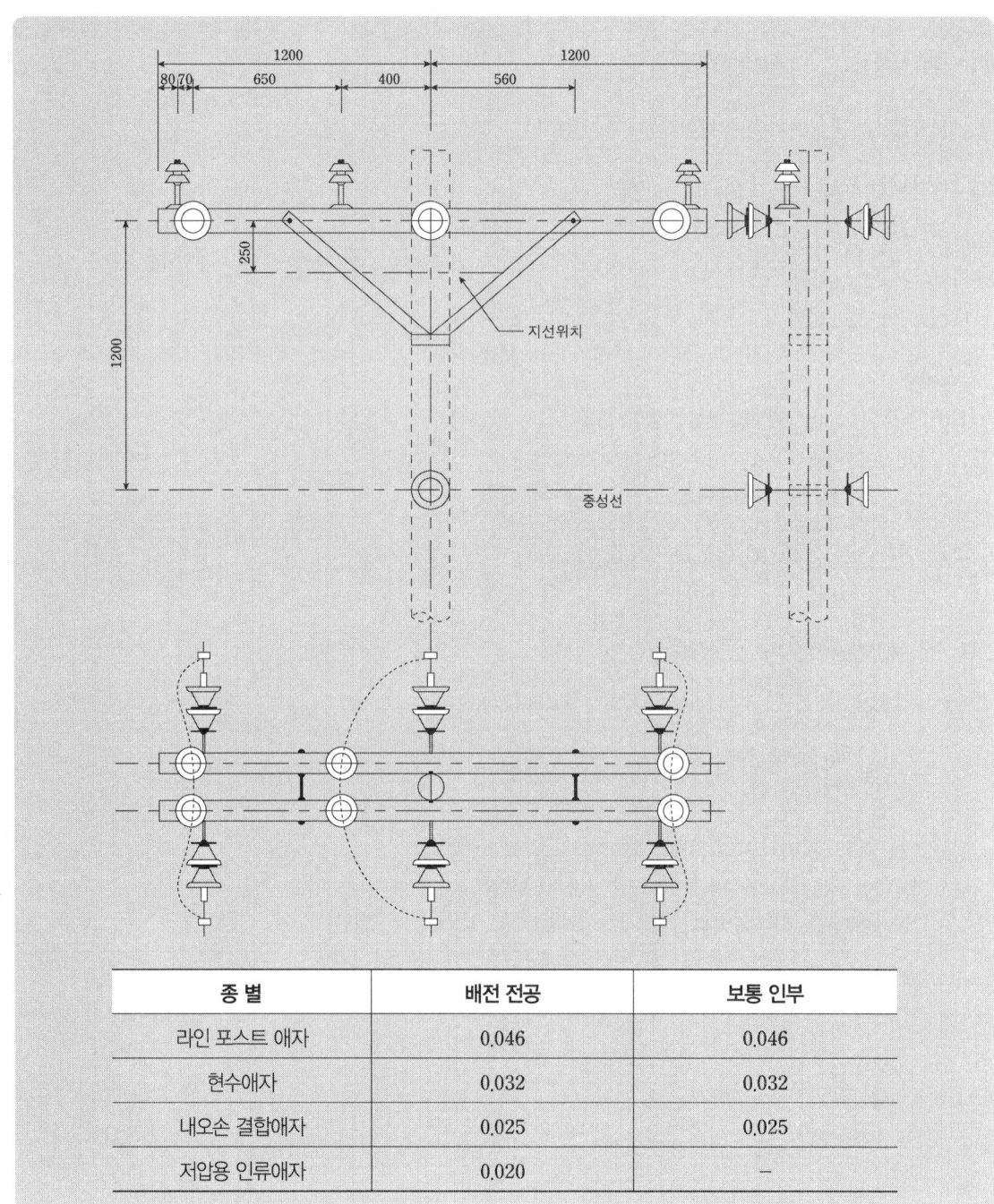

종 별	배전 전공	보통 인부
라인 포스트 애자	0.046	0.046
현수애자	0.032	0.032
내오손 결합애자	0.025	0.025
저압용 인류애자	0.020	–

[해설] ① 애자 교체 150[%]
② 특고압 핀애자는 라인포스트 애자에 준함
③ 철거 50[%], 재사용 철거 80[%]
④ 동일 장소에 추가 1개마다 기본품의 45[%] 적용
⑤ 기타 할증은 제외한다.

[조건] ① 교체 수량 : 현수애자 14개, 특고압용 핀 애자 6개
② 간접노무비는 15[%]로 계산한다.
③ 노임단가는 배전전공 361,209[원], 보통인부 141,096[원]이다.
④ 인공 산출 시 소수점 넷째 자리에서 반올림한다.
⑤ 인공에 노임단가를 적용하여 금액 산출 시 원단위 미만의 값은 절사한다.
⑥ 총 인건비 금액 산출 시 원단위 값은 절사한다.

(1) 배전전공 노임을 구하시오.
(2) 보통인부 노임을 구하시오.
(3) 총 인건비(직접노무비와 간접노무비의 합계)를 구하시오.

정답

(1) 배전전공 노임
- 계산
  - 인공 : $0.032 \times (1+13 \times 0.45) \times 1.5 + 0.046 \times (1+5 \times 0.45) \times 1.5 = 0.553$
  - 노임 : $0.553 \times 361,209 = 199,748$
- 답 : 199,748[원]

(2) 보통인부 노임
- 계산
  - 인공 : $0.032 \times (1+13 \times 0.45) \times 1.5 + 0.046 \times (1+5 \times 0.45) \times 1.5 = 0.553$
  - 노임 : $0.553 \times 141,096 = 78,026$
- 답 : 78,026[원]

(3) 총 인건비(직접노무비와 간접노무비의 합계)
- 계산
  - 직접 노무비 : $199,748 + 78,023 = 277,774$
  - 간접 노무비 : $277,774 \times 0.15 = 41,666$
- 답 : 319,440[원]

> **참고**
>
> (1) 배전전공 노임
> - 현수애자 교체=0.032(배전)×(1+13(초과분)×0.45(45[%]))×1.5(교체)
> - 특고압 핀애자 교체=0.046(배전)×(1+5(초과분)×0.45(45[%]))×1.5(교체)
>
> (2) 보통인부 노임
> - 현수애자 교체=0.032(배전)×(1+13(초과분)×0.45(45[%]))×1.5(교체)
> - 특고압 핀애자 교체=0.046(배전)×(1+5(초과분)×0.45(45[%]))×1.5(교체)

34 완금 교체

그림과 같이 설치된 전주의 L완철을 경완철로 교체하려고 한다. 물음에 답하시오.

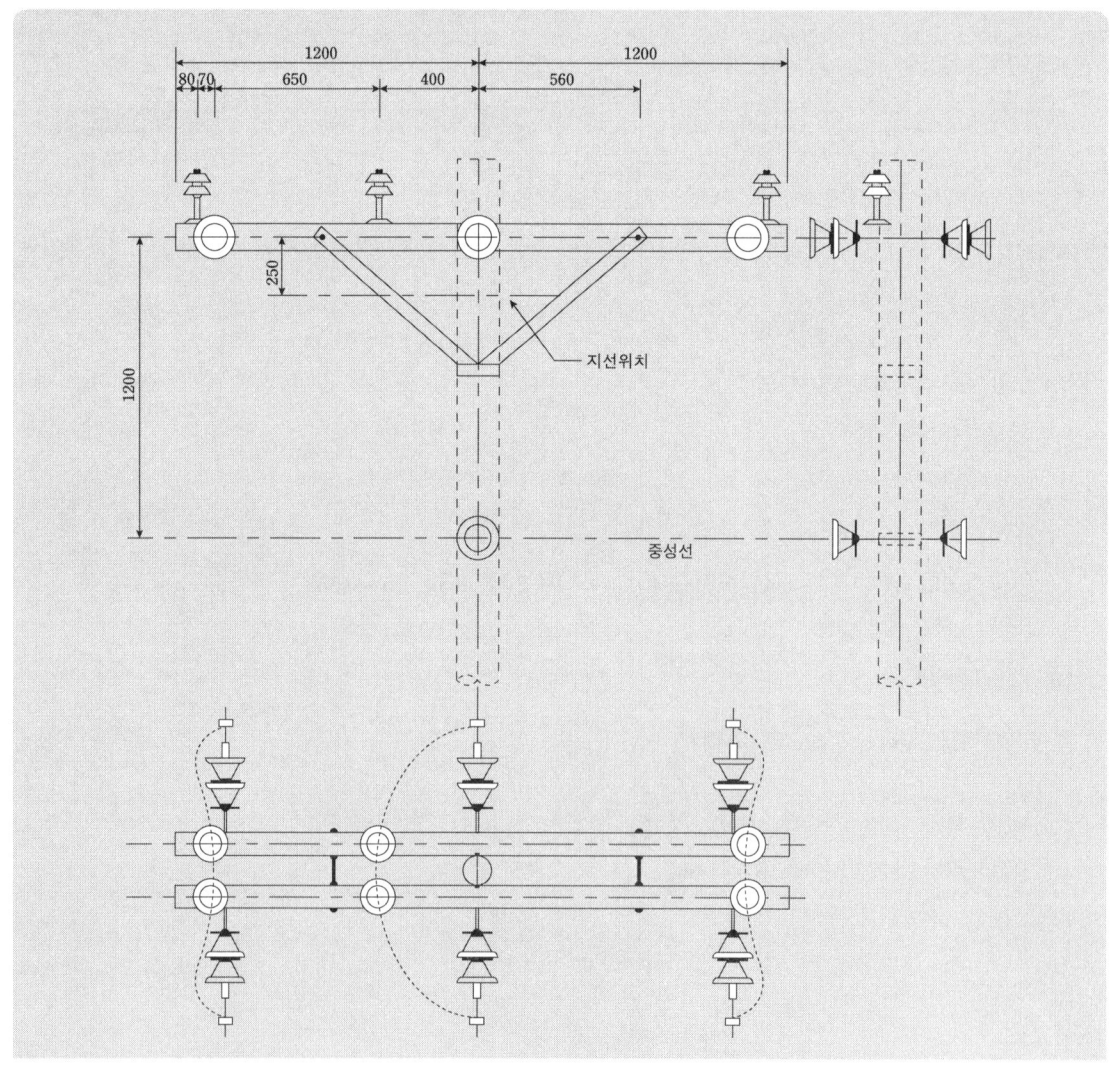

L완철을 경완철로 교체하는 데 소요되는 직접노무비에서 배전전공, 보통인부, 소계, 간접노무비 및 노무비 합계를 산출하시오. (단, 배전전공 : 40,000[원], 보통인부 : 20,000[원]이며, 애자철거는 재사용으로 본다. 간접노무비는 15[%]로 본다. 참고자료 이외의 것은 구하지 말 것)

배전용 완철신설
(본당)

규격	배전전공	보통인부
1[m] 이하	0.09	0.09
2[m] 이하	0.10	0.10
3[m] 이하	0.13	0.13
4[m] 초과	0.17	0.17

[해설] 1. 완목 및 경완철은 이품의 80[%]
2. 배전용 완철은 철거 30[%]
3. 이설, 교환 130[%]
4. Armtie 설치품 포함
5. 완철이란 완금을 우리말로 고친 것임
6. 편출공사는 본 품의 20[%] 가산

배전용 애자 및 래크(Rack) 신설
(개당)

종별	배전전공	보통인부
특고압용 핀애자	0.064	0.126
특고압용 현수애자	0.065	0.05
고압용 핀애자	0.044	–
고압용 인류애자	0.056	–
고압용 내장	0.035	0.083
저압용 핀애자	0.034	–
저압용 인류애자	0.044	–
래크 1선용	0.125	–
래크 2선용	0.20	–
래크 3선용	0.275	–
래크 4선용	0.350	–

[해설] 1. 애자철거 50[%](재사용 80[%])
2. 애자교환 또는 갈아끼우기 150[%]
3. 인류애자
4. 애자 닦기
　① 주상(탑상) 손닦기 : 신설품의 50[%]
　② 주상(탑상) 기계닦기 : 기계 손료만 계산(안전비포함)
　③ 발췌 손닦기는 본품의 170[%]

> 정답

(1) 직접노무비

　① 배전전공
　　　◦ 인공 : $0.13 \times 2 \times 0.3 + 0.064 \times 6 \times 0.8 + 0.065 \times 12 \times 0.8$
　　　　　　　$+ 0.13 \times 2 \times 0.8 + 0.064 \times 6 + 0.065 \times 12 = 2.38$[인]
　　　◦ 인건비 : $2.38 \times 40,000 = 95,200$[원]

　② 보통인부
　　　◦ 인공 : $0.13 \times 2 \times 0.3 + 0.126 \times 6 \times 0.8 + 0.05 \times 12 \times 0.8$
　　　　　　　$+ 0.13 \times 2 \times 0.8 + 0.126 \times 6 + 0.05 \times 12 = 2.73$[인]
　　　◦ 인건비 : $2.38 \times 20,000 = 54,600$[원]

(2) 소계 : $95,200 + 54,600 = 149,800$[원]

(3) 간접노무비 : $149,800 \times 0.15 = 22,470$[원]

(4) 노무비 합계 : $149,800 + 22,470 = 172,270$[원]

> 참고

(1) 직접노무비

　① 배전전공
　　　◦ 완철 교체 = $0.13(L$완철$) \times 2($개수$) \times 0.3($철거$) + 0.13($경완철$) \times 2($개수$) \times 0.8($경완철$)$
　　　◦ 핀애자 교체 = $0.064($핀$) \times 6($개수$) \times 0.8($재사용$) + 0.064($핀$) \times 6($개수$)$
　　　◦ 현수애자 교체 = $0.065($현수$) \times 12($개수$) \times 0.8($재사용$) + 0.064($현수$) \times 12($개수$)$

　② 보통인부
　　　◦ 완철 교체 = $0.13(L$완철$) \times 2($개수$) \times 0.3($철거$) + 0.13($경완철$) \times 2($개수$) \times 0.8($경완철$)$
　　　◦ 핀애자 교체 = $0.126($핀$) \times 6($개수$) \times 0.8($재사용$) + 0.126($핀$) \times 6($개수$)$
　　　◦ 현수애자 교체 = $0.005($현수$) \times 12($개수$) \times 0.8($재사용$) + 0.005($현수$) \times 12($개수$)$

35 연선 긴선

단면적 $240[mm^2]$인 $154[kV]$ ACSR 송전선로 $10[km]$ 2회선을 가선하기 위한 전기공사기사, 송전전공, 특별인부 노무비를 표준품셈을 적용하여 각각 구하시오.
(단, 송전선은 수직 배열하여 평탄지 기준이며, 장비비는 고려하지 말 것)

- 정부 노임단가에서 전기공사기사는 40,000[원], 특별인부 33,500[원], 송전전공 32,650[원]이다.

송전선 가선

([km] 당)

공 종	전선규격	기사	송전전공	특별인부
연선	ACSR $610[mm^2]$	1.51	22.4	33.5
	410	1.47	21.8	32.7
	330	1.44	21.4	32.1
	240	1.37	20.4	30.5
	160	1.30	19.4	29.0
	95	1.12	16.8	26.8
긴선	ACSR $610[mm^2]$	1.14	17.3	24.7
	410	1.12	16.8	24.1
	330	1.09	16.4	23.7
	240	1.04	15.7	22.5
	160	0.97	14.9	21.4
	95	0.93	14.4	19.8

[해설] ① 1회선(3선) 수직 배열 평탄지 기준   ② 수평배열 120[%]
③ 2회선 동시가선은 180[%]   ④ 특수 개소는(장경간) 별도 가산
⑤ 장비(Engine, Winch) 사용료는 별도 가산   ⑥ 철거 50[%]
⑦ 장력 조정품 포함   ⑧ 기사는 전기공사업법에 준함
⑨ HDCC 가선은 배전선가선 참조

(1) 전기공사기사 노무비

(2) 송전전공 노무비

(3) 특별인부 노무비

정답

(1) 기사 : $10 \times (1.37 + 1.04) \times 1.8 \times 40{,}000 = 1{,}735{,}200$ ◦답 : 1,735,200[원]

(2) 송전전공 : $10 \times (20.4 + 15.7) \times 1.8 \times 32{,}650 = 21{,}215{,}970$ ◦답 : 21,215,970[원]

(3) 특별인부 : $10 \times (30.5 + 22.5) \times 1.8 \times 33{,}500 = 31{,}959{,}000$ ◦답 : 31,959,000[원]

> **참고**
>
> (1) 기사 : $10[\mathrm{km}] \times (1.37(\text{연선}) + 1.04(\text{긴선})) \times 1.8(\text{동시가선}) \times 40{,}000(\text{노임})$
>
> (2) 송전전공 : $10[\mathrm{km}] \times (20.4(\text{연선}) + 15.7(\text{긴선})) \times 1.8(\text{동시가선}) \times 32{,}650(\text{노임})$
>
> (3) 특별인부 : $10[\mathrm{km}] \times (30.5(\text{연선}) + 22.5(\text{긴선})) \times 1.8(\text{동시가선}) \times 33{,}500(\text{노임})$

36 보수공사

다음 문제를 읽고 참고표를 이용하여 주어진 답안지에 식과 답을 쓰시오.

(1) 35[mm²] NR 전선 6본과 25[mm²] 1본을 같은 후강전선관에 수용 시공할 때 전선관의 굵기는? (단, 절연체 두께를 포함한 전선의 외경은 35[mm²]는 10.9[mm]이고, 25[mm²]는 9.7[mm]임. (전선관내 단면적의 32[%] 수용이고, 표 이외의 기타 사항은 무시한다.)

(2) 어느 건물의 보수공사를 하는데 전기설비 중 형광등 반매입 40[W]×1, 20등, 선풍기 천장면 4대를 교체하였다. 소요 인공계를 소수점까지 모두 산출하시오. (단, 임의로 소수점 반올림하지 말 것)

우선순위 핵심문제

[표 1] 형광등 기구 신설 (등당 : 내선 전공)

종별	직부형	팬던트형	반매입 및 매입형	매입아크릴 커버형
10[W]×1	0.135	0.165	0.20	0.217
20[W]×1	0.155	0.185	0.235	0.250
〃 ×2	0.195	0.235	0.30	0.32
〃 ×3	0.245	–	–	–
〃 ×4	0.355	–	0.538	0.570
〃 ×5	0.360	–	–	0.581
30[W]×1	0.165	0.195	0.25	0.266
〃 ×2	–	–	0.34	0.36
40[W]×1	0.245	0.295	0.375	0.399
〃 ×2	0.305	0.365	0.460	0.488
〃 ×3	0.395	0.475	0.60	0.640
〃 ×4	0.515	–	0.78	0.83
〃 ×5	0.520	–	–	–
〃 ×6	0.525	–	0.796	0.844
110[W]×1	0.455	0.545	0.69	0.73
〃 ×2	0.555	0.665	0.84	0.89

[해설] ① 기구 설치, 결선, 지지류 설치, 장내 소운반 및 잔재 정리 포함
② 매입 또는 반매입 등기구의 천장 구멍 뚫기 및 후에 설치 별도 가산
③ 광전형 방식은 직부등 적용
④ 철거 30[%], 재사용 50[%]
⑤ 방폭형 200[%]
⑥ Pole Light 등 취부는 직부등 적용
⑦ 형광등 안정기 교환은 대당 등기구 신설품의 110[%] 적용. 다만, 펜던트형은 직부형등에 준함
⑧ 아크릴 간판등(형광등)의 안정기 교환은 매입 커버형 신설등의 110[%] 적용

[표 2] 후강전선관 신설

전선관의 굵기[호]	내단면적의 32[%] [mm²]	내단면적의 48[%] [mm²]	전선관의 굵기[호]	내단면적의 32[%] [mm²]	내단면적의 48[%] [mm²]
16	67	101	54	732	1098
22	120	180	70	1216	1825
28	201	301	82	1701	2552
36	342	513	92	2205	3308
42	460	690	104	2843	4265

[표 3] 잡기기 신설 (대당)

종 별	내선전공
전열기 3[kW] 이하	0.40
5[kW] 이하	0.60
10[kW] 이하	1.00
10[kW] 초과	1.40
벨	0.1
부저	0.08
도어폰(주기)	0.11
도어폰(자기)	0.10
가스 배출기	0.20
선풍기 날개 직경 30[cm] 이하(벽면)	0.20
선풍기 날개 직경 30[cm](천정면)	0.50
환풍기 날개 직경 30[cm] 기준(벽면)	0.48
환풍기 날개 직경 50[cm] 기준(천정면)	0.80
적산전력계 1φ2W 용	0.14
적산전력계 1φ3W 용 및 3φ3W 용	0.21
적산전력계 3φ4W 용	0.3
CT 설치(저고압)	0.4
PT 설치(저고압)	0.4
현수용 M.O.F 설치(고압·특고압)	3.0
거치용 M.O.F 설치(고압·특고압)	2.0
계기함 설치	0.30
특수계기함 설치	0.45
변성기함 설치(저·고압)	0.60
플로어 플레이트(수평고저 조정커버부)	0.135
전극봉 지지기(3P)	0.80
전극봉 지지기(4P)	0.85
전극봉 지지기(5P)	1.10

[해설] ① 철거 30[%] (재사용 60[%]. 단, 실효계기 교체에 따른 철거 반입품이 수리 가능 품목일 경우에는 재사용 적용)
② 방폭 200 [%]
③ 아파트 등 공동 주택 및 이와 유사한 집단지역의 동일 구내(현 건물내)에서 10호 이상의 적산전력계 설치시에는 70 [%]
④ 특수 계기함이라 함은 3종 계기함, 농사용 철제 계기함, 집합 계기함 및 저압 변류기용 계기함을 말한다.
⑤ 거치용 MOF를 주상에 설치시에는 본품의 180[%] (설치대 조립품 포함)
⑥ 전극봉 지지기에는 전극봉의 취부 및 조정률 포함. 다만, 보호함의 취급품은 별도 계상하며, 보호함의 취부품은 풀박스 취부품에 준한다.

정답

(1) ◦ 계산 : 총 단면적 $= \dfrac{\pi}{4} \times 10.9^2 \times 6 + \dfrac{\pi}{4} \times 9.7^2 = 633.78 [\text{mm}^2]$

  ◦ 답 : 54[호]

(2) ◦ 계산 : $(0.375 \times 20 \times (0.3+1)) + (0.5 \times 4 \times (0.3+1)) = 12.35$

  ◦ 답 : 12.35[인]

참고

(1) 전선과의 굵기

  총 단면적 $= \dfrac{\pi}{4} d^2 (외경) \times n (본수)$에서

  $= \dfrac{\pi}{4} \times 10.9^2 \times 6 + \dfrac{\pi}{4} \times 9.7^2 = 633.78 [\text{mm}^2]$

  표 2 내단면적의 32[%] 난에서 633.78[mm²]를 초과하는 732[mm²]인 54[호] 선정

(2) 소요인공

  ◦ 형광등 : 0.375(내선) × 20(갯수) × (0.3(철거) + 1(신설)) = 9.75(표 1 내선전공)
  ◦ 선풍기 : 0.5(천장면) × 4(갯수) × (0.3(철거) + 1(신설)) = 2.6(표 3에서 내선전공)

37 전열 콘센트

다음과 같은 전열 콘센트 평면도를 보고 물음에 답하시오.

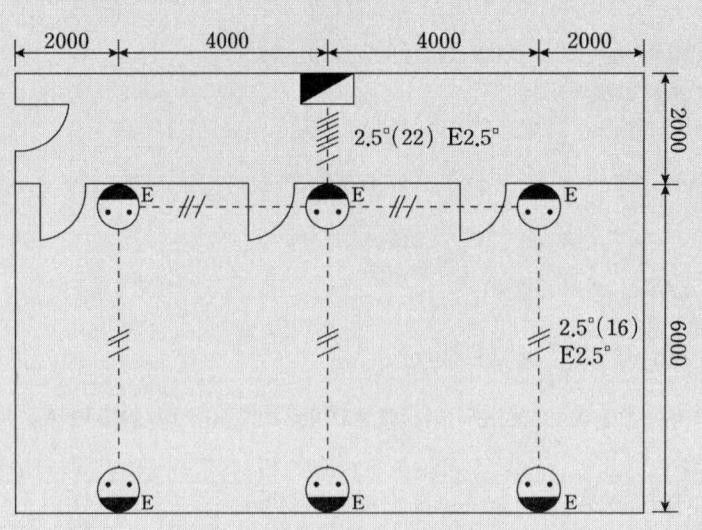

[조건]
1. 콘센트(15[A], 2구용)는 콘크리트에 매입하며, 높이는 바닥에서 50[cm]이다.
2. 분전반의 크기는 가로×세로×높이=300×600×100[mm]이며 분전반 설치는 상단 1800[mm]로 한다.
3. 선에 표시된 사선은 가닥수(접지선 포함)를 표시한 것이다.
4. PVC 박스 내 전선의 여장은 10[cm]로 하며, 분전반의 여장은 50[cm]로 한다.
5. 전선관은 합성수지전선관을 적용한다.
6. 전선의 규격은 전원 및 접지선 모두 HFIX 2.5[mm^2]를 적용한다.
7. 도면에서 위첨자 'ㅁ'은 [mm^2]를 표시한 것이다.
8. 전선 및 전선관의 재료 할증률은 5[%]를 적용한다.
9. 제시된 자료 이외에는 고려하지 않는다.
10. 계산은 소수점 셋째자리에서 반올림하여 둘째자리까지 산출한다.

(1) 전열 콘센트를 시설하기 위한 배관(22C)의 길이[m]를 산출하시오.

(2) 전열 콘센트를 시설하기 위한 배관(16C)의 길이[m]를 산출하시오.

(3) 전열 콘센트를 시설하기 위한 배관(전선)의 길이[m]를 산출하시오.

> 정답

(1) 배관(22C)의 길이[m]

$(1.2+2+0.5) \times 1.05 = 3.89$

∘답 : 3.89[m]

(2) 배관(16C)의 길이[m]

$((0.5+4+0.5) \times 2 + (0.5+6+0.5) \times 3) \times 1.05 = 32.55$

∘답 : 32.55[m]

(3) 전선의 길이[m]

$(((0.1+0.5+4+0.5+0.1) \times 3 \times 2) + ((0.1+0.5+6+0.5+0.1) \times 3 \times 3)$
$+ ((0.5+1.2+2+0.5+0.1) \times 7)) \times 1.05 = 132.41$

∘답 : 132.41[m]

> 참고

(1) 배관(22C)의 길이[m] : (1.2(분전반)+2+0.5(콘센트))×1.05(여장)

(2) 배관(16C)의 길이[m] : ((0.5+4+0.5)×2+(0.5+6+0.5)×3)×1.05(여장)

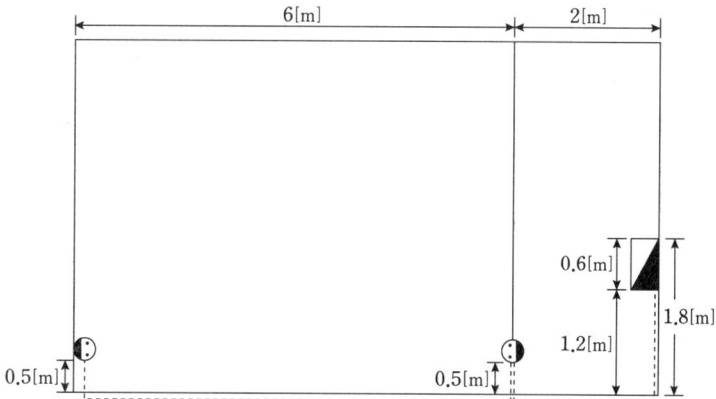

(3) 전선의 길이[m]

∘ 전선 3가닥인 곳 :

　4[m] : (0.1+0.5+4+0.5+0.1)×3(전선수)×2(개소)

　6[m] : (0.1+0.5+6+0.5+0.1)×3(전선수)×3(개소)

∘ 전선 7가닥인 곳 : (0.5+1.2+2+0.5+0.1)×7(전선수)

① PVC박스 내 전선의 여장 : 0.1[m]

② 분전반의 여장 : 0.5[m]

③ 분전반과 연결된 콘센트에는 총 4개의 전선관이 필요하다.

38. 계량기함 설치

수전전압이 22.9[kV]이고 전력회사와의 계약종별이 산업용 전력인 어느 공장의 전력 요금 계량장치를 주상 및 별도 계량기함에 설치하기 위한 노무비(직접, 간접 포함) 합계는 얼마인가? 잡기기 신설표를 이용하여 구하시오.
(단, • MOF와 계량기 간의 배관, 배선은 무시하며 MOF는 거치형임
  • 산업용 전력(을)은 3종 계기를 설치
  • 3종 계기 및 무효전력량계를 설치
  • 간접 노무비는 15[%](가정)로 보고 적용한다.
  • 내선 전공 노임단가는 12410[원](가정)으로 본다.
  • 노무비 및 인건비 합계에서 소수점 이하는 버림)

[표 3] 잡기기 신설 (대당)

종별	내선전공
전열기 3[kW] 이하	0.40
5[kW] 이하	0.60
10[kW] 이하	1.00
10[kW] 초과	1.40
벨	0.1
부저	0.08
도어폰(주기)	0.11
도어폰(자기)	0.10
가스 배출기	0.20
선풍기 날개 직경 30[cm] 이하(벽면)	0.20
선풍기 날개 직경 30[cm](천정면)	0.50
환풍기 날개 직경 30[cm] 기준(벽면)	0.48
환풍기 날개 직경 50[cm] 기준(천정면)	0.80
적산전력계 $1\phi 2W$ 용	0.14
적산전력계 $1\phi 3W$ 용 및 $3\phi 3W$ 용	0.21
적산전력계 $3\phi 4W$ 용	0.3
CT 설치(저고압)	0.4
PT 설치(저고압)	0.4
현수용 M.O.F 설치(고압·특고압)	3.0
거치용 M.O.F 설치(고압·특고압)	2.0
계기함 설치	0.30
특수계기함 설치	0.45
변성기함 설치(저·고압)	0.60
플로어 플레이트(수평고저 조정커버부)	0.135
전극봉 지지기(3P)	0.80
전극봉 지지기(4P)	0.85
전극봉 지지기(5P)	1.10

> [해설] ① 철거 30[%] (재사용 60[%]. 단, 실효계기 교체에 따른 철거 반입품이 수리 가능 품목일 경우에는 재사용 적용)
> ② 방폭 200 [%]
> ③ 아파트 등 공동 주택 및 이와 유사한 집단지역의 동일 구내(현 건물내)에서 10호 이상의 적산전력계 설치시에는 70 [%]
> ④ 특수 계기함이라 함은 3종 계기함, 농사용 철제 계기함, 집합 계기함 및 저압 변류기용 계기함을 말한다.
> ⑤ 거치용 MOF를 주상에 설치시에는 본품의 180[%] (설치대 조립품 포함)
> ⑥ 전극봉 지지기에는 전극봉의 취부 및 조정률 포함. 다만, 보호함의 취급품은 별도 계상하며, 보호함의 취부품은 풀박스 취부품에 준한다.

정답

- 직접 노무비 : $(3.6+0.45+0.6) \times 12{,}410 = 57{,}706$[원]
- 간접 노무비 : $57{,}706 \times 0.15 = 8{,}655$[원]
- 노무비 합계 : $57{,}706 + 8{,}655 = 66{,}361$[원]

♥ 참고

- 직접 노무비 : $(3.6(\text{MOF}) + 0.45(\text{계기함}) + 0.6) \times 12{,}410(\text{노임}) = 57{,}706$
  MOF 설치 : $2.0(\text{거치용}) \times 1.8(180[\%])$
  특수계기함 설치 : 0.45[인]
  3종 계기 및 무효전력량계 설치 : $0.3(\text{전력량계}) \times 2(\text{개수})$

39 노퓨즈 브레카

3P 30[A] 노퓨즈 브레카(NFB) 15개로 구성된 분전반을 설치한 후 5개를 2P 30[A] NFB로 교체하려고 한다. 이때 필요한 총 인공은 얼마인가? (단, 분전반은 매입형이며 완제품임)

분전반 시설 (개당 : 내선전공)

개폐기 용량	배선용 차단기			나이프 스위치		
	1P	2P	3P	1P	2P	3P
30 [A] 이하	0.34	0.43	0.54	0.38	0.48	0.60
60 [A] 이하	0.43	0.58	0.74	0.48	0.85	0.92
100 [A] 이하	0.63	0.74	1.04	0.65	0.23	1.16
200 [A] 이하	0.74	1.04	1.38	0.82	1.20	1.50
300 [A] 이하	0.92	1.35	1.66	1.20	1.47	1.94
400 [A] 이하	–	1.65	1.95	–		
500 [A] 이하	–	1.94	2.24	–	1.74	2.20
600 [A] 이하	–	2.34	2.55	–	2.40	2.54

[해설] ① 본 품은 분전반의 조립 및 매입장치 기준
② 완제품 설치 용량은 본 품의 65[%]
③ 외함은 철제 또는 PVC제를 기준한 것이며 목재인 경우에는 이상의 80[%]로 한다.
④ 분전반 외함이 노출 설치인 경우에는 본 품의 90[%]로 한다.
⑤ 계기류의 스위치류 기타의 공량은 별도 가산한다.
⑥ 철거 50[%]
⑦ 방폭 500[%]

정답

- 계산 : $(0.54 \times 5 \times 0.5) + (0.43 \times 5) + (0.54 \times 15 \times 0.65) = 8.77$
- 답 : 8.77[인]

참고

- 분전반 설치 : 0.54(분전반) × 15(개수) × 0.65(완제품 설치) = 5.27[인]
- 3P 30 [A] NFB 철거 : 0.54(NFB) × 5(개수) × 0.5(철거) = 1.35[인]
- 2P 30 [A] NFB 설치 : 0.43(NFB) × 5(개수) = 2.15[인]

40 합성수지 파형관

합성수지 파형 전선관을 100[mm] 2열, 175[mm] 6열, 200[mm] 4열을 층계 별로 100[m]를 동시에 포설할 때 배전전공과 보통 인부의 공량은 얼마인가?

(1) 배전전공
(2) 보통인부

합성수지 파형관 설치

[m당]

규 격	배전전공	보통인부
16[mm] 이하	0.005	0.012
30[mm] 이하	0.006	0.014
50[mm] 이하	0.007	0.018
80[mm] 이하	0.009	0.022
100[mm] 이하	0.012	0.036
125[mm] 이하	0.016	0.048
150[mm] 이하	0.019	0.062
175[mm] 이하	0.023	0.074
200[mm] 이하	0.025	0.082

[해설] ① 합성수지 파형관의 지중포설 기준
② 터파기, 되메우기 및 잔토처리 별도 계상
③ 접합품 포함, 접합부의 콘크리트 타설품 및 자세별 할증은 별도 계상
④ 2열 동시 180[%], 3열 260[%], 4열 340[%], 6열 420[%], 8열 500[%], 10열 580[%], 12열 660[%], 14열 740[%], 16열 820[%]
⑤ 동시배열이란 동일장소에서 공(孔)당의 파형관을 열로 형성하여 층계별로 포설하는 것을 말하며, 100[mm] 2열, 175[mm] 6열, 200[mm] 4열을 층계별로 동시 포설시 산출은 다음과 같다. 이는 12공을 층계별로 동시 배열하는 것으로써, 동시 적용률은 660[%]로, 따라서 합산품은 (100[mm] 기본품×2열+175[mm] 기본품×6열, 200[mm] 기본품×4열)×660[%]÷12이다. (열은 관로의 공수를 뜻함)
⑥ 100[mm]이상 이종관 접속시는 동시 배열(공수)에 관계없이 접속 개당 배전전공 0.053인 보통인부 0.053인 적용
⑦ Spacer를 설치할 경우 파상형 전선관 열, 층에 관계 없이 Spacer Point 10개 설치당 배전전공 0.006인, 보통인부 0.006인 적용
⑧ 가로등 공사, 신호등 공사, 보안등 공사 또는 구내 설치시 50[%] 가산
⑨ 철거 50[%], 재사용 철거 80[%]

> **정답**

(1) 배전전공 : $\dfrac{(0.012 \times 2 + 0.023 \times 6 + 0.025 \times 4) \times 660}{12} = 14.14$ ◦ 답 : 14.14[인]

(2) 보통인부 : $\dfrac{(0.036 \times 2 + 0.074 \times 6 + 0.082 \times 4) \times 660}{12} = 46.42$ ◦ 답 : 46.42[인]

> **참고**
>
> 합산품은 (100[mm] 기본품×2열+175[mm] 기본품×6열, 200[mm] 기본품×4열)×600[%]÷12

41 접지공사 공량

어느 건물 내의 접지공사용 공량이 다음과 같다. 이때 직접노무비 소계, 간접노무비, 공구손료, 계를 구하시오. (단, 공구손료는 3[%], 간접노무비 15[%]로 보고 계산한다. 노임단가 내선전공은 12,410[원], 보통인부 6,520[원]이다. 인공을 산출한 후 이를 합계하여 노임단가를 적용하여 소수점 이하는 버린다.)

[접지공사용 용량]

- 접지봉(2[m]), 15개(1개소에 1개씩 설치)
- 접지선 매설 60□, 300[m]
- 후강 전선관 28φ, 250[m](콘크리트 매입)

[접지공사]

구 분	단위	전공	보통인부
접지봉(지하 0.75[m] 기준) 길이 1~2[m]×1본 2본 연결 3본 연결	개소	0.20 0.30 0.45	0.10 0.15 0.23
동판 매설(지하 1.5[m] 기준) 0.3[m]×0.3[m] 1.0[m]×1.5[m] 1.0[m]×2.5[m]	매	0.30 0.50 0.80	0.30 0.50 0.80
접지 동판 가공	매	0.16	

구 분	단위	전공	보통인부
접지선 부설 600[V] 비닐전선 완금접지 2.9(11.4[kV−Y]) D/L	개소	0.05 0.05	0.025
접지선 매설 　　14[mm²] 이하 　　38[mm²] 이하 　　80[mm²] 이하 　　150[mm²] 이하 　　200[mm²] 이상	m	0.010 0.012 0.015 0.020 0.025	
접속 및 단자 설치 　　압축 　　압축 평행 　　납땜 또는 용접 　　압축단자 　　체부형	개	0.15 0.13 0.19 0.03 0.05	

박강 및 PVC 전선관			후강 전선관	
규 격		내선전공	규 격	내선전공
박강	PVC			
	14[mm]	0.01		
15[mm]	16[mm]	0.05	16[mm](1/2″)	0.08
19[mm]	22[mm]	0.06	22[mm](3/4″)	0.11
25[mm]	28[mm]	0.08	28[mm](1″)	0.14
31[mm]	36[mm]	0.10	36[mm](1 1/4″)	0.20
39[mm]	42[mm]	0.13	42[mm](1 1/2″)	0.25
51[mm]	51[mm]	0.19	54[mm](2″)	0.31
63[mm]	70[mm]	0.28	70[mm](2 1/2″)	0.41
75[mm]	82[mm]	0.37	82[mm](3″)	0.51
	100[mm]	0.45	92[mm](3 1/2″)	0.60
	104[mm]	0.46	104[mm](1″)	0.71

[해설] ① 콘크리트 매입 기준임
② 철근 콘크리트 노출 및 블록 칸막이 경매는 12[%], 목조 건물은 121[%], 철강조 노출은 120[%]
③ 기설 콘크리트 노출 공사 시 앵커 볼트 매입 깊이가 10[cm] 이상인 경우는 앵커 볼트 매입품을 별도 계상하고 전선관 설치품은 매입품으로 계상한다.
④ 천장 속 마루 밑 공사 130[%]

정답

① 직접노무비 : 527,425＋9,780＝537,205[원]
  ◦ 전공노임 : ((0.2×15)＋(0.015×300)＋(0.14×250))×12,410＝527,425[원]
  ◦ 보통인부 노임 : 0.1×15×6,520＝9,780[원]

② 간접노무비 : 537,205×0.15＝80,580[원]

③ 공구손료 : 537,205×0.03＝16,116[원]

④ 계 : 537,205＋80,580＋16,116＝633,901[원]

> **참고**
>
> ① 직접노무비
>   ◦ 전공노임
>   - 내선전공 : (0.2×15)＋(0.015×300)＋(0.14×250)＝42.5[인]
>   접지봉 : (0.2(접지봉)×15(개소))
>   접지선 : (0.015(80[mm^2])×300[m])
>   금속관 : (0.14(후강 28∅)×250[m])
>   - 노임 : 42.5×12,410＝527,425[원]
>   ◦ 보통인부 노임
>   - 보통인부 : 0.1×15＝1.5[인]
>   - 노임 : 1.5×6,520＝9,780[원]
> ② 보통인부 : 0.1(접지봉)×15＝1.5[인]
> ③ 직접노무비 : 내선전공＋ 보통인부＝527,425＋9,780＝537,205[원]
> ④ 간접노무비 : 직접노무비×15[％]＝537,205×0.15＝80,580[원]
> ⑤ 공구손료 : 직접노무비×3[％]＝537,205×0.03＝16,116[원]

42 물가자료

주어진 물가 자료에 의거 다음 물음에 답하시오.

(1) 경동선 2.0[mm], 2[km]와 연동선 2.0[mm], 2[km]의 구입비[원]는 얼마인가?
(2) AC 440[V] 3상 3선식 동력 배선에 3C 22[mm²] 케이블 150[m]를 구입하려고 한다. PE 절연 비닐시스 케이블(EV)과 가교 PE 절연 비닐시스 케이블(CV) 중 어떤 케이블을 사용하면 구입비는 얼마나 경감하는가?

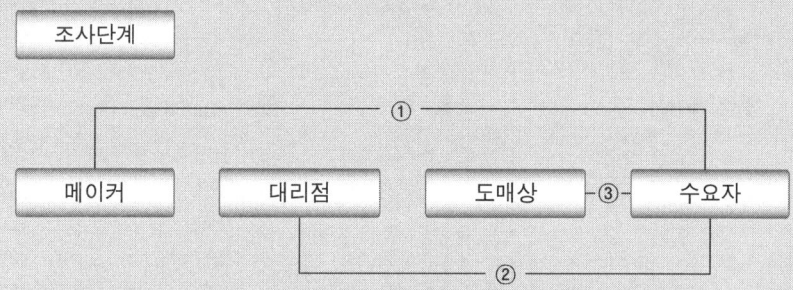

1) 전기용 나동선(Bare Copper Wire for Electrical Purpose) (단위 : [m])

품명[mm]		단면적[mm²]	중량[kg/km]	최대저항[Ω/km]	가격 ②
경동선	1.0	0.785	6.98	22.87	27
	1.2	1.131	10.05	15.88	41
	1.6	2.011	17.88	8.931	76
	2.0	3.142	27.93	5.657	116
	2.3	4.155	36.94	4.278	142
연동선	1.0	0.785	6.98	21.95	27
	1.2	1.131	10.05	15.21	41
	1.6	2.011	17.88	8.753	76
	2.0	3.142	27.93	5.487	116
	2.3	4.155	36.94	4.149	142

2) PE절연비닐시이스 전력케이블(EV) (단위 : [m])

품명[mm²]		소선수/소선경	중량[kg/km]	가격 ②
600[V]	3심 2.0	7/0.6	170	565
	3.5	7/0.8	240	791
	5.5	7/1.0	320	1,121
	8.0	7/1.2	415	1,465
	14	7/1.6	640	2,120
	22	7/2.0	955	3,173
	30	7/2.3	1,200	4,006

3) 가교PE절연비닐시이스 케이블(CV) (단위 : [m])

품명[mm²]		소선수/소선경	중량[kg/km]	가격 ②
600[V] [CV]	3심 2.0	7/0.6	155	595
	3.5	7/0.8	215	832
	5.5	7/1.0	295	1,211
	8.0	7/1.2	385	1,625
	14	7/1.6	595	2,352
	22	7/2.0	880	3,332
	30	7/2.3	—	4,208

정답

(1) $(116+116) \times 2000 = 464,000$[원]

(2) EV : $3173 \times 150 = 475,950$[원]

　　CV : $3332 \times 150 = 499,800$[원]

　　가격차 : $499,800 - 475,950 = 23,850$[원]

　　EV가 23,850[원] 경감

참고

(1) (116(경동선) + 116(연동선)) × 2000(2[km]) = 464,000[원]

43 전력케이블 설치

6.6[kV] 300[mm²] 3C 가교 폴리에틸렌 케이블 1[km]를 옥외 기존 전선관 내에 포설하려고 한다. 케이블에 대한 재료비와 인공과 공구손료를 구하시오.
(단, 케이블의 재료비는 52,540[원/m]이고, 이에 대한 노임단가는 50,000[원]이다.)

[전기재료의 할증률]

종 류	할증률 [%]	종 류	할증률 [%]
옥외 전선	5	Cable (옥외)	3
옥내 전선	10	Cable (옥내)	5

[전력 케이블 구내설치]

(단위 : km)

P.V.C 고무절연 외장케이블류	케이블전공
저압 6[mm²] 이하 1C	4.62
10[mm²] 이하 1C	4.84
16[mm²] 이하 1C	5.28
25[mm²] 이하 1C	6.09
35[mm²] 이하 1C	6.58
50[mm²] 이하 1C	7.32
70[mm²] 이하 1C	8.46
120[mm²] 이하 1C	11.58
185[mm²] 이하 1C	15.33
240[mm²] 이하 1C	18.59
300[mm²] 이하 1C	21.55
400[mm²] 이하 1C	23.00
500[mm²] 이하 1C	24.83
630[mm²] 이하 1C	29.47
800[mm²] 이하 1C	34.94
1,000[mm²] 이하 1C	41.38

[해설] ① 부하에 직접 공급하는 변압기 2차 측에 포설되는 케이블로서 전선관, Rack, Duct, 케이블 트레이, Pit, 공동구, Saddle 부설 기준, Cu, Al 도체 공용
② 10[mm²] 이하는 제어용 케이블 신설 준용
③ 직매식 80[%]
④ 2심은 140[%], 3심은 200[%], 4심은 260[%]
⑤ 연피벨트지 케이블 120[%], 강대개장 케이블은 150[%]
⑥ 가요성금속피(알루미늄, 스틸) 케이블은 150[%] (앵커볼트설치품은 별도계상)
⑦ 관내 포설시 도입선 넣기 포함
⑧ 2열 동시 180[%], 3열 260[%], 4열 340[%], 4열 초과 시 초과 1열당 80[%] 가산
⑨ 전압에 대한 가산율 적용
  3.3[kV] ~ 6.6[kV]   15[%] 가산
  22.9[kV]   30[%] 가산
⑩ 철거 50[%], 재사용 철거는 드럼감기품 포함 90[%]
⑪ 8자 포설은 본품의 120[%] 적용

정답

(1) 재료비 : $1000 \times 1.03 \times 52,540 = 54,116,200$ ◦답 : 54,116,200[원]

(2) 인공 : $1 \times 21.55 \times 2 \times (1+0.15) = 49.57$ ◦답 : 49.57[인]

(3) 공구손료 : $49.57 \times 50,000 \times 0.03 = 74,355$ ◦답 : 74,355[원]

참고

(1) 재료비 = $1000(1[km]) \times 1.03$(케이블 할증) $\times 52,540$(재료비) $= 54,116,200$[원]
(2) 인공 = $1(1[km]) \times 21.55(300[mm^2]$ 이하$) \times 2(3$심$) \times (1+0.15($할증률$)) = 49.57$[인]
  ◦ 3C(3심)은 200[%]
  ◦ 전압에 대한 할증율은 6.6[kV]이므로 15[%]
(3) 공구손료 = 직접노무비 $\times 0.03$

44 선로개폐기 설치

선로개폐기 레버형 3상 800[A] 1대를 주상에 가대를 설치하고 시설하려 한다. 이때 소요인공과 공구손료를 구하시오. (단, 소단위 공사 할증은 무시하고 해당되는 노임단가는 15,860[원]이다. 공구손료는 전기공사 표준품셈에 명시된 최대요율을 적용할 것)

[단로기]

종별	용량	배전 전공
DS HOOK 형(1P)	400[A] 이하	0.80
	800[A] 이하	1.00
	1200[A] 이하	1.20
FDS (IP)	30[A] 이하	0.80
	200[A] 이하	1.00
LS 레버형 (3P)	400[A] 이하	4.80
	800[A] 이하	5.00
	1200[A] 이하	5.30

[해설] ① 1P는 3P의 40[%]
② 2P는 3P의 70[%]
③ 인터럽터 SW는 레버형에 준함
④ 철거 50[%]
⑤ 주상 설치 120[%]
⑥ 가대 설치시는 개당 1.5[인] 가산하며, 인터럽터 SW의 가대 설치는 별도 계상
⑦ 리드선 압축 접속은 별도 계상
⑧ 부하 개폐기는 LS Level 형에 준함 (퓨즈 부 공용)

정답

- 소요인공 : $5.0 \times 1.2 = 7.5$[인]
- 공구손료 : $7.5 \times 15,860 \times 0.03 = 3,568$[원]

45 가로등 터파기

그림과 같이 나트륨 200[W] 가로등을 설치하고자 한다. 다음 조건을 이해하고 물음에 답하시오.

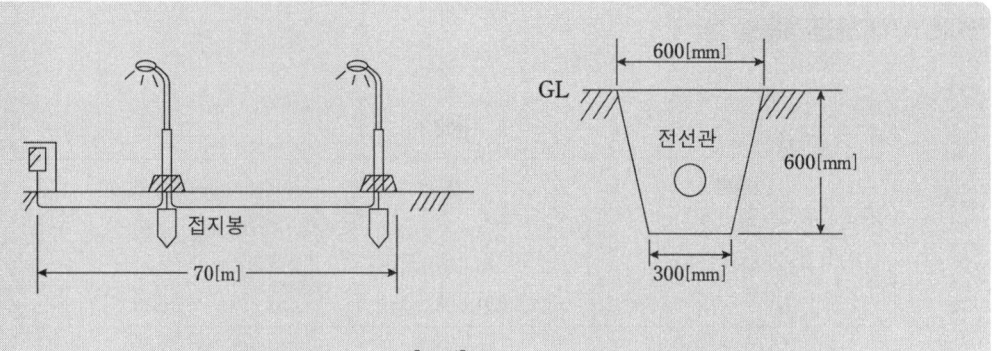

[조건]
① 전선관의 단면적은 무시한다.
② 잔토처리는 생략한다.
③ 터파기 및 되메우기에 필요한 보통인부는 각각 [m³]당 0.28[인], 0.1[인]이다.
④ 외등 기초용 터파기는 개당 0.615[m³]이고 콘크리트 타설량은 0.496[m³]이다.
⑤ 케이블은 EV 1C-5.5[mm²]×2이다.
⑥ 소수점 셋째자리까지 구한다.

[물음]
(1) 외등기초를 포함한 전체 터파기량과 인공을 구하시오.
(2) 외등기초를 포함한 전체 되메우기량과 인공을 구하시오.
(3) 가로등의 인공을 구하시오. (단, 안정기는 내장)
(4) 케이블의 인공을 구하시오.

제어케이블 신설 [m 당]

규격[mm²]	1C	2C	3C	4C	5C	6C	7C	8C
2.0 이하	0.010	0.014	0.019	0.026	0.032	0.035	0.039	0.042
3.5 이하	0.011	0.016	0.022	0.029	0.034	0.038	0.042	0.046
5.5 이하	0.013	0.018	0.026	0.034	0.039	0.044	0.048	0.052
8.0 이하	0.014	0.020	0.029	0.039	0.044	0.050	0.054	0.058

규격[mm²]	10C	12C	14C	19C	24C	30C	50C
2.0 이하	0.048	0.054	0.059	0.072	0.084	0.098	0.112
3.5 이하	0.052	0.058	0.064	0.078	0.090	0.090	–
5.5 이하	0.059	0.066	0.073	0.089	0.103	0.103	–
8.0 이하	0.067	–	–	–	–	–	–

[해설] ① 본 품은 다음 작업을 포함한다.
   ㉮ 동일 level 100[m] 이내의 Drum 소운반 ㉯ 전선 Drum 대 설치 및 기타 준비
   ㉰ Drum 해체 ㉱ Cable 부설 정돈, 청소
   ㉲ 단자처리 결선 Mark 취부포함
 ② 본 품은 P.V.C 및 고무 절연 외장 Control Cable 에 적용한다.
 ③ Control Cable 을 전선관 Rack, Duct, Pit, Saddle 부설에 적용한다.
 ④ 직종은 케이블공 50[%] 보통인부 50[%] 로 한다.
 ⑤ 직매 부설일 경우는 본 품의 80[%] 로 한다. (단, Cable 부설을 위한 굴착은 별도 가산한다.)
 ⑥ 철거 50[%] (재사용 90[%])
 ⑦ 쉴드케이블 120[%]
 ⑧ 14[mm²] 이상은 전력 케이블 신설(구내) 준용

수은등기구 신설 [개당]

종 별	내 선 전 공						
	100[W] 이하	200[W] 이하	300[W] 이하	400[W] 이하	500[W] 이하	600[W] 이하	700[W] 이하
투광기	1.23	1.47	1.50	1.65	1.68	2.04	2.27
직부등	0.35	0.40	0.45	0.45	0.48	0.56	0.61
현수등	0.38	0.44	0.495	0.495	0.53	0.52	0.67
매입등	0.47	0.54	0.61	0.61	0.65	–	–

[해설] ① 등구 취부, 안정기 취부 및 장내소운반포함 (다만, 안정기는 등기구에 내장 또는 근접설치의 경우임)
 ② Bracket 등은 현수등품에 준함
 ③ Hood 등 및 Pole Light 등은 직무등품에 10[%] 증
 ④ 방폭형은 이 품에 100[%] 증
 ⑤ Pole Light 건주품은 400[W] 이하의 경우 내선전공 2.17, 1[kW] 이하의 경우 내선전공 2.73
 ⑥ 안정기를 별도로 취부(Pole내 설치 또는 부근설치 제외) 할 경우에는 400[W] 이하 0.25 인, 700[W] 이상 0.35 인
 ⑦ 램프 표기는 0.05 인, 안정기 교체는 0.15 인
 ⑧ 철거 30[%] (재사용 50[%])

> 정답

(1) ① 전체 터파기량 : $\left(\dfrac{0.6+0.3}{2}\right) \times 0.6 \times 70 + 0.615 \times 2 = 20.13 [\mathrm{m}^3]$

　　② 인공 : $20.13 \times 0.28 = 5.636 [인]$

(2) ① 되메우기량 : $20.13 - 0.496 \times 2 = 19.138 [\mathrm{m}^3]$

　　② 인공 : $19.138 \times 0.1 = 1.913 [인]$

(3) 내선전공 : $(0.4 \times 1.1 + 2.17) \times 2 = 5.22 [인]$

(4) ① 케이블공 : $0.013 \times 70 \times 2 \times 0.5 = 0.91 [인]$

　　② 보통인부 : $0.013 \times 70 \times 2 \times 0.5 = 0.91 [인]$

> 참고

(1) ① 전체 터파기량

　　　　· 줄기초파기 : $\dfrac{0.6+0.3}{2} \times 0.6 \times 70$

　　　　· 독립기초파기 : 0.615×2

　　② 인공 : $20.13 \times 0.28(보통인부) = 5.636 [인](보통인부)$

(2) ① 되메우기량 : 흙파기 체적 - 콘크리트 타설량 = $20.13 - 0.496 \times 2 = 19.138 [\mathrm{m}^3]$

　　② 인공 : $19.138 \times 0.1(보통인부) = 1.913 [인]$

(3) 내선전공 : $(0.4(직부등) \times 1.1(\text{Pole Light}) + 2.17(건주품)) \times 2 = 5.22 [인]$

(4) ① 케이블공 : $0.013 \times 2(1C-55[\mathrm{mm}^2] \times 2) \times 70(70[\mathrm{m}]) \times 0.5(케이블공) = 0.91 [인]$

　　② 보통인부 : $0.013 \times 2(1C-55[\mathrm{mm}^2] \times 2) \times 70(70[\mathrm{m}]) \times 0.5(보통인부) = 0.91 [인]$

46 소방설비 - 감지기

천장 높이가 10[m]인 창고 건물에 노출형 차동식 열감지기 40개와 P형 1급(15회로) 수신기를 설치한 후 시험까지 시행하기 위하여 필요한 인공을 참고표를 이용하여 구하시오.

공종	단위	내선전공	비고
Spot 형 감지기 (차동식, 정온식, 보상식) 노출형	개	0.13	(1) 천장높이 4[m]기준 1[m]증가시 마다 5[%] 증 (2) 매입형 또는 특수 구조의 것은 조건에 따라서 산정할 것
시험기(공기관 포함)	개	0.15	상동
분포형의 공기관 (열전대선 감지선)	m	0.025	(1) 상동 (2) 상동
검출기	개	0.30	(1) 상동
공기관식의 Booster	개	0.10	(2) 상동
발신기 P-1	개	0.30	1급(방수형)
발신기 P-2	개	0.30	2급(보통형)
발신기 P-3	개	0.20	3급(푸시버튼만으로 응답확인 없는 것)
회로 시험기	개	0.10	
수신기 P-1(기본공수) (회선수공수산출가산요)	대	6.0	회선수에 대한 산정 매 1회선에 대해서
수신기 P-2(기본공수) (회선수공수산출가산요)	대 대	4.0 3.0	형식/직종 내선전공 P-1 0.3 P-2 0.2 부수신기 0.10 참고 : 산정 예 (P-1의 10회분 기본공수는 6인, 회선당 할증수는 $10 \times 0.3 = 3$) ∴ $6+3=9$(인)
소화전, 기동 릴레이	대	3.0	
전령(電鈴) 표시등 표시등	개 개 개	0.15 0.20 0.15	수신기에 내장되지 않은 것으로 별개로 취부할 경우에 적용

[해설] 시험공량은 총공량의 10[%]로 하되 최소치를 3인으로 함

> 정답

- 계산

    - 감지기 : $0.13 \times 40 \times (1+6 \times 0.05) = 6.76$[인]

    - 수신기 : $6.0 + (15 \times 0.3) = 10.5$[인]

    - 시험시 공량 : $(6.76+10.5) \times 0.1 = 1.726$[인] → 3(최소 3[인]이므로)

    - 계 $6.76 + 10.5 + 3 = 20.26$[인]

    - 답 : 20.26[인]

> 참고

- 감지기 : 0.13(열 감지기)$\times (1+6 \times 0.05(4[m]$ 초과 $5[\%]$증$)) \times 40$(개수)$= 6.76$[인]

- 수신기 : 6(기본공수)$+ (15 \times 0.3$(회선당 할증)$) = 10.5$[인]

- 시험시 공량 : $(6.76+10.5) \times 0.1 = 1.726$[인]이지만, 최소 3[인]이므로

- 계 $6.76 + 10.5 + 3 = 20.26$[인]

47 소방설비 - 자동화재탐지설비

지상 5층 지하 2층의 일반 건물의 자동화재 탐지설비의 시공내역의 설명이다.
아래 조건을 보고 소요인공과 인건비를 구하시오. (단, 내선전공의 노임은 80,000[원]이다.)

공종	단위	내선전공	비고
Spot 형 감지기 (차동식, 정온식, 보상식) 노출형	개	0.13	① 천장높이 4[m]기준 1[m]증가시마다 5[%] 가산 ② 매입형 또는 특수 구조의 것은 조건에 따라서 산정
시험기(공기관 포함)	개	0.15	① 상동 ② 상동
분포형의 공기관 (열전대선 감지선)	m	0.025	① 상동 ② 상동
검출기	개	0.30	
공기관식의 Booster	개	0.10	
발신기 P-1	개	0.30	1급(방수형)
발신기 P-2	개	0.30	2급(보통형)
발신기 P-3	개	0.20	3급(푸시버튼만으로 응답확인 없는 것)
회로 시험기	개	0.10	
수신기 P-1(기본공수) (회선수공수산출가산요)	대	6.0	[회선수에 대한 산정] 매 1회선에 대해서 | 형식 \\ 직종 | 내선전공 | |---|---| | P-1 | 0.3 | | P-2 | 0.2 | | 부수신기 | 0.2 | ※ R형은 수신반 인입감시 회선수 기준 참고 : 산정 예 (P-1의 10회분 기본공수는 6인, 회선당 할증수는 (10×0.3)=3) ∴ 6+3=9[인]
수신기 P-2(기본공수) (회선수공수산출가산요)	대	4.0	
부수신기(기본공수)	대	3.0	
R형 수신반(기본공수) (회선수공수산출가산요)	대	6.0	
R형 중계기	개	0.30	

공종	단위	내선전공	비고
비상전원반	대	1.68	
소화전, 기동 릴레이	대	1.5	수신기에 내장되지 않은 것으로 별개로 취부할 경우에 적용
전령(電鈴)	개	0.15	
표시등(유도등)	개	0.20	
표시판	개	0.15	
비상콘센트함	대	0.36	
수동조작함	대	0.36	소화약제용, 스프링클러용, 댐퍼용 등의 수동조작함
프리액션밸브 결선	개	0.31	프리액션밸브에 장착된 압력스위치, 댐퍼스위치, 솔레노이브 등의 결선
MCC 연동릴레이(소방)	개	0.33	
제연댐퍼 결선	대	0.32	댐퍼에 장착된 모터기동 및 동작확인 회로의 결선

[해설] 1. 시험 품은 회로당 내선전공 0.025인 적용
2. 취부상 목대를 필요로 할 경우 목대 매 개당 내선전공 0.02인 가산
3. 공기관의 길이는 [텍스] 붙인 평면 천장의 산출식에 의한 수량에 5[%]를 가산하고, 보돌림과 시험기로 인하되는 수량은 별도 가산
4. 방폭형 200[%]
5. 아파트의 경우는 노출 SPOT형 감지기(차동식, 정온식, 보상식) 설치품은 개당 내선전공 0.1인 적용
6. 철거 30[%], 재사용 철거 50[%]

[조건]

(1) 지상층은 층고가 3.5[m]이고 차동식스포트형 감지기를 각 층별로 20개씩 시공한다.
(2) 지하층은 층고가 4.5[m]이고 차동식스포트형 감지기를 각 층별로 30개씩 시공한다.
(3) 각 층마다 P형 1급 발신기가 있고, P형 1급(20회선) 수신기는 1층에 1개 있다.
(4) 경계구역은 16개 구역으로 되어있다.
(5) 배관 및 배선은 고려하지 않는다.

정답

공정	소요인공(내선전공)	인건비
지상층 감지기	① 계산 : $20 \times 5 \times 0.13 = 13$ 답 : 13[인]	⑤ 계산 : $13 \times 80,000 = 104,000$ 답 : 104,000[원]
지하층 감지기	② 계산 : $30 \times 2 \times 0.13 \times 1.05 = 8.19$ 답 : 8.19[인]	⑥ 계산 : $8.19 \times 80,000 = 655,200$ 답 : 655,200[원]
수신기	③ 계산 : $6 + 20 \times 0.3 = 12$ 답 : 12[인]	⑦ 계산 : $12 \times 80,000 = 960,000$ 답 : 960,000[원]
감지기 선로시험	④ 계산 : $16 \times 0.025 = 0.4$ 답 : 0.4[인]	⑧ 계산 : $0.4 \times 80,000 = 32000$ 답 : 32,000[원]

> **참고**
>
> ① 지상층 감지기 인공 : 20(감지기수)×5(지상층)×0.13(내선전공)=13[인]
> ② 지하층 감지기 인공 : 30(감지기수)×2(지하층)×0.13(내선전공)×1.05(4[m] 초과 가산)=8.19[인]
> ③ 수신기 : 6(기본공수)+20×0.3(회선당 할증)=12[인]
> ④ 감지기 선로시험 : 16(구역)×0.025(시험 품)=0.4[인]

ELECTRIC WORK

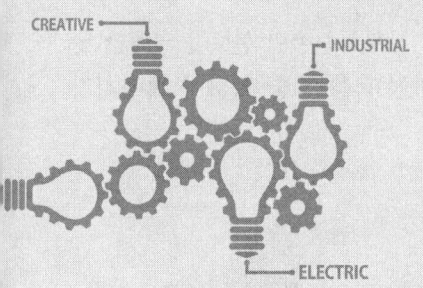

03 수변전설비

Chapter 01. 개폐기

Chapter 02. 계기용변성기

Chapter 03. 피뢰시스템

Chapter 04. 전력용 콘덴서

Chapter 05. 계측기·보호계전기

Chapter 06. 수전설비 결선도

1 단로기(Disconnecting Switch)

1. 단로기의 역할 및 특징

단로기는 고압이상의 선로를 유지·보수할 경우 차단기를 개방한 후 무부하시에만 선로를 개폐한다. 아크소호능력이 없기 때문에 부하전류는 개폐하지 않는다. 부하전류 통전 중 회로가 개폐되지 않도록 인터록 장치, 잠금장치를 하여 사용한다.

2. 단로기의 약호 및 심벌

구분	약호	단선도용 심벌	복선도용 심벌
단로기	DS	╱ ⊗	╱╱╱

3. 단로기의 정격전압

정격전압·정격주파수에서 단로기에 인가할 수 있는 상한 전압을 의미하며 선간전압으로 표시

$$\text{단로기 정격전압} = \text{공칭전압} \times \frac{1.2}{1.1}$$

공칭전압[kV]	3.3	6.6	22	22.9	66	154
정격전압[kV]	3.6	7.2	24	25.8	72.5	170

개념 확인문제

단답 문제 CIRCUIT BREAKER(차단기)와 DISCONNECTING SWITCH(단로기)의 차이점을 설명하시오.

답 단로기는 아크소호능력이 없으며, 기기의 보수점검 또는 선로로부터 기기를 분리, 회로를 변경할 때 사용하는 개폐기이다. 한편, 차단기는 아크소호능력이 있으며 부하전류 및 고장전류를 차단할 수 있다.

계산 문제 22.9[kV] 수용가의 인입용개폐기인 단로기의 정격전압을 계산하고 선정하시오.

계산 과정 $22.9 \times \frac{1.2}{1.1} = 24.98 [\text{kV}]$ **답** 25.8[kV]

4. 단로기와 차단기의 조작순서

선로의 기기를 유지·보수할 경우 전원이 투입된 상태에서 단로기를 개방하면 아크로 인해 감전사고를 초래하므로 차단기를 먼저 개방한다. 재투입시 단로기를 투입한 후 차단기를 투입한다. 한편, 단로기 조작시 부하측의 단로기부터 조작하는 것을 원칙으로 한다.

1) 바이패스가 없는 경우

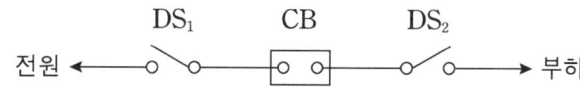

- 차단순서 : CBOFF → DS_2OFF → DS_1OFF
- 투입순서 : DS_2ON → DS_1ON → CBON

2) 바이패스가 있는 경우

- 차단순서 : DS_3ON → CBOFF → DS_2OFF → DS_1OFF
- 투입순서 : DS_2ON → DS_1ON → CBON → DS_3OFF

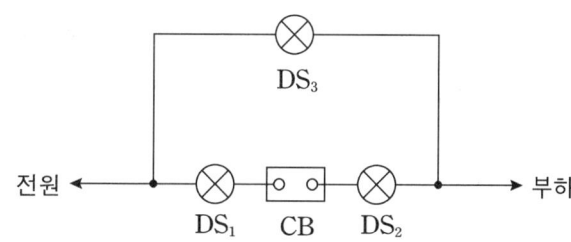

개념 확인문제

단답 문제 보안상 책임 분계점에서 보수 점검시 전로를 개폐하기 위하여 시설하는 것으로 반드시 무부하 상태에서 개방하여야 하며, 66[kV] 이상인 경우에 사용하는 개폐기는 무엇인지 우리말 명칭과 약호를 쓰시오.

> **답** 선로개폐기, LS

단답 문제 그림과 같은 수전설비에서 변압기나 부하설비에서 사고가 발생했다면 어떤 개폐기를 제일 먼저 개로 하여야 하는가?

```
전원 ── LS ── DS₁ ── VCB ── DS₂ ── Tr ── 부하
```

> **답** VCB

2 부하개폐기 [Load Break Switch : LBS]

1. 부하개폐기의 역할

   22.9kV 수·변전설비의 인입구 개폐기로 주로 사용되며 충전전류, 여자전류, 부하전류의 개폐는 가능하지만 사고전류를 차단하지 못한다.

2. 부하개폐기 특징

   LBS는 전력퓨즈가 있는 것과 없는 것이 있으며, 전력퓨즈를 LBS와 조합하여 사용시 어느 한 상의 전력퓨즈가 용단될 때 3상 모두 개방되므로 결상사고를 방지할 수 있다.

[기본형]

[퓨즈부착형]

개념 확인문제

단답 문제 다음 개폐기의 종류를 나열한 것이다. 기기의 특징에 알맞은 명칭을 빈칸에 쓰시오.

명칭	특징
(단로기)	• 전로의 접속을 바꾸거나 끊는 목적으로 사용 • 전류의 차단능력은 없음 • 무전류 상태에서 전로 개폐 • 변압기, 차단기 등의 보수점검을 위한 회로 분리용 및 전력계통 변환을 위한 회로분리용으로 사용
(부하개폐기)	• 평상시 부하전류의 개폐는 가능하나 이상 시(과부하, 단락) 보호기능은 없음 • 개폐 빈도가 적은 부하의 개폐용 스위치로 사용 • 전력 Fuse와 사용시 결상방지 목적으로 사용
(전력퓨즈)	• 일정치 이상의 과부하전류에서 단락전류까지 대전류 차단 • 전로의 개폐 능력은 없다. • 고압개폐기와 조합하여 사용

3 자동고장 구분개폐기 [ASS/AISS]

1. 자동고장 구분개폐기의 역할

22.9kV-Y 배전선로에서 300kVA초과~1000kVA이하의 간이수전설비 인입구의 주개폐기로 설치를 의무화하고 있다. 고장구간을 후비보호장치와 협조하여 자동으로 구분, 분리하는 개폐기로서 고장으로 인한 계통의 사고확대를 방지한다.

2. 절연방식에 따른 분류[유입형/기중형]

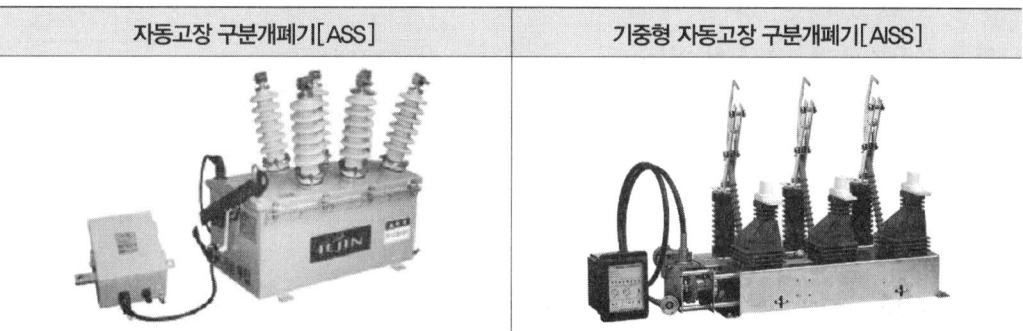

| 자동고장 구분개폐기[ASS] | 기중형 자동고장 구분개폐기[AISS] |

3. 자동고장 구분개폐기의 기능

① 과부하 보호기능
② 과전류 Lock 기능
③ 돌입전류에 의한 오동작 방지기능

개념 확인문제

단답 문제 AISS의 명칭을 쓰고, 기능을 2가지 쓰시오.

답
- 명칭
  - 기중형 자동고장 구분개폐기
- 기능
  - 고장구간을 자동으로 개방하여 사고확대를 방지
  - 전부하 상태에서 자동으로 개방하여 과부하 보호

4 자동부하 전환개폐기 [ALTS]

1. 자동부하 전환개폐기 역할

   자동부하 전환개폐기는 22.9kV-Y 접지 계통의 지중전선로에 사용되는 개폐기로 병원, 인텔리전트 빌딩, 군사시설, 국가 공공기관 등의 정전 시에 큰 피해가 예상되는 수용가에 이중 전원을 확보하여 주전원이 정전되거나 기준전압 이하로 떨어진 경우 예비선로로 자동으로 전환되어 전원공급의 신뢰도를 높이는 개폐기이다.

2. 자동부하 전환개폐기 기능 및 정격

   - 주전원 회복시 재 전환동작 기능
   - 순시정전에 의한 전환동작방지 기능
   - 부하측 사고전류 발생시 계통분리 기능

정격전압	25.8[kV]
정격전류	630[A]

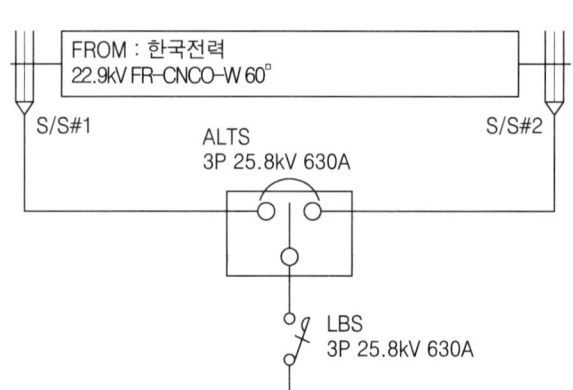

3. ALTS와 ATS(자동전환개폐기)의 차이점

   ALTS는 22.9kV-Y 수용가 인입구에서 사용되어 변전소로부터 두개의 회선으로 공급받아 주전원 정전시 예비전원으로 전환되는 개폐기이고, 반면에 ATS는 변압기 2차측인 저압측(220/380V)에 설치되어 정전이 발생하였을 경우 비상용발전기를 작동시켜 중요부하에 전원을 공급하는 자동 전환 개폐기이다.

개념 확인문제   Check up! □□□

단답 문제 아래 그림의 점선 박스안의 개폐기의 우리말 명칭과 약호를 쓰시오.

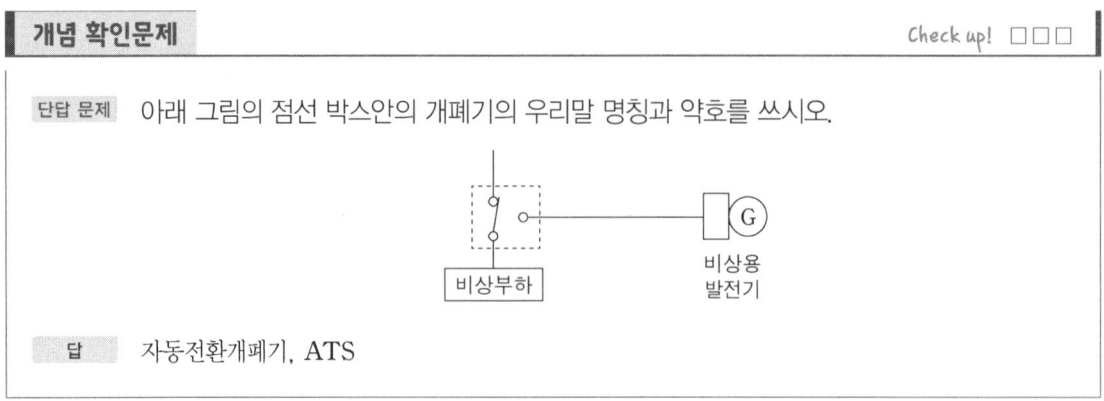

답 자동전환개폐기, ATS

5 차단기 [Circuit Breaker]

1. 차단기의 역할

차단기는 고압용 차단기와 저압용 차단기가 있으며, 아크소호 능력이 있기 때문에 부하전류의 개폐, 고장전류를 차단할 수 있다.

2. 저압용 차단기

명칭	약호	기능
배선용차단기	MCCB	과부하시 선로를 차단하고, 부하전류 개폐가능
누전 차단기	ELCB	과부하, 단락, 누전이 발생했을 때 자동적으로 전류를 차단
기중차단기	ACB	자연공기 내에서 개방할 때 자연 소호에 의한 방식으로 소호

3. 배선용차단기의 AF 및 AT

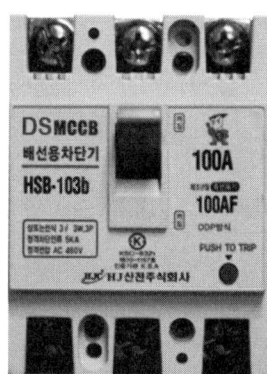

AF : 암페어 프레임

사고시 폭발하지 않고 견딜 수 있는 전류 또는 프레임의 크기를 의미
(예 400, 630, 800…)

AT : 암페어 트립

차단기의 트립 용량으로 안전하게 통전 시킬 수 있는 최대전류를 의미
(예 350, 400, 500, 600, 630, 700, 800…)

4. 고압·특고압용 차단기

명칭	가스차단기	진공차단기	유입차단기	공기차단기	자기차단기
약호	GCB	VCB	OCB	ABB	MBB
소호매질	SF_6가스	고진공	절연유	압축공기	전자력
화재위험	불연성	불연성	가연성	난연성	난연성
서지전압	매우 낮음	매우 높음	약간 높음	낮음	낮음
차단시 소음	작음	작음	큼	매우 큼	큼

5. 고압·특고압용 차단기 정격전압

공칭전압[kV]	3.3	6.6	22	22.9	66	154	345	765
정격전압[kV]	3.6	7.2	24	25.8	72.5	170	362	800

6. 차단기 정격전류[A] 및 정격차단전류[kA]

차단기의 정격전류는 정격전압·정격주파수에서 온도상승 한도를 초과하지 않고 차단기에 연속적으로 흘릴 수 있는 전류의 한도를 의미한다. 한편, 차단기의 정격차단전류는 정격전압·정격주파수에서 규정된 동작책무와 동작상태에 따라서 차단할 수 있는 차단전류의 한도이다.

7. 차단기 트립방식

특고압 수전설비에서 차단기의 트립전원은 직류(DC) 또는 콘덴서방식(CTD)이 바람직하며, 66kV 이상의 수전설비는 직류(DC)이어야 한다.
 • 직류전압 트립방식
 • 콘덴서 트립방식
 • 과전류 트립방식
 • 부족전압 트립방식

개념 확인문제

단답 문제 다음 도면에서 차단기에 표시된 600[A], 23[kA]의 의미를 각각 쓰시오.

답
 • 600[A] : 차단기의 정격전류
 • 23[kA] : 차단기의 정격차단전류

8. 차단기의 정격 차단시간 : 트립코일이 여자되는 순간부터 아크가 소호되기까지의 시간

차단기 정격전압[kV]	25.8	170	362	800
정격차단시간 cycle(60[Hz] 기준)	5	3	3	2

9. 정격차단전류 및 정격차단용량

1) 정격 차단전류[단락전류≦정격차단전류]

   3상 선로에서 3상 단락사고시의 3상 단락전류 계산값을 기준으로 적당히 차단기의 정격차단전류를 선정한다. 여기서, 3상 단락전류란 3상 단락사고가 발생했을 경우 한 상에 흐르는 전류이다. 한편, 선간 단락전류는 3상 단락전류의 0.866배가 흐른다.

$$I_s = \frac{E}{Z}[A] \qquad I_s = \frac{100}{\%Z} \times I_n$$

개념 확인문제   Check up! □□□

계산 문제 66[kV], 500[MVA], %임피던스가 30[%]인 발전기에 용량이 600[MVA], %임피던스가 20[%]인 변압기가 접속되어 있다. 변압기 2차측 345[kV] 지점에 단락이 일어났을 때 단락전류는 몇 [A]인가?

계산 과정 기준용량 600[MVA], 정격전류 $I_n = \frac{P_n}{\sqrt{3}\,V_n} = \frac{600 \times 10^3}{\sqrt{3} \times 345} = 1004.09[A]$

$\%Z = \frac{600}{500} \times 30 = 36[\%]$, $\%Z_{total} = 36 + 20 = 56[\%]$

단락 전류 $I_s = \frac{100}{\%Z} \times I_n = \frac{100}{56} \times 1004.09 = 1793.02[A]$ **답** 1793.02[A]

2) 정격 차단용량[단락용량 ≤ 정격차단용량]

3상 선로에서 3상 단락사고시의 3상 단락용량을 계산값을 기준으로 차단기의 정격차단용량을 적당히 선정한다. 일반적으로 단락용량 또는 정격차단용량은 kVA, MVA 등을 사용한다.

$$P_s = \sqrt{3} V I_s \qquad\qquad P_s = \frac{100}{\%Z} \times P_n$$

개념 확인문제 Check up! □□□

계산 문제 건축물의 변전설비가 22.9[kV-Y], 용량 500[kVA]이며, 변압기 2차측 모선에 연결되어 있는 배선용차단기에 대하여 다음 각 물음에 답하시오. (단, %Z=5[%], 2차 전압은 380[V], 선로의 임피던스는 무시한다.)

(1) 변압기 2차측 정격전류[A]
(2) • 변압기 2차측 단락전류[A]
    • 배선용차단기의 최소 차단전류[kA]
(3) 단락용량[MVA]

계산 과정 (1) 변압기 2차측 정격전류

$$I = \frac{P}{\sqrt{3} \times V} = \frac{500 \times 10^3}{\sqrt{3} \times 380} = 759.67[A]$$

답 759.67[A]

(2) ※ 단락전류가 차단기의 최소 차단전류이다.

$$I_s = \frac{100}{\%Z} \times I_n = \frac{100}{5} \times 759.67 = 15193.4[A]$$

답 변압기 2차측 단락전류 15193.4[A]
답 배선용차단기의 최소 차단전류 15.19[kA]

(3) 단락용량
$$P_s = \sqrt{3} \times V \times I_s = \sqrt{3} \times 380 \times 15193.4 \times 10^{-6} = 10[MVA]$$

답 10[MVA]

단답 문제 변전 설비에서 차단기 사용전 검사 항목을 전기 설비 검사 업무 처리 지침서에 의거하여 5가지 쓰시오.

답
① 외관 검사   ② 접지 저항 측정
③ 절연 저항 측정   ④ 절연 내력 시험
⑤ 보호 장치 설치 및 동작 상태

01 개폐기

DS 및 CB로 된 선로와 접지용구에 대한 그림을 보고 다음 각 물음에 답하시오.

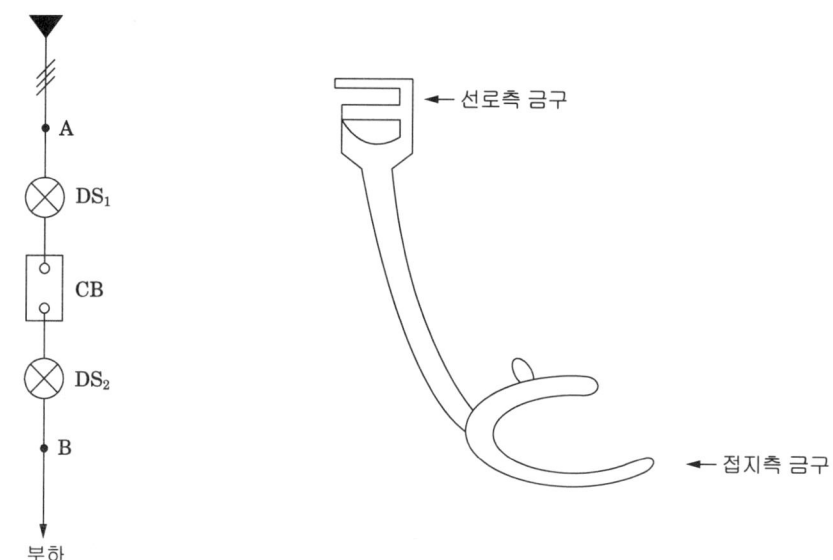

(1) 접지 용구를 사용하여 접지를 하고자 할 때 접지순서 및 접지 개소에 대하여 설명하시오.
(2) 부하측에서 휴전 작업을 할 때의 조작 순서를 설명하시오.
(3) 휴전 작업이 끝난 후 부하 측에 전력을 공급하는 조작 순서를 설명하시오.
   (단, 접지되지 않은 상태에서 작업한다고 가정한다.)
(4) 긴급할 때 DS로 개폐 가능한 전류의 종류를 2가지만 쓰시오.

정답

(1) 접지 순서 : 대지에 먼저 연결한 후 선로에 연결한다.
   접지 개소 : 선로측 A와 부하측 B 양측에 접지한다.

(2) CBOFF → DS_2OFF → DS_1OFF

(3) DS_2ON → DS_1ON → CBON

(4) 충전 전류, 여자 전류

02 개폐기

고압개폐기기의 종류이다. 각각의 용도를 쓰시오.

(1) 단로기 :
(2) 고압부하개폐기 :
(3) 진공부하개폐기 :
(4) 고압차단기 :
(5) 고압전력용퓨즈 :

정답

(1) 단로기 : 고압이상의 선로를 유지·보수할 때 사용하는 개폐 장치로 부하 전류의 개폐에는 사용되지 않는다.
(2) 고압부하개폐기 : 부하 전류의 개폐에 사용하며, 송배전선 등의 개폐 빈도가 많지 않은 장소에 사용된다.
(3) 진공부하개폐기 : 부하 전류의 개폐에 사용하며, 고압 전동기 등의 제어용으로 개폐 빈도가 많은 경우에 사용된다.
(4) 고압차단기 : 부하 전류 및 고장 전류 차단에 사용된다.
(5) 고압전력용퓨즈 : 단락전류 차단한다.

03 개폐기

다음 기기의 명칭을 쓰시오.

(1) 가공배전선로 사고의 대부분이 나무에 의한 접촉이나 강풍 등에 의해 일시적으로 발생한 사고이므로 신속하게 고장구간을 차단하고 재투입하는 개폐 장치이다.
(2) 보안상 책임 분계점에서 보수 점검시 전로를 개폐하기 위하여 시설하는 것으로 반드시 무부하 상태에서 개방하여야 한다. 한편, 66[kV] 이상의 경우에 사용한다.

정답

(1) 리클로져
(2) 선로개폐기(LS)

04 개폐기

다음 상용전원과 예비전원 운전시 유의하여야 할 사항이다. ( ) 안에 알맞은 내용을 쓰시오.

상용전원과 예비전원 사이에는 병렬운전을 하지 않는 것이 원칙이므로 수전용 차단기와 발전용차단기 사이에는 전기적 또는 기계적 (①)을 시설해야 하며 (②)를 사용해야 한다.

정답

① 인터록

② 전환 개폐기

05 개폐기

일반용 전기설비 및 자가용 전기설비에 있어서의 과전류(過電流) 종류 2가지와 각각에 대한 용어의 정의를 쓰시오.

정답

① 과부하전류 : 기기에 대하여는 그 정격전류, 전선에 대하여는 그 허용전류를 어느 정도 초과하여 그 계속되는 시간을 합하여 생각하였을 때, 기기 또는 전선의 손상 방지상 자동차단을 필요로 하는 전류를 말한다.

② 단락전류 : 전로의 선간이 임피던스가 적은 상태로 접촉되었을 경우에 그 부분을 통하여 흐르는 큰 전류를 말한다.

06 개폐기

다음 각 물음에 답하시오.

(1) 배전선로에서 가장 많이 사용되는 개폐기 4가지를 쓰시오.
(2) 소호원리에 따른 차단기의 종류에는 OCB 등 여러 종류가 있지만 소호원리가 대기 중에서 전자력을 이용하여 아크를 소호실 내로 유도해서 냉각 차단하는 차단기 종류는?

정답

(1) ① 컷아웃스위치(C.O.S)
  ② 부하개폐기
  ③ 리크로저(Recloser)
  ④ 섹셔널라이저(Sectionalizer)
(2) 자기차단기(MBB)

07 개폐기

수전설비에 있어서 계통의 각 점에 사고시 흐르는 단락전류의 값을 정확하게 파악하는 것이 수전설비의 보호방식을 검토하는데 아주 중요하다. 단락전류를 계산하는 것은 주로 어떤 요소를 적용하고자 하는 것인지 그 (1) 적용 요소에 대하여 3가지만 설명하시오. 또한, (2) 변전설비의 1차측에 설치하는 차단기의 용량은 무엇으로 정하는지 쓰시오.

(1) 단락전류의 적용 요소
  ○
  ○
  ○
(2)

정답

(1) 단락전류의 적용 요소
  ◦ 차단기 용량선정
  ◦ 보호계전기 정정
  ◦ 기계기구의 기계적 강도선정
(2) 차단기 설치점에서의 단락용량

08 개폐기

차단기 트립회로 전원방식의 일종으로서 AC 전원을 정류해서 콘덴서에 충전시켜 두었다가 AC 전원 정전시 차단기의 트립전원으로 사용하는 방식을 무엇이라 하는가?

정답

CTD 방식(콘덴서 트립 방식)

09 개폐기

수전 전압 6600[V], 가공 전선로의 %임피던스가 58.5[%]일 때 수전점의 3상 단락 전류가 7000[A]인 경우 기준 용량과 수전용 차단기의 정격차단용량은 얼마인가?

차단기 정격용량[MVA]										
10	20	30	50	75	100	150	250	300	400	500

(1) 기준 용량
(2) 정격차단 용량 (단, (1)에서 계산한 결과를 이용할 것)

> 정답

(1) ◦ 계산 과정

기준용량 : 기준전류(정격전류)를 계산하여 구한다.

$I_s = 7000[A]$

$I_n = \dfrac{\%Z}{100} \times I_s = \dfrac{58.5}{100} \times 7000 = 4095[A]$

기준용량

$P_n = \sqrt{3}\,VI_n = \sqrt{3} \times 6600 \times 4095 \times 10^{-6} = 46.81[MVA]$

◦ 답 : 46.81[MVA]

(2) ◦ 계산 과정

정격 차단용량

$P_s = \dfrac{100}{\%Z} \times P_n = \dfrac{100}{58.5} \times 46.81 = 80.02[MVA]$

◦ 답 : 100[MVA] 선정

10 개폐기

그림과 같은 계통보호용 과전류계전기를 정정하기 위한 단락전류 등을 산출하는 절차이다. 주어진 물음에 답하시오.

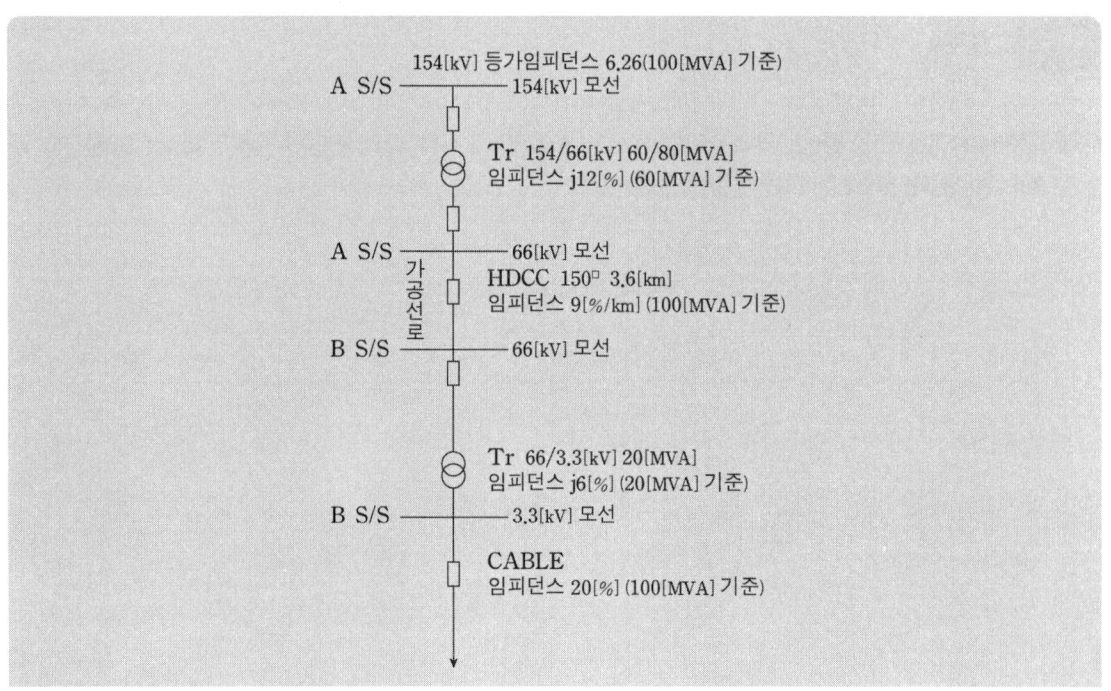

[조건]
① A변전소 154[kV] 모선의 전원등가 임피던스는 6.26[%]이다.
② 회로의 [%] 임피던스는 편의상 모두 리액턴스분만으로 간주할 것
③ 그림산에 표시되지 않은 임피던스는 무시할 것

[물음]
다음 그림은 100[MVA] 기준으로 환산한 등가 임피던스 도면이다. (   ) 속에 값은 얼마인가?

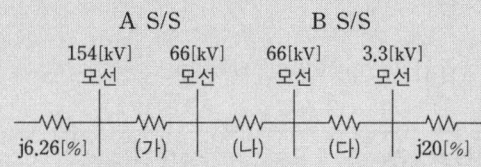

정답

(가) · 계산 과정

$$j12 \times \frac{100}{60} = j20[\%]$$

· 답 : $j20[\%]$

(나) · 계산 과정

$$j9 \times 3.6 = j32.4[\%]$$

· 답 : $j32.4[\%]$

(다) · 계산 과정

$$j6 \times \frac{100}{20} = j30[\%]$$

· 답 : $j30[\%]$

1 계기용변압기(Potential Transformer)

1. 계기용변압기의 역할

계기용변성기란 전기계기 또는 측정 장치와 함께 사용되는 전류 및 전압의 변성용 기기로서 계기용변압기와 변류기의 총칭이다. 고전압을 직접 전압계로 측정하는 것은 위험하며, 전압계의 절연비용이 높아져 비경제적이기도 하다. 계기용변압기를 이용하여 1차 측의 고전압을 일정 비율로 변성하여 2차 측에 공급한다.

2. 계기용변압기의 약호 및 심벌

약호	단선도용 심벌	복선도용 심벌
PT	—⌇⌇—	⌇⌇

3. 계기용변압기의 정격전압 및 정격부담

정격 1차 전압은 일반적으로 계통전압이며, 2차 전압은 주로 110V를 적용한다. 다만, 자가용 수전설비 13.2/22.9kV-Y의 경우 13.2kV/110V를 적용한다. 한편, 계기용변압기 부담은 2차측의 계측기 또는 계전기 등으로 인해 소비되는 용량으로 피상전력[VA]으로 표시하고, PT의 부하는 병렬로 접속한다.

정격 1차 전압	정격 2차 전압	정격부담[VA]
3300[V], 6600[V], 22000[V], 13.2[kV]	110[V]	15, 25, 50, 100

개념 확인문제

단답 문제 계기용변압기 1차측 및 2차측에 퓨즈를 부착하는지의 여부를 밝히고, 퓨즈를 부착하는 경우 그 이유를 간단히 설명하시오.

답
- 퓨즈의 부착 여부 : 1차측 및 2차측에 퓨즈를 부착한다.
- PT 1차측에 퓨즈를 설치하는 이유 : PT의 고장이 선로에 파급되는 것을 방지
- PT 2차측에 퓨즈를 설치하는 이유 : 2차측의 단락발생시 PT로 사고의 파급방지

4. 계기용변압기 결선

1) Y결선

3상 4선식 선로에서 사용하는 결선방법으로 Y결선은 PT를 각상에 설치하고 권선의 한측(-)을 Common하고, 다른 한측(+)에서 건전상을 얻어내는 결선방법이다. 선간 전압은 상 전압의 $\sqrt{3}$ 배가 된다. 계기용변압기의 단자기호는 1차측 단자기호를 U, V, W 2차측 단자기호를 u, v, w, 로 하고 2차 측에는 접속되는 전력량계의 단자기호, 보기를 들면 P_1, P_2, P_3를 병기한다. 중성점의 단자기호는 1차측 단자를 O, 2차측 단자를 o로 한다.

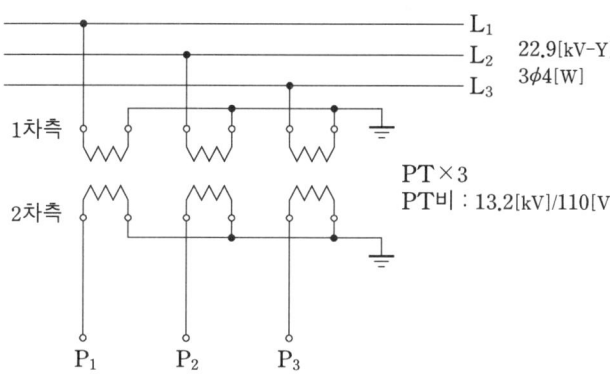

2) V결선

일반적으로 3상 3선식 고압선로(3300V, 6600V) 회로에서는 두 대의 PT를 아래의 그림과 같이 V결선을 하면 3상의 전압을 얻을 수 있어 경제적이다. 혼촉사고로 인한 2차 측에 고전압 발생을 억제하기 위해 2차측에 접지를 하고, 2차측 B상에는 퓨즈를 삽입하지 않는다.

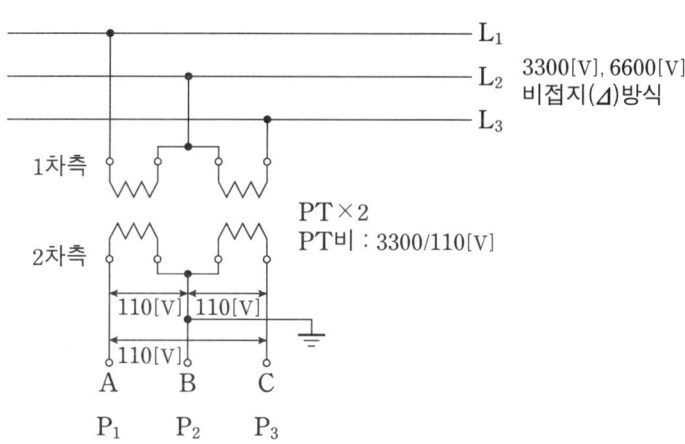

개념 확인문제

단답 문제 다음 아래의 도면의 ① ~ ③의 기기의 약호를 쓰시오.

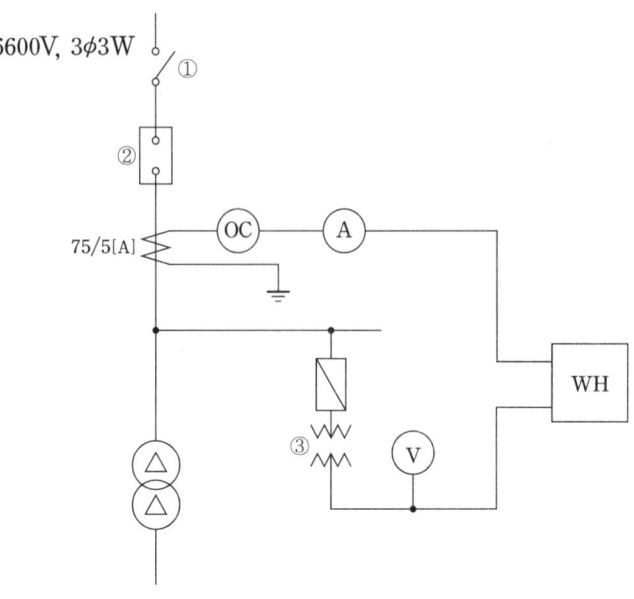

답 ① DS ② CB ③ PT

계산 문제 변압비 30인 계기용변압기를 그림과 같이 잘못 접속하였다. 각 전압계 V_1, V_2, V_3에 나타나는 단자 전압은 몇 [V]인가?

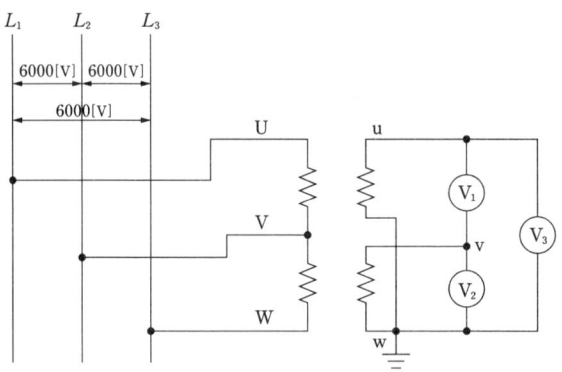

계산 과정
- $V_1 = \dfrac{6000}{30} \times \sqrt{3} = 346.41[V]$ **답** 346.41[V]
- $V_2 = \dfrac{6000}{30} = 200[V]$ **답** 200[V]
- $V_3 = \dfrac{6000}{30} = 200[V]$ **답** 200[V]

2 변류기(Current Transformer)

1. 변류기의 역할

대전류가 흐르는 선로의 전류, 전력, 역률을 직접적으로 측정하는 것은 위험하며, 기기의 절연비용이 높아져 비경제적이기도 하다. 즉, 1차 측의 대전류를 일정 비율로 변성하여 2차 측에 공급한다. 변류기는 선로에 직렬 또는 관통으로 설치한다.

2. 변류기의 약호·심벌 및 정격

약호	단선도용	복선도용	극성	정격 1차 전류[A]	정격 2차 전류[A]
CT			감극성	5, 10, 15, 20, 30, 40, 50, 75, 100, 150, 200···	5

3. 변류비 선정

변류비의 정격 1차 전류는 그 선로의 최대부하전류를 계산하여 그 값에 여유를 주어서 결정한다. 수용가 인입회로, 변압기 회로의 CT 1차 측 정격은 최대부하전류의 1.25~1.5배, 전동기 회로의 경우는 2~2.5배의 여유를 고려한다.

개념 확인문제   Check up!

계산 문제 부하용량이 900[kW]이고, 전압이 3상 380[V]인 수용가 전기설비의 계기용 변류기를 결정하고자 한다. 다음조건에 알맞은 변류기를 선정하시오.
- 수용가의 인입회로에 설치하고, 부하 역률은 0.9로 계산한다.
- 실제 사용하는 정도의 1차 전류용량으로 하며 여유율은 1.25배로 한다.
  변류기의 정격 : 750, 1000, 1500, 2000

계산 과정 $I = $ 1차측 부하전류 × 여유배수 $= \dfrac{P_a}{\sqrt{3} \times V} \times 1.25 = \dfrac{(900/0.9) \times 10^3}{\sqrt{3} \times 380} \times 1.25 = 1899.18$ [A]

답 2000/5 선정

4. 변류기의 비오차

공칭변류비가 실제변류비와 얼마만큼 다른가를 백분율로 표시한 것

ε=오차율[%], K_n=공칭변류비, K=실제변류비
$$\varepsilon = \frac{K_n - K}{K} \times 100$$

5. 변류기의 부담[VA]

정격 부담[VA]=$I^2 \cdot Z$ (단, I는 5[A])	5, 10, 15, 25, 40, 100

6. 통전중의 변류기 2차측 상태

통전 중에 변류기 2차 측을 개방하면 2차 측에 과전압이 유기되어 절연이 파괴될 수 있다.
통전 중에 CT 2차측 기기를 교체하고자 하는 경우는 반드시 CT 2차 측을 단락시켜야 한다.

개념 확인문제 　Check up! □□□

계산 문제 100/5 변류기 1차에 250[A]가 흐를 때 2차 측에 실제 10[A]가 흐른 경우 변류기의 비오차를 계산하시오.

계산 과정
$$\varepsilon = \frac{K_n - K}{K} \times 100 = \frac{\frac{100}{5} - \frac{250}{10}}{\frac{250}{10}} \times 100 = -20[\%]$$

답 $-20[\%]$

계산 문제 과전류 계전기의 정격부담이 9[VA]일 때 이 계전기의 임피던스는 몇 [Ω]인가?

계산 과정 $Z = \frac{[VA]}{I^2} = \frac{9}{5^2} = 0.36[\Omega]$

답 $0.36[\Omega]$

계산 문제 우측의 그림을 보고 다음 각 물음에 답하시오.
(1) 그림 기호가 표현하고 있는 의미를 설명하시오.
(2) 1차 부하전류가 45[A] 이면 2차 전류는 몇 [A]인가?

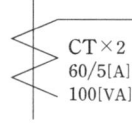
CT×2
60/5[A]
100[VA]

답 (1) 변류비 60/5, 정격부담 100[VA]인 변류기 2대를 사용
(2) $I_2 = 45 \times \frac{5}{60} = 3.75[A]$

7. 변류기 결선

1) Y결선

Y결선은 CT를 각상에 설치하고 권선의 한측(-)을 Common하고, 다른 한측(+)에서 전류를 얻어내는 결선법으로 선전류와 상전류는 같다. 아래의 그림은 지락 사고시 영상전류를 얻는 방식의 하나로 CT Y결선 중섬점 잔류회로 방식을 표현한 것이다. 정상상태의 경우 CT 2차 측에 흐르는 전류의 벡터 합($i_a+i_b+i_c=0$)은 0[A]가 되어 지락과전류계전기(OCGR)가 동작하지 않으나, 1선 지락이 발생했을 경우 불평형($i_a+i_b+i_c>0$)이 되기 때문에 OCGR이 동작한다.

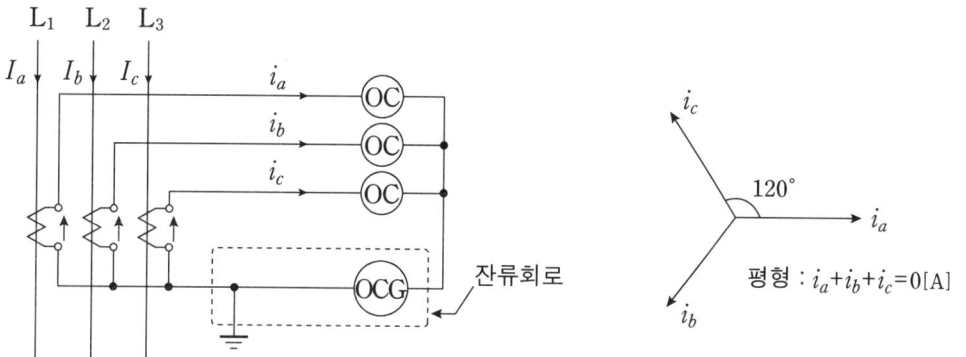

2) V결선

두 대의 CT를 그림과 같이 접속할 경우 OCR③에 흐르는 전류는 합(i_a+i_c)의 전류가 흐르고 이 전류의 합은 i_b와 크기가 같다.

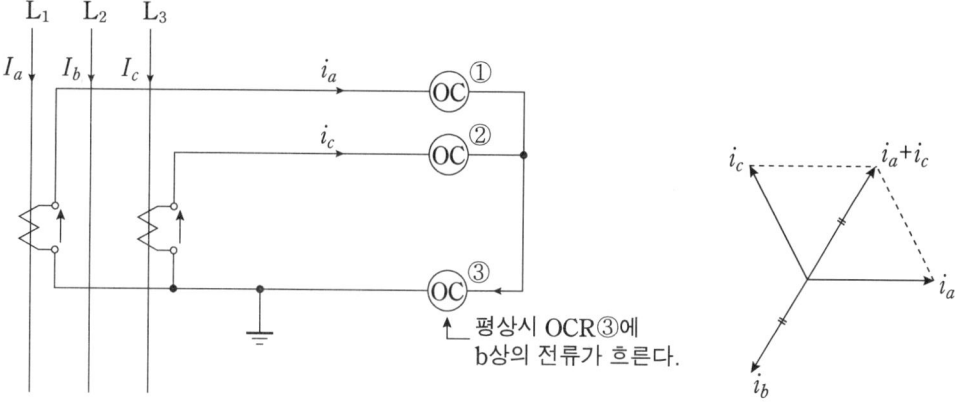

3) 델타결선

변압기, 발전기, 모선의 내부고장검출을 위하여 비율차동계전기가 주로 사용되며, 이때 비율차동계전에 접속되는 CT의 델타결선이 사용된다. CT 2차측에 흐르는 전류는 선전류이며, 전류의 크기는 상전류 보다 $\sqrt{3}$ 배 크고, 30°의 위상차가 발생한다.

① CT 2차 측에 흐르는 전류 : 선전류는 상전류 보다 $\sqrt{3}$ 배 크고, 위상은 30° 느리다.

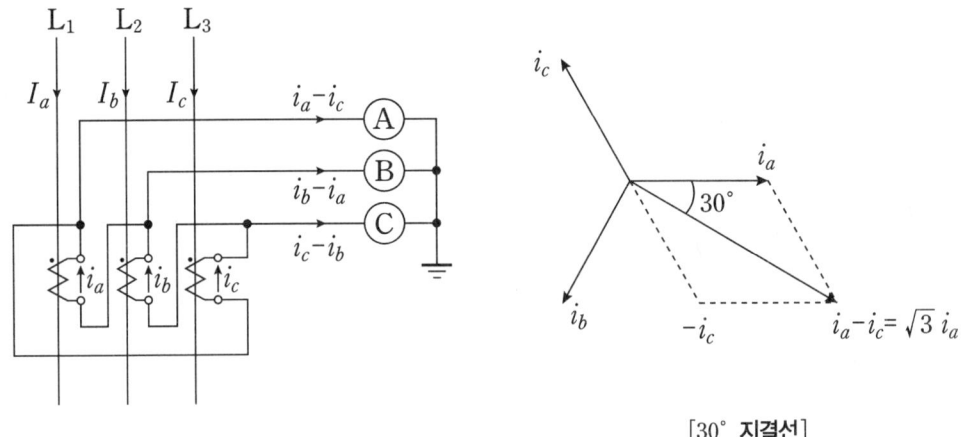

[30° 지결선]

② CT 2차 측에 흐르는 전류 : 선전류는 상전류 보다 $\sqrt{3}$ 배 크고, 위상은 30° 빠르다.

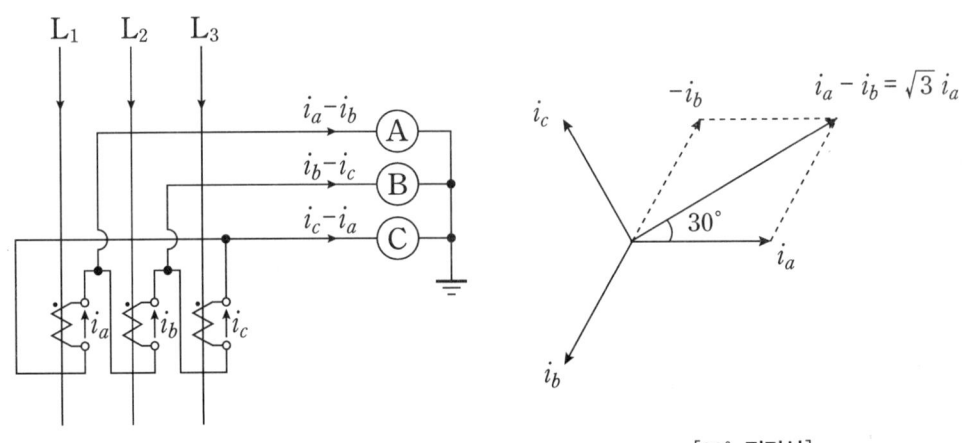

[30° 진결선]

개념 확인문제

Check up! □□□

단답 문제 변류기에 관한 물음이다. 옳으면 ( )에 O표, 틀리면 X표를 하시오.

(1) 저압 변류기 2차 배선의 도중에는 접속점을 만들어서는 안된다. ( )
(2) 저압 변류기의 2차 배선은 공사상 지장이 없는 한 최단거리로 배선하여야 한다. ( )
(3) 저압변류기 2차 배선은 케이블에 직접 장력이 걸릴 우려가 있는 경우에는 적당한 방법으로 케이블을 고정하여야 한다. ( )
(4) 전력거래에 사용되는 계기용 저압 변류기에는 전력거래에 관련되는 계기 및 부속기구 이외의 것을 접속하여서는 안된다. ( )
(5) 변류기 2차 회로는 개방되지 않도록 특별히 유의하여야 한다. ( )

답 (1) O (2) O (3) O (4) O (5) O

Chapter 02. 계기용변성기

3 전력수급용 계기용변성기(MOF)

1. 전력수급용 계기용변성기의 역할

    전력량계로 고압이상의 전기회로의 전기사용량을 적산하기 위하여 고전압과 대전류를 저전압과 소전류도 변성하는 장치이다. PT와 CT가 함께 내장되어 전력량계에 전원을 공급한다.

2. 전력수급용 계기용변성기 심벌

단선도용	복선도용	외관

개념 확인문제

단답 문제 아래의 도면에 ①, ②에 알맞은 심벌을 그리시오.

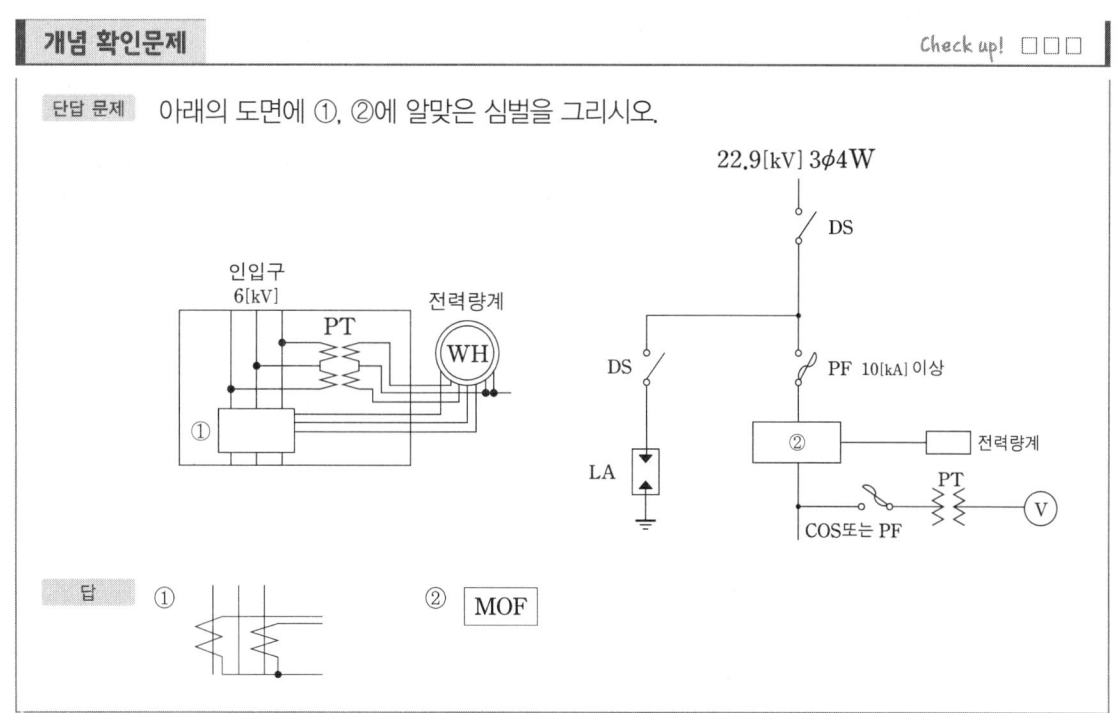

3. 전력수급용 계기용변성기 결선

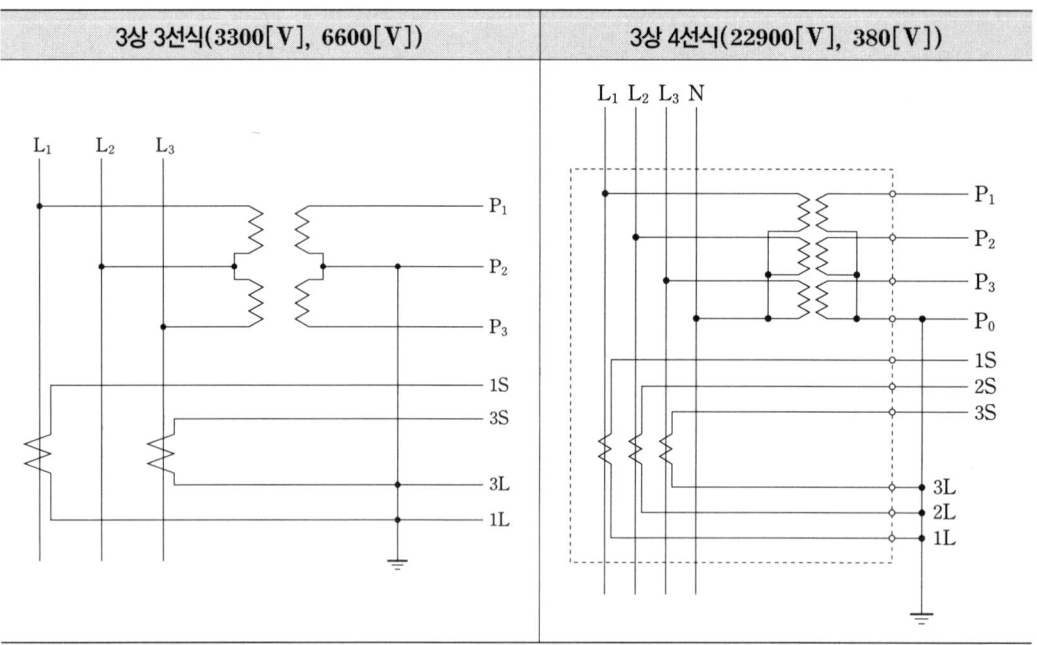

4. MOF 승률 [PT비×CT비]

PT비가 13200/110, CT비가 10/5 일 경우 MOF의 승률은 120×2=240이 된다. 즉, 전력량계에 계측되는 전력량이 1kWh일 경우 1차측 사용전력량은 240kWh이다.

5. MOF의 과전류강도

MOF의 과전류강도는 기기 설치점에서 단락전류에 의하여 계산을 적용하되, 22.9kV급으로서 60A 이하의 MOF 최소 과전류강도는 전기사업자규격에 의한 (75)배로 하고, 계산한 값이 (75)배 이상인 경우에는 (150)배를 적용하며, 60A 초과시 MOF의 과전류강도는 (40)배로 적용한다.

4 영상변류기(ZCT)

1. 영상변류기의 역할

영상변류기는 비접지 계통에서 지락사고시 mA 단위의 지락전류(영상전류) 검출을 위해 사용한다. 또한 영상변류기는 지락계전기, 선택지락계전기 등과 함께 지락보호협조에 사용한다. 정상상태에서는 각 상의 자속이 평형이 되어 2차 전류가 흐르지 않으며, 1선 지락 사고시 각 상의 전류가 불평형이 되어 2차 측에 전류가 흐른다.

2. 영상변류기의 약호·심벌

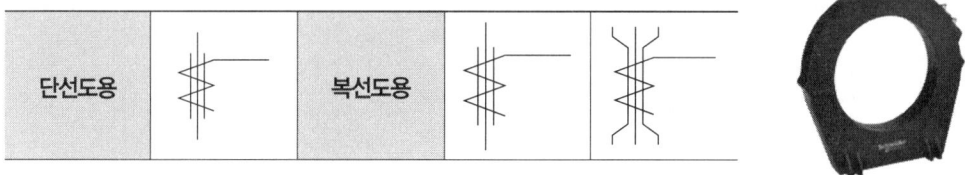

3. 지락전류 검출방법

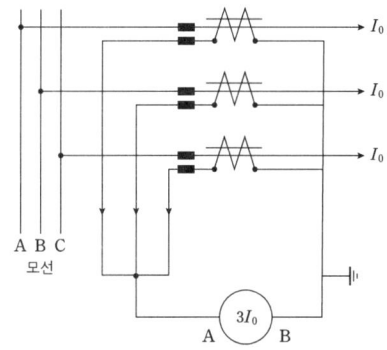

[CT 잔류회로방식]

[영상변류기 방식]

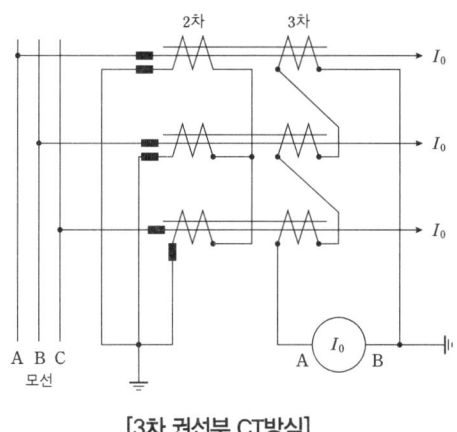

[3차 권선부 CT방식]

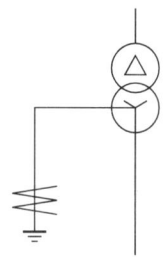

[중성점 접지선 CT방식]

4. 영상변류기 설치 방법

1) ZCT를 고압 케이블의 부하 측에 부착하는 경우

[케이블 차폐층의 접지선은 ZCT를 관통시키지 않음]

2) ZCT를 고압 케이블의 전원 측에 부착하는 경우

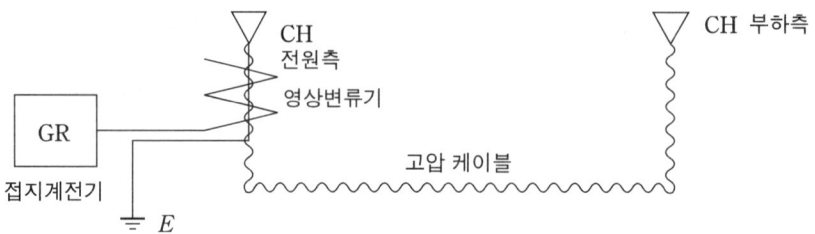

[케이블 차폐층의 접지선은 ZCT를 관통]

개념 확인문제

단답 문제 6600[V] 3상 3선식인 아래의 도면 ①,②의 기기의 약호를 쓰시오.

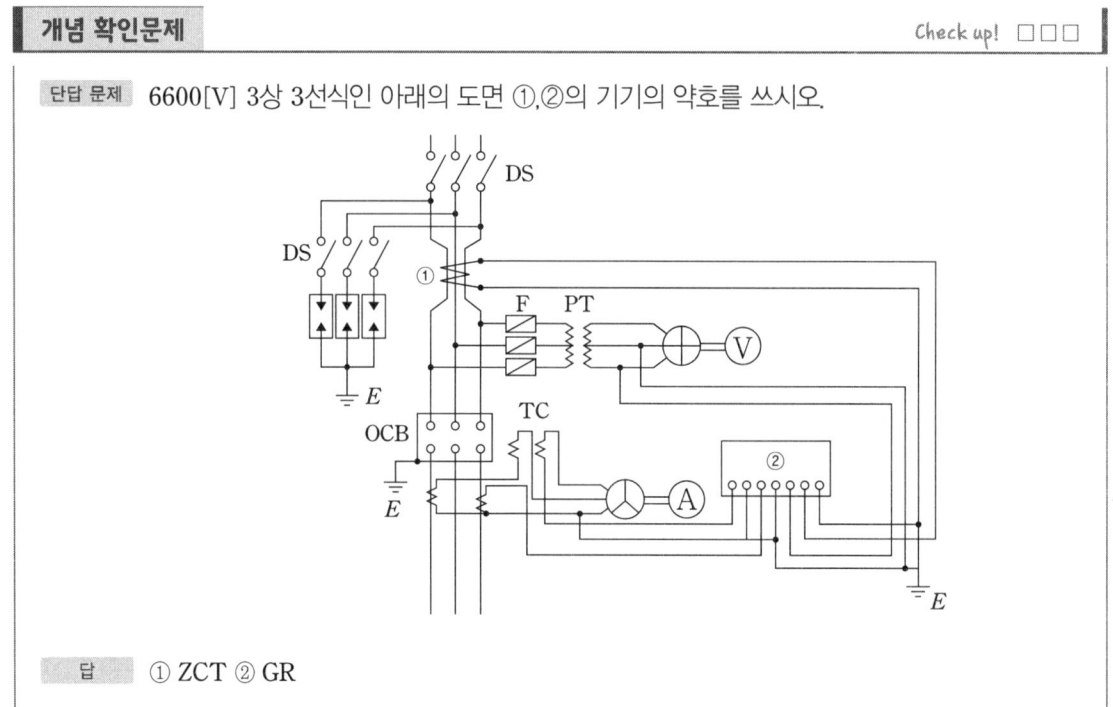

답 ① ZCT ② GR

5 접지형계기용변압기(GPT)

1. **접지형계기용변압기의 역할**

   비접지 계통에서 GPT를 이용하여 1선지락사고시 영상전압을 검출한다. 비접지 계통(델타결선)에서 1선지락사고시 지락된 상은 0V가 되며, 건전상의 전위는 $\sqrt{3}$ 배 상승한다. 또한, 지락사고시 GPT 개방단은 약 190V의 영상전압이 검출된다.

2. **접지형계기용변압기의 약호·도시**

약호	도시의 예	
GPT	(Y-Y-개방델타 결선도)	

3. **접지형계기용변압기의 정격**

공칭전압	3300[V]	6600[V]	22900[V]
정격	$\dfrac{3300}{\sqrt{3}} / \dfrac{110}{\sqrt{3}}$	$\dfrac{6600}{\sqrt{3}} / \dfrac{110}{\sqrt{3}}$	◦1차 : $\dfrac{22900}{\sqrt{3}}$　◦2차 : $\dfrac{110}{\sqrt{3}}$　◦3차 : $\dfrac{110}{\sqrt{3}}$

4. **한류 저항기(CLR)** : 계전기 동작에 필요한 유효전류를 공급

개념 확인문제   Check up! ☐☐☐

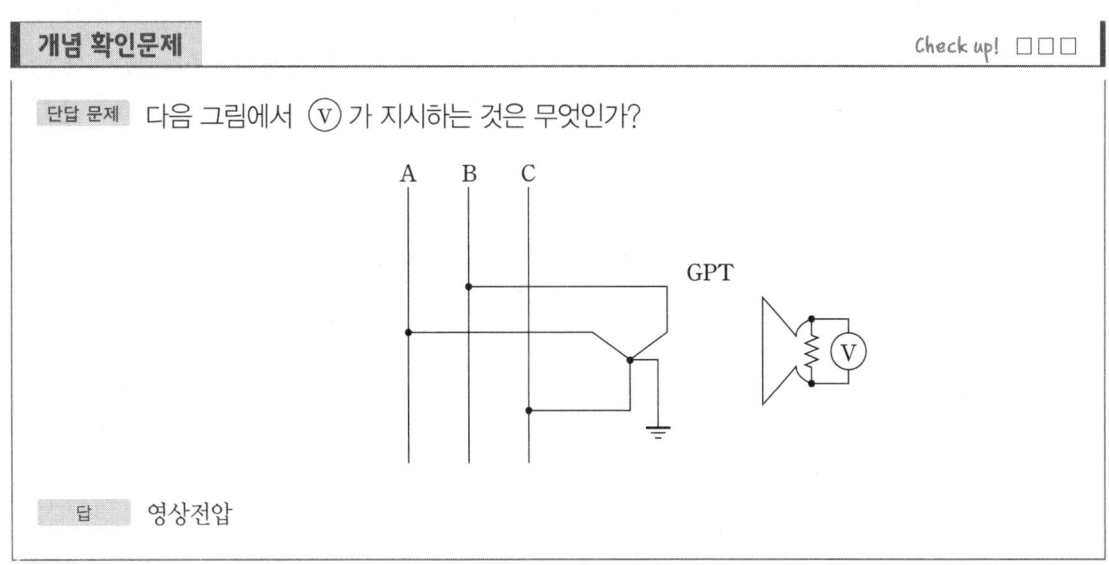

단답 문제 다음 그림에서 Ⓥ 가 지시하는 것은 무엇인가?

답 영상전압

5. 접지형계기용변압기 결선

1) GPT 1차측 결선(Y결선 중성점 접지) 및 전위변화

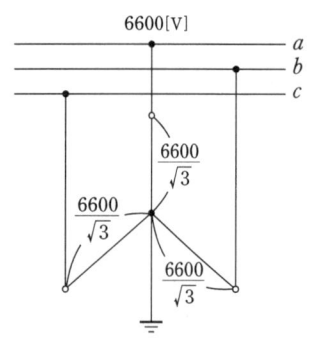

a상이 완전 지락된 경우 a상의 전위는 $0[V]$가 된다.
이때 건전상인 b상과 c상의 전위는 $\sqrt{3}$배 증가된다.
즉 1차 b상과 c상의 전위는 $6600[V]$이다.

- a상이 지락된 경우 a상의 전위 : $0[V]$
- b상의 전위 : $\dfrac{6600}{\sqrt{3}} \times \sqrt{3} = 6600[V]$
- c상의 전위 : $\dfrac{6600}{\sqrt{3}} \times \sqrt{3} = 6600[V]$

2) GPT 2차측 결선(개방델타) 및 전위변화

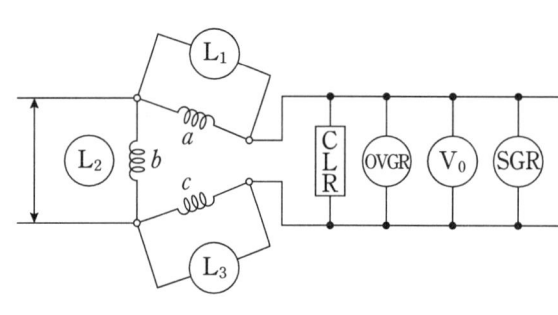

1차측 a상이 지락된 경우 2차측 a상의 전위도 $0[V]$가 된다. 한편, 2차측의 b상과 c상의 전위도 $\sqrt{3}$배 증가되어 전위는 $110[V]$가 된다.

- b상의 전위 : $\dfrac{110}{\sqrt{3}} \times \sqrt{3} = 110[V]$
- c상의 전위 : $\dfrac{110}{\sqrt{3}} \times \sqrt{3} = 110[V]$

램프의 상태는 a상의 전위는 $0[V]$이므로 a상의 램프는 소등되고, b상과 c상의 램프는 전위상승으로 인해 더욱 밝아진다. 2차측 권선의 개방단 전압은 영상전압의 3배인 $190[V]$까지 상승한다. 이 영상전압이 계전기의 입력전압으로 지락사고를 검출한다.

개념 확인문제 — Check up! ☐☐☐

단답 문제 주변압기가 3상 △결선($6.6[kV]$ 계통)일 때 지락사고시 지락보호에 대하여 답하시오.

(1) 지락보호에 사용하는 변성기 및 계전기의 명칭을 쓰시오.
    ① 변성기   ② 계전기
(2) 영상전압을 얻기 위하여 단상 PT 3대를 사용하는 경우 접속 방법을 간단히 설명하시오.

답 (1) ① 변성기 : 접지형 계기용변압기   ② 계전기 : 지락 과전압 계전기
(2) 1차측을 Y결선하여 중성점을 직접접지하고, 2차측은 개방 델타결선 한다.

01 계기용변성기

CT 2대를 V결선하여 OCR 3대를 그림과 같이 연결하여 사용할 경우 다음 각 물음에 답하시오.

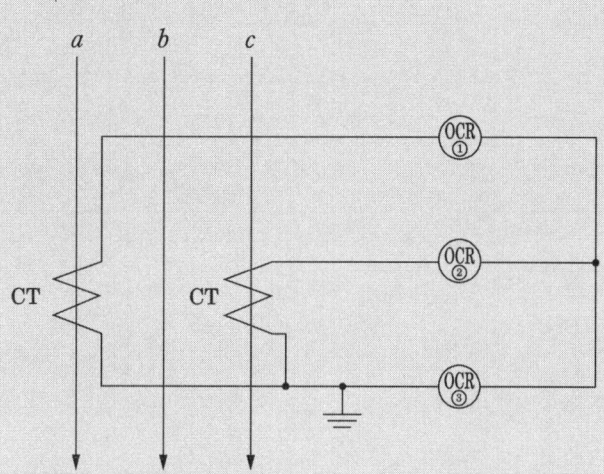

(1) 국내에서 사용되는 CT는 일반적으로 어떤 극성을 사용하는가?

(2) 도면에서 사용된 CT의 변류비가 30:5이고 변류기 2차측 전류를 측정하니 3[A]의 전류가 흘렀다면 수전전력은 몇 [kW]인가? (단, 수전전압은 22900[V]이고 역률은 90[%]이다.)
   ◦ 계산 과정 :   ◦ 답 :

(3) OCR중 ③번 OCR에 흐르는 전류는 어떤 상의 전류인가?

(4) OCR은 주로 어떤 사고가 발생하였을 때 동작하는가?

(5) 통전 중에 있는 변류기 2차측 기기를 교체하고자 할 때 가장 먼저 취하여야 할 조치는 무엇인지를 설명하시오.

정답

(1) 감극성

(2) ◦ 계산 과정 : $P = \sqrt{3} \times 22900 \times \left(3 \times \dfrac{30}{5}\right) \times 0.9 \times 10^{-3} = 642.56 [\text{kW}]$ ◦ 답 : 642.56[kW]

(3) b상

(4) 단락사고

(5) CT 2차측 단락

02 계기용변성기

변압비 $\frac{3300}{\sqrt{3}} / \frac{110}{\sqrt{3}}$ [V]인 GPT의 오픈델타결선에서 1상이 완전지락된 경우 나타나는 영상전압은 몇 [V]인지 구하시오.

◦ 계산 과정 :

◦ 답 :

정답

◦ 계산과정 : $110 \times \sqrt{3} = 190.53 [V]$

◦ 답 : 190.53[V]

03 계기용변성기

그림은 특고압 수변전설비 중 지락보호회로 복선도의 일부분이다. ①~⑤까지에 해당되는 부분의 각 명칭을 쓰시오.

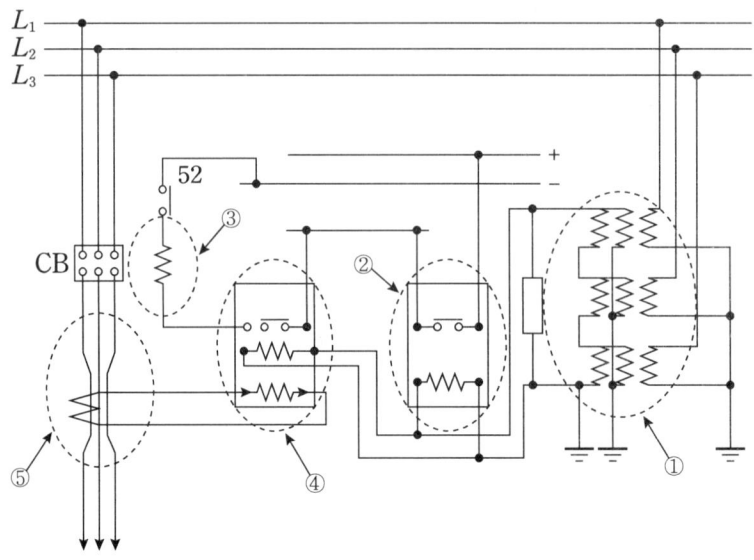

정답

① 접지형 계기용변압기(GPT)

② 지락 과전압 계전기 (OVGR)

③ 트립코일(TC)

④ 선택 지락 계전기(SGR)

⑤ 영상 변류기(ZCT)

04 계기용변성기

그림과 같은 수변전 결선도를 보고 다음 물음에 답하시오.

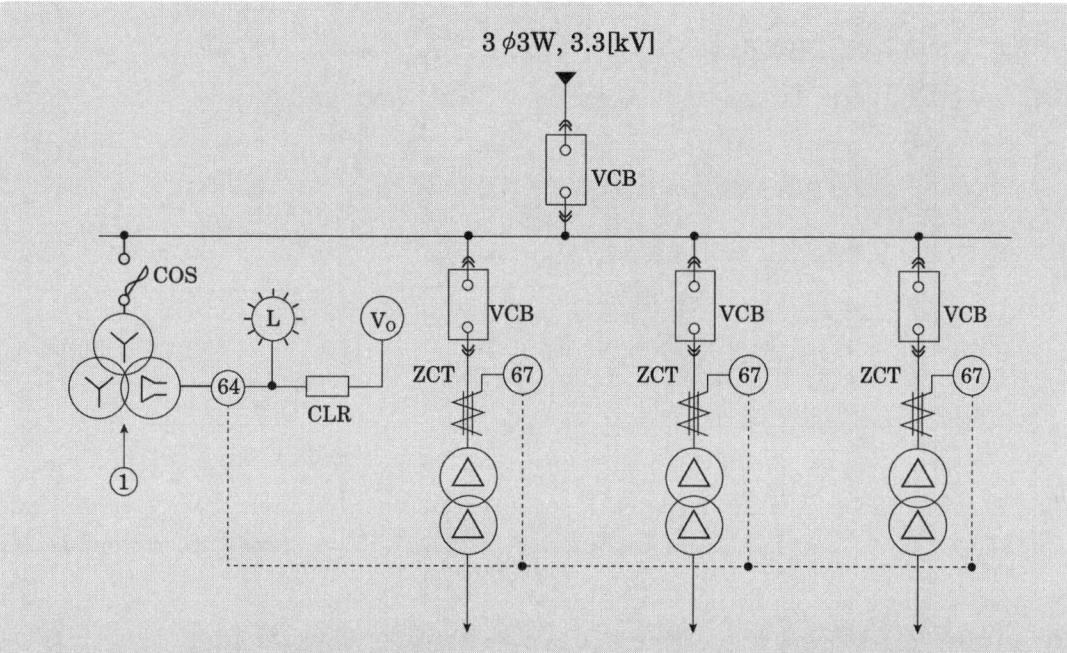

(1) ①번에 알맞은 기기의 명칭을 쓰시오.
(2) 위 배전계통의 접지방식을 쓰시오.
(3) 도면에서 CLR의 명칭을 쓰시오.
(4) 위 도면에서 계전기 67의 명칭을 쓰시오.

정답

(1) 접지형 계기용변압기
(2) 비접지방식
(3) 한류저항기
(4) 지락방향계전기

♥ 참고

한류저항기 설치 목적
① 계전기를 동작시키는데 필요한 유효전류를 발생
② 오픈델타 회로의 각 상전압 중의 제3고조파 억제
③ 중성점 불안정 등 비접지 회로의 이상현상 억제

05 계기용변성기

비접지선로의 접지전압을 검출하기 위하여 그림과 같은 (Y-개방 ⊿) 결선을 한 GPT가 있다.

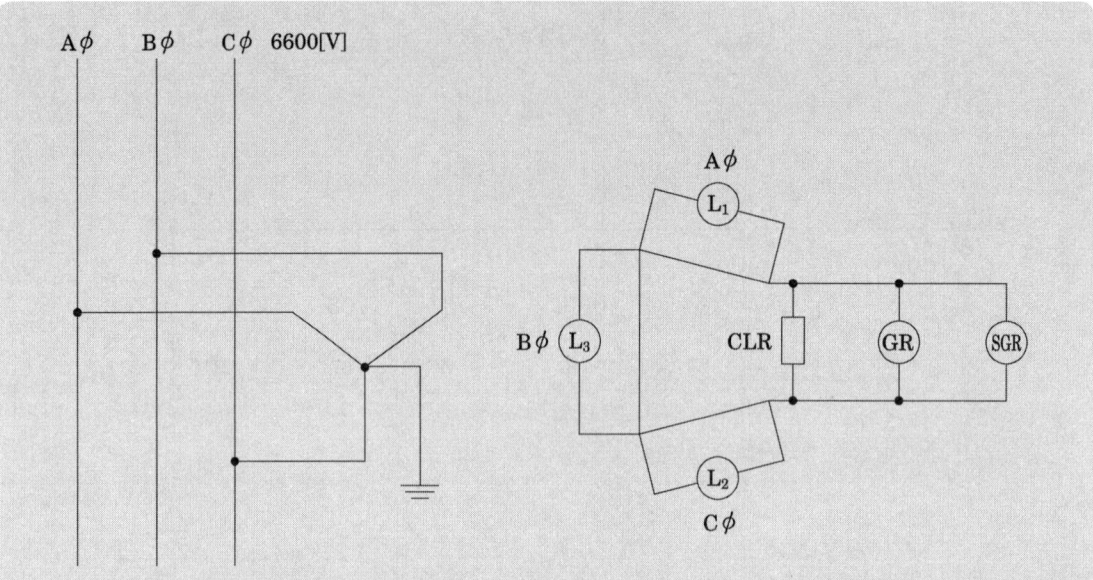

(1) $A\phi$ 고장시(완전지락시) 2차 접지표시등 L_1, L_2, L_3의 점멸과 밝기를 비교하시오.

(2) 1선 지락사고시 건전상의 대지 전위의 변화를 간단히 설명하시오.

(3) GR, SGR의 우리말 명칭을 간단히 쓰시오.
  ◦ GR :
  ◦ SGR :

정답

(1) L_1은 소등되고, L_2, L_3은 더욱 밝아진다.

(2) GPT 1차측의 건전상의 대지전위는 $6600/\sqrt{3}\,[\text{V}]$이나 1선 지락사고시 전위가 $\sqrt{3}$배로 증가하여 $6600[\text{V}]$가 되고 2차 측은 $110[\text{V}]$가 된다.

(3) ◦ GR : 지락계전기
   ◦ SGR : 선택지락계전기

06 계기용변성기

그림과 같은 결선도를 보고 다음 각 물음에 답하시오.

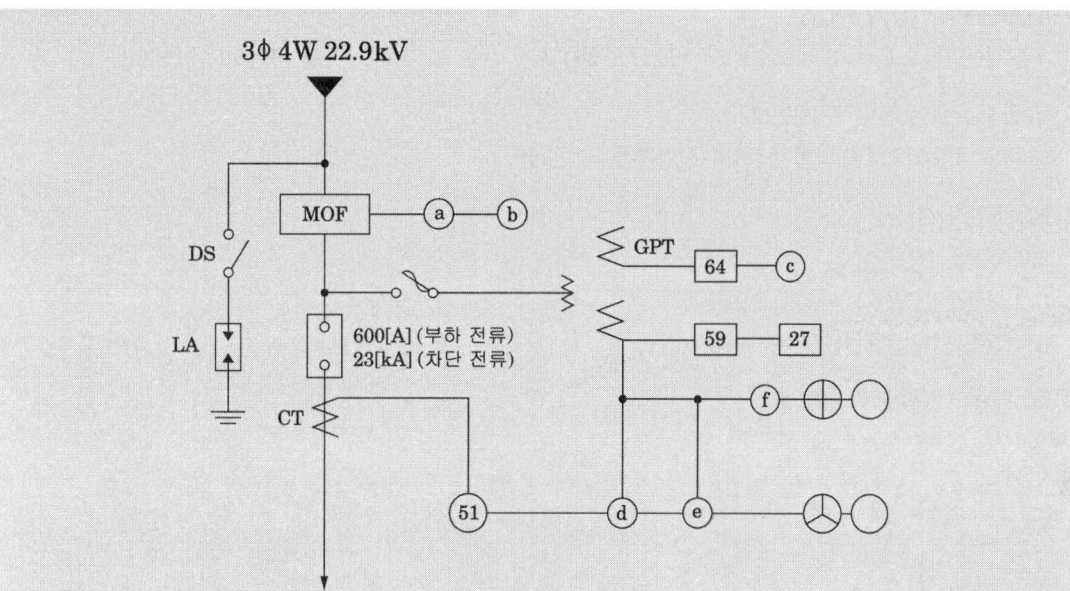

(1) 그림에서 ⓐ~ⓒ까지의 계기의 명칭을 우리말로 쓰시오.

(2) VCB의 정격 전압과 차단 용량을 산정하시오.
　① 정격전압
　　ㅇ계산 과정 :　　　　　　　　　ㅇ답 :
　② 차단용량
　　ㅇ계산 과정 :　　　　　　　　　ㅇ답 :

(3) MOF의 우리말 명칭과 그 용도를 쓰시오.
　① 명칭 :　　　　　　　　　② 용도 :

(4) 그림에서 ☐ 속에 표시되어 있는 제어기구 번호에 대한 우리말 명칭을 쓰시오.

(5) 그림에서 ⓓ~ⓕ까지에 대한 계기의 약호를 쓰시오.

정답

(1) ⓐ 최대수요전력량계
　ⓑ 무효 전력량계
　ⓒ 영상 전압계

(2) ① 차단기의 정격전압＝공칭 전압 × $\dfrac{1.2}{1.1}$

　　　∘ 계산과정 : $22.9 \times \dfrac{1.2}{1.1} = 24.98 [\mathrm{kV}]$　　　　　　　　∘ 답 : 25.8[kV]

　② 차단용량 : $P_s = \sqrt{3} \, V_n I_{kA}$

　　　∘ 계산과정 : $P_s = \sqrt{3} \times 25.8 \times 23 = 1027.8 [\mathrm{MVA}]$　　∘ 답 : 1027.8[MVA]

(3) ① 명칭 : 전력수급용 계기용변성기

　② 용도 : PT와 CT를 함께 내장하여 전력량계에 전원공급

(4) 51 : 과전류 계전기

　59 : 과전압 계전기

　27 : 부족전압 계전기

　64 : 지락과전압 계전기

(5) ⓓ : kW　　ⓔ : PF　　ⓕ : F

ELECTRIC WORK

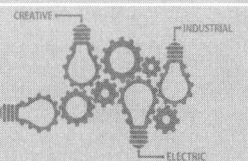

1 피뢰기[LA]

1. 피뢰기 역할

이상전압 내습시 뇌전류를 방전하고 속류를 차단한다. 피뢰기는 평상시에는 절연체의 역할을 하고 이상전압시 접지의 역할을 하게 된다. 한편, 22.9[kV-Y]용의 LA는 Disconnector(또는 Isolator) 붙임형을 사용하여야 한다. Disconnector 또는 Isolator는 피뢰기 고장시 피뢰기의 접지측을 대지로부터 분리시키는 역할을 한다. 특별고압 수전설비에서 피뢰기는 PF나 COS 전단에 설치한다.

2. 피뢰기 약호 및 심벌

약호	단선도용 심벌	복선도용 심벌
LA	⊻ E	⊻ ⊻ ⊻ E

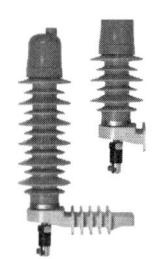

3. 피뢰기 공칭방전전류

공칭방전전류	설치장소	적용조건
10000[A]	변전소	• 154[kV] 이상의 계통 • 66[kV] 및 그 이하에서 Bank용량이 3000[kVA]를 초과 • 장거리 송전선 케이블 및 정전 축전기 bank를 개폐하는 곳
5000[A]	변전소	• 66[kV] 및 그 이하 계통에서 뱅크용량이 3000[kVA] 이하
2500[A]	선로·변전소	• 22.9[kV] 이하의 배전선로 및 배전선로피더 인출측

4. 피뢰기 구조

피뢰기는 직렬갭과 특성요소(탄화규소)로 이루어져 있고, 직렬갭이 없고 특성요소만(산화아연형)으로 제작한 갭리스형 피뢰기가 있다. 갭리스형 피뢰기는 구조가 간단하고 소형 경량화 할 수 있다. 또한, 속류가 없어 빈번한 작동에도 잘 견디고, 전압-전류특성은 전압이 거의 일정한 정전압에 가깝다. 산화아연으로 만든 특성요소는 탄화규소로 만든 피뢰기에 비해 서지의 흡수속도와 속류를 차단하는 속도가 빠르다.

개념 확인문제 — Check up! ☐☐☐

단답 문제 피뢰기의 설치 위치를 간단히 설명하고, 피뢰기의 구조는 무엇과 무엇으로 이루어져 있는지 쓰시오.
- 설치 위치 :
- 피뢰기 구조 :

답
- 파워퓨즈 또는 컷아웃 스위치 전단에 설치한다.
- 직렬갭과 특성요소

5. 피뢰기 구비조건

    ◦ 방전내량이 클 것
    ◦ 속류 차단 능력이 클 것
    ◦ 상용주파 방전개시 전압이 높을 것
    ◦ 제한전압이 낮을 것
    ◦ 충격 방전개시전압이 낮을 것

6. 피뢰기의 정격전압 : 속류를 차단하는 사용주파수 최고의 교류전압[실효치]

공칭전압[kV]	중성점 접지	피뢰기정격전압[kV]	
		변전소	배전선로
3.3	비접지	7.5	7.5
6.6	비접지	7.5	7.5
22	비접지	24	
22.9	3상4선식 다중접지	21	18
66	소호리액터접지 또는 비접지	72	
154	유효접지	144	
345	유효접지	288	

> **참고**
>
> 피뢰기에서 방전현상이 실질적으로 끝난 후 계속하여 전력 계통에서 공급되어 피뢰기를 통해 대지로 흐르는 전류를 (속류)라고 한다.

7. 피뢰기 설치시 점검사항

    ◦ 피뢰기 절연저항 측정
    ◦ 단자 및 단자볼트 점검
    ◦ 피뢰기 애자부분 손상여부
    ◦ 접지선의 접속상태

8. 피뢰기 구매시 고려사항

    ◦ 정격전압
    ◦ 사용장소
    ◦ 공칭방전전류

9. 피뢰기(L.A)의 종류 5가지

    ① 저항형 피뢰기
    ③ 밸브저항형 피뢰기
    ⑤ 갭레스 피뢰기
    ② 밸브형 피뢰기
    ④ 방출통형 피뢰기

2 서지흡수기[SA]

1. 서지흡수기 역할
구내선로에서 발생할 수 있는 개폐서지, 순간과도전압 등으로 이상전압이 2차기기에 악영향을 주는 것을 막기 위해 서지흡수기를 시설하는 것이 바람직하다.

2. 서지흡수기 설치위치
서지흡수기는 보호하고자 하는 기기[건식, 몰드변압기 또는 전동기]전단으로 개폐서지를 발생하는 차단기[VCB]후단과 부하측 사이에 설치한다.

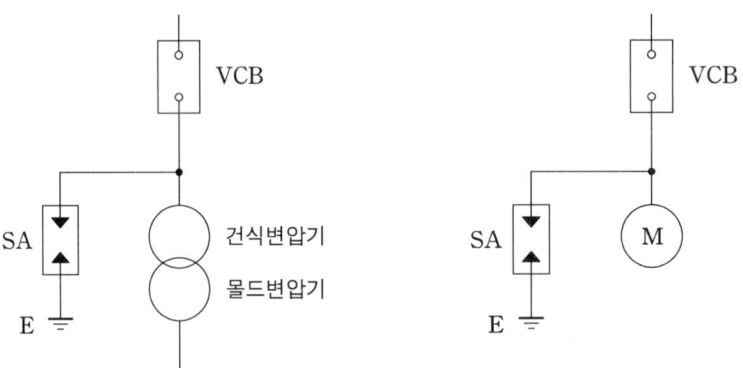

3. 서지흡수기 정격

공칭전압[kV]	3.3	6.6	22.9
정격전압[kV]	4.5	7.5	18
공칭방전전류[kA]	5	5	5

개념 확인문제　　　　　　　　　　　　　　　　　　　　　　Check up! □□□

단답 문제　수전전압 22.9[kV] 변압기 용량 3000[kVA]의 수전설비를 계획할 때 외부와 내부의 이상전압으로부터 계통의 기기를 보호하기 위해 설치해야 할 기기의 명칭과 그 설치 위치를 설명하시오. (단, 변압기는 몰드형으로서 변압기 1차의 주차단기는 진공차단기를 사용하고자 한다.)

　(1) 낙뢰 등 외부 이상전압　　　(2) 개폐 이상전압 등 내부 이상전압

답
(1) ◦ 기기명 : 피뢰기(LA)　　　　◦ 설치위치 : 진공 차단기 1차측
(2) ◦ 기기명 : 서지 흡수기(SA)　 ◦ 설치위치 : 진공 차단기 2차측과 몰드형 변압기 1차측 사이

4. 서지흡수기 적용

차단기 종류 2차보호기기		VCB [진공차단기]				
	전압등급	3[kV]	6[kV]	10[kV]	20[kV]	30[kV]
전동기		적용	적용	적용	–	–
변압기	유입식	불필요	불필요	불필요	불필요	불필요
	몰드식	적용	적용	적용	적용	적용
	건식	적용	적용	적용	적용	적용
콘덴서		불필요	불필요	불필요	불필요	불필요
변압기와 유도기기와의 혼용시		적용	적용	–	–	–

개념 확인문제   Check up! ☐☐☐

단답 문제   수전전압 22.9[kV-Y]에 진공차단기와 몰드변압기를 사용하는 경우 개폐시 이상전압으로부터 변압기 등 기기보호 목적으로 사용되는 것으로 LA와 같은 구조와 특성을 가진 것을 쓰시오.

답   서지흡수기(SA)

단답 문제   서지 흡수기(Surge Absorber)의 주요 기능에 대하여 설명하시오.

답   차단기의 투입, 차단시에는 서지가 발생되며 경우에 따라서는 선로에 영향을 미치므로 전동기, 변압기 등을 서지로부터 보호한다.

단답 문제   다음은 전압등급 3[kV]인 SA의 시설 적용을 나타낸 표이다. 빈 칸에 적용 또는 불필요를 구분하여 쓰시오.

2차 보호기기 차단기종류	전동기	변압기			콘덴서
		유입식	몰드식	건식	
VCB	①	②	③	④	⑤

답   ① 적용   ② 불필요   ③ 적용   ④ 적용   ⑤ 불필요

3 서지보호장치[SPD]

1. 서지보호장치의 역할

    전기설비로 유입되는 뇌서지를 피보호물의 절연내력 이하로 제한함으로써 기기를 안전하게 보호하기 위해서 전기기기 전단에 설치되며, 과도적인 과전압을 제한하고 서지전류를 분류한다.

2. 서지보호장치의 원리

    정상전압에서는 전류를 흘리지 않으나 전압이 높아지면 많은 전류를 흘린다. 이상전압 및 전류가 침입시 전압이 인가되지 않도록 하고 서지보호장치로 이상전류를 흐르게 한다.

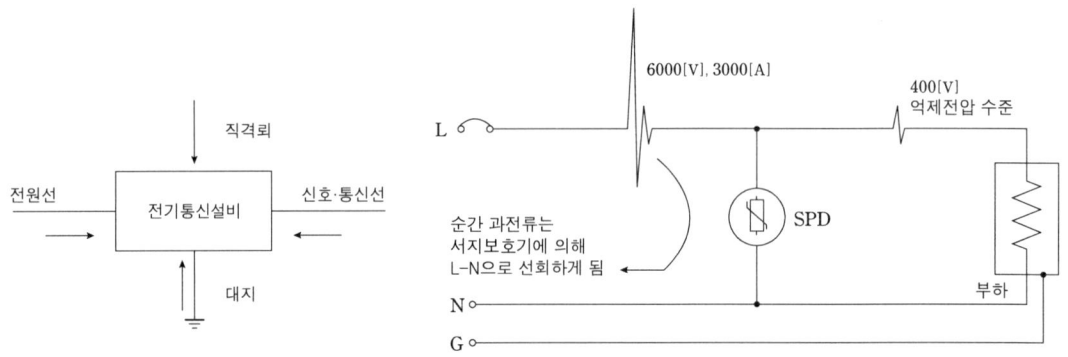

3. 서지의 종류

    직격뢰, 유도뢰, 개폐서지

4. 서지의 유입 경로

    전원선로, 통신선로, 접지계통

5. 서지보호장치의 분류

    (1) 기능상 분류 : 전압 억제형, 전압스위치형, 조합형 SPD
    (2) 구조상 분류 : 1포트 SPD, 2포트 SPD

01 피뢰시스템

피뢰기에 대한 다음 각 물음에 답하시오.

(1) 현재 사용되고 있는 교류용 피뢰기의 구조는 무엇과 무엇으로 구성되어 있는지 쓰시오.
(2) 피뢰기의 정격전압은 어떤 전압인지 설명하시오.
(3) 피뢰기의 제한전압은 어떤 전압인지 설명하시오.
(4) 피뢰기의 충격방전개시전압은 어떤 전압인지 설명하시오.
(5) 방전내량은 선로 및 발·변전소의 차폐 유무와 그 지방의 IKL을 참고하여 결정한다. 여기서 IKL의 우리말 명칭이 무엇인지 쓰시오.

정답

(1) 직렬갭, 특성요소
(2) 속류를 차단하는 상용주파 최고의 교류전압
(3) 충격파 전류가 흐르고 있을 때 피뢰기의 단자 전압
(4) 피뢰기 단자에 충격파를 인가했을 경우 방전을 개시하는 전압
(5) 연간뇌우일수 (Iso Keraunic Level)

02 피뢰시스템

154[kV] 중성점 직접 접지 계통의 피뢰기 정격전압은 어떤 것을 선택해야 하는가? (단, 접지 계수는 0.75이고, 유도계수는 1.1이다.)

피뢰기의 정격전압[kV]					
126	144	154	168	182	196

◦ 계산 과정 :
◦ 답 :

정답

◦ 계산 과정 : $V_n = \alpha \cdot \beta \cdot V_m = 0.75 \times 1.1 \times 170 = 140.25 [kV]$ ◦ 답 : 144[kV]

03 피뢰시스템

주어진 조건을 참조하여 다음 각 물음에 답하시오.

[조 건]

차단기 명판(name plate)에 BIL 150[kV], 정격 차단전류 20[kA], 차단시간 8 사이클, 솔레노이드 (solenoid)형 이라고 기재되어 있다. (단, BIL은 절연계급 20호 이상의 비유효 접지계에서 계산하는 것으로 한다.)

(1) BIL(Basic Impulse Insulation Level) 란 무엇인가?
(2) 이 차단기의 정격전압은 몇 [kV]인가?
　◦계산 과정 :　　　　　　　　　　　　◦답 :
(3) 이 차단기의 정격 차단 용량은 몇 [MVA] 인가?
　◦계산 과정 :　　　　　　　　　　　　◦답 :

정답

(1) 기준충격절연강도
　전력기기, 공작물 등 설계의 표준화 및 절연계통 구성의 통일화를 위해 절연강도를 지정할 때 기준이 되는 것으로 피뢰기의 제한 전압보다 높은 값을 BIL로 정한다.

(2) ◦계산 과정 : $BIL = 5E + 50[kV]$, 여기서 E는 절연계급이라 하며, 공칭전압을 1.1로 나눈 값이다.
　　공칭전압＝절연계급×1.1＝20×1.1＝22[kV]
　　차단기의 정격전압＝공칭전압×$\frac{1.2}{1.1}$＝22×$\frac{1.2}{1.1}$＝24[kV]　　　　　◦답 : 24[kV]

(3) ◦계산 과정 : $P_s = \sqrt{3}\, V_n I_{kA} = \sqrt{3} \times 24 \times 20 = 831.38[MVA]$　　　　◦답 : 831.38[MVA]

> 참고

[피뢰기 설치장소]

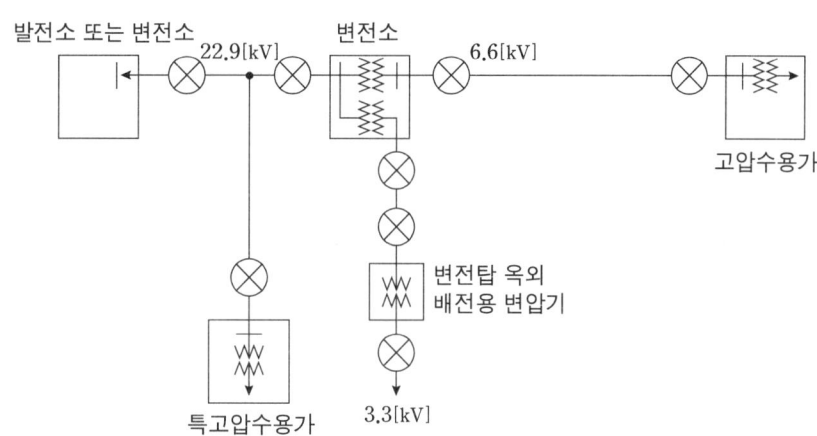

① 발전소 인출구
② 변전소 인입 및 인출구
③ 특고압 수용장소의 인입구
④ 가공전선로와 지중전선로가 만나는 곳

1 전력용 콘덴서[Static Condenser]

1. 역률개선의 원리
역률이란 피상전력에 대한 유효전력의 비를 말한다. 역률개선을 위해 부하의 지상 무효분을 감소시킨다. 부하와 병렬로 전력용 콘덴서를 설치하여 진상 무효전력을 공급한다.

2. 약호 및 심벌

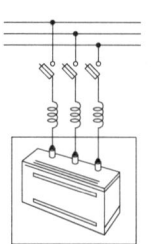

구분	약호	단선도용 심벌	복선도용 심벌
전력용 콘덴서	SC		

3. 역률개선 효과
① 전력손실 감소 ② 전압강하 감소
③ 전기요금 감소 ④ 설비용량 여유증가

4. 콘덴서 용량

$$Q = P \times (\tan\theta_1 - \tan\theta_2) = P \times \left(\frac{\sqrt{1-\cos^2\theta_1}}{\cos\theta_1} - \frac{\sqrt{1-\cos^2\theta_2}}{\cos\theta_2} \right) [\text{kVA}]$$

여기서, P는 부하의 용량[kW]이며, 전력용 콘덴서 용량은 일반적으로 [kVA], [kVar] 또는 정전용량 $C[\mu F]$를 사용한다.

개념 확인문제   Check up! □□□

계산 문제 전압 220[V], 1시간 사용 전력량 40[kWh], 역률 80[%]인 3상 부하가 있다. 이 부하의 역률을 개선하기 위하여 용량 30[kVA]의 진상 콘덴서를 설치하는 경우, 개선 후의 무효전력을 구하고, 전류는 몇 [A] 감소하였는지 구하시오.

계산 과정 (1) 콘덴서 설치시 무효전력 P_{r2}

$P_{r1} = P\tan\theta = 40 \times \frac{0.6}{0.8} = 30[\text{kVar}]$, $P_{r2} = P_{r1} - Q_c = 30 - 30 = 0[\text{kVar}]$

∴ 콘덴서 설치시 무효전력이 '0'이 되어 역률은 1로 개선된다.   **답** 0[kVar]

(2) 감소된 전류

역률 개선 전 전류 : $I_1 = \dfrac{P}{\sqrt{3}\,V\cos\theta_1} = \dfrac{40000}{\sqrt{3} \times 220 \times 0.8} = 131.22[\text{A}]$

역률 개선 후 전류 : $I_2 = \dfrac{P}{\sqrt{3}\,V\cos\theta_2} = \dfrac{40000}{\sqrt{3} \times 220 \times 1} = 104.97[\text{A}]$

역률 개선 전후의 전류차 : $I_1 - I_2 = 131.22 - 104.97 = 26.25[\text{A}]$ **답** 26.25[A]

Chapter 04. 전력용 콘덴서

5. 콘덴서 결선방법에 따른 정전용량

$$Y결선 : C = \frac{Q}{\omega V^2} = \frac{Q[\text{VA}]}{2\pi f \times V^2[\text{V}]} \times 10^6 [\mu F]$$

$$\triangle 결선 : C = \frac{Q}{3\omega V^2} = \frac{Q[\text{VA}]}{3 \times 2\pi f \times V^2[\text{V}]} \times 10^6 [\mu F]$$

6. 과보상시 문제점

① 전력손실 증가 ② 모선전압의 상승
③ 고조파 왜곡증대 ④ 전동기 자기여자현상 발생

7. 고압 및 특고압 진상용 콘덴서 방전장치

고압 및 특고압 진상용 콘덴서 회로에 설치하는 방전장치는 콘덴서회로에 직접 접속하거나 또는 콘덴서회로를 개방하였을 경우 자동적으로 접속되도록 장치하고 또한 개로 후 (5)초 이내에 콘덴서의 잔류전하를 (50)[V] 이하로 저하시킬 능력이 있는 것을 설치하는 것을 원칙으로 한다.

개념 확인문제   Check up! ☐☐☐

단답 문제 역률을 개선하기 위한 전력용 콘덴서 용량은 최대 무슨 전력 이하로 설정하여야 하는지 쓰시오.

답 부하의 지상 무효전력

단답 문제 전력용 진상콘덴서의 정기점검(육안검사) 항목 3가지를 쓰시오.

답 ① 단자의 이완 및 과열유무 점검 ② 용기의 발청 유무점검
③ 절연유 누설유무 점검

단답 문제 콘덴서(condenser)설비의 주요 사고 원인 3가지를 예로 들어 설명하시오.

답 ① 콘덴서 설비내의 배선 단락 ② 콘덴서 설비의 모선 단락 및 지락
③ 콘덴서 소체 파괴 및 층간 절연 파괴

단답 문제 전동기에 개별로 콘덴서를 설치할 경우, 발생할 수 있는 자기여자현상의 발생이유와 현상을 설명하시오.

답
- 이유 : 콘덴서의 전류가 전동기의 무부하 전류보다 큰 경우 발생한다.
- 현상 : 전동기 단자전압이 일시적으로 정격 전압을 초과할 수 있다.

단답 문제 선로에 직렬콘덴서를 설치하는 목적에 대해 간단히 쓰시오.

답 전압강하 방지

2 직렬리액터[SR]

1. 직렬리액터의 역할

    ① 전압·전류 파형의 왜곡 감소 ② 콘덴서로 유입되는 고조파 억제
    ③ 콘덴서 투입시 돌입전류 억제 ④ 콘덴서 개방시 과전압 억제

2. 약호 및 심벌

구분	약호	단선도용 심벌	복선도용 심벌
직렬리액터	SR	⌇⌇⌇	⌇⌇⌇

3. 직렬리액터의 적용 및 용량

   1) 직렬리액터 적용 예시
      - 일반회로에 존재하는 제5고조파 발생회로 [실무값 : 6[%] 정도]
      - 전철부하 및 아크로 부하 등의 제3고조파 발생회로 [실무값 : 13[%] 정도]

   2) 제5고조파 제거를 위한 직렬리액터 용량

   $$5\omega L = \frac{1}{5\omega C} \rightarrow \omega L = \frac{1}{25 \times \omega C} \rightarrow \omega L = 0.04 \times \frac{1}{\omega C}$$

   - 이론값 : 콘덴서 용량의 4[%]   • 실무값 : 콘덴서 용량의 6[%]

4. 방전코일[DC] : 잔류전하를 방전시킬 목적으로 설치

개념 확인문제   Check up! ☐☐☐

단답 문제 다음 내용에서 ①~③에 알맞은 내용을 답란에 쓰시오.

"회로의 전압은 주로 변압기의 자기포화에 의하여 변형이 일어나는데 (①)을(를) 접속함으로써 이 변형이 확대되는 경우가 있어 전동기, 변압기 등의 소음증대, 계전기의 오동작 또는 기기의 손실이 증대되는 등의 장해를 일으키는 경우가 있다. 그렇기 때문에 이러한 장해의 발생 원인이 되는 전압파형의 찌그러짐을 개선할 목적으로 (①)와(과) (②)로(으로) (③)을(를) 설치한다."

답 ① 전력용 콘덴서   ② 직렬   ③ 직렬 리액터

01 전력용 콘덴서

전력용 콘덴서 설치장소(2가지)를 쓰시오.

○
○

| 정답 |

- 개개의 전동기에 개별로 콘덴서 설치
- 변압기 2차측 모선에 집중하여 콘덴서 설치

02 전력용 콘덴서

진상용 콘덴서를 설치할 적합한 장소의 선정방법은 수용가의 구내계통, 부하 조건에 따라 설치 효과, 보수, 점검, 경제성 등을 검토하여야 한다. 진상용 콘덴서를 설치하는 방법 3가지를 쓰시오.

| 정답 |

- 고압측에 설치하는 방법
- 저압측에 일괄해서 설치하는 방법
- 저압측 각 부하에 개별적으로 설치하는 방법

03 전력용 콘덴서

저압진상용 콘덴서에 관란 사항이다. 옳으면 O표 틀리면 X표를 표시하시오.

> (1) 저압진상용 콘덴서는 개개의 부하에 설치하는 것을 원칙으로 한다. ( )
> (2) 저압전동기, 전력장치 등에서 저역률의 것은 역률 개선을 위하여 진상용 콘덴서를 설치하여야 한다. ( )
> (3) 고주파가 발생하는 제어장치의 출력측에 접속하는 부하에는 진상용 콘덴서를 설치하여야한다. ( )

| 정답 |

(1) O (2) O (3) X

04 전력용 콘덴서

그림은 고압 진상용 콘덴서의 설비 계통도이다. 물음에 답하시오.

(1) ①의 명칭과 2차 정격 전류의 값은?
(2) ②의 방전시간은 5초 이내에 콘덴서의 잔류전하를 몇 [V] 이하로 저하시킬 수 있어야 하는가?
(3) ③ SR의 목적은?
(4) SC의 내부 고장에 대한 보호방식 4가지를 쓰시오.

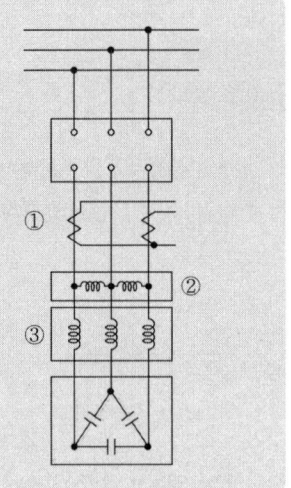

정답

(1) ① 변류기, ② 5[A]
(2) 50[V]
(3) 제5고조파 제거
(4) 과전류 보호방식, 과전압 보호방식, 부족전압 보호방식, 지락 보호방식

05 전력용 콘덴서

저압진상용 콘덴서의 설치장소에 관한 사항이다. 다음 (   ) 안에 알맞은 내용을 쓰시오.

"저압 진상용 콘덴서를 옥내에 설치하는 경우에는 (①) 장소, 또는 (②) 장소 및 주위온도가 (③) [℃]를 초과하는 장소 등을 피하여 견고하게 설치하여야 한다."

정답

① 습기가 많은
② 수분이 있는
③ 40

06 전력용 콘덴서

고압 특고압 수전설비 진상콘덴서 접속 뱅크 결선도를 보고 물음에 답하시오.DC

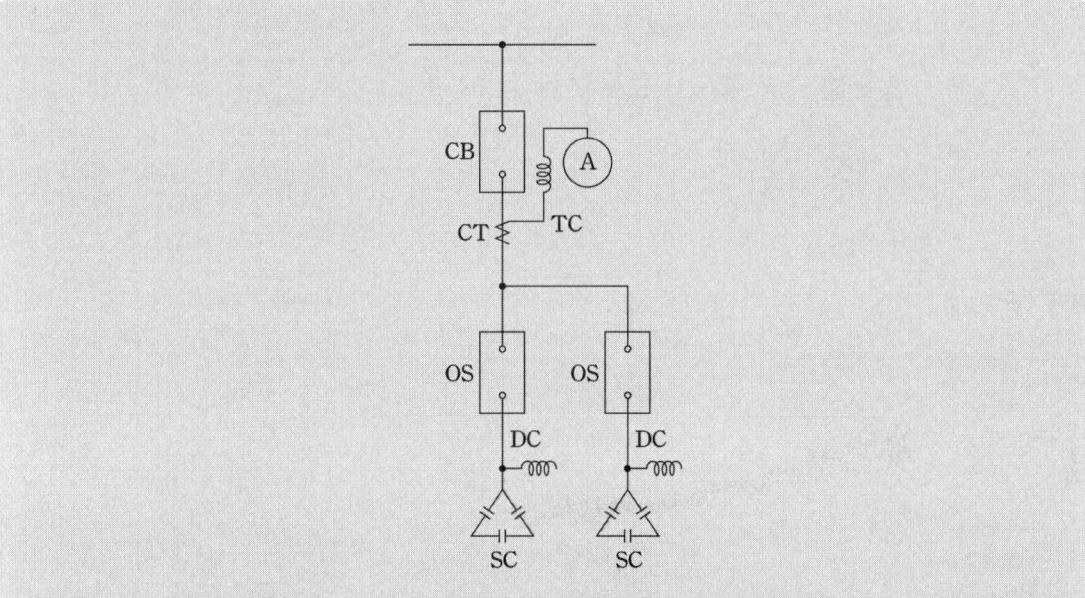

(1) 콘덴서 용량이 몇 [kVA] 초과 몇 [kVA] 이하인 경우인가?
(2) 콘덴서 용량이 100 [kVA] 이하인 경우 CB 대신 사용가능 한 개폐기는?
(3) 콘덴서 용량이 50 [kVA] 미만인 경우 사용 가능한 개폐기는?

정답

(1) 300 [kVA] 초과, 600 [kVA] 이하
(2) OS(유입 개폐기)
(3) COS

> 참고

[진상용 콘덴서 참고 접속도]

콘덴서 총용량이 300[kVA] 이하의 경우   콘덴서 총용량이 300[kVA] 초과, 600[kVA] 이하의 경우

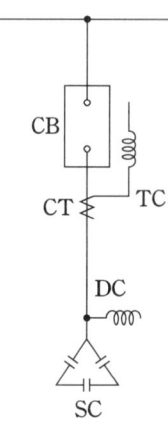 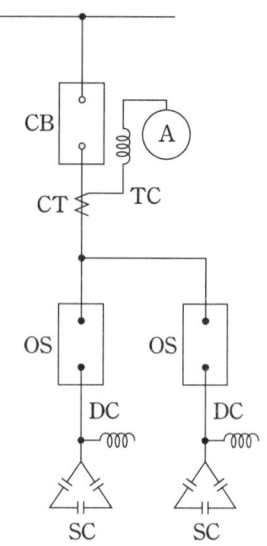

07 전력용 콘덴서

어떤 콘덴서 3개를 선간 전압 3300[V], 주파수를 60[Hz]의 선로에 △로 접속하여 60[kVA]가 되도록 하려면 콘덴서 1개의 정전 용량[μF]은 약 얼마로 하여야 하는가?

정답

(1) ○ 계산 과정

$$Q = 3EI_c = 3 \times 2\pi fCE^2$$

정전용량 $C = \dfrac{Q}{6\pi fE^2} = \dfrac{60 \times 10^3}{6\pi \times 60 \times 3300^2} \times 10^6 = 4.87[\mu F]$

○ 답 : 4.87[μF]

08 전력용 콘덴서

제5고조파 전류의 확대 방지 및 스위치 투입 시 돌입전류 억제를 목적으로 역률 개선용 콘덴서에 직렬 리액터를 설치하고자 한다. 콘덴서의 용량이 500[kVA]일 경우 다음 물음에 답하시오.

(1) 이론상 필요한 직렬 리액터 용량[kVA]을 구하시오.
(2) 실제적으로 설치하는 직렬 리액터 용량[kVA]을 구하시오.

정답

(1) ◦ 계산 과정 : $500 \times 0.04 = 20$ 　　　　　　　　　　◦ 답 : 20[kVA]

(2) ◦ 계산 과정 : $500 \times 0.06 = 30$ 　　　　　　　　　　◦ 답 : 30[kVA]

1 계측기 및 보호계전기

1. 수변전설비 주요 계측기

명칭	심벌
전압계	Ⓥ
전류계	Ⓐ
영상전압계	$Ⓥ_0$
영상전류계	$Ⓐ_0$
주파수계	Ⓕ
전력계	Ⓦ
전력량계	ⓌH
무효전력량계	ⓋAR
최대수요전력량계	ⓂDW 또는 ⒹM
역률계	ⓅF
무효율계	Ⓢn

2. 수변전설비 보호계전기 명칭 및 기구번호

번호	명칭	약호	비고	
27	부족전압 계전기	UVR		
37	부족전류 계전기	UCR	37A	교류 부족전류 계전기
			37D	직류 부족전류 계전기
49	회전기온도 계전기	THR		
51	과전류 계전기	OCR	51G	지락 과전류 계전기
			51N	중성점 과전류 계전기
			51V	전압 억제부 교류 과전류 계전기

번호	명칭	약호	비고	
52	차단기	CB	52C	차단기 투입코일
			52T	차단기 트립코일
59	과전압 계전기	OVR		
64	지락 과전압 계전기	OVGR		
67	지락방향 계전기	DGR		
87	비율 차동 계전기	RDF	87 – B	모선보호 차동 계전기
			87 – G	발전기용 차동 계전기
			87 – T	주변압기 차동 계전기

3. 보호계전기의 시스템

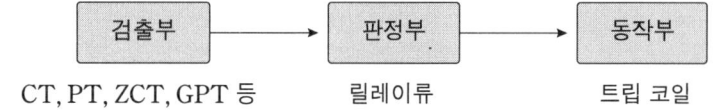

CT, PT, ZCT, GPT 등   릴레이류   트립 코일

4. 차단기를 동작시키는 보호계전기 4가지 요소

   1) 단일전류 요소 : 부족전류 계전기, 과전류 계전기, 지락과전류 계전기
   2) 단일전압 요소 : 부족전압 계전기, 과전압 계전기, 지락과전압 계전기
   3) 전압전류 요소 : 선택지락 계전기, 방향단락 계전기
   4) 2전류 요소 : 비율차동 계전기

5. 보호계전기 분류

   1) 순한시 계전기   2) 정한시 계전기
   3) 반한시 계전기   4) 계단한시 계전기
   5) 반한시-정한시 계전기   6) 순시-비례한시 계전기

개념 확인문제   Check up! ☐☐☐

단답 문제 다음은 계전기의 그림기호이다. 각각의 명칭을 우리말로 쓰시오.

  (1) OC   (2) OL   (3) UV   (4) GR

답 (1) 과전류 계전기 (2) 과부하 계전기 (3) 부족전압 계전기 (4) 지락 계전기

> **참고**
> - 37F : 퓨즈 용단 계전기
> - 88A : 공기 압축기용 개폐기
> - 88F : Fan용 개폐기
> - 51P : Mtr 1차 과전류 계전기
> - 88Q : 유압펌프용 개폐기
> - 88H : Heater용 개폐기

개념 확인문제

Check up! ☐☐☐

단답 문제 다음 각 보호계전기의 종류에 대한 사용 목적을 쓰시오.

(1) 역전력계전기(32)
(2) 역상계전기(46)
(3) 교류과전류계전기(51V)
(4) 전압평형계전기(60)
(5) 비율차동계전기(87G)

답
(1) 병행 2회선에서 고장회선을 선택차단
(2) 회전기기에서 역회전을 방지하며 역상분으로 인한 과열을 막기 위하여 사용
(3) 발전기의 후비보호로 사고전류와 부하전류를 구별하는데 사용
(4) 2회로의 전압으로 동작하며 콘덴서고장검출
(5) 발전기의 내부고장 검출용으로 사용

2 전력량계[WH]

1. 전력량계의 역할

    전력을 소비한 양은 단위시간 당 소비한 전력으로 측정한다. 일반적으로 전기 요금을 청구할 때 사용하는 단위를 적용하는데 [kWh]의 단위를 사용한다. 한편, 전력량계의 전압코일은 병렬연결, 전류코일은 직렬연결 한다.

2. 전력량계의 약호 및 심벌

구분	약호	심벌
전력량계 [적산 전력계]	WH	(WH)

3. MOF와 전력량계의 연결

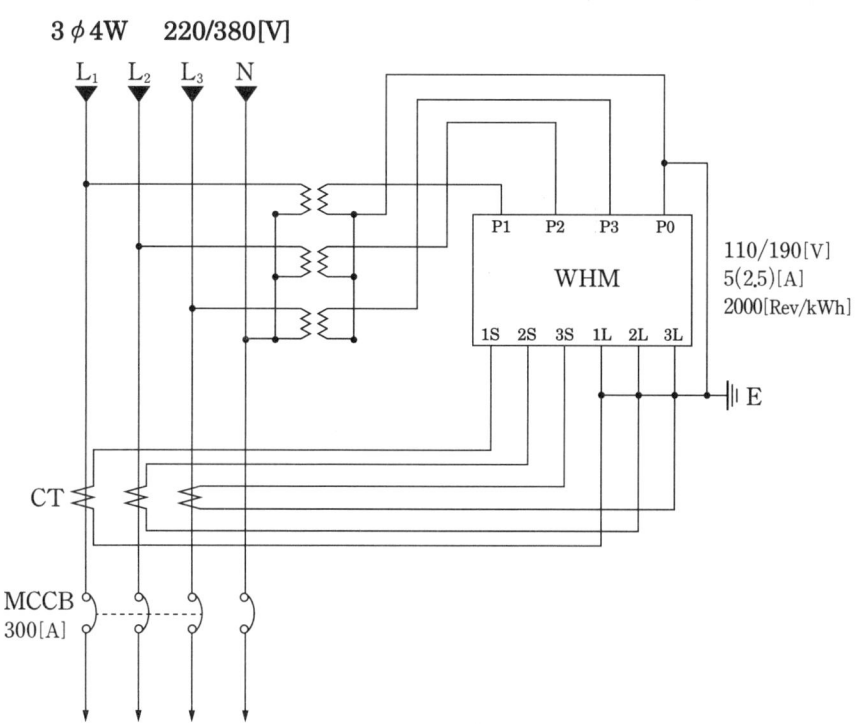

4. 기계식 전력량계 원판 회전수

   1) 분당 회전수 : $\sqrt{3}\,VI \times 10^{-3} \times K/60$[rpm]

   여기서, V : 전력량계의 선간전압, I : 전력량계 유입전류, K : 계기정수[Rev/kWh]

   2) 초당 회전수 : $\sqrt{3}\,VI \times 10^{-3} \times K/3600$[rps]

5. 잠동 현상

   1) 정의 : 무부하시 정격주파수, 정격전압의 110[%]를 인가하여 원판이 1회전 이상 회전하는 현상
   2) 방지대책 : 원판에 작은 구멍을 뚫거나 작은 철편을 붙인다.

6. 전력량계가 구비해야 할 특성

   1) 기계적 강도가 클 것
   2) 과부하 내량이 클 것
   3) 부하특성이 좋을 것
   4) 옥내·외에 설치가 적당한 것
   5) 온도, 주파수 변화 등에 보상이 되도록 할 것

개념 확인문제

단답 문제 단상 2선식 적산 전력계의 결선도를 완성하시오.

3 비율차동계전기[RDF]

1. 비율차동계전기의 역할

   1차측과 2차측의 전류의 차로 동작하며 변압기, 발전기, 모선의 내부고장을 검출

2. 비율차동계전기의 심벌 및 약호

구분	약호	심벌	번호	구분
비율차동계전기	RDF	(RDF)	87	87T 87G 87B

3. 비율차동계전기의 구성

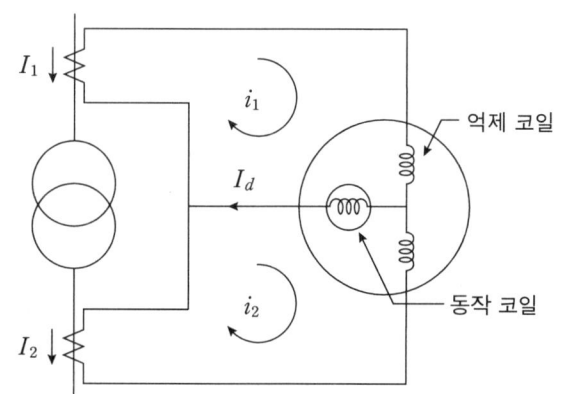

   1) 동작코일 : 정상시 CT_1과 CT_2의 2차측 전류가 같기 때문에 동작코일에는 전류가 흐르지 않지만, 내부고장이 발생할 경우 CT_1과 CT_2 1차측 전류가 변화하여 2차측 전류가 변하게 되어 $I_d = |i_1 - i_2|$인 차전류가 흐르게 된다.

   2) 억제코일 : 차동전류 계전기의 오동작을 방지하기 위해서 계전기의 동작코일에 흐르는 전류가 억제코일에 흐르는 전류의 일정비율 이상이 될 때에만 동작하고 동작비율은 30[%] 정도로 한다.

   3) 보상변류기[CCT] : CT_1과 CT_2의 2차측 전류의 차를 보상

4. 비율차동계전기의 결선

1) 변류기 결선방법

변압기의 결선이 Y−△, △−Y인 경우 30°의 위상차가 발생하기 때문에 크기와 위상을 동일하게 하기 위해 비율차동계전기에 연결된 CT_1과 CT_2의 결선은 변압기의 결선과 반대로 한다.

변압기 결선	변류기 결선
Y−△	△−Y
△−Y	Y−△

2) CT 델타결선시 2차측 전류

일반적으로 변류기는 Y, V결선을 하지만 비율차동계전기에 사용되는 변류기의 경우 델타결선을 해야 하는 경우가 있다. 이때 델타결선된 CT 2차측 전류는 선전류이며 크기는 상전류의 $\sqrt{3}$배이다.

3) 비율차동계전기 복선도

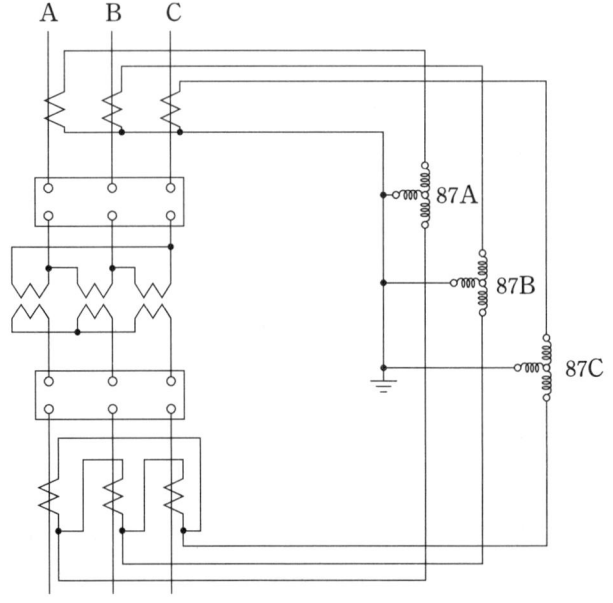

5. 변압기 내부고장 검출기기

- 96B : 부흐홀쯔 계전기
- 96P : 충격압력 계전기
- 33Q : 유면검출장치

01 계측기·보호계전기

3상 4선식 22.9[kV] 수전 설비에 부하전류 30[A]가 흐른다고 한다. 60/5의 변류기를 통하여 과전류계전기를 시설하였다. 120[%]의 과부하에서 차단기를 동작시키려면 과전류계전기의 탭전류는 몇 [A]로 설정해야 하는가?

과전류계전기의 전류 TAP[A]							
2	3	4	5	6	7	8	10

정답

∘ 계산 과정 : I_{tap} = 1차측 부하전류 × 변류비의 역수 × 설정값

$$I_{tap} = 30 \times \frac{5}{60} \times 1.2 = 3[A]$$

∘ 답 : 3[A]

참고

계전기	용도	동작치 정정	한시정정
OCR	단락 보호	1) 한시요소 계약최대전력의 150~170[%] 단, 전기로 등 변동부하 : 200~250[%] $Tap = \frac{P}{\sqrt{3} \times V \times \cos\theta} \times CT \times 역수비 \times 배율$ ∘ 배율 : 1.2~2 ∘ 역률 : 0.8~0.95 2) 순시요소 수전변압기 2차측 3상 단락전류의 150[%]	수전변압기 2차 3상단락시 0.6초 이하

02 계측기·보호계전기

3상 3선식 6.6[kV], 고압 자가용 수용가에 있는 전력량계의 계기정수가 1000[Rev/kWh]이다. 이 계기의 원판이 5회전하는데 40초가 걸렸다. 이때 부하의 평균전력은 몇 [kW]인가?(단, 계기용변압기의 정격은 6600/110[V], 변류기의 공칭 변류비는 20/5이다.)

정답

∘ 계산 과정 : $P_M = \frac{3600 \cdot n}{t \cdot k} \times CT비 \times PT비 = \frac{3600 \times 5}{40 \times 1000} \times \frac{6600}{110} \times \frac{20}{5} = 108[kW]$

∘ 답 : 108[kW]

03 계측기·보호계전기

100[V], 20[A]용 단상 적산 전력계에 어느 부하를 가할 때 원판의 회전수 20회에 대하여 40.3초가 걸렸다. 만일 이 계기의 20[A]에 있어서 오차가 +2[%]라 하면 부하 전력은 몇 [kW]인가? (단, 이 계기의 계기 정수는 1000[Rev/kWh]이다.)

정답

◦ 계산 과정 : 적산전력계의 측정 값 $P_M = \dfrac{3600 \cdot n}{t \cdot k} = \dfrac{3600 \times 20}{40.3 \times 1000} = 1.79[\text{kW}]$

오차율 $= \dfrac{측정값(P_M) - 참값(P_T)}{참값(P_T)} \times 100[\%]$ → $2 = \dfrac{1.79 - P_T}{P_T} \times 100[\%]$ → $P_T = \dfrac{1.79}{1.02} = 1.75[\text{kW}]$

◦ 답 : 1.75[kW]

04 계측기·보호계전기

3상 3선식의 결선도를 나타낸 것이다. PT와 CT를 사용하여 미완성 결선도를 완성하시오.

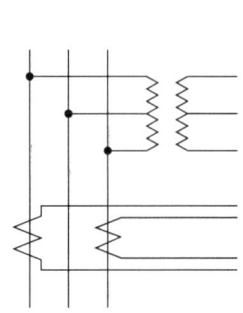

정답

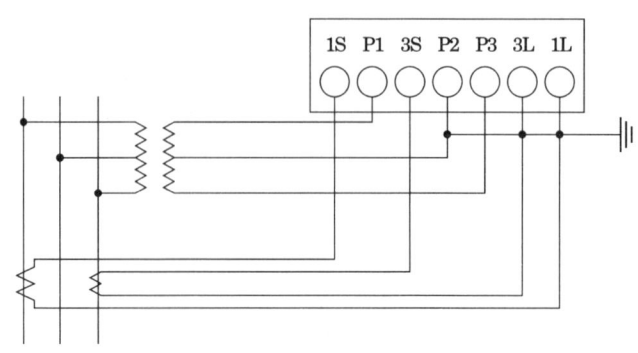

05 계측기·보호계전기

3상 3선식 적산 전력계의 미완성 도면을 완성하시오.

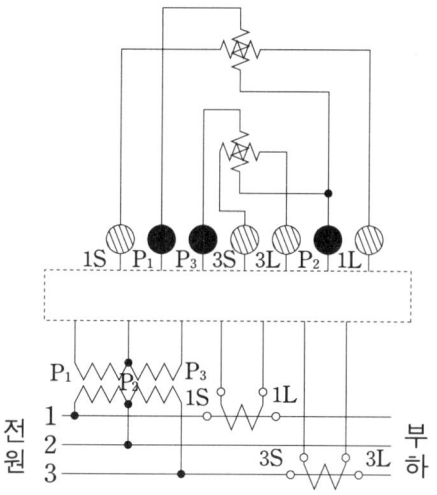

정답

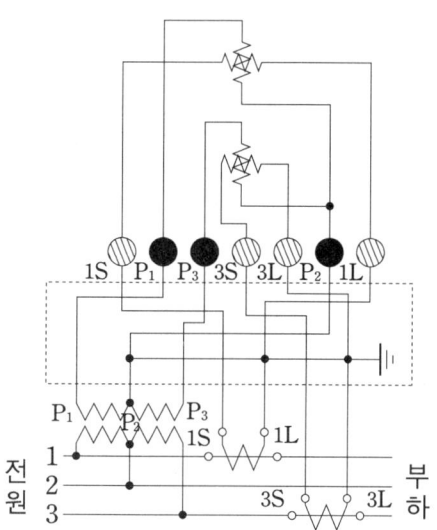

06 계측기·보호계전기

3상 4선식 전력량계의 결선도를 나타낸 것이다. PT와 CT를 사용하여 미완성 부분의 결선도를 완성하시오.

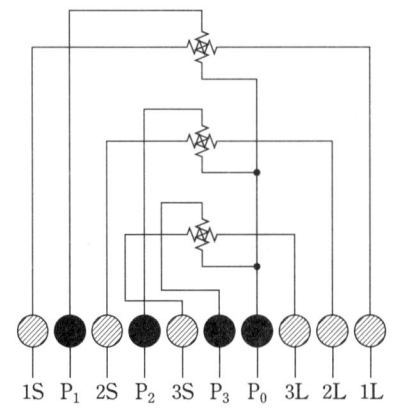

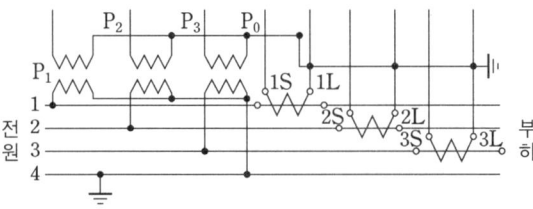

정답

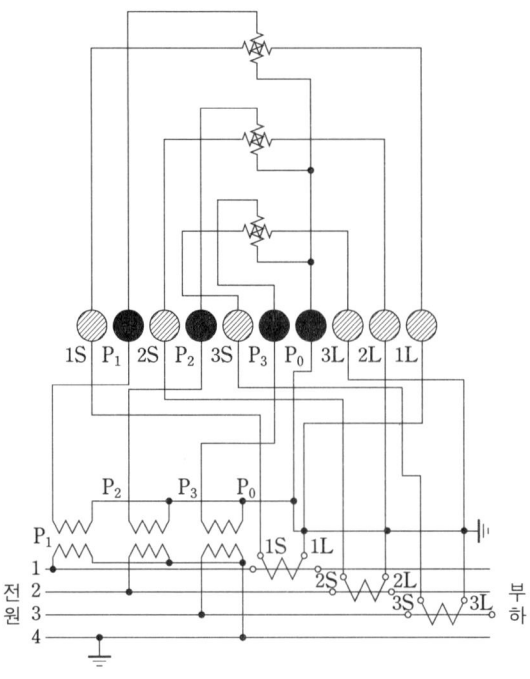

07 계측기·보호계전기

보호계전기에 사용하는 변류기(CT)에 관한 다음 각 물음에 답하시오.

(1) Y-△로 결선한 주변압기의 보호로 비율 차동계전기를 사용한다면 CT의 결선은 어떻게 하여야 하는지를 설명하시오.

(2) 통전 중에 있는 변류기 2차측에 접속된 기기를 교체하고자 할 때 가장 먼저 취하여야 할 사항을 설명하시오.

정답

(1) 변압기 Y결선된 측은 변류기 △결선하고, △결선된 측은 변류기 Y결선한다.
(2) 변류기 2차 측을 단락시킨다.

08 계측기·보호계전기

전력용콘덴서 설비를 보호하기 위한 계통도이다. 그림을 보고 답하시오.

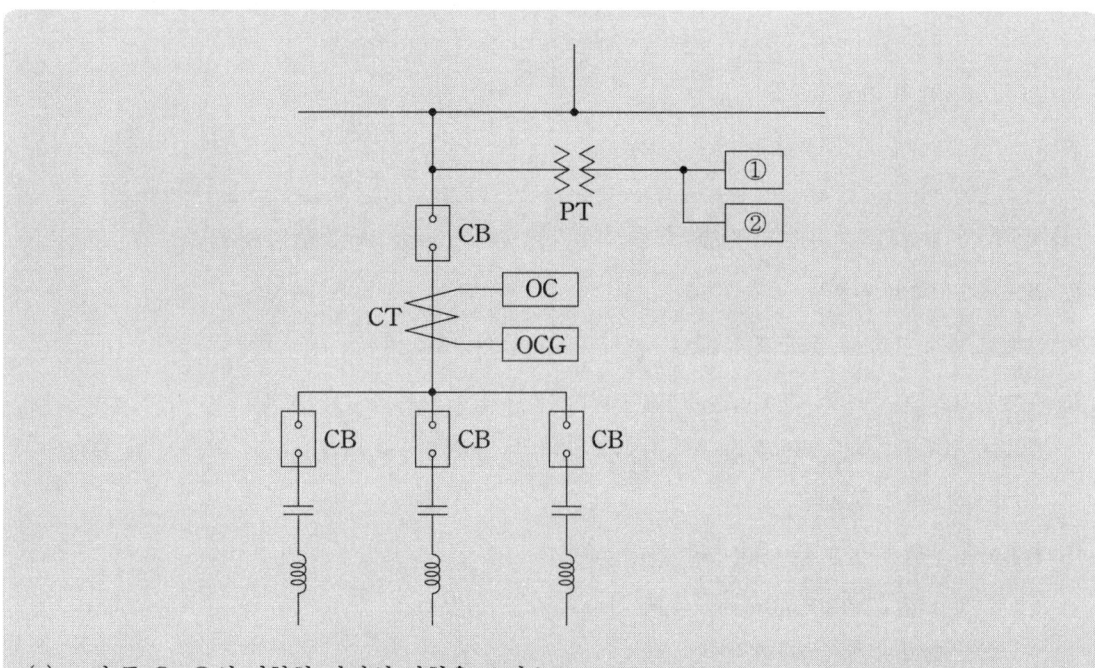

(1) 그림 중 ①, ②의 적합한 기기의 명칭을 쓰시오.
(2) ①, ②가 담당하는 역할에 대해 설명하시오.

정답

(1) ① 과전압 계전기
    ② 저전압 계전기
(2) ① 과전압 계전기 : 계통의 전압이 과 상승할 경우 차단기를 개방
    ② 저전압 계전기 : 정전 또는 저전압시에 차단기를 개방

09 계측기·보호계전기

3φ4W Line에 WHM를 접속하여 전력량을 적산시키기 위한 결선도이다. 다음 물음을 보고 주어진 답안지에 계산식과 답을 쓰시오.

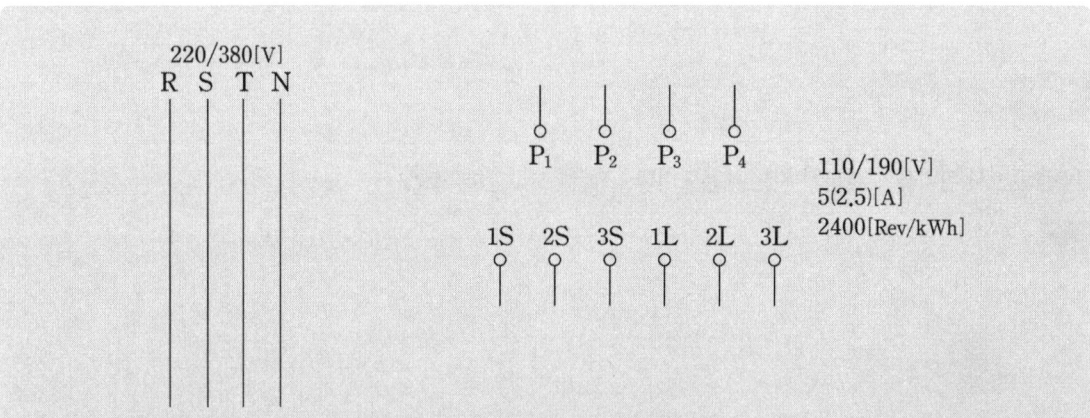

(1) WHM가 정상적으로 적산이 가능하도록 변성기를 추가하여 결선도를 완성하시오.
(2) 필요한 PT의 비율은?
(3) WHM 형식 표시 중 정격 전류 5(2.5) [A]는 무엇을 의미하는가?
(4) 이 WHM의 계기 정수는 2400[Rev/kWh]이다. 지금 부하 전류가 150 [A]에서 변동없이 지속되고 있다면 원판의 1분간 회전수 [Rev/min]는? CT비는 300/5, $\cos\theta=1$, 50[%] 부하시 WHM으로 흐르는 전류는 2.5[A]임
(5) WHM의 승률은? CT비는 300/5로 한다.
    단, ① 계산 중 발생하는 소수점은 둘째 자리 이하는 버린다.
    ② n[rpm]=계기 정수×전력

정답

(1)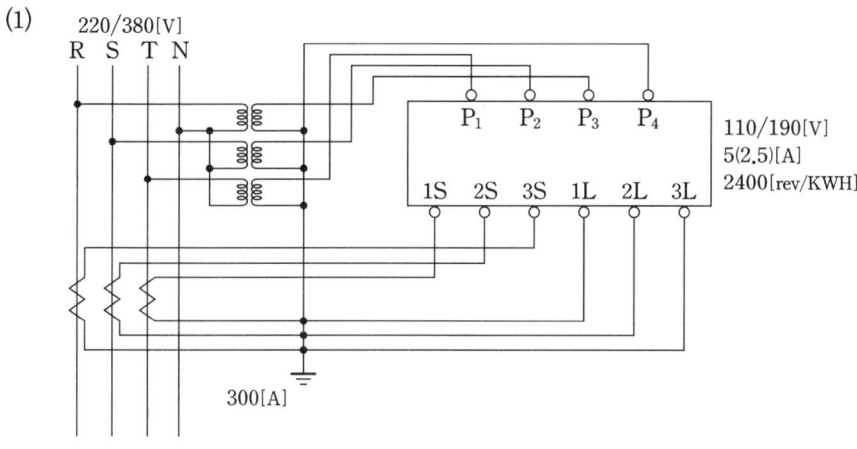

(2) PT비 $=\dfrac{220}{110}$

(3) Ⅱ형 계기로써 정격 전류 5[A]에 대하여 $\dfrac{1}{20}$까지 그 정밀도를 보장한다는 의미

(4) $P=\sqrt{3}\,VI\cos\theta=\sqrt{3}\times380\times150\times1\times10^{-3}=98.73[\text{kW}]$

$P=\dfrac{3600\times n}{t\times k}\times\text{CT비}\times\text{PT비}$ 에서비

회전수 $n=\dfrac{P\times t\times k}{3600\times\text{CT비}\times\text{PT비}}=\dfrac{98.73\times60\times2400}{3600\times60\times2}=32.91[\text{Rev/min}]$

(5) 승률 $=\text{CT비}\times\text{PT비}=\dfrac{300}{5}\times\dfrac{220}{110}=120$배

10 계측기·보호계전기

변압기 고장을 검출하기 위하여 비율 차동 계전기를 설치하고자 한다. 변압기는 1차 △, 2차 Y결선이다. CT와 비율 차동 계전기(DFR)의 결선을 답안지의 그림에서 완성하시오.

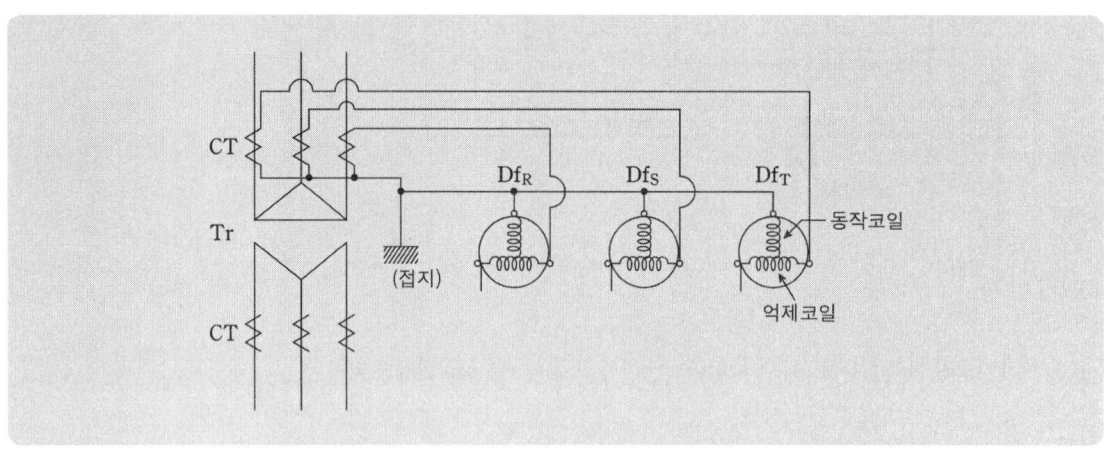

정답

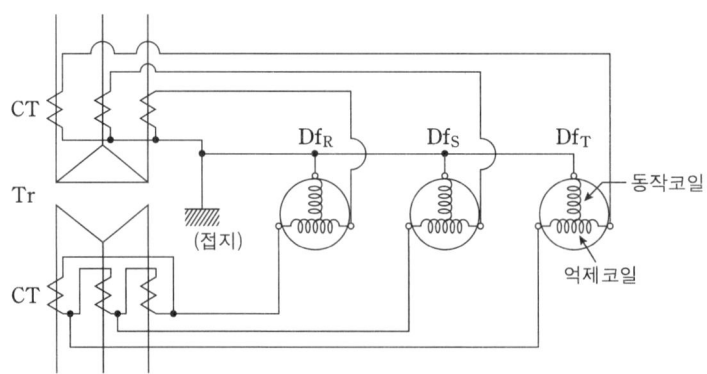

ELECTRIC WORK

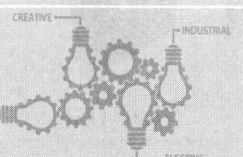

1 수변전설비용 기기

명칭[약호]	심벌		역할
케이블 헤드 [CH]	(3심 케이블) 단선도	(단심 케이블) 복선도	케이블 헤드는 케이블의 종단을 처리하는 종단접속재이다. 케이블 내부로의 습기 및 먼지의 침입으로 인한 열화를 방지한다. **참고 열화요인** ① 전기적 요인 ② 열적 요인 ③ 화학적 요인 ④ 기계적 요인 ⑤ 생물적 요인
단로기 [DS]	단선도	복선도	단로기는 고압이상의 선로를 유지·보수할 경우 차단기를 개방한 후 무부하시에만 선로를 개폐한다. 아크소호능력이 없기 때문에 부하전류는 개폐하지 않는다.
전력퓨즈 [PF]	단선도	복선도	전력퓨즈는 정상시 부하전류를 안전하게 통전시키며 고압, 특고압에서 단락전류를 차단한다. 한편, 유지·보수를 위해 무전압 상태에서 선로를 개폐한다.
컷아웃스위치 [COS]	단선도	복선도	컷아웃 스위치는 고압, 특고압에서 과전류(단락전류, 과부하전류)로부터 선로, 기기 등을 보호한다. 한편, 유지·보수를 위해 무전압 상태에서 선로를 개폐한다.
계기용변압기 [PT]	단선도	복선도	계기용변압기는 1차 측의 고전압을 일정 비율로 변성하여 2차 측에 공급한다. $22.9[kV]$ 수전설비의 경우 PT비는 $13.2[kV]/110[V]$를 적용한다.

Chapter 06. 수전설비 결선도

명칭[약호]	심벌		역할
전압계용전환개폐기[VS]	⊕		전압계용 절환 개폐기는 3상 회로에서 1대의 전압계를 사용하여 각상의 전압을 측정하기 위하여 사용하는 개폐기이다.
변류기 [CT]	단선도	복선도	변류기는 1차 측의 대전류를 일정 비율로 변성하여 2차 측에 공급한다. 통전 중 CT 2차측 기기를 교체하고자 하는 경우는 반드시 CT 2차 측을 단락시켜야 한다.
전류계용전환개폐기[AS]	⊝		전류계용 절환 개폐기는 3상 회로에서 1대의 전류계를 사용하여 각선의 전류를 측정하기 위하여 사용하는 개폐기이다.
전력수급용 계기용변성기 [MOF]	MOF (단선도)	MOF (복선도)	전력량계로 고압이상의 전기회로의 전기사용량을 적산하기 위하여 1차측의 고전압과 대전류를 저전압과 소전류로 변성하여 전력량계에 전원을 공급한다.
차단기 [CB]	단선도	복선도	차단기는 아크소호 능력이 있기 때문에 부하전류를 개폐할 수 있으며 고장전류를 차단할 수 있다. 한편, 트립코일(TC)은 사고시에 전류가 흘러서 CB를 동작시킨다.
전력용 콘덴서 [SC]	단선도	복선도	전력용 콘덴서는 부하의 역률개선을 위해 부하에 진상 무효전력을 공급한다. 역률개선효과 • 전력손실 감소 • 전압강하 감소 • 전기요금 감소 • 설비용량 여유증가

2 특고압 수전설비 표준 결선도

1. CB 1차측에 PT를, CB 2차측에 CT를 시설[PF+CB형]

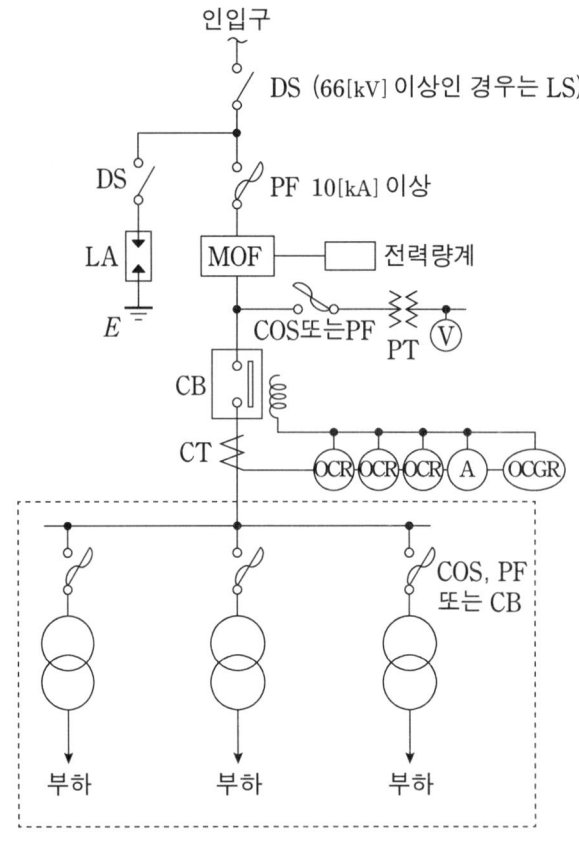

- 주1 차단기의 트립 전원은 직류(DC) 또는 콘덴서방식(CTD)이 바람직하며, 66[kV] 이상의 수전설비는 직류(DC)이어야 한다.
- 주2 LA용 DS는 생략할 수 있으며, 22.9[kV-Y]용의 LA는 Disconnector(또는 Isolator) 붙임형을 사용하여야 한다.
- 주3 인입선을 지중선으로 시설하는 경우에 공동주택 등 고장 시 정전피해가 큰 경우는 예비 지중선을 포함하여 2회선으로 시설하는 것이 바람직하다.
- 주4 지중 인입선의 경우에 22.9[kV-Y] 계통은 CNCV-W 케이블(수밀형) 또는 TR CNCV-W (트리억제형)을 사용하여야 한다. 다만, 전력구·공동구·덕트·건물구내 등 화재의 우려가 있는 장소에서는 FR CNCO-W(난연)케이블을 사용하는 것이 바람직하다.
- 주5 DS 대신 자동 고장 구분 개폐기(7000[kVA] 초과시는 Sectionalizer)를 사용할 수 있으며, 66[kV] 이상의 경우는 LS를 사용하여야 한다.

2. CB 1차측에 CT를, CB 2차측에 PT를 시설[CB형]

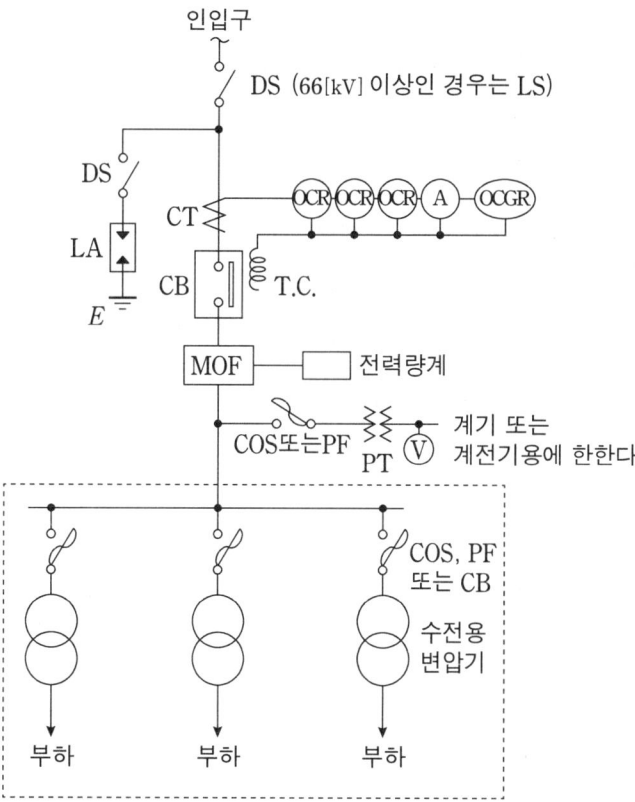

주1   차단기의 트립 전원은 직류(DC) 또는 콘덴서방식(CTD)이 바람직하며, 66[kV] 이상의 수전설비는 직류(DC)이어야 한다.

주2   LA용 DS는 생략할 수 있으며, 22.9[kV-Y]용의 LA는 Disconnector(또는 Isolator) 붙임형을 사용하여야 한다.

주3   인입선을 지중선으로 시설하는 경우에 공동주택 등 고장 시 정전피해가 큰 경우는 예비 지중선을 포함하여 2회선으로 시설하는 것이 바람직하다.

주4   지중 인입선의 경우에 22.9[kV-Y] 계통은 CNCV-W 케이블(수밀형) 또는 TR CNCV-W(트리억제형)을 사용하여야 한다. 다만, 전력구·공동구·덕트·건물구내 등 화재의 우려가 있는 장소에서는 FR CNCO-W(난연)케이블을 사용하는 것이 바람직하다.

주5   DS 대신 자동 고장 구분 개폐기(7000[kVA] 초과시는 Sectionalizer)를 사용할 수 있으며, 66[kV] 이상의 경우는 LS를 사용하여야 한다.

3. CB 1차측에 CT와 PT를 시설

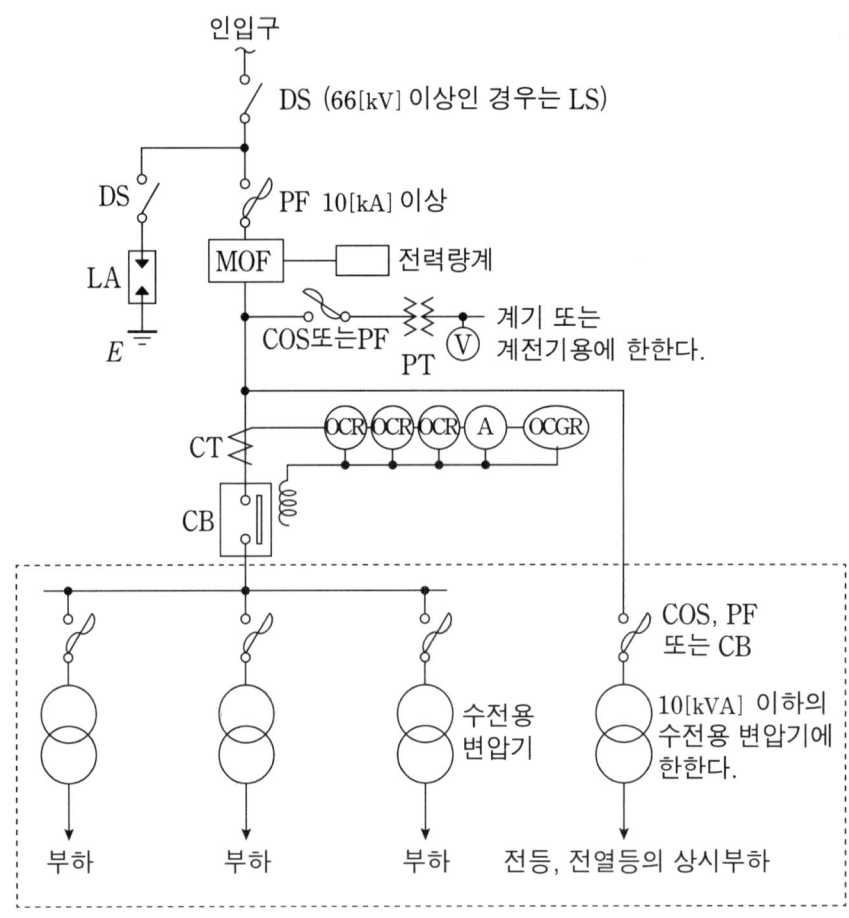

- 주1 차단기의 트립 전원은 직류(DC) 또는 콘덴서방식(CTD)이 바람직하며, 66[kV] 이상의 수전설비는 직류(DC)이어야 한다.
- 주2 LA용 DS는 생략할 수 있으며, 22.9[kV-Y]용의 LA는 Disconnector(또는 Isolator) 붙임형을 사용하여야 한다.
- 주3 인입선을 지중선으로 시설하는 경우에 공동주택 등 고장 시 정전피해가 큰 경우는 예비 지중선을 포함하여 2회선으로 시설하는 것이 바람직하다.
- 주4 지중 인입선의 경우에 22.9[kV-Y] 계통은 CNCV-W 케이블(수밀형) 또는 TR CNCV-W(트리억제형)을 사용하여야 한다. 다만, 전력구·공동구·덕트·건물구내 등 화재의 우려가 있는 장소에서는 FR CNCO-W(난연)케이블을 사용하는 것이 바람직하다.
- 주5 DS 대신 자동 고장 구분 개폐기(7000[kVA] 초과시는 Sectionalizer)를 사용할 수 있으며, 66[kV] 이상의 경우는 LS를 사용하여야 한다.

3 특고압 간이수전설비 결선도

22.9[kV-Y] 1000[kVA] 이하[PF+S형]

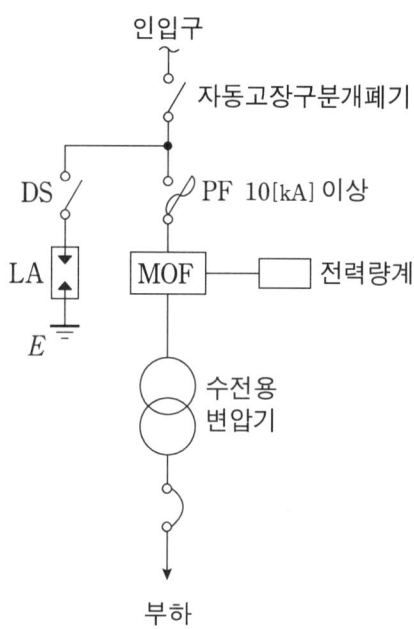

- 주1 LA용 DS는 생략할 수 있으며 22.9[kV-Y]용의 LA는 Disconnector (또는 Isolator) 붙임형을 사용하여야 한다.
- 주2 인입선을 지중선으로 시설하는 경우로 공동주택 등 고장시 정전피해가 큰 경우는 예비 지중선을 포함하여 2회선으로 시설하는 것이 바람직하다.
- 주3 지중 인입선의 경우에 22.9[kV-Y] 계통은 CNCV-W 케이블(수밀형) 또는 TR CNCV-W (트리억제형)을 사용하여야 한다. 다만, 전력구·공동구·덕트·건물구내 등 화재의 우려가 있는 장소에서는 FR CNCO-W(난연)케이블을 사용하는 것이 바람직하다.
- 주4 300[kVA] 이하인 경우는 PF대신 COS(비대칭 차단전류 10[kA] 이상의 것)를 사용할 수 있다.
- 주5 특별고압 간이수전설비는 PF의 용단 등의 결상사고에 대한 대책이 없으므로 변압기 2차 측에 설치되는 주차단기에는 결상계전기 등을 설치하여 결상사고에 대한 보호능력이 있도록 함이 바람직하다.

4 고압 수전설비 결선도

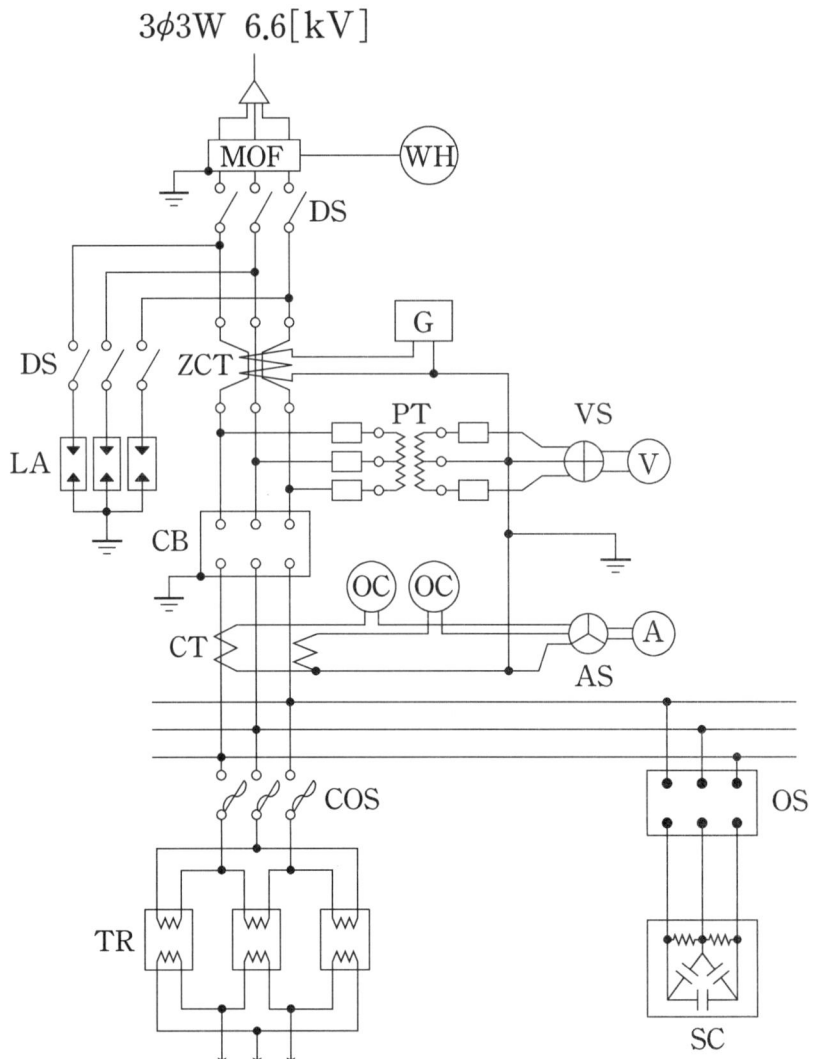

01 수전설비 결선도

그림은 3상 3선식 수전 설비이다. 차단기를 동작시킬 수 있도록 결선하시오. (단, 접지 계전기 및 과전류 계전기는 상시개로식임)

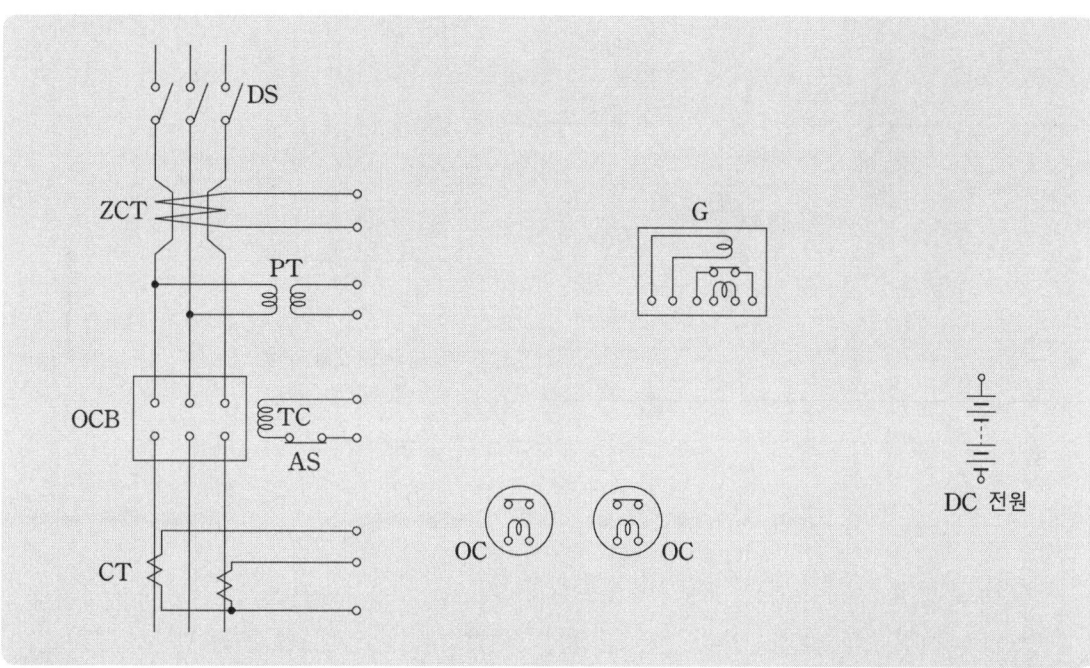

정답

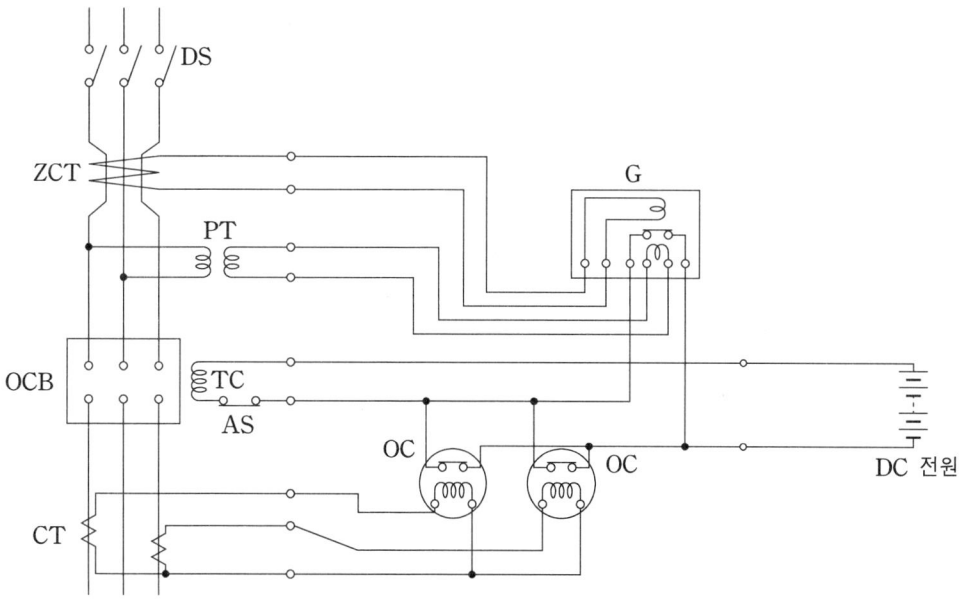

02 수전설비 결선도

그림은 특고압 수전설비 결선도의 미완성 도면이다. 이 도면을 보고 다음 각 물음에 답하시오.
(단, CB 1차측에 CT를, CB 2차측에 PT를 시설하는 경우이다.)

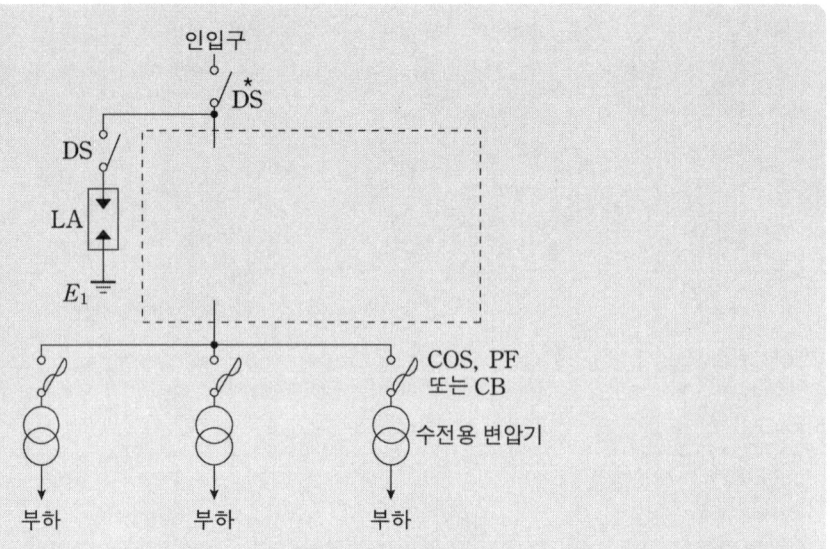

(1) 미완성 부분(점선내부 부분)에 대한 결선도를 그리시오. (단, 미완성 부분만 작성하되, 미완성 부분에는 CB, OCR : 3개, OCGR, MOF, PT, CT, PF, COS, TC, A, V, 전력량계 등을 사용하도록 한다.)
(2) 사용전압이 22.9[kV]라고 할 때 차단기의 트립전원은 어떤 방식이 바람직한지 2가지를 쓰시오.
(3) 수전전압이 66[kV] 이상인 경우에는 * 표로 표시된 DS 대신 어떤 것을 사용하여야 하는가?
(4) 지중 인입선의 경우에 22.9[kV-y] 계통은 어떤 케이블을 사용하여야 하는지 2가지를 쓰시오.

정답

(1) [결선도]

(2) ① DC 방식(직류방식) ② CTD 방식(콘덴서 방식)
(3) LS(선로 개폐기)
(4) ① CNCV − W 케이블(수밀형) ② TR CNCV − W 케이블(트리억제형)

03 수전설비 결선도

다음은 어느 생산 공장의 수전 설비이다. 이것을 이용하여 다음 각 물음에 답하시오.

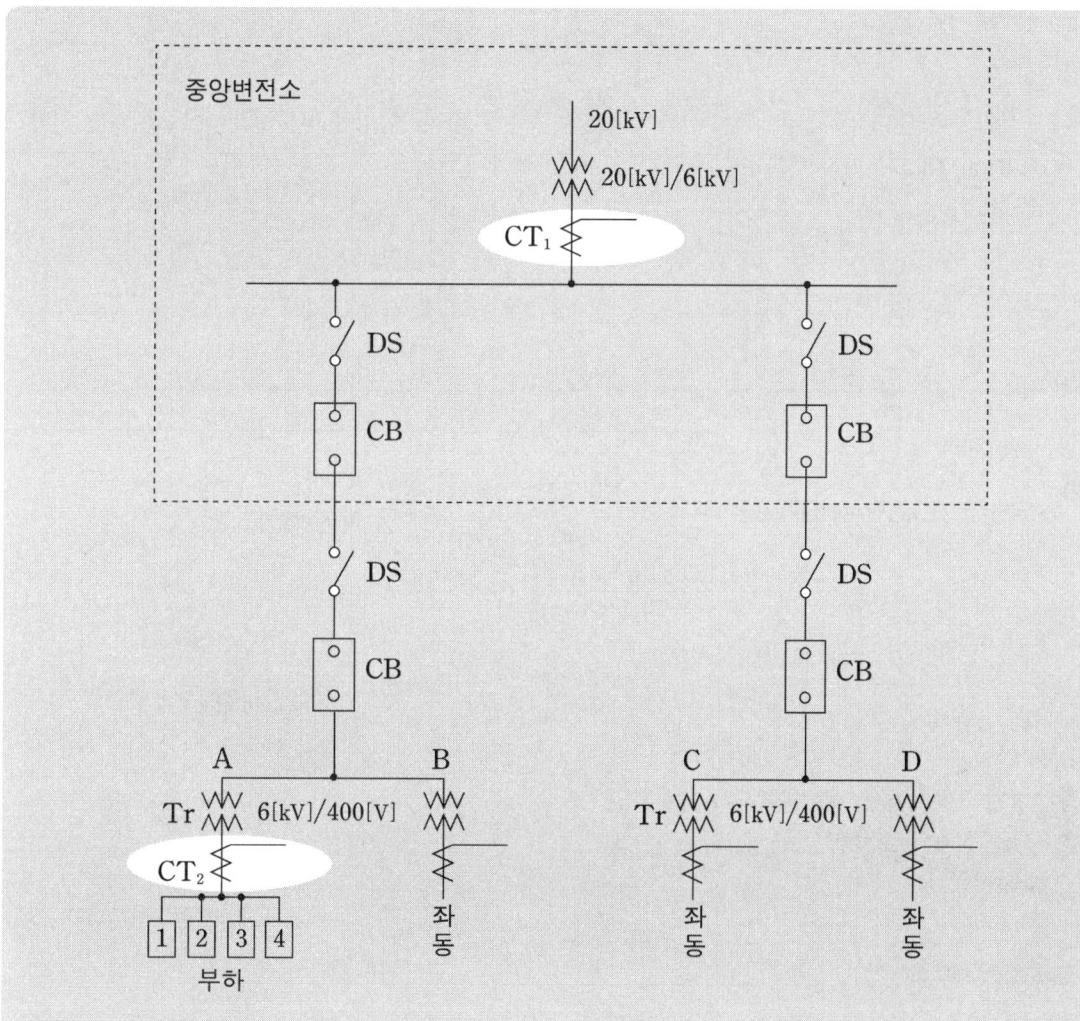

피더	부하 설비 용량[kW]	수용률[%]
1	125	80
2	125	80
3	500	70
4	600	84

[뱅크의 부하 용량표]

[변류기 규격표]

항목	변류기
정격 1차 전류[A]	5, 10, 15, 20, 30, 40, 50, 75, 100, 150, 200, 300, 400, 500, 600, 750, 1000, 1500, 2000
정격 2차 전류[A]	5

(1) 표와 같이 A, B, C, D 4개의 뱅크가 있으며, 각 뱅크는 부등률이 1.1이다. 이 때 중앙 변전소의 변압기 용량을 산정하시오. (단, 각 부하의 역률은 0.8이며, 변압기 용량은 표준규격으로 답하도록 한다.)

　◦ 계산 과정 :

　◦ 답 :

(2) 변류기 CT_1과 CT_2의 변류비를 산정하시오. (단, 1차 수전 전압은 20000/6000[V], 2차 수전 전압은 6000/400[V]이며, 변류비는 표준규격으로 답하고, CT의 여유배수는 1.25를 적용한다.)

　◦ 계산 과정 :

　◦ 답 :

정답

(1) ◦ 계산 과정

$$\text{중앙변전소 TR용량} = \text{변압기 용량 1대} \times 4 = \frac{\text{설비용량} \times \text{수용률}}{\text{부등률} \times \text{역률}} \times 4$$

$$= \frac{125 \times 0.8 + 125 \times 0.8 + 500 \times 0.7 + 600 \times 0.84}{1.1 \times 0.8} \times 4$$

$$= 4790.91 [kVA]$$

　　◦ 답 : 5000[kVA]

(2) ① CT_1의 변류비 산정

　◦ 계산 과정 : $I = \dfrac{5000}{\sqrt{3} \times 6} \times 1.25 = 601.41 [A]$

　　◦ 답 : CT_1 변류비 선정 : 600/5

② CT_2의 변류비 산정

　◦ 계산 과정 : CT_2의 1차측 전류 $I_1 = \dfrac{P}{\sqrt{3}\,V_2}$ (여기서, P는 A변압기 용량)

$$P = \frac{125 \times 0.8 + 125 \times 0.8 + 500 \times 0.7 + 600 \times 0.84}{1.1 \times 0.8} = 1197.73 [kVA]$$

$$I = \frac{1197.93 \times 10^3}{\sqrt{3} \times 400} \times 1.25 = 2160.97 [A]$$

　　◦ 답 : CT_2 변류비 선정 : 2000/5

04 수전설비 결선도

아래 그림은 154[kV]를 수전하는 어느 공장의 옥외 수전 설비에 대한 단선 결선도이다. 그림을 보고 주어진 물음에 답하시오.

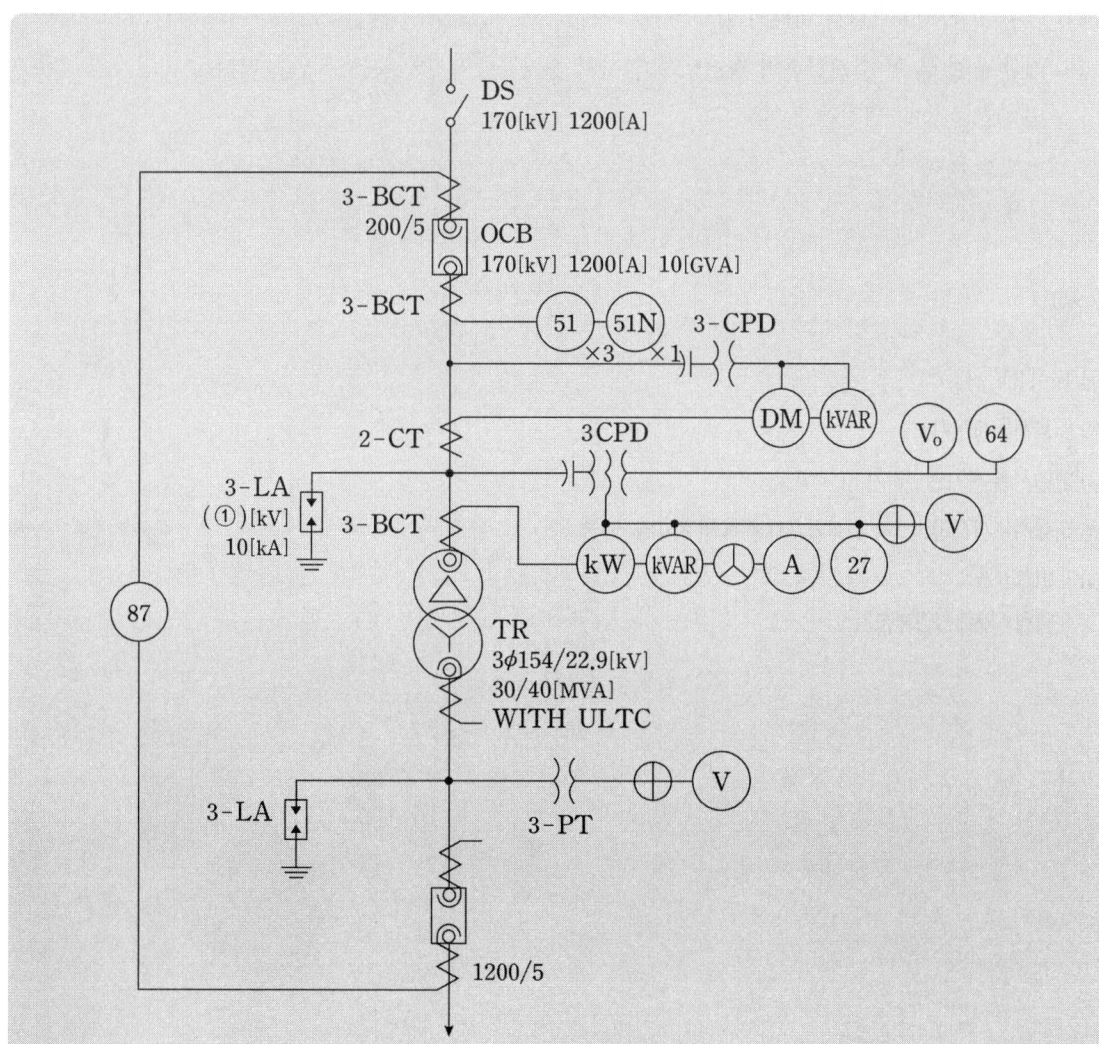

(1) 단선도 상의 ①피뢰기 정격전압은 몇 [kV]인가?
(2) 변압기의 내부고장을 위해 사용하는 계전기의 명칭을 쓰시오.
(3) CPD의 우리말 명칭을 쓰시오.
(4) 보조 변류기의 역할에 대하여 간단히 쓰시오.
(5) 정상 운전 중 한전 변전소의 정전으로 인하여 전력공급이 중단되는 경우 동작하는 계전기의 분류 번호를 쓰고 그 명칭을 쓰시오.
  ◦ 번호 :
  ◦ 명칭 :

정답

(1) 144[kV]

(2) 비율차동계전기

(3) 콘덴서형 계기용변압기

(4) 비율차동계전기의 1차 전류와 2차 전류의 차이를 보정

(5) ◦ 번호 : 27
   ◦ 명칭 : 부족전압계전기

05 수전설비 결선도

도면은 어느 154[kV] 수용가의 수전 설비 단선 결선도의 일부분이다. 주어진 표와 도면을 이용하여 다음 각 물음에 답하시오.

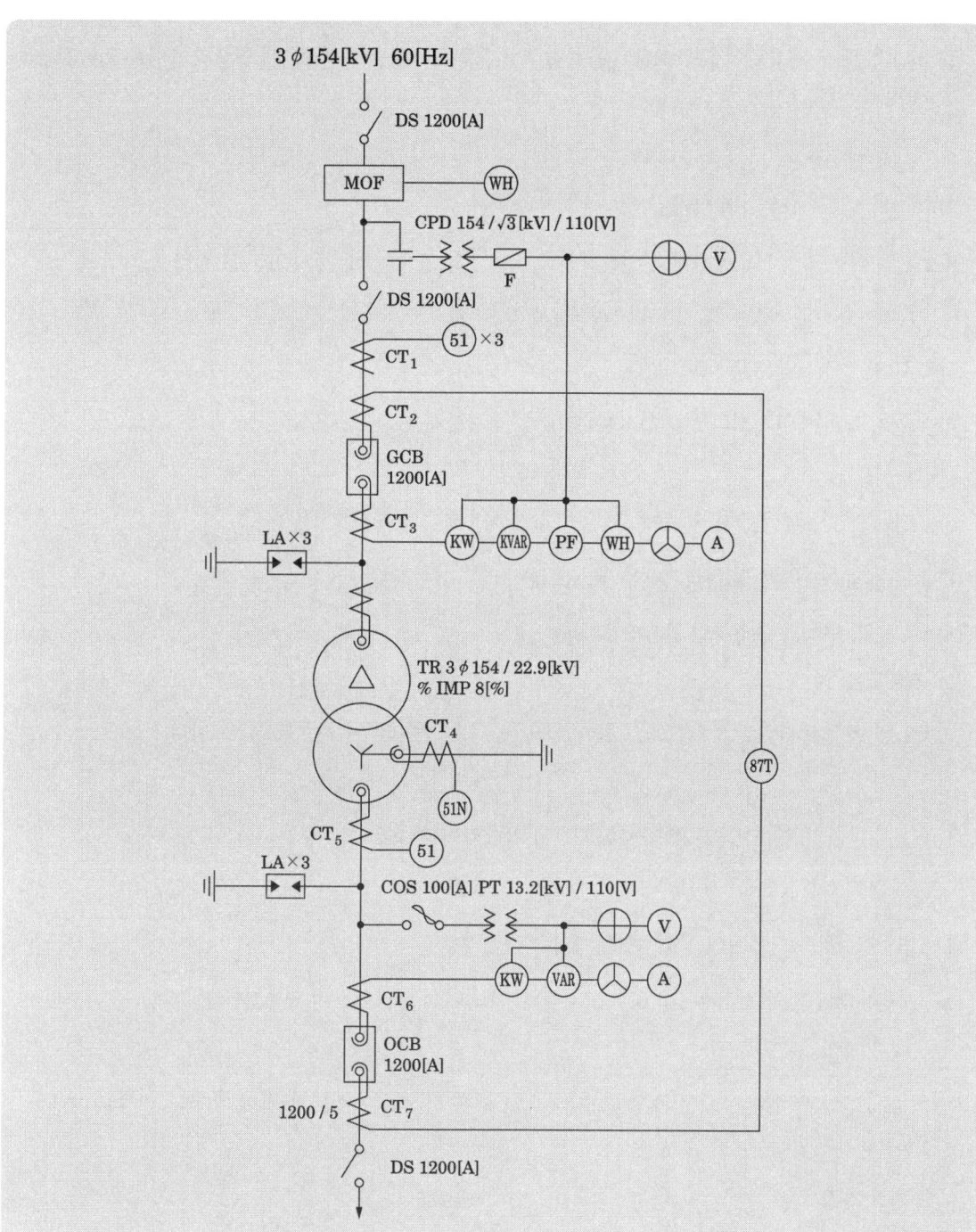

[CT의 정격]

1차 정격 전류[A]	200	400	600	800	1200
2차 정격 전류[A]	5				

(1) 변압기 2차 설비용량이 51[MW], 수용률이 70[%], 부하역률이 90[%]일 때 변압기 용량은 몇 [MVA]가 되는가?
　◦ 계산 과정 :　　　　　　　　　　　　◦ 답 :

(2) 변압기 1차측 단로기의 정격전압은 몇 [kV]인가?

(3) CT_1의 비는 얼마인지 계산하고 선정하시오. (단, 1차 전류의 여유는 25[%]로 한다.)
　◦ 계산 과정 :　　　　　　　　　　　　◦ 답 :

(4) GCB의 정격전압은 몇 [kV]인가?

(5) 변압기 명판에 표시되어 있는 OA/FA의 뜻을 설명하시오.
　◦ OA :　　　　　　　　　　　　◦ FA :

(6) GCB 내에 사용되는 가스는 주로 어떤 가스가 사용되는지를 쓰시오.

(7) 154[kV] 측 피뢰기의 정격전압은 몇 [kV]인가?

(8) ULTC의 명칭과 구조상의 종류 2가지를 쓰시오.
　◦ 명칭 :　　　　　　　　　　　　◦ 종류 :

(9) CT_5의 비는 얼마인지 계산하고 선정하시오. (단, 1차 전류의 여유는 25[%]로 한다.)
　◦ 계산 과정 :　　　　　　　　　　　　◦ 답 :

(10) OCB의 정격 차단전류가 23[kA]일 때, 이 차단기의 차단용량은 몇 [MVA]인가?
　◦ 계산 과정 :　　　　　　　　　　　　◦ 답 :

(11) 변압기 2차측 단로기의 정격전압은 몇 [kV]인가?

(12) 과전류 계전기의 정격부담이 9[VA]일 때 이 계전기의 임피던스는 몇 [Ω]인가?
　◦ 계산 과정 :　　　　　　　　　　　　◦ 답 :

(13) CT_7 1차 전류가 600[A]일 때 CT_7의 2차에서 비율 차동 계전기의 단자에 흐르는 전류는 몇 [A]인가?
　◦ 계산 과정 :　　　　　　　　　　　　◦ 답 :

> 정답

(1) ◦ 계산 과정 : 변압기 용량 $= \dfrac{\text{설비용량} \times \text{수용률}}{\text{역률}} = \dfrac{51 \times 0.7}{0.9} = 39.67 [\text{MVA}]$

◦ 답 : 39.67[MVA]

(2) 170[kV]

(3) ◦ 계산 과정 : CT비 선정 방법

CT 1차측 전류 : $I_1 = \dfrac{P}{\sqrt{3}\, V} = \dfrac{39.67 \times 10^3}{\sqrt{3} \times 154} = 148.72[\text{A}]$

CT의 여유 배수 적용 : $148.72 \times 1.25 = 185.9[\text{A}]$

◦ 답 : 200/5

(4) 170[kV]

(5) OA : 유입 자냉식, FA : 유입 풍냉식

> 참고

① OA(ONAN) : 유입자냉식   ② FA(ONAF) : 유입풍냉식   ③ OW(ONWF) : 유입수냉식
④ FOA(OFAF) : 송유풍냉식   ⑤ FOW(OFWF) : 송유수냉식

(6) 육불화유황가스

(7) 144[kV]

(8) ◦ 명칭 : 부하시 탭 절환 장치 [Under Load Tap Changer]
   ◦ 종류 : 단일 회로식, 병렬 구분식

> 참고

무부하탭절환장치(NLTC : No Load Tap Changer) : 무부하시 전압을 조정하는 장치

(9) ◦ 계산 과정 : CT비 선정 방법

CT 1차 전류 : $I_1 = \dfrac{P}{\sqrt{3}\, V} = \dfrac{39.67 \times 10^3}{\sqrt{3} \times 22.9} = 1000.05[\text{A}]$

CT의 여유 배수 적용 : $1000.05 \times 1.25 = 1250.06$

◦ 답 : 1200/5

(10) ◦ 계산 과정 : 차단 용량 $P_s = \sqrt{3}\, V_n I_{kA} = \sqrt{3} \times 25.8 \times 23 = 1027.8[\text{MVA}]$

◦ 답 : 1027.8[MVA]

(11) 25.8[kV]

(12) ◦계산 과정 : 부담=$I_n^2 \cdot Z[\text{VA}]$ ➜ $Z=\dfrac{9}{5^2}=0.36[\Omega]$

◦답 : $0.36[\Omega]$

(13) ◦계산 과정 : CT가 △결선일 경우 CT 2차측에 흐르는 전류는 선전류이다.

$I_2 = 600 \times \dfrac{5}{1200} \times \sqrt{3} = 4.33[\text{A}]$

◦답 : $4.33[\text{A}]$

06 수전설비 결선도

옥외의 간이 수변전 설비에 대한 단선 결선도이다. 이 도면을 보고 다음 각 물음에 답하시오.

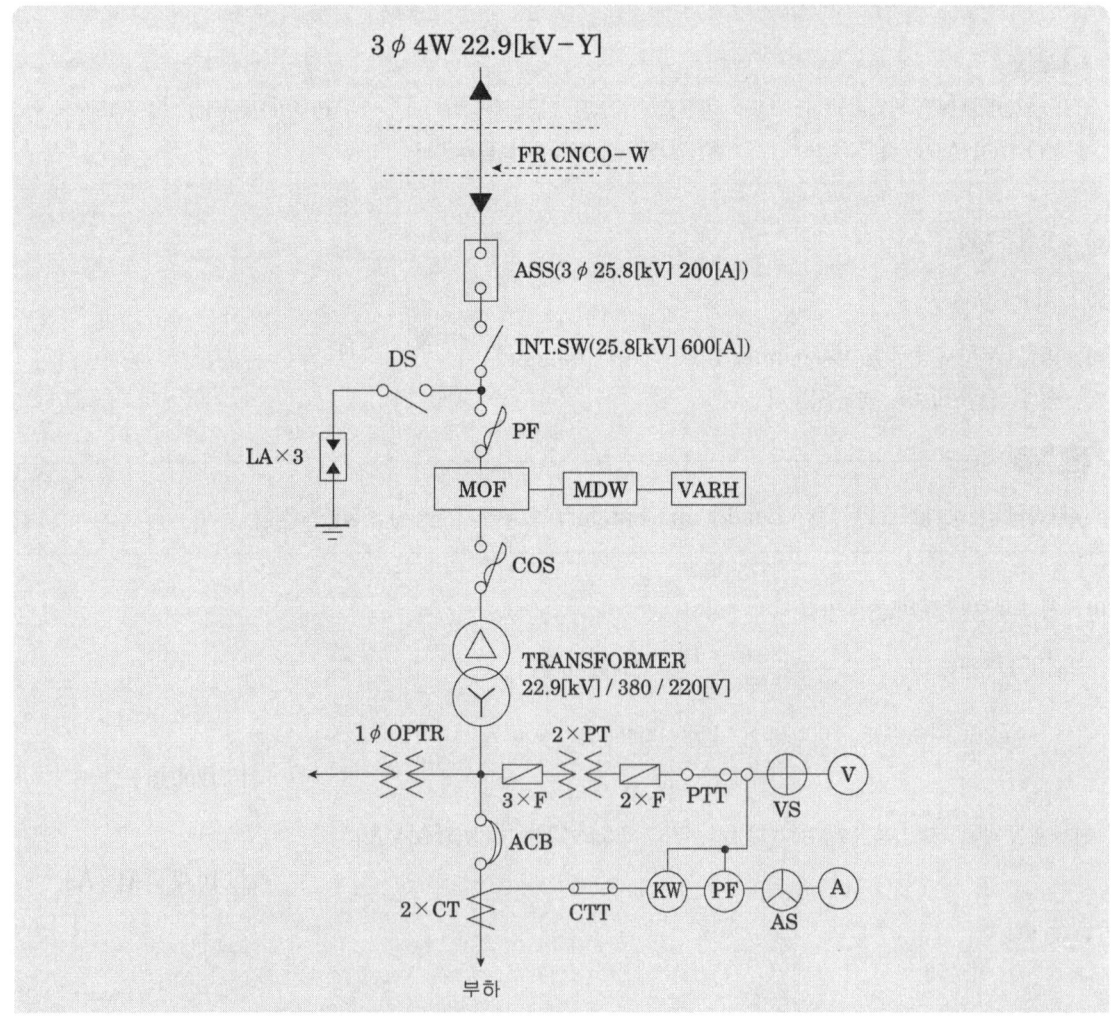

Chapter 06. 우선순위 핵심문제

(1) 도면상의 ASS는 무엇인지 그 명칭을 쓰시오.

(2) 도면상의 MDW의 명칭은 무엇인지 쓰시오.

(3) 도면상의 전선 약호 FR-CNCO-W의 품명을 쓰시오.

(4) 22.9[kV-Y] 간이 수변전 설비는 수전용량 몇 [kVA] 이하에 적용하는지 쓰시오.

(5) LA의 공칭 방전 전류는 몇 [kA]를 적용하는지 쓰시오.

(6) 도면에서 PTT는 무엇인지 쓰시오.

(7) 도면에서 CTT는 무엇인지 쓰시오.

(8) 2차측 주개폐기로 380[V]/220[V]를 사용하는 경우 중성선측 개폐기의 표식은 어떤 색깔로 하여야 하는지 쓰시오.

(9) 도면상의 기호 ⊕은 무엇인지 쓰시오.

(10) 도면상의 기호 Ⓐ은 무엇인지 쓰시오.

(11) 위 결선도에서 생략할 수 있는 것은?

(12) 22.9[kV-Y]용의 LA는 어떤 것을 사용하여야 하는가?

(13) 인입선을 지중선으로 시설하는 경우로 공동주택 등 고장시 정전피해가 큰 경우에는 예비 지중선을 포함하여 몇 회선으로 시설하는 것이 바람직한가?

(14) 300[kVA] 이하인 경우는 PF 대신 어떤 것을 사용할 수 있는가?

(15) OPTR 의 설치 목적은 무엇인가?

정답

(1) 자동 고장 구분 개폐기

(2) 최대 수요 전력량계

(3) 동심중성선 수밀형 저독성 난연성 전력케이블

(4) 1000[kVA]

(5) 2.5[kA]

(6) 전압 시험 단자

(7) 전류 시험 단자

(8) 청색

(9) 전압계용 전환 개폐기(VS)

(10) 전류계용 전환 개폐기(AS)

(11) 피뢰기용 단로기

(12) Disconnector 또는 Isolator 붙임형

(13) 2회선

(14) 컷아웃스위치

(15) 조작용 전원전압을 얻기 위한 소형 변압기 [Operational Transformer]

07 수전설비 결선도

아래의 고압 수전설비 단선결선도를 참고하여 다음 물음에 답하시오.

각 부하의 최대 전력이 그림과 같고 역률이 0.8, 부등률이 1.4일 때 변압기 1차측 전류계 Ⓐ에 흐르는 전류의 최대치를 구하시오. 동일한 조건에서 합성 역률 0.92 이상으로 유지하기 위한 전력용 콘덴서의 최소용량은 몇 [kVar]인가?

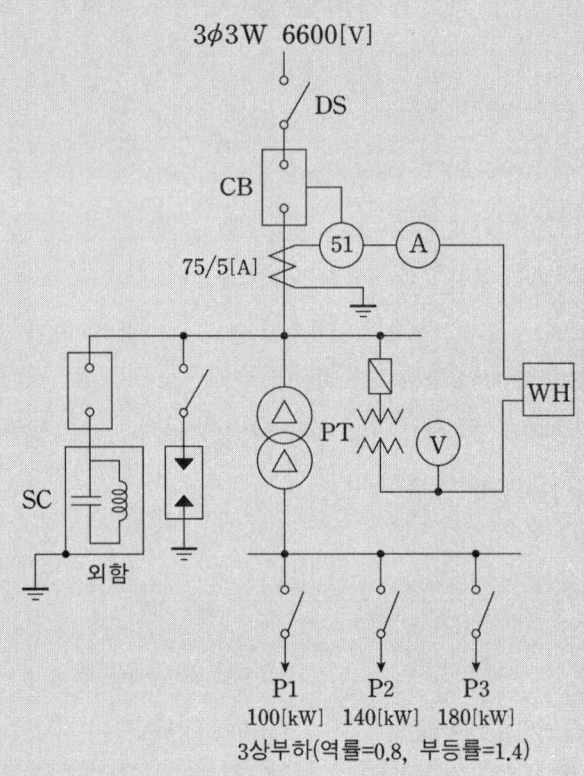

(1) 전류의 최대치
  ◦ 계산 :
  ◦ 답 :

(2) 전력용 콘덴서 용량
  ◦ 계산 :
  ◦ 답 :

Chapter 06. 우선순위 핵심문제

정답

(1) ◦ 계산 과정 : 전류의 최대치

합성 최대 전력 $= \dfrac{\text{각 부하설비 최대 전력의 합}}{\text{부등률}} = \dfrac{100+140+180}{1.4} = 300[\text{kW}]$

전류계에 흐르는 전류 $= \dfrac{300 \times 10^3}{\sqrt{3} \times 6600 \times 0.8} \times \dfrac{5}{75} = 2.19[\text{A}]$

◦ 답 : 2.19[A]

(2) ◦ 계산 과정 : 전력용 콘덴서 용량

$Q = P \times (\tan\theta_1 - \tan\theta_2) = 300 \times \left(\dfrac{0.6}{0.8} - \dfrac{\sqrt{1-0.92^2}}{0.92}\right) = 97.2[\text{kVar}]$

◦ 답 : 97.2[kVar]

08 수전설비 결선도

그림은 고압 수전 설비의 평면도이다. 물음에 답하시오.

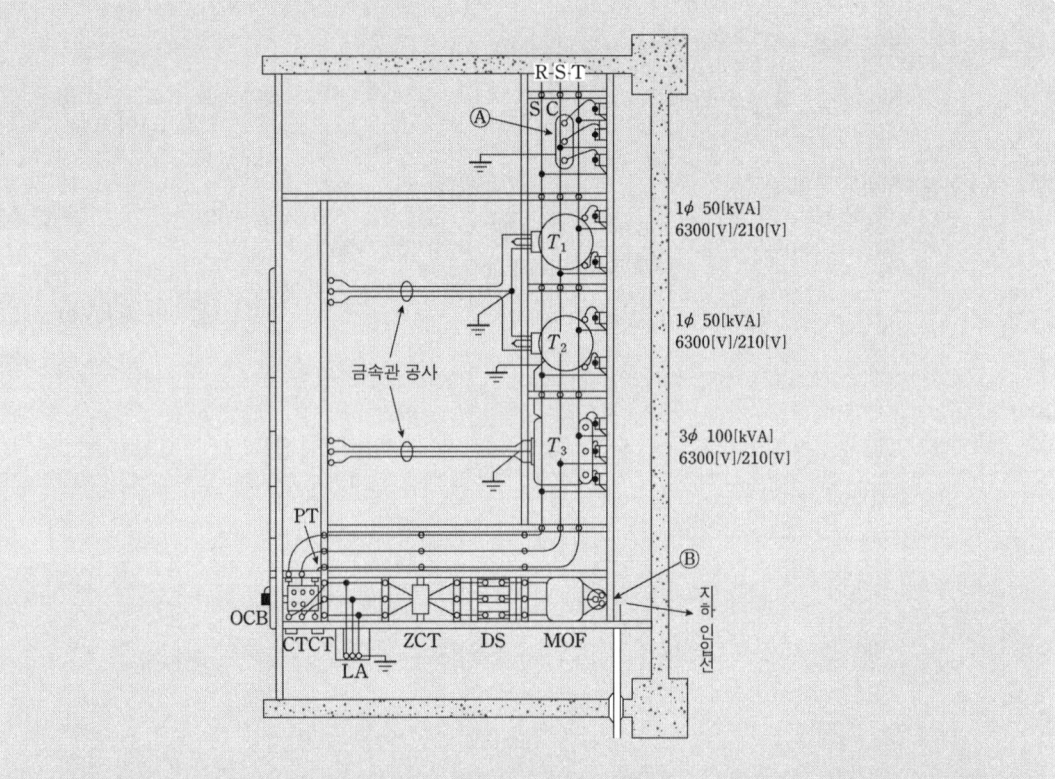

(1) ZCT의 설치 목적은?

(2) 변압기 T_1과 T_2로 공급하는 3상 최대 출력은 얼마인가 계산하시오.

(3) SC의 설치 목적은?

(4) CT의 변류비로는 75/5, 50/5, 30/5 중 어느 것이 적당한가?
   - 계산 :
   - 답 :

(5) T_1 변압기 전원측 고압 COS 퓨즈 링크의 정격 전류로 적당한 것은?

정답

(1) 영상 전류 검출

(2) $P_V = \sqrt{3}\, P_1 = \sqrt{3} \times 50 = 86.6 [\text{kVA}]$

(3) 역률 개선

(4) ◦ 계산 과정
$$I = \frac{(86.6+100) \times 10^3}{\sqrt{3} \times 6300} \times 1.25 \sim 1.5 = 21.38 \sim 25.65 [\text{A}]$$
◦ 답 : 30/5 선정

(5) ◦ 계산 과정 :
$$I = \frac{86.6 \times 10^3}{\sqrt{3} \times 6300} = 7.94 [\text{A}]$$
고압 COS 퓨즈는 전부하 전류의 1.5배
$7.94 \times 1.5 = 11.91 [\text{A}]$
◦ 답 : 12[A]

09 수전설비 결선도

아래의 도면은 고압수전설비의 미완성 복선도이다. 그림을 보고 다음 각 물음에 답하시오.

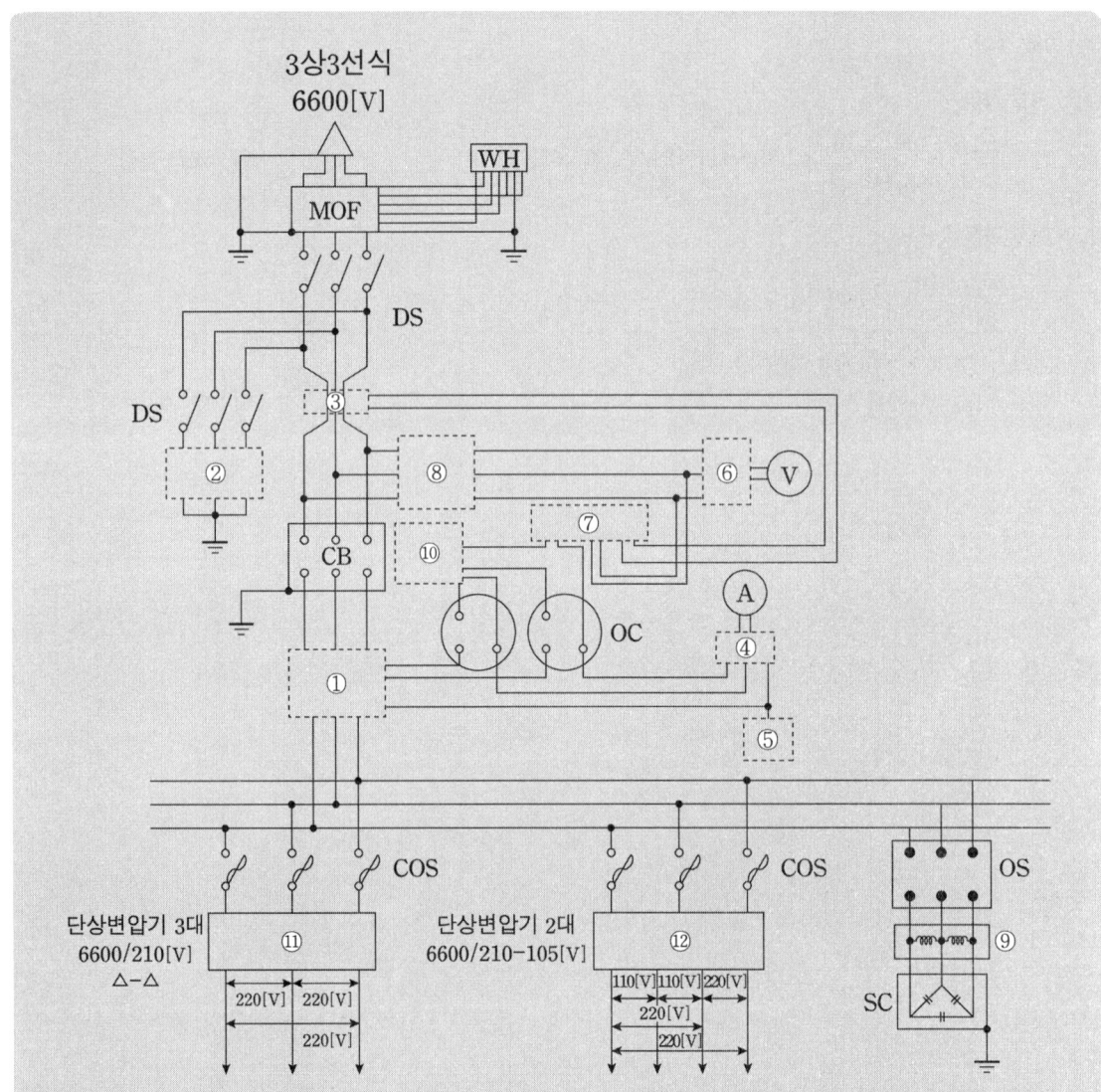

(1) ①~⑥ 부분에 해당되는 심벌을 그려넣고 그 옆에 제어 약호를 쓰도록 하시오. (단, 접지는 E로 표시할 것)

(2) ⑪, ⑫의 변압기 결선을 완성하시오.

(3) ⑦, ⑧에 사용되는 기기의 명칭은 무엇인가?

(4) ⑨, ⑩ 부분을 사용하는 주된 목적을 설명하시오.

(5) 지락을 검출하기 위한 ZCT는 1선 지락시 불평형 전류에 의하여 영상 1차 전류와 2차 전류로 지락 계전기를 동작하게 하는데 영상 1차 전류와 2차 전류는 각각 몇 [mA]인가?
   ◦ 1차 :   ◦ 2차 :

정답

(1)

번호	①	②	③
심벌	CT CT	LA	ZCT
번호	④	⑤	⑥
심벌	AS	E	VS

(2) ⑪ 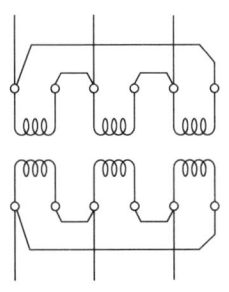   ⑫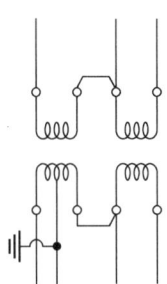

(3) ⑦ 지락 계전기   ⑧ 계기용변압기

(4) ⑨ 잔류전하를 방전시켜 감전사고 방지   ⑩ 차단기를 트립시키기 위한 여자코일

(5) ◦ 1차 : 200[mA]   ◦ 2차 : 1.5[mA]

ELECTRIC WORK

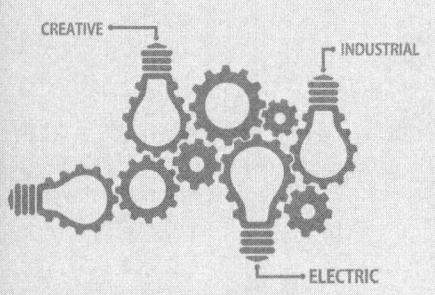

04 조명설비

Chapter 01. 조명용어·기호·단위

Chapter 02. 실내조명설비 설계

Chapter 03. 도로조명설비 설계

Chapter 04. 조명방식

Chapter 05. 광원의 종류·특징

1 조명용어·기호·단위

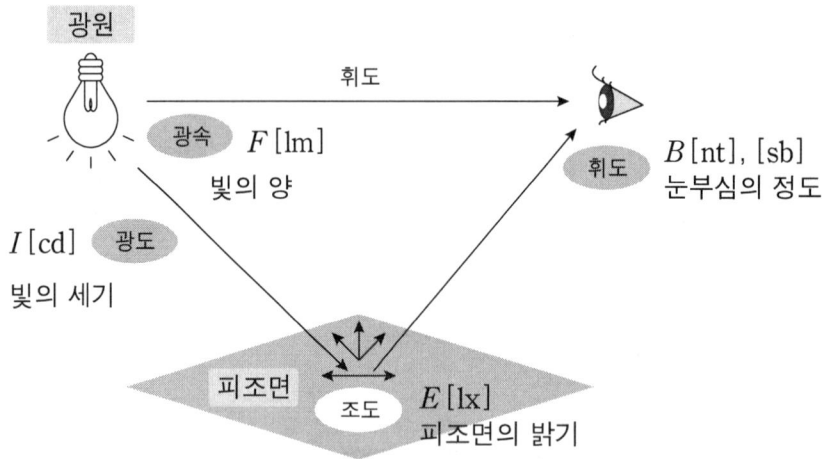

1. 광속(Luminous Flux) : 빛의 양

    방사속 중 눈으로 보아 느끼는 빛의 양을 광속(F)라 하며, 단위는 루멘[lm]를 사용한다.

    > **참고**
    >
    > **방사속(Radiant Flux)**
    >
    > 전자파 또는 광자의 형태로 전달되는 에너지를 방사로 하고 단위 시간에 어떤 면을 통하는 방사에너지를 방사속(ϕ)이라한다. 단위는 와트[W]를 사용한다.

2. 광도(Luminous Intensity) : 빛의 세기

    광원으로부터 어떤 방향의 단위입체각을 통과하는 광속(F)을 광도(I)라 하며, 단위는 칸델라[cd]를 사용한다.

    $$I=\frac{F}{\omega}[\text{lm/sr}]=[\text{cd}]$$
    $$\omega=2\pi(1-\cos\theta)$$

    - 구광원(백열전구) $F=4\pi I$
    - 원통광원(형광등) $F=\pi^2 I$
    - 평판광원(면광원) $F=\pi I$

3. 조도(Illumination) : 피조면의 밝기

   피조면에 단위면적당 입사광속(F)을 조도(E)라 하며, 단위는 럭스[lx]를 사용한다.

   $$E = \frac{F}{S}[\text{lm/m}^2] = [\text{lx}]$$

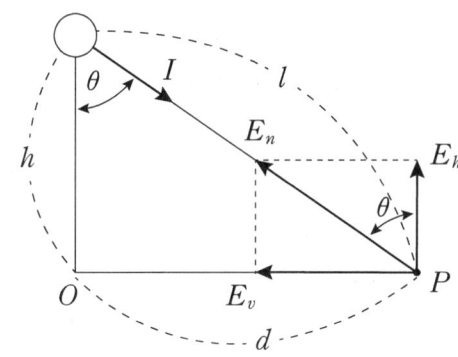

법선조도	수평면조도	수직면조도
$E_n = \dfrac{I}{l^2}[\text{lx}]$	$E_h = \dfrac{I}{l^2}\cos\theta[\text{lx}]$	$E_v = \dfrac{I}{l^2}\sin\theta[\text{lx}]$

4. 휘도(Brightness) : 발광면의 밝기 또는 눈부심의 정도

   발광면의 단위 면적당의 광도를 휘도(B)라 하며, 단위는 니트[nt], 스틸브[sb=cd/cm²]를 사용한다.

   $$B = \frac{I}{S'}[\text{cd/m}^2] = [\text{nt}]$$

   - S'은 외견상의 면적으로 겉보기 면적

   같은 광도일지라도 커다란 유백색의 유리글로브로 덮은 광원은 눈부심을 느끼지 못한다.

5. 광속 발산도(Luminous Emittance) : 발광면으로부터 나오는 빛의 양

발광면의 단위 면적에 대한 발산 광속(물체로부터 방사된 광속)을 광속 발산도(R)라 하며, 단위는 래드럭스[rlx]를 사용한다.

$$R = \frac{F[\text{lm}]}{S[\text{m}^2]}$$

- $R = \pi B = \rho E = \tau E = \eta E [\text{rlx}]$
- 글로브의 효율 $\eta = \tau/(1-\rho)$

6. 조명률(Utilization Factor) : 램프에서 발생한 광속에 대한 피조면에 도달하는 광속의 비

7. 감광 보상률(Depreciation factor) : 광속감소를 고려한 광속 여유율

   ① 광속감소 원인
   - 광원의 노화로 인한 광속의 감소
   - 조명기구 또는 실내반사면의 먼지, 변질에 의한 광속의 흡수율 증가

   ② 보수율(Maintenance factor)
   감광보상률의 역수($M = 1/D$)

8. 조명기구의 효율

   ① 전등효율 : 광원의 전력소비 $P[\text{W}]$에 대한 광속 $F[\text{lm}]$의 비율
   ② 발광효율 : 광원의 방사속 $\phi[\text{W}]$에 대한 광속 $F[\text{lm}]$의 비율

$$\text{전등효율 } \eta = \frac{F}{P}[\text{lm/W}] \qquad \text{발광효율 } \varepsilon = \frac{F}{\phi}[\text{lm/W}]$$

2 실내조명설비 설계

1. 실지수와 공간비율

    방의 크기와 모양 따라 흡수율과 광속의 이용률 결정

    $$K = \frac{X \cdot Y}{H(X+Y)}$$

    H : 등고(광원 ~ 피조면의 높이)

    $$CR = \frac{5h(X+Y)}{X \cdot Y}$$

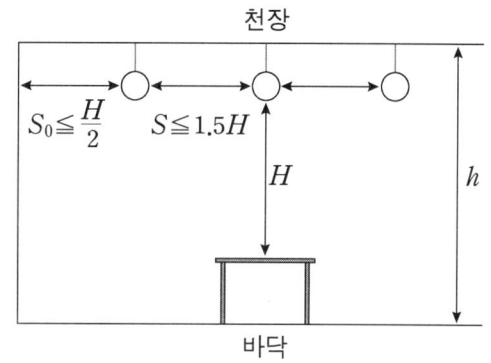

2. 등기구의 간격

    $$S \leqq 1.5H$$

    $$S_0 \leqq \frac{H}{2}$$

3. 소요 등 개수 계산

    $$F \cdot U \cdot N = D \cdot E \cdot S$$

    F : 한등의 광속, U : 조명률, N : 등수
    D : 감광보상률, E : 조도, S : 조명면적

3 도로조명설비 설계

1. 도로조명의 조명면적

양쪽조명(대칭식)	양쪽조명(지그재그)	일렬조명(편측)	일렬조명(중앙)
$S=\dfrac{a \cdot b}{2}$	$S=\dfrac{a \cdot b}{2}$	$S=ab$	$S=ab$

2. 도로조명 설계에 있어서 성능상 고려하여야 할 사항

   ① 조명기구의 눈부심이 불쾌감을 주지 않을 것
   ② 조명시설이 도로나 그 주변의 경관을 해치지 않을 것
   ③ 광원색이 환경에 적합한 것이며, 그 연색성이 양호할 것
   ④ 운전자나 보행자가 보는 도로의 휘도가 충분히 높고, 조도균제도가 일정할 것

4 조명방식

1. 조명기구 배광방식

상향 광속[%]	0~10	10~40	40~60	60~90	90~100
조명 기구					
하향 광속[%]	100~90	90~60	60~40	40~10	10~0
조명 방식	직접 조명	반직접 조명	전반 확산 조명	반간접 조명	간접 조명

2. 조명기구 배치방식

1) 전반조명 방식

   ① 조명기구를 일정한 높이 및 간격으로 배치하여 방 전체의 조도를 균일하게 조명하는 방식이다.
   ② 전반조명은 계획과 설치가 용이하고, 책상의 배치나 작업 대상물이 바뀌어도 대응이 용이한 방식이다.

2) 국부조명 방식

   ① 희망하는 곳에 희망하는 방향으로부터 충분한 조도를 얻는 방식이다.
   ② 일반적으로 조명기구를 작업대에 직접 설치하거나 작업부의 천장에 매다는 형태이다.

3) 국부적 전반조명 방식

   ① 넓은 실내 공간에서 각 구역별 작업성이나 활동 영역을 고려한다.
   ② 일반적인 장소에는 평균조도로서 조명하고, 세밀한 작업을 하는 구역에는 고조도로 조명하는 방식이므로 이를 고려한다.

4) 전반 국부 병용 조명(TAL 조명)

   ① 작업 면에 국부조명과 주변 환경에 루버 부착 조명기구를 사용하여 부드러운 느낌을 주는 조명하는 방식을 말한다.
   ② 주변조명은 직접 조명방식도 포함되며, 사무실에서 사무자동화가 추진되면서 VDT(Visual Display Terminal) 작업환경에 따라 고안된 것이다.

3. 건축화 조명방식

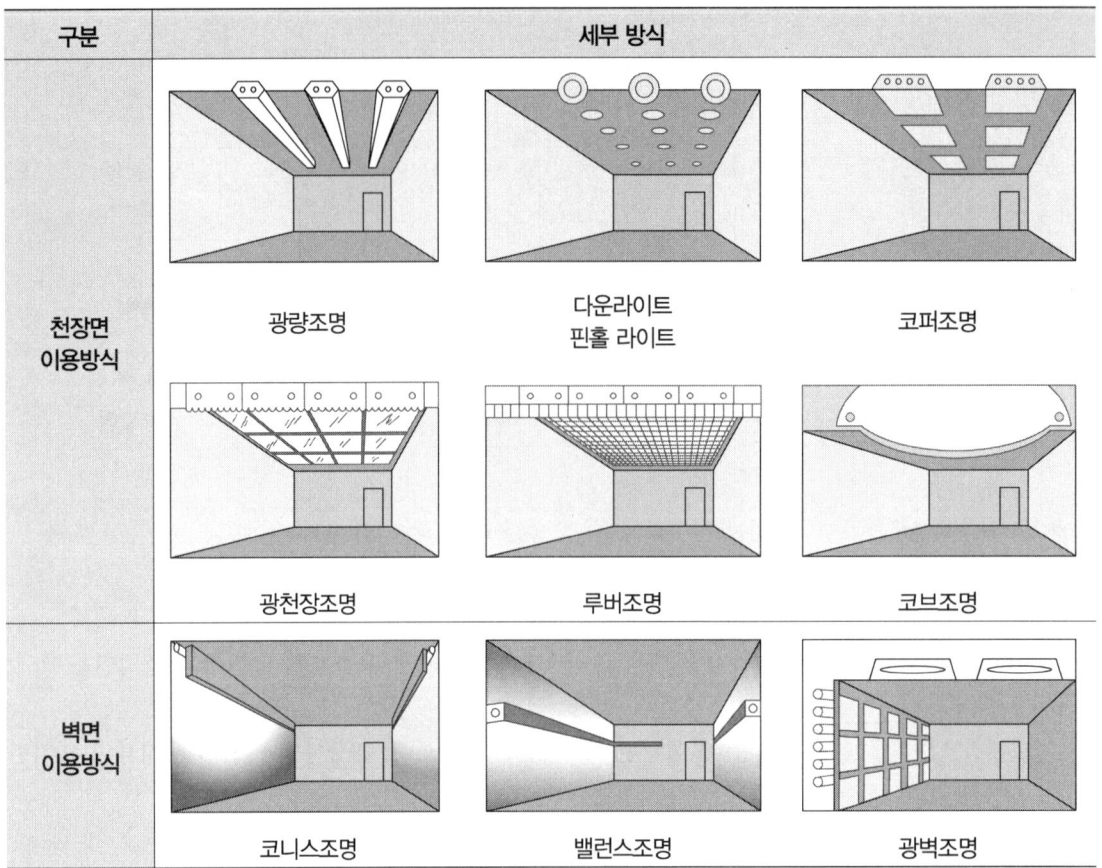

- 다운라이트 : 천장면에 작은 구멍을 많이 뚫어 매입하는 방식으로 건축의 공간을 유효하게 조명
- 핀홀라이트 : 천장면에 구멍을 작게 하거나 렌즈를 달아 매입하는 방식으로 복도에 조사하는 방식
- 코퍼라이트 : 천장면을 사각, 삼각, 원형 등 다양한 형태로 매입하여 실내의 단조로움을 피하는 방식
- 라인라이트 : 조명기구를 매입하는 방식으로 형광등을 연속으로 배치하는 조명방식
- 광천장조명 : 천장면에 아크릴수지판을 붙이고 내부에 등기구를 배치하여 천장 전체로 조명하는 방식
- 루버조명 : 천장면 재료로 루버를 사용하여 보호각을 증가시키는 방식
- 코브조명 : 천장이나 벽면 상부를 조명하여 천장면이나 벽에 반사되는 반사광을 이용
- 코너조명 : 천장과 벽면 경계 구석에 기구를 배치하여 천장과 벽면에 동시에 조명하는 방식
- 코니스조명 : 천장과 벽면 경계에 둘레턱을 만들어 조명기구를 숨겨서 조명하는 방식
- 밸런스조명 : 벽면 조명방식으로 숨겨진 램프로 아래쪽, 벽, 커튼 위쪽을 조명하는 분위기 조명
- 광벽조명 : 무창실에 창문효과를 내는 방법으로 인공창의 뒷면에 형광등을 배치하는 방식

5 광원의 종류·특징

1. 광원의 발광원리

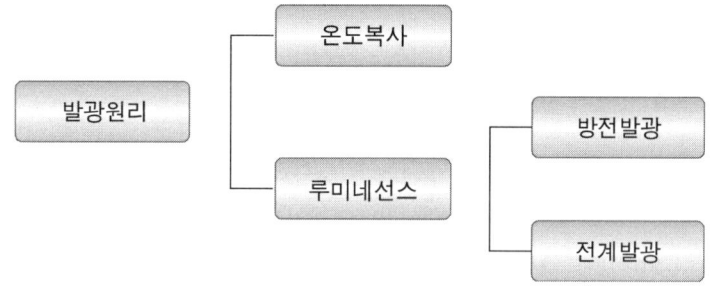

  ※ 방전등기구 : 방전에 의한 빛을 이용하는 방전램프를 주광원으로 하는 조명기구

2. 각 램프의 효율순서

   ① 나트륨등 : 80~150[lm/W]
   ② 메탈할라이드등 : 75~105[lm/W]
   ③ 형광등 : 48~80[lm/W]
   ④ 수은등 : 35~55[lm/W]
   ⑤ 할로겐등 : 20~22[lm/W]
   ⑥ 백열전구 : 7~22[lm/W]

3. 메탈할라이드등

   고압 수은 램프의 연색성과 효율을 개선하기 위하여 고압 수은 램프에 금속과 할로겐 화합물을 첨가한 방전등

   • 특징

     ① 연색성이 우수하다.
     ② 인체에 이상적인 주광색 빛을 발산한다.
     ③ 수은등이나 백열등보다 전력소모가 적다.
     ④ 수명이 길다.
     ⑤ 시동시에는 5~8분이 소요된다.

4. 초고압 수은등

옥외조명용, 영화촬영 및 영사용, 투광기에 적당하며, 효율과 광색이 좋고 용량이 크므로 가로조명, 공장조명용으로도 사용

5. HID램프(High Intensity Discharge Lamp)

고압 수은등, 메탈할라이드 램프 및 고압 나트륨등의 총칭이며, 일명 고휘도 방전 램프라고도 부른다. HID 램프는 소형이며 고출력, 고효율, 긴수명이 특징이다.

- 종류 : 고압수은등, 고압나트륨등, 메탈할라이드등

6. EL램프(Electro Luminescence Lamp)

전계 루미네선스에 의하여 발광하는 고도체 등으로 램프의 효율이 10[lm/W]정도이므로 일반조명용에는 적당하지 않아 주로 표시용 장식용으로 사용되고 있는 램프

1) 용도 : 계기조명, 표시등, 유도등 및 휘도가 낮은 일반조명

2) 특징

① 얇은 산화물 피막으로 전기저항이 낮다.
② 기계적으로 강하다.
③ 빛의 투과율이 높다.
④ 램프 충전시 제1피크, 램프 방전시 제2피크가 나타나는 일종의 콘덴서와 비슷하다.
⑤ 정현파 전압을 높이면 광속발산도 급격히 증가한다.
⑥ 전압을 더욱 높이면 광속발산도가 포화상태가 된다.
⑦ 주파수가 낮을 때는 광속발산도가 직선적으로 증가한다.
⑧ 주파수가 높아지면 포화의 경향으로 표시된다.

7. LED 램프(Light Emtting Diode Lamp)

반도체 PN접합 구조를 통해 발광시키는 원리를 이용한 램프로 광원에 비해 소형이고 수명은 길며 전기에너지가 빛에너지로 직접 변환하기 때문에 전력소모가 적은 에너지 절감형 광원

- 특징 :

　① 다단계 제어가 우수하다.
　② 수명이 길고 효율이 좋다.
　③ 수은 기체를 사용하지 않으며, 응답속도가 빠르다.

8. 조명설비 에너지 절약 방안

조명기구 선정	• 고역률의 등기구 사용 • 고효율의 등기구 사용 • 고조도 및 저휘도의 반사갓을 사용 • 전구형 형광등 및 슬림라인 형광등 사용
사용시간 조절	• 재실감지기 및 카드키 채용 • 옥외등 자동 점멸 장치 채용
조명기구 배치·기타	• 적정 조명제어 시스템 채택 • 적절한 등기구의 보수 및 유지 관리 • 전반 조명과 국부조명(TAL 조명)을 적절히 병용

01 광속발산도

물체가 보인다는 것은 그 물체가 방사되는 광속이 눈에 들어온다는 것이다. 이와 같이 보이는 물체에서 눈의 방향으로 방사되는 단위면적당 광속을 무엇이라 하는지 쓰시오.

정답

광속발산도

02 감광보상률

조명설비의 조도는 시간의 경과하면 광속저하, 램프 조명기구의 오염 및 실내면의 반사율 저하로 조도가 감소되는데 설계 시 이러한 조도의 감소를 감안하여 보정계수를 적용하여 실제보다 높은 조도레벨로 설계를 하게 된다. 이때 적용되는 보정계수는 무엇인지 쓰시오.

정답

감광보상률

03 조도 계산 건축도면 입수 사항

조도계산에 필요한 요소에서 조도계산을 하기 전에 건축도면을 입수하여 어떠한 사항을 검토하여야 하는지 4가지만 쓰시오.

정답

① 방의 마감상태(천장, 벽, 바닥 등의 반사율
② 방의 사용목적과 작업내용
③ 방의 크기(가로, 세로, 높이)
④ 보와 기둥의 간격, 공조 덕트 등 설비와 천장 내부의 상태

04 눈부심 방지대책

눈부심의 방지대책 5가지를 쓰시오.

정답

① 보호각 조절
② 아크릴 루버등 설치
③ 반간접 조명이나 간접 조명 방식을 채택
④ 건축화 조명을 적용
⑤ 수평에 가까운 방향에 광도가 적은 배광기구를 사용
⑥ 휘도가 낮은 광원선택

05 눈부심의 특징

다음 물음에 답하시오.

(1) 눈부심의 정의를 쓰시오.

(2) 눈부심의 종류를 3가지 쓰시오.

정답

(1) 정의 : 시야 내에 어떤 고휘도로 인하여 불쾌, 고통, 눈의 피로, 시력의 일시적 감퇴를 일으키는 현상

(2) 감능 글레어, 불쾌 글레어, 직시 글레어, 반사글레어

06 명시조명

조명설계에 필요한 좋은 조명의 요건 5가지를 쓰시오.

정답

① 광속발산도 분포균일(시야내의 조도차)
② 용도에 맞는 광색
③ 눈부심이 없어야 한다.(글레어가 일어나지 않도록)
④ 심리적 안정을 주어야 한다.
⑤ 경제성이 있어야 한다.
⑥ 미적효과 (광원, 기구의 디자인 및 위치)
⑦ 적당한 그림자 유지

07 배광방식

조명기구 배광에 따른 조명방식의 종류를 3가지만 쓰시오.

정답

직접조명, 전반확산조명, 간접조명

08 배치방식

작업면에 국부 조명과 주변 환경에 루버부착 조명 기구를 사용하여 부드러운 느낌을 주는 조명방식은?

정답

전반국부병용조명방식(TAL 조명)

09 건축화 조명 – 매입방법

매입 방법에 따른 건축화 조명 방식을 5가지만 쓰시오.

정답

① 매입 형광등 방식
② 다운 라이트(Down Light) 방식
③ 핀 홀 라이트(Pin Hole Light) 방식
④ 코퍼 라이트(Coffer Light) 방식
⑤ 라인 라이트(Line Light) 방식

10 건축화 조명 – 종류별 특징

건축화 조명 방식에서 다음과 같은 조명 방식의 명칭은?

(1) 천장면에 작은 구멍을 많이 뚫어 그 속에 여러 형태의 하면 개방형, 하면 루버형, 하면 확산형, 반사형 전구 등의 등기구를 매입하는 조명 방식은?
(2) 천장면에 확산 투과재인 메탈 아크릴 수지판을 붙이고 천장 내부에 광원을 배치하여 조명하는 방식은?
(3) 천장면을 여러 행태의 사각, 동그라미 등으로 오려내고 다양한 형태의 매입 기구를 취부하여 실내의 단조로움을 피하는 조명 방식은?
(4) 벽면을 밝은 광원으로 조명하는 방식으로 숨겨진 램프의 직접광이 아래쪽, 벽, 커튼, 위쪽 천장면에 쪼이도록 조명하는 방식으로 분위기 조명인 방식은?
(5) 천장과 벽면의 경계 구석에 등기구를 설치하여 조명하는 방식은?

정답

(1) 다운 라이트 조명
(2) 광천장 조명
(3) 코퍼 조명
(4) 밸런스 조명
(5) 코너 조명

11 건축화 조명 – 종류별 특징

다음은 조명방식에 관한 설명이다. 조명방식 및 특징을 읽고 어떤 조명방식인지 쓰시오.

- 조명방식 : 코너조명과 같이 천장과 벽면 경계에 건축적으로 둘레턱을 만들어 내부에 등기구를 배치하여 조명하는 방식이다.
- 특징 : 아래 방향의 벽면을 조명하는 방식으로 광원은 형광램프가 적정하다.

정답

코오니스 조명

12 등급 Ⅲ 기구

조명기구 통칙에서 용어의 정의 중 등급 Ⅲ 기구에 대하여 쓰시오.

정답

정격전압이 AC 30[V] 이하인 전압에 접속하는 기구

해설

등급 0기구	접지단자 또는 접지선을 갖지 않고, 기초절연만으로 전체가 보호된 기구
등급 Ⅰ기구	기초절연만으로 전체를 보호한 기구로서, 보호 접지단자 혹은 보호 접지선 접속부를 갖는가 또는 보호 접지선이 든 코드와 보호 접지선 접속부가 있는 플러그를 갖추고 있는 기구
등급 Ⅱ기구	2중 절연을 한 기구(다만, 원칙적인 2중절연이 하기 어려운 부분에는 강화절연을 한 기구를 포함한다) 또는 기구의 외곽 전체를 내구성이 있는 견고한 절연재료로 기구와 이들을 조합한 기구
등급 Ⅲ기구	정격전압이 AC 30[V] 이하인 전압에 접속하는 기구

13 에너지 절약 방법

조명설비에서 전력을 절약하는 효율적인 방법에 대하여 5가지만 기재하시오.

정답

① 고효율 등기구 채택
② 고조도 저휘도 반사갓 채택
③ 등기구의 격등제어 회로 구성
④ 전반조명과 국부조명의 적절한 병용(TAL 조명)
⑤ 재실감지기 및 카드키 채택
⑥ 슬림라인 형광등 및 안정기 내장형 램프 채택
⑦ 창측 조명기구 개별점등

14 방전등기구

용어의 정의에서 방전등기구란?

정답

방전에 의한 빛을 이용하는 방전램프를 주광원으로 하는 조명기구

15 방전램프

산업설비 시설에서 옥외조명으로 많이 사용하는 방전램프 3가지를 쓰시오.
(단, 고압과 저압용으로 구분하지 말고 순수 명칭을 쓸 것)

정답

수은등, 나트륨등, 메탈 할라이드등

16　HID 램프

대형방전 램프(HID)의 종류 5가지를 쓰시오.

> 정답

고압 나트륨등, 메탈 할라이드등, 고압 수은등, 초고압 수은등, 크세논등

17　메탈할라이드등의 특징

메탈할라이드등의 특징을 5가지로 구분하여 쓰시오.

> 정답

- 연색성이 우수하다.
- 인체에 이상적인 주광색 빛을 발산한다.
- 수은등이나 백열등보다 전력소모가 적다.
- 수명이 길다.
- 시동시에는 5~8분간 소요된다.

18　EL 램프

EL램프(Electro Luminescent Lamp)의 특징 5가지를 쓰시오.

> 정답

- 얇은 산화물 피막으로 전기저항이 낮다.
- 기계적으로 강하다.
- 빛의 투과율이 높다.
- 주파수가 낮을 때 광속발산도가 직선으로 증가한다.
- 주파수가 높아지면 광속발산도가 포화상태가 된다.
- 정현파 전압을 높이면 광속 발산도가 급격히 증가한다.
- 전압을 더욱 높이면 광속발산도가 포화상태가 된다.
- 발광파형은 반사이클마다 똑같은 모양으로 반복을 한다.

19 도로조명

조명기구를 직선 도로에 배치하는 방식 4가지만 열거하시오.

정답

① 중앙배열 ② 대칭배열
③ 편측배열 ④ 지그재그배열

20 도로조명 – 양쪽 조명

폭 15[m]의 무한히 긴 가로의 양쪽에 간격 20[m]를 두고 수많은 가로등이 점등되고 있다. 1등당의 전광속은 3000[lm]으로 그 45[%]가 가로 전면에 방사하는 것으로 하면 가로면의 평균조도[lx]는 얼마인가?

정답

∘ 계산 : $E = \dfrac{FUN}{DS} = \dfrac{3000 \times 0.45 \times 1}{1 \times \left(\dfrac{1}{2} \times 15 \times 20\right)} = 9[\text{lx}]$ ∘ 답 : 9[lx]

21 도로조명 – 양쪽 조명

폭 20[m]의 가로 양쪽에 간격 20[m]를 두고 맞보기 배열로 가로등이 점등되어 있다. 한 등당 전광속이 15,000[lm]이고, 조명률 30[%], 감광보상률이 1.4라면 이 도로의 평균조도는?

정답

∘ 계산 : $E = \dfrac{FUN}{DS} = \dfrac{FUN}{D \times \left(\dfrac{ab}{2}\right)} = \dfrac{15000 \times 0.3 \times 1}{1.4 \times \left(\dfrac{20 \times 20}{2}\right)} = 16.07[\text{lx}]$ ∘ 답 : 16.07[lx]

22. 도로조명 - 휘도

아스팔트 포장의 자동차 도로 (폭 25[m])의 양쪽에 F(광속) 25000[lm]의 등기구를 설치하여 노면 휘도 1.2[nt]로 하려면 도로 양쪽에 등설치시 등간격은?

[조건]
- 아스팔트 포장의 경우 평균조도는 노면 휘도의 10배(휘도계수 10), 콘크리트 포장의 경우 15배(휘도계수)로 한다.
- 고압나트륨 등기구 (250[W])의 광속은 25,000[lm]이다.
- 조명률은 0.25이고, 감광보상률은 1.4이다.
- 도로 양측으로 대칭하여 조명을 배치한다.
- 최종 답 작성시 소수점 이하는 버린다.

정답

- 계산 : $b = \dfrac{2 \times FUN}{DEa} = \dfrac{2 \times 25000 \times 0.25 \times 1}{1.4 \times 1.2 \times 10 \times 25} = 29.76[\text{m}]$
- 답 : 29[m]

23. 실내조명 - 실지수

가로 20[m], 세로 30[m], 광원의 높이 4.5[m]인 사무실에 전등 설비를 하고자 한다. 사무실의 실지수를 계산하시오.

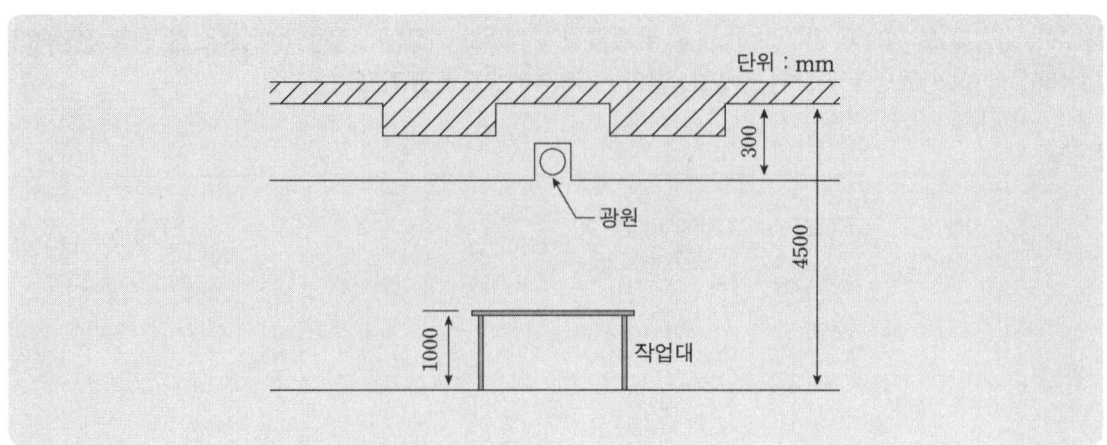

정답

- 계산 : $K = \dfrac{XY}{H(X+Y)} = \dfrac{20 \times 30}{(4.5-0.3-1)(20+30)} = 3.75$

- 답 : 3.75

24 실내조명 – 실지수

작업장의 크기가 가로 $8[m]$, 세로 $10[m]$, 바닥에서 천장까지의 높이가 $4[m]$이고, 광원의 높이가 $3.75[m]$인 작업장이 있다. 작업장의 모든 작업대는 바닥에서 $0.75[m]$의 높이에 설치되어 있을 때, 실지수를 구하여 아래표의 기호로 쓰시오.

기 호	A	B	C	D	E
실지수	5.0	4.0	3.0	2.5	2.0
범 위	4.5이상	4.5~3.5	3.5~2.75	2.75~2.25	2.25~1.75
기 호	F	G	H	I	J
실지수	1.5	1.25	1.0	0.8	0.6
범 위	1.75~1.38	1.38~1.12	1.12~0.9	0.9~0.7	0.7이하

정답

- 계산 : 실지수 $K = \dfrac{XY}{H(X+Y)} = \dfrac{8 \times 10}{(3.75-0.75)(8+10)} = 1.48$

- 답 : F

25 실내조명 - 실지수, 소요등수, 공간비율

가로 12[m], 세로 18[m], 천장높이 3[m], 작업면 높이 0.8[m]인 곳에 작업면의 조도를 500[lx]로 하기 위하여 형광등 1등의 광속이 2750[lm]인 40[W] 형광등을 설치하고자 한다. 다음 물음에 답하시오. 단, 감광보상률 1.3, 조명률 63[%]이다.

(1) 실지수를 계산하시오.
(2) 소요등수를 계산하시오.
(3) 공간비율을 계산하시오.

정답

(1) ○ 계산 : 실지수 $K = \dfrac{XY}{H(X+Y)} = \dfrac{12 \times 18}{(3-0.8)(12+18)} = 3.27$ ○ 답 : 3.27

(2) ○ 계산 : 등기구 $N = \dfrac{DES}{FU} = \dfrac{500 \times 12 \times 18 \times 1.3}{2750 \times 0.63} = 81.04$ ○ 답 : 82[등]

(3) ○ 계산 : 공간비율 $CR = \dfrac{5h(X+Y)}{XY} = \dfrac{5 \times 3 \times (12+18)}{12 \times 18} = 2.08$ ○ 답 : 2.08

26 실내조명 - 2등용 1

바닥면적 800[m²]의 강당에 40[W] 2등용 형광등을 시설하여 평균조도를 150[lx]로 하자면 40[W] 2등용 형광등은 몇 개가 필요한지 계산하시오. 단, 조명률 50[%], 감광보상률 1.25, 형광등 40[W] 2등용의 광속은 5000[lm]이다.

정답

○ 계산 : $N = \dfrac{DES}{FU} = \dfrac{150 \times 800 \times 1.25}{5000 \times 0.5} = 60$[등]   ○ 답 : 60[등]

27 실내조명 – 2등용 2

가로 12[m], 세로 18[m], 천장 높이 3.65[m], 작업면 높이 0.85[m]인 사무실의 천장에 직부형광등 F40W×2를 설치하고자 한다. 다음 물음에 답하시오.

(1) 이 사무실의 실지수는 얼마인가?
  ◦ 계산 :　　　　　　　　　　　　　　　　　　　　◦ 답 :

(2) 형광등 F40W×2의 심벌을 그리시오.

(3) 이 사무실 작업면의 조도를 300[lx], 40[W], 형광등 1등의 광속 3150[lm], 보수율 70[%], 조명률 60[%]로 한다면 이 사무실에 필요한 소요 등수는 몇 [등]인가?
  (단, 천장 반사율 70[%], 벽 반사율 50[%], 바닥 반사율 10[%]에 대한 $U=0.6$이다.)
  ◦ 계산 :　　　　　　　　　　　　　　　　　　　　◦ 답 :

정답

(1) ◦ 계산 : $K = \dfrac{XY}{H(X+Y)} = \dfrac{12 \times 18}{(3.85-0.85) \cdot (12+18)} = 2.4$　　　　◦ 답 : 2.4

(2) ⊏◯⊐
　　F40×2

(3) ◦ 계산 : $N = \dfrac{DES}{FU} = \dfrac{\frac{1}{0.7} \times 300 \times 12 \times 18}{3150 \times 2 \times 0.6} = 24.49$　　　　◦ 답 : 25[등]

28 실내조명 - 조명률, 등수, 소비전력

가로 12[m], 세로 18[m], 천장 높이 3.0, 작업면 높이 0.8[m]인 사무실이 있다. 여기에 천장직부 형광등기구 (40[W], 2등용)를 설치하고자 한다. 다음의 물음에 답하시오. (8점)

[조건]

- 작업면 요구조도 500[lx], 천장 반사율 50[%], 벽 반사율 50[%], 바닥 반사율 10[%]이고, 보수율 0.7, 40[W] 1개의 광속은 2750[lm]으로 본다.

- 조명률 표 (기준)

반사율	천장	70[%]				50[%]				30[%]			
	벽	70	50	30	20	70	50	30	20	70	50	30	20
	바닥	10				10				10			
실지수		조명률[%]											
1.5		64	55	49	43	58	51	45	41	52	46	42	38
2.0		69	61	55	50	62	56	51	47	57	52	48	44
2.5		72	66	60	55	65	60	56	52	60	55	52	48
3.0		74	69	64	59	68	63	59	55	62	58	55	52
4.0		77	73	69	65	71	67	64	61	65	62	59	56
5.0		79	75	72	69	73	70	67	64	67	64	62	60

(1) 실지수를 구하시오.
  ◦ 계산 :   ◦ 답 :

(2) 조명률을 구하시오.

(3) 설치등기구 수량은 몇 개인가?
  ◦ 계산 :   ◦ 답 :

(4) 40[W] 형광등 1개의 소비전력이 50[W]이고, 1일 24시간 연속 점등할 경우 10일간의 최소 소비전력을 구하시오.
  ◦ 계산 :   ◦ 답 :

정답

(1) ◦ 계산 : $K = \dfrac{XY}{H(X+Y)} = \dfrac{12 \times 18}{(3-0.8) \times (12+18)} = 3.27$ ◦ 답 : 3.0

(2) 63[%]

(3) ◦ 계산 : $N = \dfrac{DES}{FU} = \dfrac{\frac{1}{0.7} \times 500 \times 12 \times 18}{2750 \times 2 \times 0.63} = 44.53$ ◦ 답 : 45[등]

(4) ◦ 계산 : $W = P_1 \times N \times t = 50 \times 2 \times 45 \times 24 \times 10 \times 10^{-3} = 1080$ ◦ 답 : 1080[kWh]

29 실내조명 – 광도

직경 10[m]인 원형의 사무실에 평균 구면광도 100[cd]의 전등 4개를 점등할 때 조명률 0.5, 감광보상률 1.6이면, 이 사무실의 평균조도[lx]를 구하시오.

정답

◦ 계산 : $E = \dfrac{FUN}{DS} = \dfrac{4\pi \times 100 \times 0.5 \times 4}{1.6 \times \pi \times \left(\dfrac{10}{2}\right)^2} = 20$ ◦ 답 : 20[lx]

해설

◦ 균등 점광원에서의 광속 $F = 4\pi I = 4\pi \times 100 = 400\pi$[lm]
◦ 원형인 사무실의 면적 $S = \pi r^2 = \pi \times \left(\dfrac{d}{2}\right)^2 = 25\pi$[m²]

30 실내조명 - 실지수, 등기구 간격

폭 20[m], 길이 30[m], 천장의 높이 5[m]이고 벽면과 천장은 모두 백색인 사무실이 있다. 다음 물음에 답하시오. (단, 조명률은 0.6, 감광보상률은 1.6으로 한다. 작업면의 높이는 0.85[m]이다.)

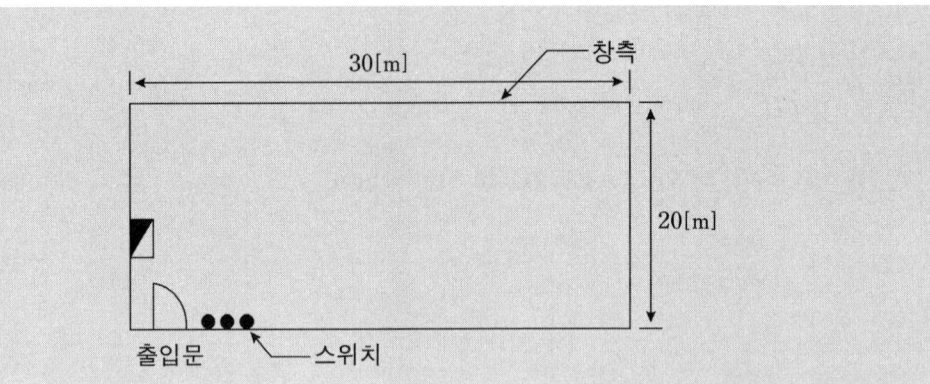

(1) 실지수를 구하시오.

(2) 사무실의 조도를 100[lx]로 유지하고자 한다. 등기구 개수를 구하시오. (단, 형광등 40[W] 2등용으로 하고 광속은 5,600[lm]이다.)

(3) 등기구를 배치하고 배관배선을 구하시오. (단, 등기구는 12등으로 하고 배관배선은 최단거리로 하며, 축척에 관계없이 하고 치수만 기입하시오.)

정답

(1) ◦ 계산 : $K = \dfrac{XY}{H(X+Y)} = \dfrac{30 \times 20}{(5-0.85)(30+20)} = 2.89$ ◦ 답 : 2.89

(2) ◦ 계산 : $N = \dfrac{DES}{FU} = \dfrac{1.6 \times 100 \times 30 \times 20}{5600 \times 0.6} = 28.57$ ◦ 답 : 29[등]

(3)

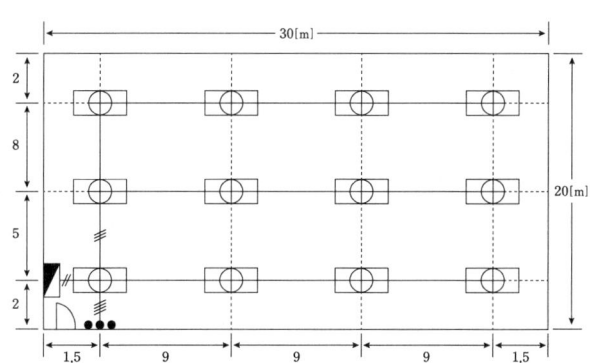

① 벽과의 이격 거리

$S_0 \leq \dfrac{1}{2} \times 4.15 = 2[\text{m}]$

② 등기구간의 이격거리

$S = 1.5H = 1.5 \times 4.15 = 6.22$이지만, 문제에서 12[등]으로 제한하고 있기 때문에 등기구의 간격을 9[m]로 조정함

ELECTRIC WORK

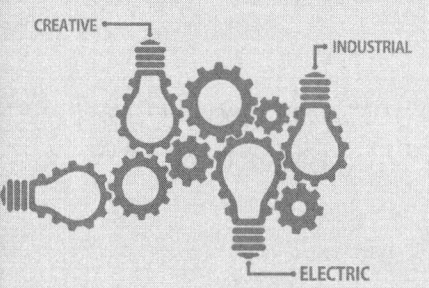

05 시퀀스

Chapter 01. 시퀀스 접점·릴레이

Chapter 02. 유접점 회로

Chapter 03. 무접점 회로

Chapter 04. 부울 대수

Chapter 05. 3상 전동기 회로

Chapter 06. PLC 회로

1 시퀀스 접점·릴레이

1. 접점의 표현

   (1) a접점

   릴레이, 전자접촉기 등 각종 계전기가 여자 될 때 동작하는 접점으로, 초기 단자와 단자 사이가 개방된 상태에서 동작시 단자사이를 연결하여 전류를 통전시키는 접점을 뜻한다.

   [세로형]　　　　　　　　　　[가로형]

   (2) b접점

   릴레이, 전자접촉기 등 각종 계전기가 여자 될 때 동작하는 접점으로, 초기 단자와 단자 사이가 단락된 상태에서 동작시 단자사이를 개방하여 전류를 차단시키는 접점을 뜻한다.

   [세로형]　　　　　　　　　　[가로형]

   (3) c접점

   하나의 공통단자를 통해 a접점과 b접점 모두를 표현할 수 있는 접점을 뜻한다.

   [세로형]　　　　　　　　　　[가로형]

   (4) 기구의 접점

수동조작 자동복귀 [PB]	리미트 스위치 [LS]	타이머 [T]	열동계전기 [THR]	전자접촉기 [MC]

2. 스위치

(1) 푸쉬버튼 스위치 (PB : 수동조작 자동복귀)

PB, PBS, BS 등으로 표현되며, 내부에 스프링이 내장되어 수동으로 동작시 접점이 이동하며, 동작을 멈출시 자동으로 복귀하는 스위치를 뜻한다.

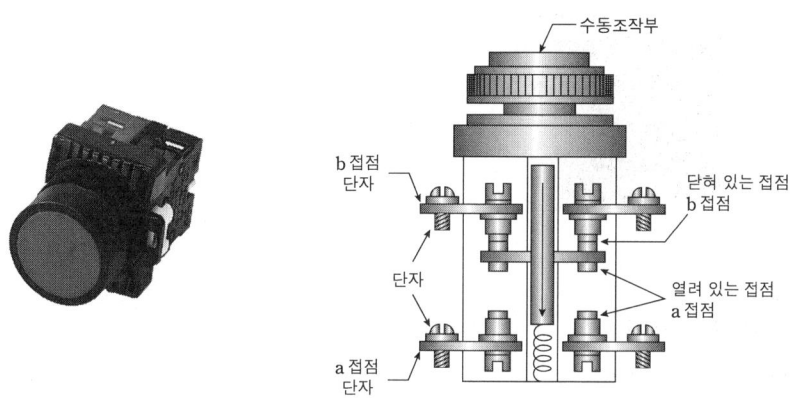

- a접점 : 수동조작시 회로를 연결 및 동작시키는 버튼으로 'ON버튼'으로 표현한다.

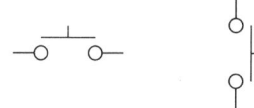

- b접점 : 수동조작시 회로를 차단 및 정지시키는 버튼으로 'OFF버튼'으로 표현한다.

(2) 리미트 스위치 (LS)

검출스위치의 일종으로 외부의 작용으로 인해 동작하는 스위치를 뜻한다. 엘리베이터의 층간 구분, 공장 컨베어 벨트 등 이송이나 자동제어에 사용된다.

[리미트스위치 접점]

3. 타이머 (Timer)

타이머 릴레이에 입력이 부여되면, 정해진 시간이 경과 후 해당 접점이 폐로 또는 개로되어 동작하는 기구를 뜻한다.

 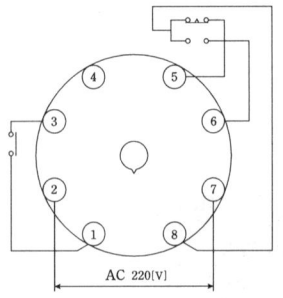

[타이머내부 회로도]

(1) ON delay timer (한시동작 순시복귀)

타이머 여자 후 설정시간이 지난 후 접점이 동작하며 소자 시 접점이 즉시 복귀되는 형태

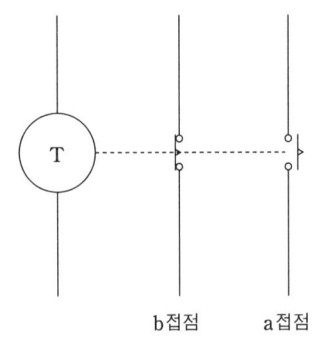 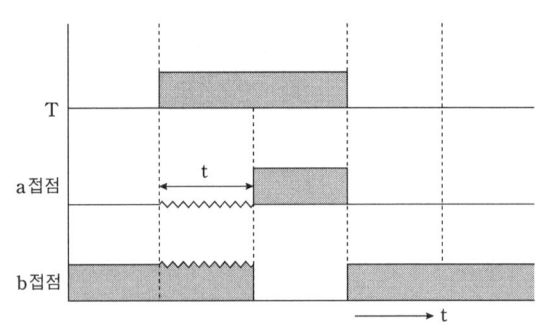

[타이머 접점]   [타임차트]

(2) OFF delay timer (순시동작 한시복귀)

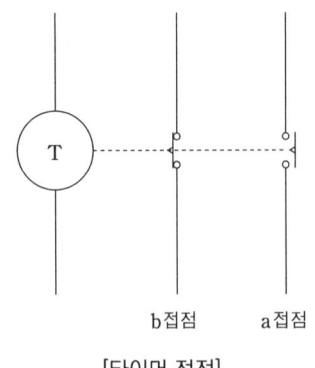 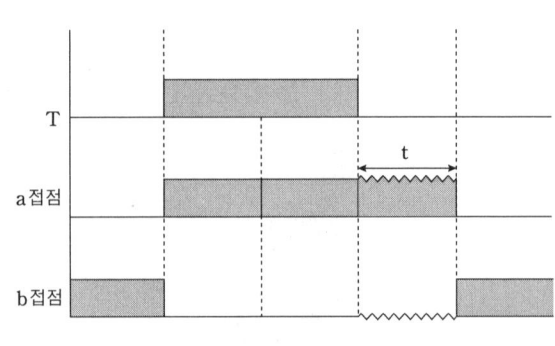

[타이머 접점]   [타임차트]

(3) ON/OFF delay timer (한시동작 한시복귀)

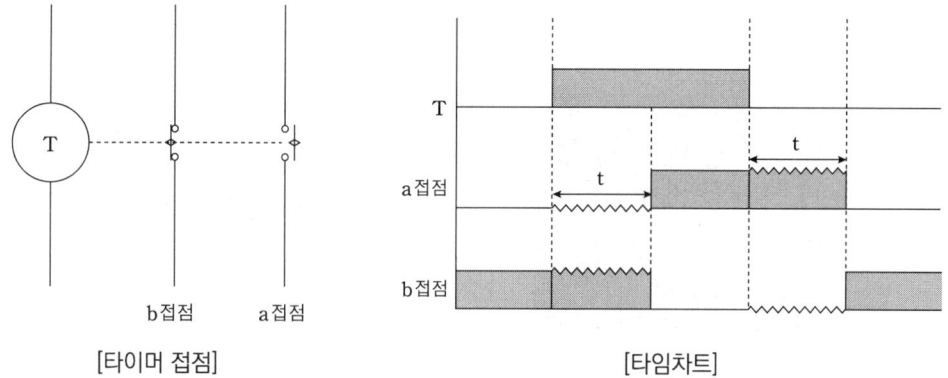

[타이머 접점]　　　　　　　　　　[타임차트]

4. 타임차트

시퀀스 동작 사항을 신호와 같이 차트로 표현한 것으로 다음과 같이 표현한다.

(1) 일반사항

(2) 예외사항

OFF버튼과 같이 특정 시점이 동작사항을 나타내는 경우 특정시점을 동작한 것으로 해석한다. 따라서 아래의 두 타임차트는 동일한 동작으로 해석한다.

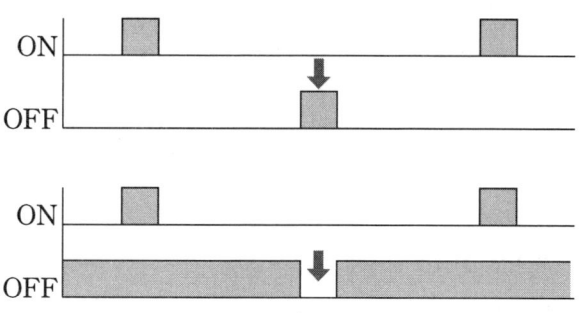

5. 릴레이

(1) 릴레이의 동작원리

 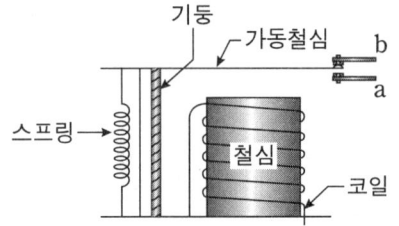

초기 상태에서 가동접점이 b접점과 연결되어 있고, 코일에 전류를 인가하면 철심이 전자석으로 변화된다. 이때, 가동접점이 이동하여 a접점과 연결되고 b접점과는 끊기게 된다.

(2) 릴레이 내부구조

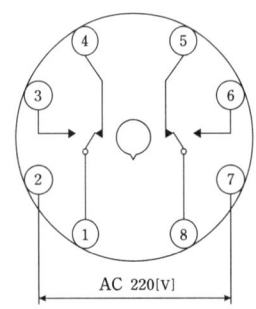 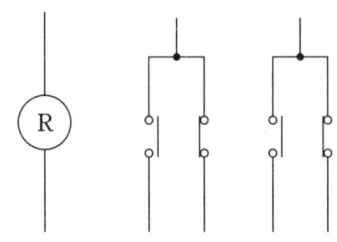

[8핀 릴레이 내부 접속도]

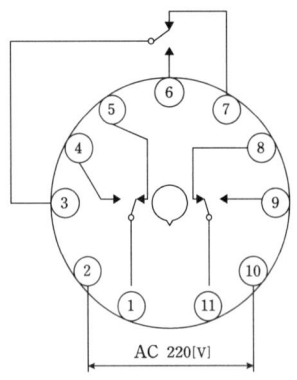 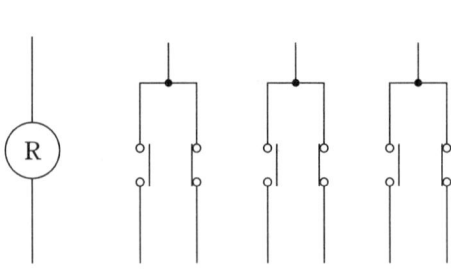

[11핀 릴레이 내부 접속도]

6. 전자접촉기

(1) 전자접촉기의 동작원리

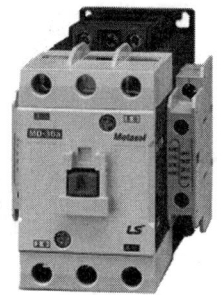

기본 동작원리는 릴레이와 동일하며, 전자접촉기의 여자 또는 소자됨에 따라 모터 등의 부하를 운전, 정지하는 기능을 담당한다. 보조릴레이와 차이점은 주회로의 접점을 가지고 있다.

(2) 전자접촉기 내부구조(5a2b)

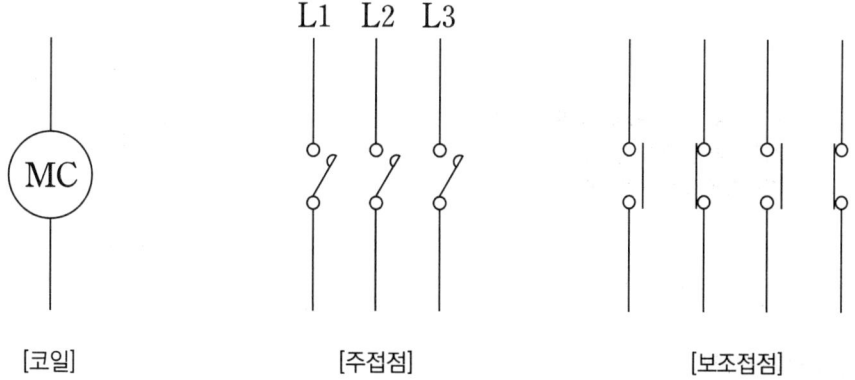

[코일] [주접점] [보조접점]

(3) 전자개폐기와의 비교

전자개폐기(MS)의 경우 전자접촉기와 열동계전기의 혼합형태로 과전류가 흐르게 되면, 열동계전기의 동작으로 회로를 차단하여 보호하는 기능있지만, 전자접촉기의 경우 과전류에 대한 보호 기능이 없기 때문에 보호장치가 필요하다.

7. 열동계전기

(1) 열동계전기(THR)의 동작원리

열동계전기는 전동기 부하가 설치된 경우 주로 사용되며 전동기 과부하시 전로를 차단하여 전동기의 소손을 방지하는 역할을 한다. 전동기에 정격이상의 전류가 흐르면 내부 발생열에 의해 바이메탈의 원리로 접점이 이동하여 동작하며, 복귀시 수동복귀가 일반적이다.

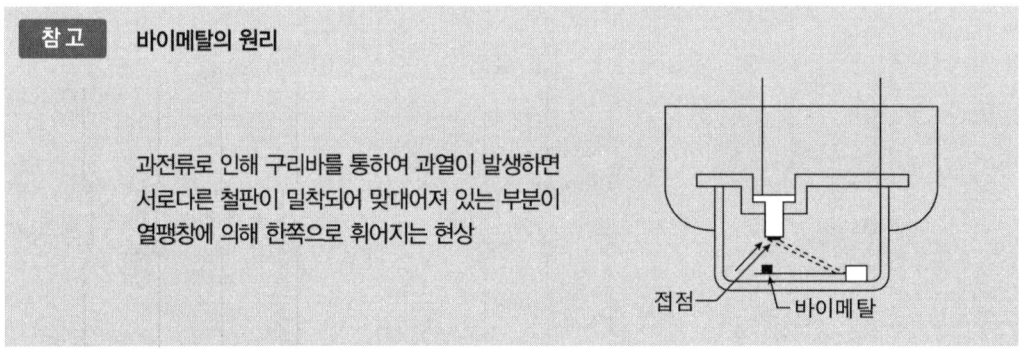

(2) 열동계전기 접점

보조회로에서 사용되는 동작상 명칭의 경우 수동복귀접점으로 명명한다.

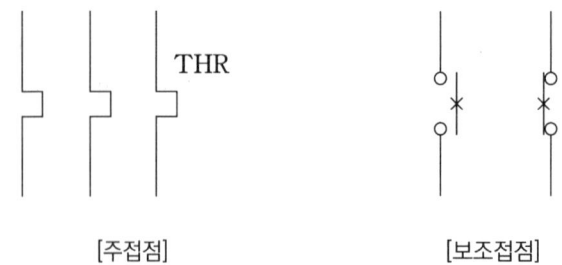

[주접점]　　　　　　　　[보조접점]

2 유접점 회로

1. 공통사항

   (1) 분기점 표현

   [분기점]　　　　[교차점]　　　　[비접속]

   (2) 자기유지 접점

   ON을 누르면, MC가 여자되고 ON버튼이 복귀 후 MC의 자기유지 접점에 의해 지속적으로 MC에 전원이 공급된다. OFF를 누르면 MC는 소자된다.

   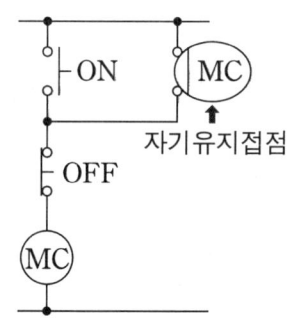

2. 동작(SET)우선회로와 정지(RESET)우선회로

   ON과 OFF를 동시에 누를 경우 동작과 정지 상태를 판단하여 상황에 따라 적용 할 수 있다.

   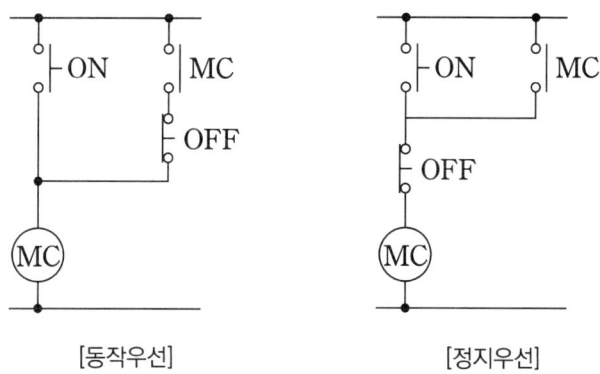

   [동작우선]　　　　　　[정지우선]

3. 인터록회로

인터록회로의 사용은 기기와 조작자의 안전을 목적으로 사용하며, 두 개 이상의 계전기 또는 전자접촉기 사용시 동시에 동작하지 못하도록 상대방의 b접점을 직렬로 연결하는 방식이다.
동시동작금지회로, 상대동작금지회로, 선입력 우선회로, 병렬 우선회로 등으로 표현한다.

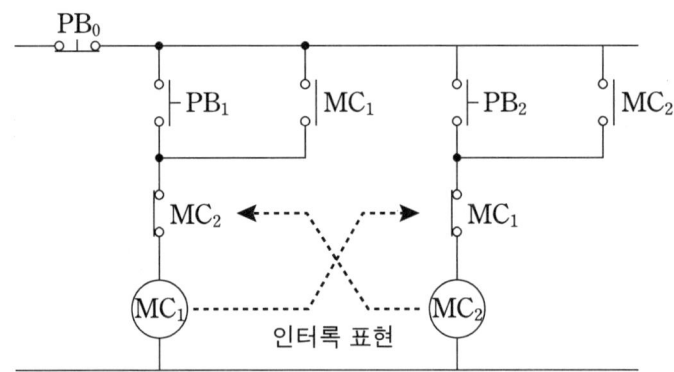

[계전기 및 전자접촉기 2개의 경우]

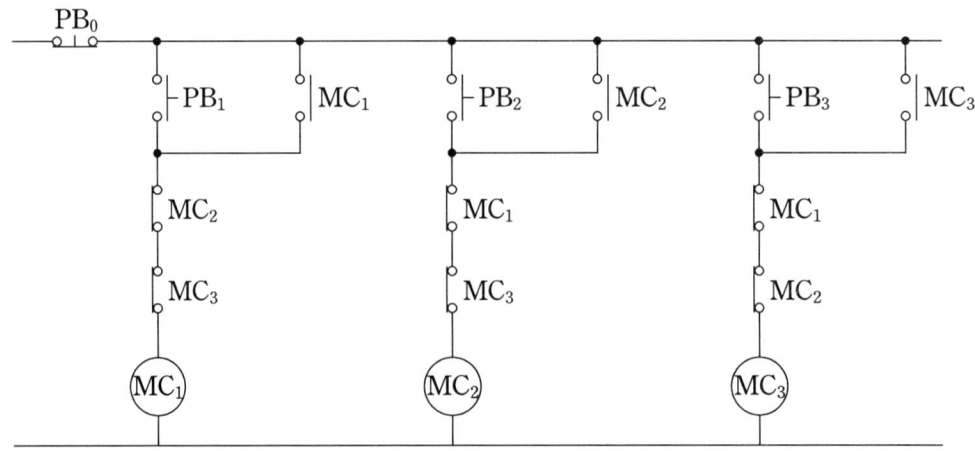

[계전기 및 전자접촉기 3개의 경우]

4. 순차회로

하나 이상의 출력이 있는 회로에서 첫 입출력 이후 다음 입출력의 경우 앞의 입출력상태에서만 동작할 수 있는 회로를 뜻한다. 앞의 동작없이는 다음 동작이 불가능하기에 직렬 우선회로라 표현한다.

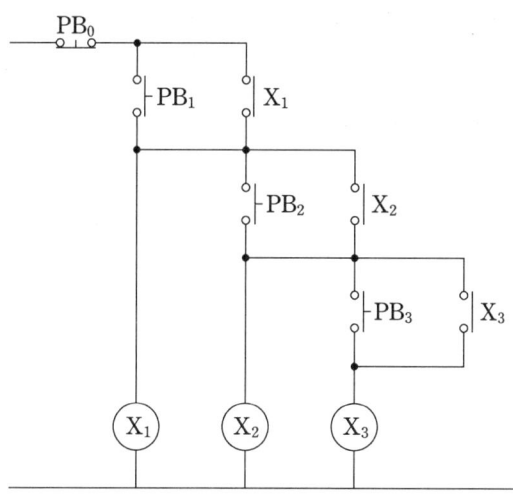

5. 반복회로

한번의 입력을 통해 반복적인 동작이 진행되는 회로를 뜻한다.
(A가 닫혀 폐회로가 될 때 PL이 점등과 소등을 반복한다.)

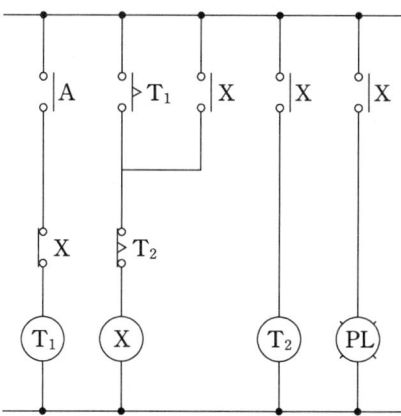

A가 닫혀 폐회로가 되면 T_1이 여자되어 T_1의 설정시간 후 X가 여자되고 X_{-a}에 의해 T_2와 PL이 여자되어 PL이 점등된다. T_2의 설정시간 후 초 후 T_2-b접점에 의해 X가 소자되어 PL이 소등된다. 이때 다시 T_1이 여자되면서 반복동작을 통해 PL이 깜박이며 동작한다.

3 무접점 회로

1. AND 회로

    입력 A, B와 출력 X가 존재할 때 A와 B 모두의 동작시에만 출력 X가 발생되는 회로를 뜻한다. AND 회로를 논리식으로 표현시 입력의 곱으로 나타내며, 유접점으로 표현시 직렬로 표현한다.

유접점 회로	논리기호	진리표	타임차트
A─B─(X) X=AB	A─&─X B	A B X 0 0 0 0 1 0 1 0 0 1 1 1	A B X

    ※ 진리표의 0은 부정(정지/소자), 1은 긍정(동작/여자)으로 나타내며, 0은 L, 1은 H로 표현한다.

2. OR 회로

    입력 A, B와 출력 X가 존재할 때 A와 B 둘 중 하나 이상이 동작시에 출력 X가 발생되는 회로를 뜻한다. OR 회로를 논리식으로 표현시 입력의 합으로 나타내며, 유접점으로 표현시 병렬로 표현한다.

유접점 회로	논리기호	진리표	타임차트
A B─(X) X=A+B	A─≥─X B	A B X 0 0 0 0 1 1 1 0 1 1 1 1	A B X

3. NOT(부정) 회로

    입력 A와 출력 X가 존재할 때 A의 입력이 없을 시 X의 출력이 발생하는 회로를 뜻한다.

유접점 회로	논리기호	진리표	타임차트
A─(X) X=$\overline{A}$	A─▷○─X	A X 0 1 1 0	A X

4. NAND 회로

AND 회로를 부정하는 기능을 가진 회로를 뜻한다. NAND 논리기호를 이용하여 NAND만의 회로를 만들 수 있기에 만능회로로 사용된다.

유접점 회로	논리기호	진리표	타임차트
$Y = \overline{A \cdot B}$		A B Y 0 0 1 0 1 1 1 0 1 1 1 0	

※ NAND만의 회로에서 NOT의 표현

NAND만의 회로에서 ─▷─ 은 사용할 수 없기 때문에

NAND만의 NOT인 ─⌐D─ 기호를 사용한다.

5. NOR 회로

OR 회로를 부정하는 기능을 가진 회로를 뜻한다. NOR 논리기호를 이용하여 NOR만의 회로를 만들 수 있기에 만능회로로 사용된다.

유접점 회로	논리기호	진리표	타임차트
$Y = \overline{A + B}$		A B Y 0 0 1 0 1 0 1 0 0 1 1 0	

※ NOR만의 회로에서 NOT의 표현

NOR만의 회로에서 ─▷─ 은 사용할 수 없기 때문에

NOR만의 NOT인 ─⌐D─ 기호를 사용한다.

6. Exclusive OR회로

   입력 A, B와 출력 X가 존재할 때 두 입력 상태가 다를 경우 출력이 발생하는 회로를 뜻한다. 서로 상태가 다르기 때문에 배타적 논리합으로 표현한다.

유접점 회로	논리기호	진리표	타임차트
$X = A \cdot \overline{B} + \overline{A} \cdot B$		A B X 0 0 0 0 1 1 1 0 1 1 1 0	

   ※ 간소화된 논리기호 표현 : (XOR 게이트 기호) — X

7. Exclusive NOR회로

   입력 A, B와 출력 X가 존재할 때 두 입력 상태가 같을 경우 출력이 발생하는 회로를 뜻한다. 서로 상태가 같기 때문에 일치회로로 표현한다.

유접점 회로	논리기호	진리표	타임차트
$X = A \cdot B + \overline{A} \cdot \overline{B}$		A B X 0 0 1 0 1 0 1 0 0 1 1 1	

   ※ 간소화된 논리기호 표현 : (XNOR 게이트 기호) — X

4 부울대수

부울대수란 1 또는 0의 값에 대해 논리 동작을 다루는 대수를 뜻하며 일반 수학식과는 차이가 있다. 부울대수에서 1은 참 또는 단락을, 0은 거짓 또는 개방을 의미한다.

1. 논리합

$A+0=A$	$A+1=1$	$A+A=A$	$A+\overline{A}=1$

2. 논리곱

$A \times 0 = 0$	$A \times 1 = A$	$A \times A = A$	$A \times \overline{A} = 0$

3. 교환 (동일 사칙연산내에서 성립)

- $A \times B = B \times A$
- $A + B = B + A$
- $A(BC) = (AB)C$
- $A + (B+C) = (A+B) + C$

4. 분배 · 배분의 정리

- $A \times (B+C) = AB + AC$
- $A + BC = (A+B) \times (A+C)$

5 3상 전동기 회로

1. Y-△ 기동회로

    전동기의 기동 회로 방법 중 하나로 전전압 기동시 기동전류가 약 4~6배 정도 흐르기 때문에 Y결선으로 전류값을 1/3로 줄여 기동 후 기동이 완료되면 △결선으로 전환하여 전전압 운전한다.

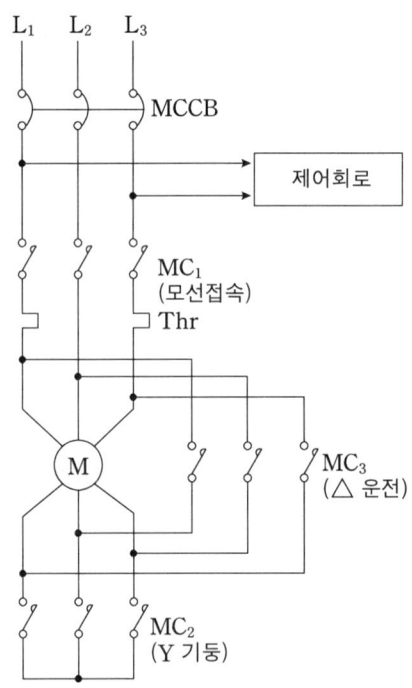

※ 전전압 기동과 비교하여 Y-△ 기동법의 기동시 기동전압, 기동전류 및 기동토크 비교

기동전압	기동전류	기동토크
$\frac{1}{\sqrt{3}}$ 배	$\frac{1}{3}$ 배	$\frac{1}{3}$ 배

2. 정·역 변환회로

전동기의 정회전 및 역회전을 위한 회로로 회전 자장의 방향을 바꾸어 회전 방향을 바꾼다. 3상 전동기에서 전원의 3단자 중 2단자의 접속을 교체 연결하면 가능하다.

[주회로]

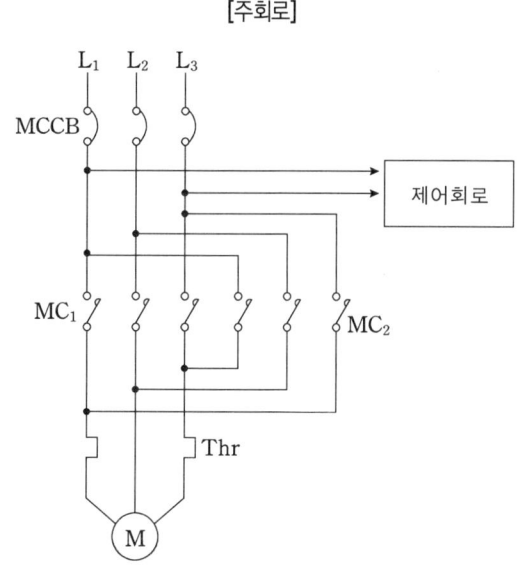

[보조회로]

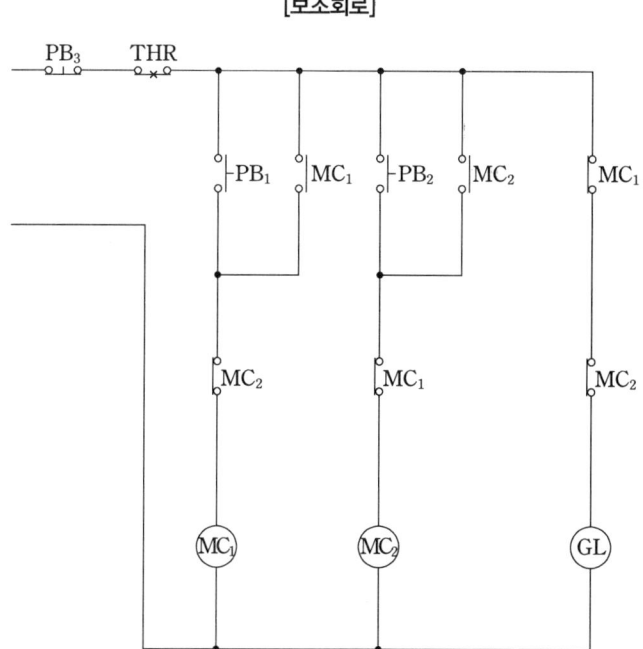

※ 보조회로 결선시 ON, OFF 버튼을 조건으로 주어진다면 반드시 정과 역 표시를 해야한다.

3. 리액터 기동회로

기동시 전원측에 리액터를 설치하여 전압 강하를 이용하여 입력전압을 낮추어 기동하는 회로를 뜻한다.

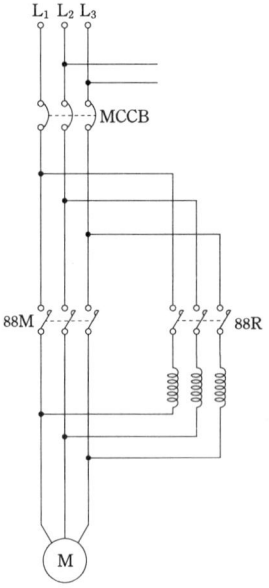

4. 기동보상기 기동제어회로

기동시 전동기에 대한 인가전압을 단권변압기로 강압하여 공급함으로써 기동전류를 억제하고 기동완료 후 전전압을 가하여 운전하는 방식의 회로를 뜻한다.

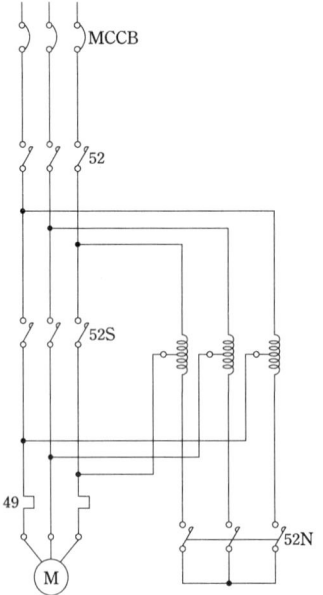

6 PLC 회로

1. PLC의 정의

   제어 회로부를 CPU로 대체시키고 시퀀스를 프로그램화한 자동화 설비로 로직 시퀀스에 수치 연산 기능을 추가하여 프로그램 제어를 한 것을 PLC 시퀀스라고 한다.

2. PLC의 구성

   입력회로, CPU, 출력회로로 구성되며 입력, 출력, 주변기기를 접속하여 사용된다.

3. 사용기호

a접점 (긍정)	b접점 (부정)	출력	
─┤├─	─┤/├─	─( )─	─( )●─

4. PLC 명령어

	명령어(제조사별 상이)
회로시작	LOAD, STR, R
직렬	AND, A
병렬	OR, O
부정(b접점)	NOT(명령어 뒤에 붙임)
그룹연결	AND+시작 (직렬그룹), OR+시작(병렬그룹)

5. 프로그램 표

step(순서)	OP(명령어)	add(번지)
0	LOAD	P001
1	OUT	P010

01 시퀀스

신호, 접점심벌, 논리심벌을 보고 동작사항(타임차트)를 그리시오.

신 호			접점심벌	논리심벌	동 작
입력신호(코일)			─○─⊗─○─		
출력신호	시한동작회로	a접점	─○─△─○─		
		b접점	─○─△─○─		
	시한복귀회로	a접점	─○─▽─○─		
		b접점	─○─▽─○─		
	뒤진회로	a접점	─○─◇─○─		
		b접점	─○─◇─○─		

정답

신 호			접점심벌	논리심벌	동 작
입력신호(코일)			─○─⊗─○─		
출력 신호	시한 동작 회로	a접점	─○─△─○─		
		b접점	─○─△─○─		
	시한 복귀 회로	a접점	─○─▽─○─		
		b접점	─○─▽─○─		
	뒤진 회로	a접점	─○─◇─○─		
		b접점	─○─◇─○─		

02 시퀀스

출력 릴레이 X가 보조 릴레이 접점 A, B, C의 함수로써 다음 논리식으로 주어진다. 릴레이 시퀀스, 로직 시퀀스 및 NOR gate 또는 NAND gate만을 사용한 로직 시퀀스를 각각 그리시오.

$$논리식 : X = (A+B)(C+\overline{B}\cdot\overline{C})$$

정답

① 릴레이 시퀀스

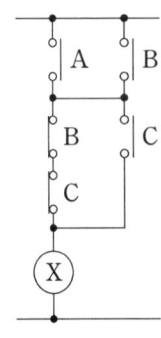

② 로직 시퀀스

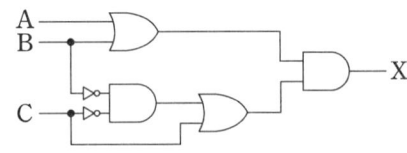

③ NOR gate

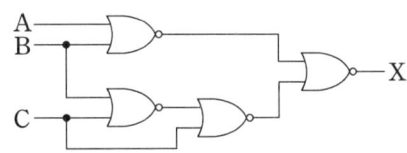

④ NAND gate

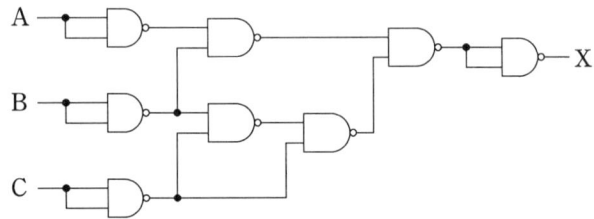

03 시퀀스

다음 그림의 릴레이 회로를 보고 물음에 답하시오.

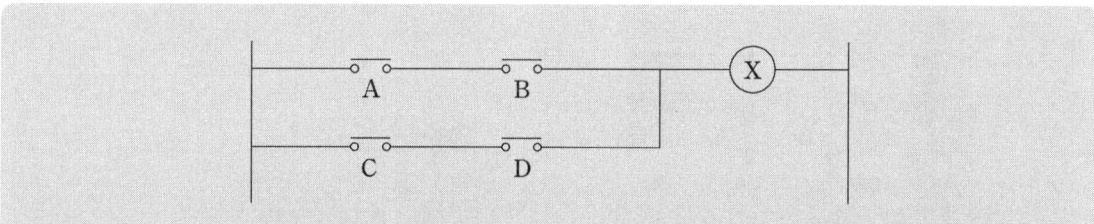

(1) 논리식을 쓰시오
(2) 2입력 AND 소자, 2입력 OR 소자를 사용하여 로직 회로로 바꾸시오.
(3) 2입력 NAND 소자 만으로 회로를 바꾸시오.

정답

(1) $X = AB + CD$

(2)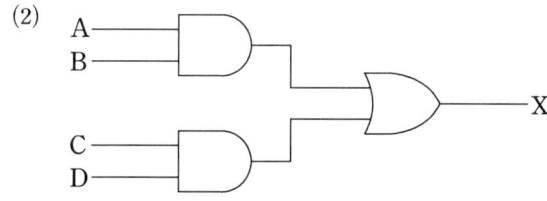

(3)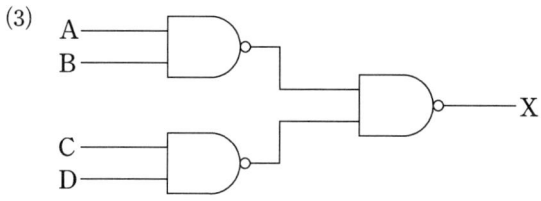

04 시퀀스

그림은 배타적 논리합 회로를 나타낸 유접점 제어회로이다. 물음에 답하여라.

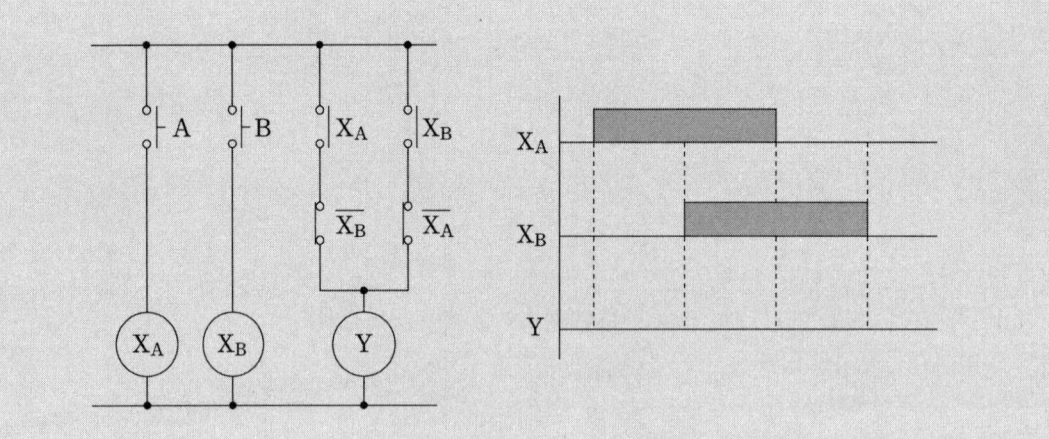

(1) 입력이 A, B일 때 출력 Y의 논리식을 표현하여라.
(2) AND 2개, NOT 2개, OR 1개를 이용하여 배타적 논리합 회로의 무접점 회로를 그려라.
(3) 배타적 논리합 회로의 진리표와 타임 차트를 각각 완성하여라.

정답

(1) $Y = X_A \overline{X_B} + \overline{X_A} X_B$

(2)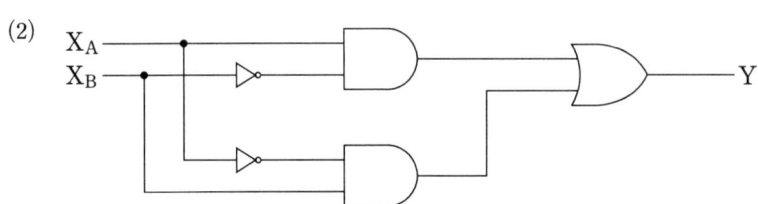

(3)

입력		출력
X_A	X_B	Y
0	0	0
0	1	1
1	0	1
1	1	0

(4)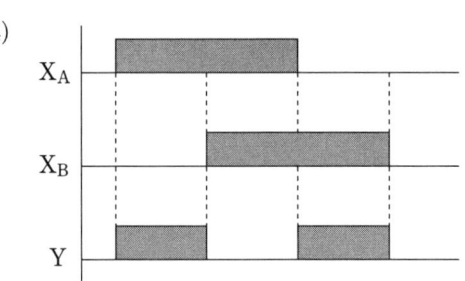

05 시퀀스

아래 회로는 압력 스위치(PS)를 이용한 경보 회로로 압력 스위치가 닫히면 부저(BZ)가 울리고 타이머에 의하여 부저가 정지한다. 다음 물음에 답하여라.

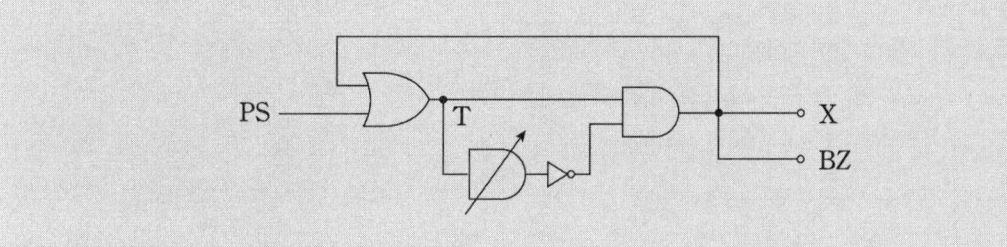

(1) 주어진 회로를 완성하시오.

(2) 주어진 식을 쓰시오.
① $X = \quad \cdot \overline{T}$
② $T =$
③ $Bz =$

정답

(1)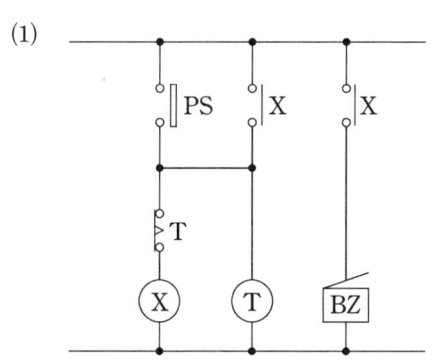

(2) $X = (PS + X) \cdot \overline{T}$
$T = PS + X$
$BZ = X$

06 시퀀스

아래 그림은 Flip-Flop 회로도이다. 다음 물음에 답하시오.

(1) Time Chart를 완성하시오.
(2) 무접점 회로를 완성하시오.
(3) (R_1+PL), R_2, R_3의 식을 각각 쓰시오.

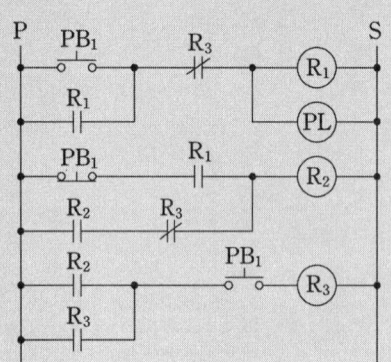

정답

(1)

(2)

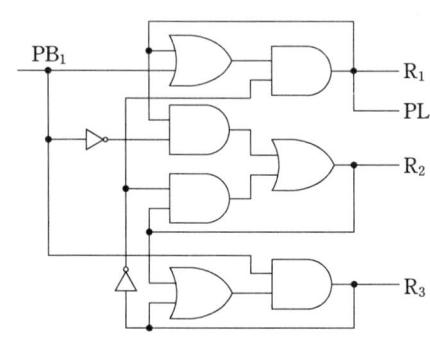

(3) $R_1+PL=(PB_1+R_1)\cdot\overline{R_3}$

$R_2=\overline{PB_1}\cdot R_1+R_2\cdot\overline{R_3}$

$R_3=(R_2+R_3)\cdot PB_1$

07 시퀀스

도면은 리액터 기동회로의 일부를 그린 것이다. 물음에 답하시오.

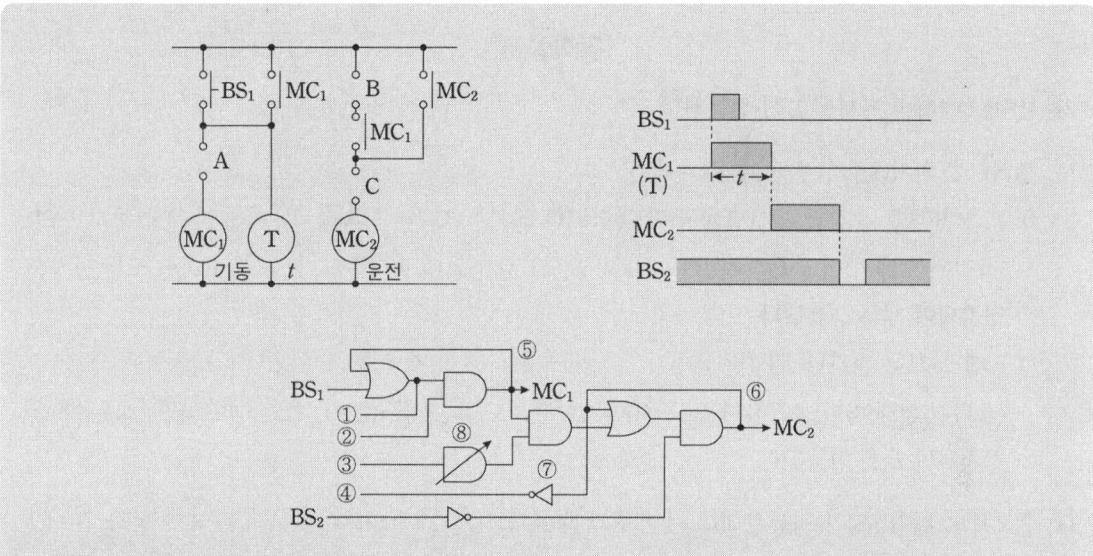

(1) 릴레이 회로의 A, B, C를 각각의 접점기구를 그리고 이름을 쓰시오.

(2) 로직회로의 ①~④중에서 서로 연결하여 회로를 완성하시오.

(3) 로직회로의 ⑤~⑧과 같은 기능을 릴레이 회로에서 찾아 접점 이름(예 $MC_{1(a)}$)를 각각 쓰시오.

(4) 릴레이 회로의 접점기구는 7개이다. 여기서 기동 기능은 (가), (나) 정지기능은 (다), (라) 유지기능은 (마), (바) 기동준비 기능은 (사)이다. ( ) 안에 각각 접점 이름을 쓰시오. (예 $MC_{1(a)}$)

정답

(1) A: MC_2 B: T   C: BS_2

(2) ① - ③, ② - ④

(3) ⑤ $MC_{1(a)}$ ⑥ $MC_{2(a)}$ ⑦ $MC_{2(b)}$ ⑧ $T_{(a)}$

(4) (가) BS_1 (나) $T_{(a)}$ (다) $MC_{2(b)}$ (라) $BS_{2(b)}$
    (마) $MC_{1(a)}$ (바) $MC_{2(a)}$ (사) $MC_{1(a)}$

08 시퀀스

다음 동작 설명을 읽고 주어진 심벌을 이용하여 동작설명과 일치하도록 결선 및 심벌을 그려 넣으시오.

[동작설명]

가. KS를 ON하면 표시등 L_1이 점등된다.

나. 셀렉터 스위치(SS)가 수동(M) 상태에서
  ① P_1을 누르는 순간만 RY_1(릴레이)이 동작되며 표시등 L_2가 점등되는 동시에 L_1은 소등되고 FR(플리커 릴레이)이 동작하여 B_1(부저) 및 B_2(부저)가 교대 동작된다. P_1을 OFF하면 모든 동작은 정지되며 L_1은 점등된다.
  ② P_2를 누르는 순간만 RY_2(릴레이)가 동작되며 표시등 L_3가 점등되는 동시에 L_1은 소등되고 FR(플리커 릴레이)이 동작하여 B_1(부저) 및 B_2(부저)가 교대 동작된다. P_2를 OFF하면 모든 동작은 정지되며 L_1은 점등된다.

다. 셀렉트 스위치(SS)가 자동상태(A)에서 FD_1과 FD_2(감지기)에 의하여 RY_1 및 RY_2가 동작하여 L_2 및 L_3가 점등되는 동시에 L_1이 소등되고 FR이 동작하여 B_1과 B_2가 교대 동작한다. 이 때 FD의 동작이 끊기면 모든 동작은 정지되며 L_1은 점등한다.

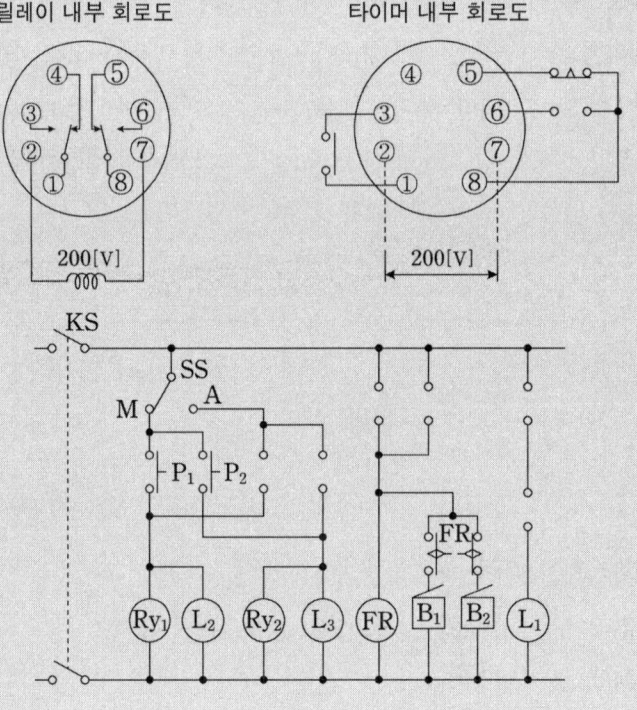

정답

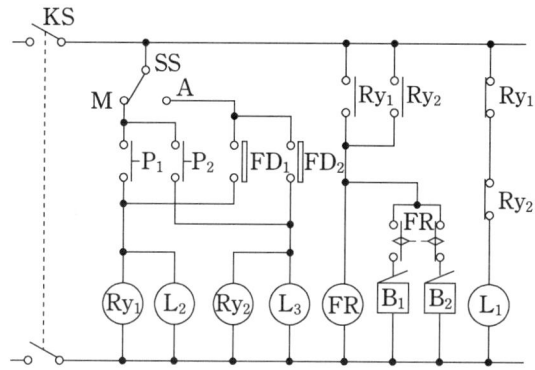

09 시퀀스

동작 설명과 타이머, 릴레이 내부 회로도를 이용하여 시퀀스도를 그리시오.

[동작설명]

1. S를 ON하면 릴레이 b접점을 이용하여 램프(R_2)가 직접 점등된다.
2. S를 ON한 상태에서 S_{3-1}과 S_{3-2}에 의해서 램프(R_1)를 2개소에서 점멸시킬 수 있다.
3. 푸시버튼(PB)를 ON하면 타이머(T)에 의하여 릴레이(Ry)가 동작되어 램프(R_2)가 소등되고 램프(R_3, R_4)가 병렬로 점등된다. 일정 시간 후 램프(R_3, R_4)는 타이머(T)에 의해 소등되며 램프(R_2)가 점등된다.
4. S를 OFF하면 모든 회로는 차단된다.

릴레이 내부 회로도 타이머 내부 회로도

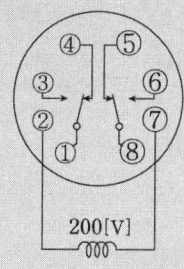
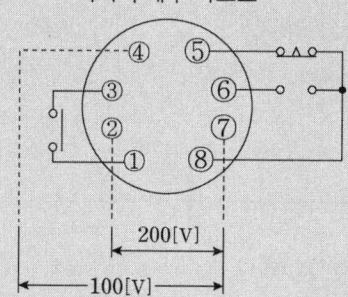

정답

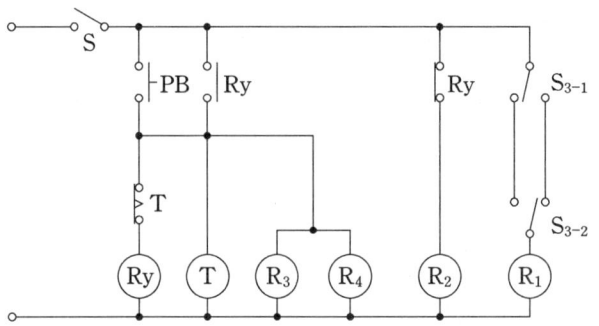

10 PLC

PLC 래더 다이어그램이 그림과 같을 때 표 (b)에 ①~⑥의 프로그램을 완성하시오. (단, 회로 시작(STR), 출력(OUT), AND, OR, NOT 등의 명령어를 사용한다.)

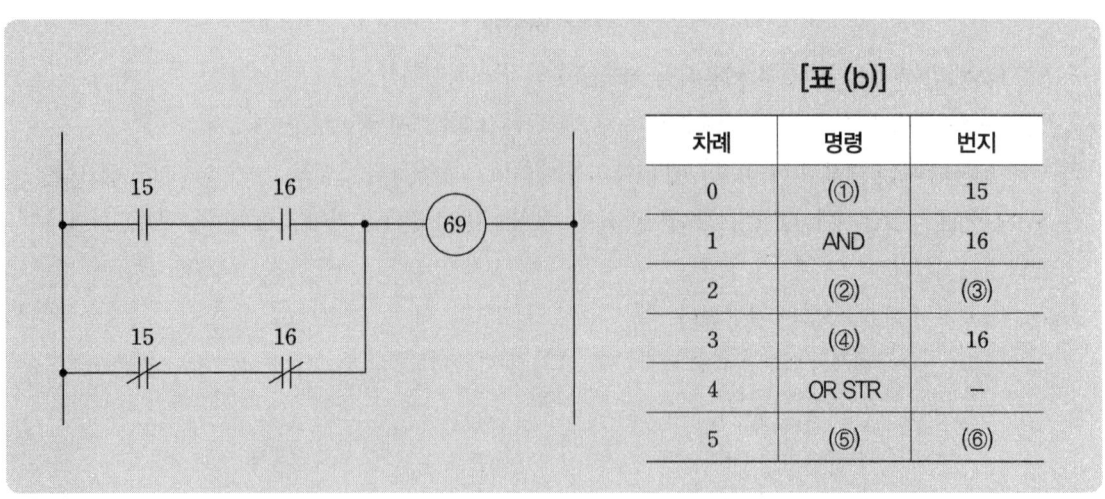

정답

① STR   ② STR NOT   ③ 15
④ AND NOT ⑤ OUT   ⑥ 69

11 PLC

표의 빈칸 ㉮~㉰에 알맞은 내용을 써서 그림 PLC 시퀀스의 프로그램을 완성하시오. (단, 사용 명령어는 회로시작(R), 출력(W), AND(A), OR(O), NOT(N), 시간지연(DS)이고, 0.1초 단위이다.)

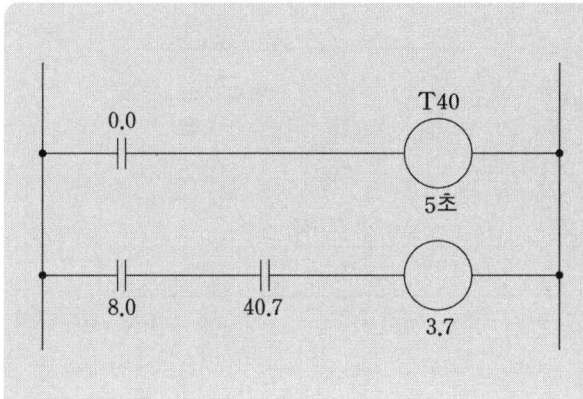

STEP	OP	ADD
0	R	㉮
1	DS	㉯
2	W	㉰
3	㉱	8.0
4	㉲	㉳
5	㉴	㉵

정답

㉮ 0.0 ㉯ 50 ㉰ T40 ㉱ R
㉲ A ㉳ 40.7 ㉴ W ㉵ 3.7

12 PLC

그림과 같은 PLC 시퀀스(래더 다이어그램)가 있다. 물음에 답하시오.

(1) PC 프로그램에서의 신호 흐름은 단방향이므로 시퀀스를 수정해야 한다. 문제의 도면을 바르게 작성하시오.

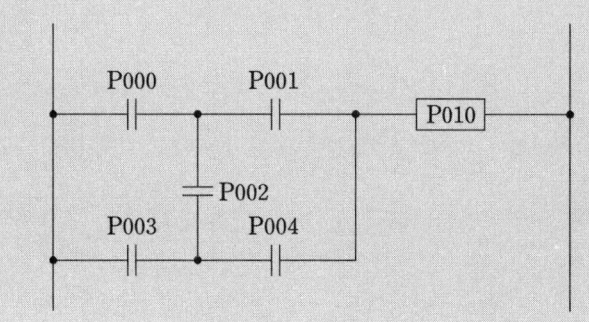

(2) PLC 프로그램을 표의 ①~⑧에 완성하시오. (단, 명령어는 LOAD, AND, OR, NOT, OUT를 사용한다.)

STEP	OP	add	주소	명령어	번지
0	LOAD	P000	7	AND	P002
1	AND	P001	8	⑤	⑥
2	①	②	9	OR LOAD	
3	AND	P002	10	⑦	⑧
4	AND	P004	11	AND	P004
5	OR LOAD		12	OR LOAD	
6	③	④	13	OUT	P010

정답

(1)

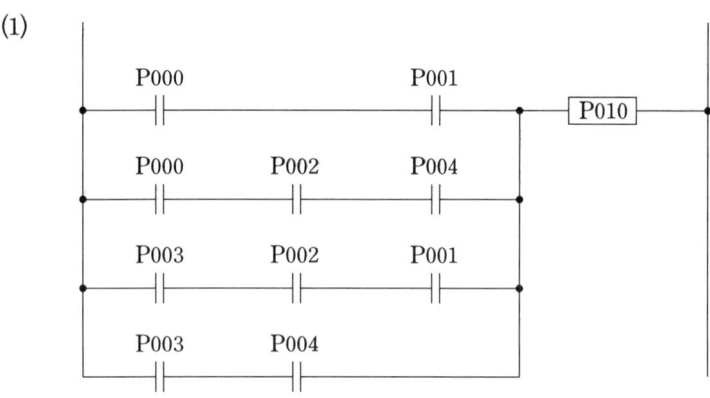

(2) ① LOAD   ② P000   ③ LOAD   ④ P003
　　 ⑤ AND   ⑥ P001   ⑦ LOAD   ⑧ P003

13 PLC

주어진 프로그램 표를 이용하여 래더도로 그리시오.

STEP	명령어	주소	STEP	명령어	주소
1	STR	P000	5	AND STR	
2	OR	P001	7	AND NOT	P004
3	STR NOT	P002	8	OUT	P010
4	OR	P003			

정답

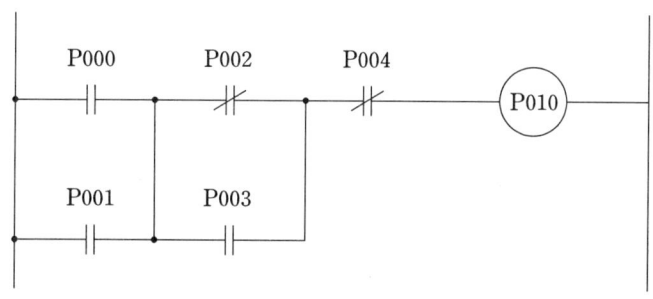

14 PLC

그림과 같은 PLC 시퀀스의 프로그램을 표의 차례 1~9에 알맞은 명령어를 각각 쓰시오. 여기서 시작(회로)입력 STR, 출력 OUT, 직렬 AND, 병렬 OR, 부정 NOT, 그룹 직렬 AND STR, 그룹 병렬 OR STR의 명령을 사용한다.

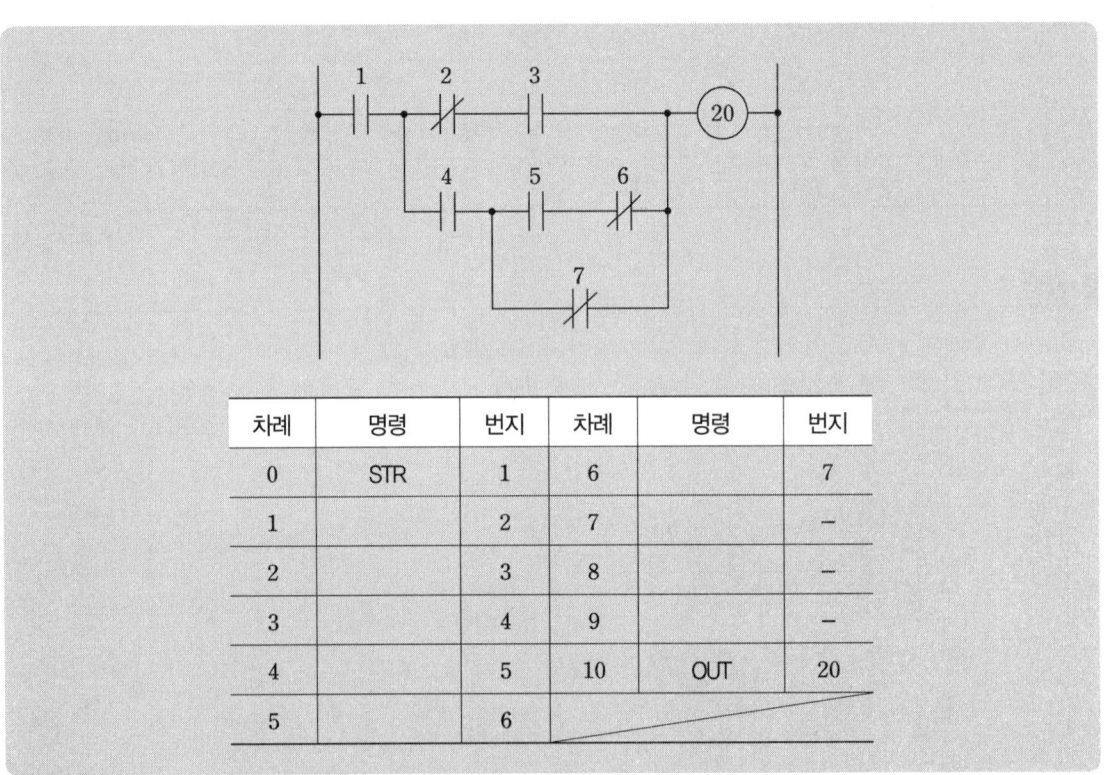

차례	명령	번지	차례	명령	번지
0	STR	1	6		7
1		2	7		–
2		3	8		–
3		4	9		–
4		5	10	OUT	20
5		6			

정답

차례	명령	번지	차례	명령	번지
0	STR	1	6	OR NOT	7
1	STR NOT	2	7	AND STR	–
2	AND	3	8	OR STR	–
3	STR	4	9	AND STR	–
4	STR	5	10	OUT	20
5	AND NOT	6			

15 PLC

PLC프로그램을 보고 프로그램에 맞도록 주어진 PLC 접점 회로도를 완성하시오.

① STR : 입력 A 접점 (신호) ② STRN : 입력 B 접점 (신호)
③ AND : AND A 접점 ④ ANDN : AND B 접점
⑤ OR : OR A 접점 ⑥ ORL : OR B 접점
⑦ OB : 병렬 접속점 ⑧ OUT : 출력
⑨ END : 끝 ⑩ W : 각 번지 끝

어드레스	명령어	데이터	비고
01	STR	001	W
02	STR	003	W
03	ANDN	002	W
04	OB	–	W
05	OUT	100	W
06	STR	001	W
07	ANDN	002	W
08	STR	003	W
09	OB	–	W
10	OUT	200	W
11	END	–	W

[PLC 접점 회로도]

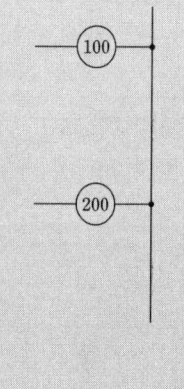

정답

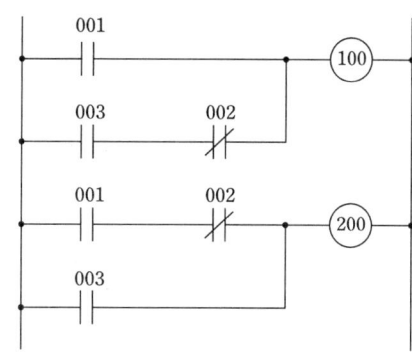

16 PLC

다음은 PLC 래더 다이어그램에 의한 프로그램이다. 아래의 명령어를 활용하여 각 스텝에 알맞은 내용으로 프로그램 하시오.

[명령어]

- 입력 a접점 : LD
- 직렬 a접점 : AND
- 병렬 a접점 : OR
- 블록 간 병렬접속 : OB

- 입력 b접점 : LDI
- 직렬 b접점 : ANI
- 병렬 b접점 : ORI
- 블록 간 직렬접속 : ANB

STEP	명령어	번지
1		
2		
3		
4		
5		
6		
7		
8		
9	OUT	Y010

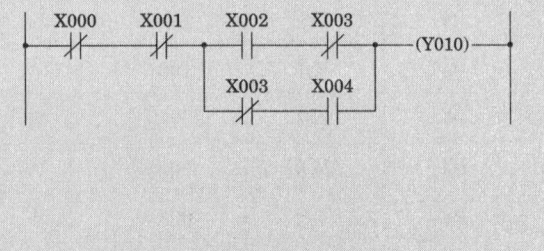

정답

STEP	명령어	번지
1	LDI	X000
2	ANI	X001
3	LD	X002
4	ANI	X003
5	LDI	X003
6	AND	X004
7	OB	
8	ANB	
9	OUT	Y010

ELECTRIC WORK

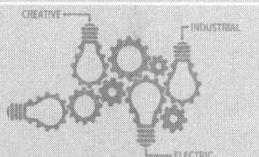

저자와
협의 후
인지생략

2026
전기공사 실기
기사·산업기사

발행일 4판1쇄 발행 2025년 9월 15일
발행처 듀오북스
지은이 대산전기수험연구원
펴낸이 박승희

등록일자 2018년 10월 12일 제2021-20호
주소 서울시 중랑구 용마산로96길 82, 2층(면목동)
편집부 (070)7807_3690
팩스 (050)4277_8651
웹사이트 www.duobooks.co.kr

이 책에 실린 모든 글과 일러스트 및 편집 형태에 대한 저작권은 듀오북스에 있으므로 무단 복사, 복제는 법에 저촉 받습니다.
잘못 제작된 책은 교환해 드립니다.

정가 35,000원 **ISBN** 979-11-90349-84-0 13560